Simon Prins

Das Pavlov-Projekt

Ein Diensthundeausbilder berichtet

Konrad-Zuse-Straße 3,
D-54552 Nerdlen/Daun
Telefon: 06592 957389-0
Kontakt: info@kynos-verlag.de
www.kynos-verlag.de

Grafik & Layout: Kynos Verlag

Gedruckt in Lettland

4. Auflage 2025
ISBN 978-3-95464-257-1

Bildnachweis: Alle Fotos Simon Prins außer:
Adobe Stock: S. 22: Franziska Schädlich-stock.adobe.com, S. 71: mirkograul-stock.adobe.com, S. 129: jörn buchheim-stock.adobe.com, S. 256: Diarmuid-stock.adobe.com, S. 288: Natalia Sinjushina-stock.adobe.com, S. 360: Sabine Glässl-stock.adobe.com;
https://commons.wikimedia.org/Karl Bulla: S. 87;
Bob Bailey: S. 49, 101;
Gisela Rau: S. 9, 93, 141, 167, 169, 243 (alle), 245, 290, 306, 313, 317, 366;
Jessica Lang: S. 176 oben;
justfotografie.nl: Umschlagrückseite, S. 382;
Michaela Hares: S. 68;
Angela Wegmann: S. 339
Titelbild: picture alliance / dpa / Caroline Seidel;
Grafische Elemente: Nicole Hilgers unter Verwendung von Grafiken von SergeyBitos-stock.adobe.com und Julien Eichinger-stock.adobe.com

KYNOS STIFTUNG

Mit dem Kauf dieses Buches unterstützen Sie die
Kynos Stiftung Hunde helfen Menschen
www.kynos-stiftung.de

Inhaltsverzeichnis

Vorwort

Vielen Dank, dass Sie dieses Buch gekauft haben. Sie sind gerade dabei, Ihren Blick auf das Training von Tieren zu verändern. Zumindest dann, wenn Sie offen, neugierig und bereit zu Veränderungen sind. Denn die Magie wird außerhalb Ihrer Komfortzone stattfinden!

Ich hatte das Glück, viel experimentieren und reisen zu können, Bücher lesen und viele Videos anzuschauen, so viele Hunde trainiert zu haben, mit so vielen unglaublichen Menschen zusammengearbeitet zu haben und von Tieren, Situationen und Umständen immer wieder vor neue Herausforderungen gestellt zu werden.

Sie werden also auf den nächsten Seiten an meinem Weg teilhaben. An einer Lebenserfahrung, bei der Erfolg und Misserfolg oft so nahe beieinander lagen, dass ich mich oft fragte, warum ich mich eigentlich auf das Ganze einließ. Manchmal kämpfte ich wie Don Quijote gegen Windmühlen – besonders zu der Zeit, als ich unbedingt das strafbasierte Training durch eine positivere Methode ersetzen wollte. Das war deshalb nicht einfach, weil es damals noch nicht viel an diesbezüglicher Wissensvermittlung gab. Mit dem Ergebnis, dass schlechte Trainingsmethoden der einzig bekannte Weg waren, wie man Hunde trainieren zu müssen glaubte. Der gesamte Rest war unbekannt.

Wenn Sie dieses Buch lesen, gehen wir zusammen auf eine Reise! Es gibt eine Menge Bücher über das Tiertraining. Dieses hier ist auf seine Art einzigartig, denn es schlägt eine Brücke zwischen Trainern, Hundeführern und Wissenschaftlern. Meine eigene größte Lernkurve nahm dann ihren Beginn, als ich herausfand, dass viele meiner Fragen von der wissenschaftlichen Forschung bereits beantwortet worden waren! Es wird Ihnen tiefere Einsichten in das Training von Tieren vermitteln. Es wird ein Handbuch dazu sein, wie man Hunde trainiert. Es wird Ihnen dabei helfen, Ihre eigenen Trainingspläne zu erstellen und Ihnen mehr Informationen dazu liefern, wie man Trainer motiviert. Denn alles in allem ist Tiertraining zwar einfach, aber nicht leicht. Unsere größte Herausforderung besteht darin, wie man Menschen dazu bringen kann, mehr mit positiver Verstärkung zu arbeiten und sehr kritisch gegenüber Strafe zu sein.

Möchten Sie alles darüber wissen, wie regierungsbeauftragte Einheiten ihre Hunde auswählen und ausbilden? Möchten Sie verstehen, wie Sie Ihre Trainingsdaten sammeln und auswerten können? Möchten Sie lernen, wie Sie andere Trainer zum Gebrauch positiverer Methoden bringen können? Möchten Sie das Beste für Ihre Tiere? Möchten Sie die Wissenschaftler verstehen? Und maximale Ergebnisse erzielen? Sobald wir damit aufhören, andere zu be- und verurteilen und sie in Schubladen zu stecken und stattdessen zusammenzuarbeiten beginnen, können wir viel schneller lernen. Und nur dann werden wir in der Lage sein, unsere Hunde effizienter und effektiver auszubilden und bessere Ergebnisse zu erzielen.

Das Konzept der operanten Konditionierung mit dem Fokus auf positive Verstärkung in eine Welt einzuführen, in der Strafe und Zwang normal waren, war eine Herausforderung und ein Kampf. Aber er war es wert – den Hunden und den begabten Trainern zuliebe. Es war ein langer

Weg von den Tagen, als Hundeausbildung noch geheim hinter verschlossenen Türen stattfand bis heute, wo man frei und offen zuschauen kann. Tiertraining war ein Zufallsprozess, bei dem man vorher nicht wusste, was herauskommen würde. Man hat einfach probiert. Heute ist es ein zielgerichteter Vorgang, bei dem wir Daten sammeln, auf Wissenschaftler hören, die Hundeführer und Trainer ausbilden und uns gut um unsere Tiere kümmern. Denn selbst in unserer technikgeprägten Zeit mit all den Messgeräten, Sensoren und Robotern, die wir haben, sind Hunde immer noch vielen dieser ausgeklügelten Apparate überlegen.

Kommen Sie mit mir auf diese Entdeckungsreise – zusammen werden wir Ihre Fragen beantworten und einige Ihrer Glaubenssätze verändern. Immer mit dem Fokus darauf, auf eine effizientere und effektivere Weise trainieren zu können, die nicht nur für die Tiere, sondern auch für die Trainer angenehmer ist!

Simon Prins

Vorwort von Bob Bailey

Es war im Jahr 1997, als das Telefon bei mir zuhause klingelte und die Stimme am anderen Ende so etwas sagte wie: „Hallo, ich bin Simon Prins. Ich bin Polizeibeamter in Holland und ich trainiere Polizeihunde. Ich würde mit Ihnen gern über das Training von Polizeihunden sprechen."

„Sorry, Simon," antwortete ich schnell, „aber wir arbeiten nicht mit Polizeibeamten. Danke für Ihren Anruf", und legte auf, weil es meiner Meinung nach nichts weiter zu sagen gab.

Dreißig Jahre zuvor hatten meine Frau Marian und ich mit unseren Mitarbeitern bei ABE (Animal Behavior Enterprise) viele Diensthunde für das Militär ausgebildet und mehrere Ausbilder bei Polizei und Militär unterrichtet. Wie sich herausstellte, hatten wir zwar großen Erfolg im Training der Hunde, aber deren Hundeführer waren weniger empfänglich für unseren wissenschafts- bzw. datenbasierten Trainingsansatz. Als wir später herausfanden, dass viele der von uns trainierten Hunde an unfähige Polizeibeamte gegeben wurden und auf eine Art und Weise gebraucht wurden, die wir nicht gutheißen konnten, schworen wir uns, nie wieder Hunde für Polizei oder Militär auszubilden – und wir hielten trotz vieler Anfragen Wort.

Aber Simon Prins war anscheinend anders als alle die Polizisten, die Marian und mich bisher angerufen hatten. Zum einen war er hartnäckig und rief mehrmals an, bis wir ihm endlich zuhörten. Er erklärte uns, dass er nicht mochte, wie er nach Meinung seiner Ausbilder seine Hunde trainieren und mit ihnen umgehen sollte und hatte dafür unser vollstes Verständnis. Um eine lange Geschichte von wochenlangen Telefongesprächen hin und her kurz zu machen: Simon kam mit einer Handvoll niederländischer Trainer aus seiner Polizeieinheit zu uns nach Hot Springs, um die Prinzipien der operanten Konditionierung an Hühnern zu lernen. Ich gebe zu, dass ich damals wirklich skeptisch war, ob Simon und seine Leute die Erwartungen würden erfüllen können, die ich an sie richtete. Aber dann war ich beeindruckt, wie schnell Simon sein eigenes Verhalten änderte, um jede meiner „Anforderungen" erfüllen zu können.

Es ist wirklich schwierig, die Effektivität eines Tiertrainingsprogramms objektiv zu messen. Der menschliche Student muss lernen, gleich mehrere Dimensionen seines Verhaltens zu ändern: was er verstärkt, wann er verstärkt, wann er sich bewegt und wann nicht und vieles mehr – und all das in Echtzeit ohne viel Zeit zum Nachdenken. Leichter zu messen ist das Ergebnis dessen, was der Trainer tut: Das Verhalten des Tieres. Wir können die Menge des erwünschten und des unerwünschten Verhaltens erfassen, indem wir unsere Beobachtungen in Form von Daten niederschreiben. Diese Idee des Datensammelns war den meisten holländischen Trainern neu – außer Simon. Ihm war das Datensammeln seit Jahren vertraut und er war gut darin, was damals für einen Tiertrainer ungewöhnlich war. Die holländischen Trainer waren es bisher gewohnt, Verhalten mit Methoden zu ändern, die mehr oder weniger Zwang beinhalteten. Hühnern ist aber mit „Zwangsmethoden" nicht beizukommen. Es hält sie nichts weiter auf dem Trainingstisch als ihr eigener Wunsch, dort zu sein. Es liegt am Trainer, es für das Huhn lohnenswert zu machen, auf dem Tisch zu stehen und an der Aufgabe mitzuarbeiten. Etwas für ein Tier lohnenswert zu machen war für diese Trainer eine neuartige Vorstellung und manchen fiel es schwer, ihr Verhalten zu ändern. Simon nicht. Seine Hühner zeigten die gewünschten Verhalten schnell und lernten mit der Zeit neue Dinge immer schneller – das Ergebnis eines immer besser werdenden Trainers. Ich war beeindruckt.

Beeindruckend waren auch Simons Führungsqualitäten, die er nicht nur während des Trainings, sondern auch abends beim gemütlichen Zusammensein ausstrahlte. Selbst dort war sein ruhiger Einfluss auf die anderen spürbar. Um ein guter Trainer sein zu können, muss man Einfluss haben, zumindest im Schulungsraum. Natürlich kann ein solcher Einfluss auch auf Druck und Zwang basieren, also typisches Chefgehabe sein. Meiner Erfahrung nach sind die besseren Lehrer aber diejenigen, die sich nicht aufdrängen und andere eher positiv beeinflussen.

In den letzten 25 Jahren haben Simon und ich zusammen an zahlreichen Projekten gearbeitet, nach dem Tod meiner Frau Marian 2001 auch viel in Europa, was mich etwas von meinem Verlust ablenkte. Wir verbrachten viele Tage zusammen mit Training, Ausbildung von Trainern, Entwicklung von Trainingsplänen und technisch raffinierten Trainingshilfsmitteln, und wir hatten viel Spaß zusammen. 2019 ernannte ich ihn auf meiner „Think-Plan-Do-Konferenz“ in Hot Springs wegen seiner Fähigkeiten zu einem meiner beiden Europa-Repräsentanten.

Ich betrachte Simon außerdem als guten Freund, der mit mir Freud und Leid, Erfolg und Misserfolg geteilt hat. Für mich ist es ein Privileg, mit ihm und seiner Familie, seiner Frau Jolanda und seinem Sohn Rick befreundet zu sein.

Robert E. (Bob) Bailey, Sc.D.
Hot Springs, Arkansas, im Februar 2022

1

Wie alles begann

Als Taucher bei den niederländischen Streitkräften, der 1985 als Jüngster seine Prüfung ablegte, lernte ich alles über Disziplin, Konsequenzen, Trainingsprogramme und Trainingspläne. Schon in jungen Jahren ging ich körperlich und mental an Grenzen, hatte aber keine Ahnung, dass dies „die Tonart“ für den Rest meines Lebens bestimmen würde. Ich hatte weder vor, Polizeibeamter zu werden noch hatte ich jemals die Idee, Tiertrainer werden zu wollen. Ich war einzig und allein darauf konzentriert, ein Profitaucher zu werden und arbeitete unter Ölbohrinseln, Schiffen, Brücken und anderen Großbauwerken auf der ganzen Welt.

Während meiner Militärzeit erledigten wir auch eine Menge Aufgaben für die niederländische Staatspolizei, was mich auf die Idee brachte, dorthin zu schreiben. Ich wollte gerne zu den Polizeitauchern gehen und mehr Erfahrungen sammeln. Ich wurde zu den Aufnahmetests eingeladen, durchlief die ganze Prozedur und wurde als für den Job geeignet eingestuft. Aber dann fand ich zu meiner Überraschung heraus, dass es gar keine eigene Vollzeit-Tauchereinheit bei der Polizei gab, und fasste im gleichen Moment den Entschluss, diese Einheit wieder zu verlassen. Ich bedankte mich für das Interesse, das man mir entgegengebracht hatte und packte meine Sachen. Aber ein Mitglied der Einheit überredete mich zum Bleiben. „Versuch es, ich bin sicher, es wird Dir bei der Polizei gefallen“, sagte er. Da ich meinen Job beim Militär ohnehin schon gekündigt hatte, beschloss ich also, der Sache eine Chance zu geben.

Und ich muss zugeben, dass es mir wirklich gut gefiel. Der Job war unglaublich vielseitig und ich war auch schnell wieder auf dem Wasser unterwegs. Schon nach ein paar Monaten hatte ich nicht nur den Führerschein für die Sonder-Einsatzwagen und Polizeimotorräder, sondern auch für die schnellen Polizeiboote und hatte richtig Spaß.

In dieser Zeit war es auch, dass ich Wilderer verfolgte und mich in dem Zusammenhang für das Jagen und Jagdhunde zu interessieren begann. Im Jagdrevier war ich erstaunt, wie clever die Hunde ihre Aufgaben erledigten. Ich liebte es, zuzusehen, wie die Jäger ihre Hunde zum Apportieren des geschossenen Wilds losschickten und war beeindruckt, wie leicht diese selbst in der dichtesten Vegetation das Haar- und Federwild fanden. Ich beschloss, selbst nicht zu schießen, sondern zum Jagdhundeführer zu werden und arbeitete mit Labradoren und Cocker Spaniels. Ich trainierte fast jeden Tag und genoss jede Minute davon. Und wenn es abends dunkel wurde, diskutierte ich stundenlang mit meinen Jagdkameraden, las Fachbücher und schaute Videos.

Zu dieser Zeit keimte in mir die Idee, zum Polizeihundeführer zu werden und von den Profis zu lernen. Ich kaufte einen Belgischen Schäferhund, einen Malinois, und trat einem örtlichen Sporthundeverein, einem so genannten KNPV-Club, bei. Solche KNPV-Clubs gibt es in den ganzen Niederlanden. Zivile Hundeführer trainieren ihre Hunde dort in Unterordnung, Sucharbeit und Schutzdienst mit dem Ziel, sie auf eine eventuelle spätere Polizeiarbeit vorzubereiten. Weil ich mich auf meinen Job als Polizeihundeführer vorbereiten wollte, beschloss ich also, einem solchen Verein als Zivilperson beizutreten. Schnell fiel mir auf, dass dort viel mit Strafe gearbeitet wurde. Als ich erst einmal in den „inneren Kreis“ des Vereins aufgenommen worden war, bekam ich noch mehr Zwangsmethoden zu sehen. Auch in den anderen Vereinen war das die Standardausbildung. Zu dieser Zeit wurde ich mehrmals von meinem eigenen Hund gebissen und begann, den Rat der erfahreneren Vereinsmitglieder zu suchen. Diese sagten mir, ich müsse „den Willen des Hundes brechen“ und „zum Alpha werden“. Ich war jung, ich wollte

Simon als junger NATO-Taucher beim Militär.

lernen und ich machte ihre Methoden nach. Ich begann also, ebenfalls mit Zwangsmethoden zu arbeiten und war erfolgreich darin, weil ich Ergebnisse erzielte. Aber ich fühlte mich nicht gut dabei und fragte mich, ob es nicht einen besseren Weg geben könnte. Letztendlich verließ ich den KNPV-Club, weil ich so nicht trainieren wollte.

In der gleichen Woche sah ich in einer Zeitschrift eine Stellenanzeige für neue Polizeihundeführer. Ich bewarb mich und hatte Glück. Die Polizei gab mir die Chance, in die Hundestaffel zu kommen! Ich war überglücklich und erzählte all meinen Freunden, dass ich jetzt von den echten Profis lernen würde.

Den ersten Tag in meinem neuen Job werde ich nie vergessen. Kein Trainingsprogramm, keine Bücher, keine pdfs, keine Lehrvideos. Mein Ausbilder schickte mich zu einem Einsatzwagen, in dem ein großer, gefährlich aussehender Malinois saß. Er sagte mir, dies sei nun mein Diensthund und ich solle ihn aus dem Auto holen. Als ich mich dem Fahrzeug näherte, begann der Hund zu knurren und die Nackenhaare zu stellen. Er stellte die Rute steif nach oben, richtete seine Ohren wie Radarschirme auf mich und seine Augen wurden zu grünen Blitzen. Als ich den Ausbilder fragte, was ich tun sollte, erklärte er mir, ich müsse eben wirklich schnell zum Alpha werden und die Führung beanspruchen, sobald ich die Transportbox öffnete. Er instruierte mich, den Hund zu bestrafen und ihm zu zeigen, wer der Herr war. „Anderenfalls landest Du heute noch im Krankenhaus," warnte er mich. Wow, was für eine Einführung in eine Welt, zu der ich jahrelang aufgeschaut hatte. Die sogenannten Profis waren kein bisschen anders als meine KNPV-Vereinskameraden, nur mit dem Unterschied, dass sie Uniformen trugen. Ich öffnete also die Heckklappe des Einsatzwagens, wendete all die Zwangsmethoden an, die ich gelernt hatte und begann meine Karriere als Polizeihundeführer auf sehr schlechte Art und Weise.

Die einfache Regel lautete damals tatsächlich: „Wenn der Hund etwas tut, das dir nicht gefällt, bestrafe ihn. Wenn er etwas tut, das dir gefällt, bestrafe ihn nicht. So lernt er, was gewünscht ist."

Ich durfte weder das Futter einsetzen, das ich zum Training mitgebracht hatte noch mit dem Hund Ball oder Kong oder sonst etwas spielen. In meinen ersten „Trainingslektionen" ging es um Strafe und strikten Gehorsam und sie waren alles andere als ein Vergnügen – weder für den Hund noch für mich. Aber weil ich keine Erfahrung mit Polizeihunden hatte, dachte ich, diese seien wohl anders als andere Hunde und folgte den Instruktionen des Ausbilders – gegen meinen inneren Widerstand. Ich hatte keine Ahnung, wie man es besser machen könnte, aber ich wusste, dass es einen besseren Weg geben musste als dieses harte Zwangstraining, das wir absolvierten.

All das brachte mich letztlich auf einen neuen Kurs und weckte in mir den Wunsch, diese Welt des Zwangs zu einem Training mit positiveren Methoden zu verändern.

*„Zuerst ignorieren sie dich.
Dann lachen sie dich aus. Dann bekämpfen
sie dich. Und dann gewinnst du."*
(Mahatma Gandhi)

Das war, rückblickend betrachtet, alles andere als leicht, denn erstens wusste ich es ja damals auch nicht besser und zweitens brachte das Zwangstraining ja Ergebnisse: Das unerwünschte Verhalten, dass mich mein Diensthund biss, verschwand und stattdessen zeigte er das erwünschte, das wir auch in den echten Einsätzen brauchten: Er biss den Verdächtigen.

Dennoch sagte mir damals mein Bauchgefühl, dass wir, mein Hund und ich, viel mehr erreichen könnten, wenn wir uns besser verstünden und Vertrauen zueinander aufbauen könnten. Das uns auferlegte Zwangstraining war dabei nicht hilfreich.

Es mag heuchlerisch und schrecklich klingen, wenn ich das heute sage, aber es ist dennoch wahr: Ich lernte auch viel aus dieser Art des zwangsbasierten Trainings. Es führt zu Ergebnissen, und das in manchen Situationen wesentlich schneller als positive Verstärkung. Ich garantiere Ihnen – wenn Sie je die Erfahrung machen, von Ihrem Diensthund gebissen zu werden, werden Sie jede Form des Trainings anwenden, um das zu stoppen und zu verhindern, dass es jemals wieder passiert. Zumindest kann ich also sagen, dass ich aus meiner eigenen, ganz konkreten Erfahrung (samt Krankenhausaufenthalt wegen Bissverletzung) die Vor- und Nachteile dieser Trainingsform verstehe. Ich realisierte, wie schlau diese Tiere sind und wie viel Druck sie ertragen können. Ich verstehe auf dem Hintergrund meiner Erfahrungen auch, warum es so schwierig ist, mit Hundetrainern über das Thema Strafe und Zwang zu sprechen und warum die Diskussionen darüber immer so fanatisch werden. Jahre später öffneten mir die Bücher von Brené Brown, die Scham- und Schuldgefühle und unseren Umgang damit zu einem ihrer Hauptthemen gemacht hat, die Augen dazu. Da ich selbst sowohl in den Schuhen von „Zwangstrainern" als auch in denen von rein positiv arbeitenden und allen möglichen dazwischen gestanden habe, kann ich heute mit allen sprechen, ohne sie zu verurteilen – ich kann sie verstehen und ihnen helfen, mehr zu entdecken.

Seit meinen ersten Jahren in der Diensthundeeinheit der Polizei sind viele Jahre vergangen und auch in den KNPV-Club und Polizeihundestaffeln hat sich die Welt verändert: Sie ist deutlich besser geworden, als sie es zu Beginn der 1990er Jahre war. Besonders in den Niederlanden haben wir einen enormen Übergang geleistet. Dieser ist nicht nur mir zu verdanken, sondern viele Frauen und Männer in den Hundesportvereinen, bei den Polizei-, Militär- und Zollhundestaffeln haben dazu beigetragen, die Welt der Hundeausbildung zu verändern. Ich war einer der Coaches in dieser Phase des Wandels. Ich sammelte Wissen, Erfahrung, Vertrauen und wandlungswillige Menschen, um den Punkt zu erreichen, an dem eine Wende unumkehrbar wurde.

Das begann nicht an Tag eins, sondern war ein Prozess, der durch viele Anstöße und Zufälle begleitet und ermöglicht wurde. Aber ja, ich begann nach und nach gegen die vorherrschende Meinung zu kämpfen, dass zwangsbasiertes Training der beste Weg zur Ausbildung von Polizeihunden sei. Menschen, die mich kennen, bezeichnen mich gern als „Misfit", Rebell oder jemanden, der immer wieder Schwierigkeiten macht. Ich sehe das positiv, denn Misfits sind letztlich Menschen, die verrückt genug sind, zu glauben, dass sie die Welt verändern können!

Mein erster Anstoß, etwas ändern zu wollen, war mein damaliger erster Diensthund Castor selbst. Ja, derjenige, der mich anfangs mehrmals gebissen hatte, der als schwierig galt und den niemand in der Staffel haben wollte.

Was Castor mich lehrte

Inzwischen arbeitete ich seit sechs Monaten mit Castor. Er hatte mich nicht mehr gebissen, aber in mir rebellierte mehr und mehr alles gegen das zwangsbasierte Training, das uns auferlegt wurde – so sehr, dass ich darüber nachdachte, die Hundestaffel zu verlassen. Aber was sollte dann aus Castor werden, wenn ich ging? Ich beschloss, mehr zu erfahren und zu lernen und das Buch „Don't shoot the dog!" von Karen Pryor (auf Deutsch später erschienen unter: „Positiv bestärken – sanft erziehen") wurde zu meinem ersten Augenöffner. Ich las zum ersten Mal bewusst von klassischer und operanter Konditionierung, von Ivan Pavlov und dem Einsatz von Verstärkern. Ich nahm einige der Ratschläge daraus ernst und begann, mit allen möglichen Arten von Verstärkern zu experimentieren. Der Kontakt zwischen meinem Hund und mir wurde zusehends enger. Wir verstanden einander immer besser und er versuchte nicht mehr, mich zu beißen!

Ich durfte ihn jetzt nach Dienstschluss mit nach Hause nehmen – er wurde Teil meines Alltags und wir unternahmen lange Wanderungen zusammen. Und ja, er rettete mich im Dienst aus mehreren brenzligen Situationen. Unser gegenseitiger Respekt wuchs.

Dann passierte etwas im Einsatz, das alles veränderte.

Es war an einem Samstagabend. Unser Vorgesetzter zeigte uns das Foto eines bekannten Kriminellen und teilte uns mit, dass er wegen Vergewaltigung gesucht würde und auf der Flucht sei, sich aber letzten Angaben zufolge noch in der Stadt befände. Unsere Aufgabe sei es, ihn zu finden und festzunehmen. Wenige Stunden später sah ich ihn tatsächlich im Stadtzentrum. Als übereifriger junger Polizist sprang ich aus dem Auto, packte ihn, rief ihm zu, dass er verhaftet sei und hielt ihn fest, damit er nicht weglaufen konnte. Natürlich war das nicht besonders gut bedacht von mir. Ich war allein, er dagegen in Begleitung von zehn Kumpels – und alle griffen mich an, während ich den Gesuchten weiter festhielt. Während ich Faustschläge und Fußtritte kassierte, schrie ich um Hilfe nach meinem Hund, der noch im Auto saß. Wir hatten genau diese Situation im Training wieder und wieder geübt: Die Tür der Hundebox hinter dem Fahrersitz ist nie verschlossen und der Hund springt auf Zuruf aus dem Auto und beißt sofort den Figuranten im Schutzanzug, der mich zum Schein im Training angreift. Das hatten wir also geübt, und ja, ich erwartete, dass der Hund die Kerle, die mich schlugen und traten, angreifen und beißen würde. Er reagierte auch sofort auf seinen Namen, sprang aus dem Auto und kam bis auf etwa fünf Meter auf uns zu. Er biss nicht! Aber er knurrte, zeigte seine Zähne, machte sich groß und ließ damit meine Angreifer zurückweichen. Ich hielt meinem Festgenommenen weiter im Klammergriff, während mein Hund sich mit seinem Rücken an mein Knie drückte, Körperkontakt zu mir hielt und die Angreifer weiter anschaute. Er verhielt sich aggressiv, aber nicht wie von Sinnen wild. Ich schleppte meinen Verdächtigen zum Dienstwagen, legte ihm Handschellen an und bugsierte ihn hinein, und die ganze Zeit hielt mein Hund Körperkontakt zu mir. Dann sprang er zurück in seine Box und wir fuhren zur Wache. Nachdem ich den Festgenommenen in eine Zelle gebracht hatte, verbrachte ich einen langen Abend mit meinem Hund.

An diesem Abend dämmerte es mir, dass es wohl mehr zwischen Himmel und Erde gibt, als wir ahnen. Was der Hund für mich getan hatte, war unerwartet und beeindruckend. Er hatte sich in dieser Situation auf die beste nur denkbare Art und Weise verhalten – aber wir hatten diese Reaktion nie trainiert! Einmal davon abgesehen, dass ich wohl auch heute noch Schwierigkeiten hätte, einen Trainingsplan aufzustellen, wie man genau dieses Verhalten beim Hund erreichen soll. Für mich war besonders überraschend, dass sich mein Hund sich trotz des ganzen vorangegangenen Trainings so verhalten hatte. Anstatt wie im Training aus dem Auto zu springen und meinen Angreifer zu beißen, hatte er sich zu einem anderen Verhalten entschieden. Die Tatsache, dass mein Hund die in dieser Situation bestmögliche Option gewählt hatte, ließ mich in dieser Nacht nicht schlafen. Plötzlich fühlte ich mich nicht mehr wie der „Herr", der Zwang ausüben musste, um einen sehr aggressiven Polizeihund kontrollieren zu können. Wir waren zu einem Team geworden, das auf Freundschaft und Vertrauen baute.

Das war der Startpunkt zur Veränderung in meiner Laufbahn als Polizeihundeführer. Ganz unerwartet war mir der Beweis präsentiert worden, dass es, wenn die Beziehung zwischen Hundehalter und Hund gut ist, richtig ist, dem Hund auch einmal eine Entscheidung zu überlassen. Vor diesem Zwischenfall war meine Erfahrung gewesen, dass mit Zwang trainierte Hunde auf eine simple, analoge Art funktionierten. Denken war auf ihrer Seite weder gefragt noch notwendig, denn im Grunde ging es nur um „Fass!" und „Aus!". Aber jetzt, da ich eine Beziehung zu meinem Hund aufbaute, sah es so aus, dass er ebenfalls systematischer mitdenken würde und zu begreifen schien, dass er mit seinem Verhalten die Situation beeinflussen konnte.

Während ich dies schreibe, erinnere ich mich an die Aussage Thorndikes: „Wenn eine Handlung zu einer Belohnung führt, wird sie fest ins Gehirn des Tieres geprägt." Damals vor dreißig Jahren, zu Beginn meiner Laufbahn als Polizeihundeführer, war ich blind für die Tatsache gewesen, dass man den Tieren eine Wahl geben muss. Denn dann engagieren sie sich nicht nur körperlich, sondern auch mental!

Von diesem Moment an beschloss ich, im Training einen anderen Weg einzuschlagen, weg vom Zwang und in eine andere Richtung. Das wurde zu meiner ganz persönlichen „Prophezeiung von Celestine" (für alle, die dieses Buch kennen). Ich wollte einen anderen Weg einschlagen, ohne ihn damals klar vor mir zu sehen. Es wurde zu einer spannenden Reise mit vielen Hochs und Tiefs. Aber ich bin dankbar, dass ich die Gelegenheit zur Entdeckung dieses neuen Wegs hatte, denn sie bescherte mir unglaubliche Erfahrungen!

In meiner damaligen kleinen Diensthundestaffel gab es zehn Hundeführer und einen Ausbilder. Innerhalb einer Woche nach meinem Entschluss zur Veränderung war der Konflikt da. Mein Ausbilder hatte die Angewohnheit, die Hunde immer wieder zu korrigieren, so auch meinen. Strafe war die einzige Lösung, die er kannte, und er konzentrierte sich auf Fehlverhalten. Darüber hinaus baute er das Training auch noch so auf, dass es wahrscheinlich war, dass die Hunde Fehler machten. Mein Hund war, sobald er irgendwo einen Schutzanzug oder Beißarm sah, sehr aggressiv und konnte in den Übungen, wenn Beißen *nicht* erlaubt war, kaum daran gehindert werden, es dennoch zu tun. Dies gab meinem Ausbilder immer wieder Gelegenheit, meinen Hund zu bestrafen, was aber bis jetzt noch nie zu einem Ergebnis geführt hatte. Er biss den Figuranten auch weiterhin.

Als der Ausbilder an diesem Tag auf meinen Hund zuging und ihn mit Schlägen bestrafen wollte, ergriff ich die Partei meines Hundes. Ich stoppte den Ausbilder und sagte, dass ich, falls er meinen Hund schlagen wolle, die Leine loslassen würde (was dazu führen würde, dass er selbst gebissen würde). Meine Kollegen erstarrten zu Eis. Niemand hatte es je gewagt, der

Philosophie des Ausbilders zu widersprechen. Aber ich ging sogar noch weiter und sagte meinem Ausbilder, dass ich das unerwünschte Verhalten innerhalb von zwei Wochen ohne Einsatz von Strafe ändern würde. Er wurde so wütend, dass er zu stottern begann und schrie mich schließlich an, dass er mich feuern würde, wenn mein Hund jemals wieder in einer seiner Trainingsstunden beißen würde. Herausforderung angenommen!

Die Übung selbst war gar nicht so kompliziert: Ein Figurant im Schutzanzug stand ruhig an eine Wand gelehnt in einem Gebäude, in das Hund und Hundeführer dann geschickt werden, um Raum für Raum abzusuchen. Der Figurant hat seine Position so gewählt, dass der Hund als erstes auf ihn treffen wird, während sein Hundeführer folgt und noch draußen vor dem Raum ist. Sie können sich vorstellen, dass die Hunde aufgrund des gesamten vorangegangenen Trainings so fixiert darauf waren, den Figuranten zu beißen, dass sie diesen oftmals ohne Kommando des Hundeführers angriffen, sobald sie ihn erblickten. Der Schutzanzug ist der größte Verstärker für sie! Sie lieben es zu kämpfen, für sie ist es ein Spiel. Unser Ausbilder versuchte stets, diesen Fehler zu vermeiden, indem er uns zum Beispiel Tricks zeigte, wie wir die Hunde bei der Gebäudesuche so an der (langen) Leine führen sollten, dass wir ungewollte Bisse verhindern konnten. Immer dann, wenn ein Hundeführer nicht gut genug aufgepasst hatte und der Hund deshalb Gelegenheit zum Beißen bekam, schlug der Ausbilder den Hund und schrie den Hundeführer an. All das zusammen machte diese Übungen wirklich zu einer Nervenzerreißprobe.

Die Hunde waren so fixiert auf den Schutzanzug des Figuranten, dass sie oft angriffen, ohne auf das Signal ihres Hundeführers zu achten.

Ich veränderte die Regeln. Zusammen mit einem Freund trainierte ich diese Übung mehrmals täglich und in verschiedenen Umgebungen. Es war OK für mich, dass mein Hund Fehler machte – auf Beißen folgte ab sofort keine Strafe mehr. Vielmehr war die Konsequenz von Beißen, dass der Figurant (mein Freund) und der Hundeführer (ich) beide sehr passiv wurden und die Übung mit einem Neustart wieder ganz von vorne begann. Nach etwa zehn Neustarts griff mein Hund den Figuranten nicht mehr an, sondern setzte sich vor ihn hin und bellte ihn an – so, wie es das Lehrbuch wünschte! Dann gab ich ihm einen Ball am Seil und wir machten zusammen ein Zerrspiel. Wir hatten Spaß zusammen! Diese Sequenz wiederholten wir mehrere Male, und nach zwei Wochen war das Spiel für meinen Hund ein anderes geworden. Er machte nie mehr den Fehler, zu beißen, wenn er den Scheintäter fand, sondern er setzte sich sofort hin und verbellte ihn. Darauf folgte immer eine von vier Optionen: Die ersten beiden waren, dass entweder ich oder der Scheintäter den Hund mit einem Ball und einem Zerrspiel belohnten. Die dritte war, dass ich meinem Hund das Kommando gab, zu mir zurückzukommen, woraufhin es wieder Ball- und Zerrspiel mit mir gab. Und Option Nummer vier war, dass der Scheintäter wegzulaufen versuchte, was für den Hund das Signal zum Angriff war – und dann kämpften mein Hund und ich gemeinsam gegen den „Täter". Wir hatten also vier Optionen und viele Möglichkeiten für Fehler, wobei Fehler aber nicht mehr Strafe, sondern einen Neustart nach sich zogen. Wir fingen einfach die Gebäudesuche wieder von vorne an.

Nie vergesse ich den Tag, als ich nach zwei Wochen von meinem Ausbilder aufgefordert wurde, ihm und den Kollegen diese Übung vorzuführen. Mein Hund zeigte eine fantastische Leistung! Ich zeigte und erklärte den anderen meine vier Optionen, und das wurde zum Augenöffner für alle. Aber anstatt, dass die Staffel nun einen anderen Weg im Training einschlug, passierte das Gegenteil. Zwar wollten einige wenige Kollegen mehr darüber lernen, was ich gemacht hatte, aber die meisten arbeiteten weiter mit Zwang wie bisher. Erst Jahre später, als ich mich auch mit dem Verhalten von Menschen stärker befasste, verstand ich, dass dies ihre Komfortzone gewesen war. Aber damals konnte ich nicht verstehen, warum sie nicht willens waren, ihr Training auf positivere, belohnungsbasierte Prinzipien umzustellen. Menschen können sich ändern, aber sie wollen nicht verändert werden. Oh ja, ich lernte auch viel über das Coaching von Menschen!

Erst später war ich in der Lage, mehr Gemüter zu erreichen und mehr Meinungen zu verändern. Zwang wurde nach und nach immer weniger und Belohnung immer mehr verwendet. Aber der Ausbilder war nach wie vor gegen mich, und das schuf keine gute Lernatmosphäre. Aber ziemlich genau in dem Moment, als ich beschlossen hatte, die Staffel zu verlassen, weil es so nicht weitergehen konnte, erhielt ich einen Anruf von einer seltsamen Polizeieinheit, von der ich noch nie zuvor gehört hatte …

Wie lernt man etwas, das es noch nicht gibt?

Schon seit ein paar Minuten schaute ich nun auf das Blatt Papier vor mir. Es war das Jahr 1996 und ich saß an einem Schreibtisch in einem kleinen Büro, in dem ich noch nie zuvor gewesen war. Es war mein erster offizieller Arbeitstag in meiner neuen Diensteinheit. Ich war schon vor Monaten dafür ausgesucht worden, ohne zu wissen, dass man mich beobachtet hatte. Wir hatten in der Staffel Besuch von ein paar uns Unbekannten bekommen, als wir mit den Hunden arbeiteten. Es hatte ein paar Treffen mit meinem Vorgesetzten gegeben und ich hatte ein paar seltsame Anrufe von Menschen bekommen, die mir Fragen zur Hundeausbildung stellten. Und letztlich wurde ich zum Kaffeetrinken von Leuten eingeladen, die meine Meinung zum Einsatz von Hunden in verdeckten Ermittlungen beziehungsweise geheimen Operationen hören wollten. Irgendwann rückten sie damit heraus, dass ich für sie arbeiten sollte. Ich würde all meine Privilegien verlieren, die ich bisher in meiner Streifeneinheit erworben hatte und mich von meinem Diensthund verabschieden müssen. Ich würde meine alten Kollegen verlassen müssen, ohne ihnen sagen zu dürfen, wo ich hinging. Aber die Herausforderung, die mir angeboten wurde, war fantastisch und die Auftraggeber hatten ihre Hausaufgaben gut gemacht. Sie wussten, wie sie mich packen konnten.

Wieder starrte ich auf die Liste vor mir. Mindestens zehn verschiedene Themen, die alle interessant waren. So zum Beispiel „Einen sehr leisen, passiven Drogenspürhund ausbilden, den wir in verdeckte Einsätze schicken können." Dazu muss man wissen, dass wir damals in der Polizei nur sehr aggressiv bellende Drogenspürhunde hatten. Oder: „Einen Spürhund ausbilden, der einer Spur in städtischer Umgebung folgen kann." Damals konnten Spürhunde nur in ländlicher Umgebung arbeiten. Und viele ähnliche Fragen mehr. Das Ziel der gerade erst gegründeten verdeckten Einheit war es, die Hunde für ihre taktischen Zwecke einzusetzen und das Management hatte dazu zahlreiche Experten hinzugezogen, die möglichst außerhalb des gewohnten Rahmens denken sollten. Wir mussten einen neuen Job auf eine neue und innovative Art und Weise erfüllen, für die es keine Grenzen gab.

Die allgemeine Meinung, die man von Polizeihunden hatte, war nicht besonders gut. Nicht zuverlässig, stinkend, immer wieder Beißvorfälle, nicht stubenrein, laut und in den Fähigkeiten begrenzt. Meine Aufgabe war es nun, das zu ändern und Hunde zu einem nützlichen und akzeptierten Instrument in der „Werkzeugkiste" zu machen. Der Oberbefehlshaber war überzeugt davon, dass Hunde einen guten Beitrag zur neuen Einheit leisten konnten, aber er war auf der Suche nach einer anderen Art der Arbeit mit Diensthunden. Er stellte mir die Aufgabe, die Dinge zu analysieren und entschlüsseln, die man bisher getan hatte und sie so zu verändern, dass sie für die neuen Zwecke gebraucht werden konnten.

Es gab eine Sache auf der Liste, die meine Aufmerksamkeit wirklich fesselte und mich sofort packte: Einen Hund so trainieren, dass wir ihn gezielt mit einem Kamerasystem und anderen Sensoren ausgestattet in eine unbekannte Gefahrensituation außerhalb unserer Sichtweise schicken können. Ohne Zeit und Gelegenheit, den Hund vorher im späteren Einsatzgelände trainieren zu können. Der Hund muss alle möglichen Sensoren tragen und es muss eine Möglichkeit gefunden werden, über große Entfernungen verdeckt mit ihm zu kommunizieren.

Disziplinen wie Drogen-, Sprengstoff- oder Personensuche aufzudröseln, die es ja schon gab, erschien mir machbar und konnte ja nicht so schwierig sein, dachte ich mir. Aber das Training eines „ferngesteuerten" Kamerahundes war eine echte Herausforderung. Wie lernt man etwas, das es noch nicht gibt? Ein Zitat von Will Ferell kam mir in den Sinn: „Der echte Weg, um etwas zu lernen, besteht darin, rauszugehen, es zu versuchen und sich von seiner Neugier leiten zu lassen."

Ich beschloss, die Herausforderung anzunehmen.

Mein erster Kamerahund Andor 1996.

Nachdenken und Planen

Die großen Denker der Vergangenheit tranken gern Absinth, einen Branntwein mit hohem Alkoholgehalt. Er machte ihren Geist freier und half ihnen, neue Wege im Denken einzuschlagen. Und ich wusste, dass große Maler wie Rembrandt sich stundenlang an den kleinsten Details übten, um diese ganz zu verstehen, bevor sie richtig gut wurden. Eine Sache war für mich klar: Ich würde tief nachdenken müssen, alles vergessen müssen, was ich bis dahin gelernt hatte und das Training von Tieren für mich neu aufschlüsseln und systematisch neu anlegen müssen.

Ich war es gewohnt, in den Stufen eines Ablaufplans zu denken und zu handeln. Als Taucher beim Militär war das meine einzige Chance, um in einer gefährlichen Umgebung zu überleben. Ablaufpläne werden nicht in einem bestimmten Moment erstellt und das war's dann ein für allemal, sondern ich betrachte sie als lebende Dokumente, die mit der Zeit und der Erfahrung immer besser werden. In der Hundeausbildung spricht man heute von einem Trainingsplan. Die Idee ist die gleiche: Ein geplanter Schritt-für-Schritt-Ablauf.

Wir lernen aus unseren Fehlern, zumindest dann, wenn wir uns selbst genügend reflektieren können. Es ist schade, dass viele Menschen ohne nachzudenken einfach nur das nachmachen, was andere schon vorher gemacht haben. Sie schalten einfach ihren eigenen Verstand aus und folgen einer überlieferten Methode, ohne an sich selbst den Anspruch zu haben, es besser zu machen.

Wie konnte ich meine Erfahrungen aus dem Tauchen beim Militär in Trainingspläne für Hunde einbringen? Was wäre anders, was gleich? Ich nahm ein großes Blatt Papier zur Hand und begann mit dem Brainstorming, indem ich in kleine Wölkchen alle Schlüsselwörter schrieb, die mir einfielen. Keine Idee war zu abwegig, um sie aufzuschreiben. Ich brauchte mehrere Stunden und eine halbe Flasche Whisky dafür. Dann war ich fertig. Ich wusste, was ich zu tun hatte und wo ich anfangen musste.

Am nächsten Morgen bat ich um ein Gespräch mit meinem Vorgesetzten. Ich hatte einen Plan. Einen noch recht wilden Plan zwar mit vielen offenen Enden, aber zumindest gab es eine Struktur. Ich teilte alle meine unsortierten Gedanken vom Vorabend in Kategorien ein. Damit begann mein „Think-Plan-Do" – „Nachdenken-Planen-Handeln" –, auch wenn ich nicht genau diese drei Schlagworte benutzte. Erst Monate später, nachdem ich Marian und Bob Bailey kennengelernt hatte, sollte mir das zur Standardgewohnheit werden.

Ich erklärte meinem Vorgesetzten, dass viele Dinge auf der Liste nicht so besonders schwierig wären. Natürlich würde ich einen passiven Drogenspürhund ausbilden können; und ich würde auch Sprengstoffspürhunde anders als bisher gewohnt ausbilden können. Auch würde es kein Problem sein, einen Hund so auszubilden, dass er auf andere als die üblichen Kommandos reagieren würde. Was ich übrigens besonders clever und interessant fand – ein Hund, der losrennt, wenn man „Sitz!" sagt und sich hinlegt, wenn man „Hier!" ruft! Dieser „verdeckte-Ermittler-Hund" würde noch weitere „Tricks" beherrschen.

Für all das bat ich meinen Vorgesetzen um Zeit und ein Budget. Ein Budget, um Hunde kaufen und um die Welt fliegen zu können, um Menschen zu ihren Trainingserfahrungen zu befragen, deren Trainingspläne zu analysieren und mit ihnen zusammen zu trainieren. Für all das würde ich Zeit brauchen – ich schlug drei Jahre vor. Das erste Jahr plante ich für Recherche und Orientierung ein, das zweite zum Vollzeit-Training verschiedener Hunde und das dritte, um diese Hunde in unsere Einsätze zu nehmen und zu schauen, wie sie sich bewährten.

Mein Vorgesetzter starrte mich einige Sekunden lang an, als ich ihn um drei Jahre bat. Dann sagte er mir, dass das Geld kein Problem sei, aber drei Jahre eine sehr lange Zeit seien. Ich erklärte ihm, dass ich viele traditionelle Trainingsmethoden ändern müsste und dass ich dem Projekt gern eine faire Chance geben würde. Nach einem weiteren Blickduell machte er mir ein Angebot, schaute mir scharf in die Augen und sagte: „Ich gebe dir dein Budget und ich gebe dir drei Jahre, um deine Arbeit im Einsatz zu beweisen. Wenn sie mir gefällt und du deine Ziele erreichst, kannst du hier in der Einheit bleiben. Wenn nicht, gehst du wieder zurück zur Streifenpolizei, wo du hergekommen bist.“

Wir gaben uns die Hand und mein erstes Jahr hatte begonnen! Wir schrieben den 01. April 1996, die Uhr lief und ich stürzte mich in die Recherche.

Das Pavlov-Projekt beginnt

Was die Spürhundeausbildung anging, hielt ich dies für kein großes Problem. Es war etwas, das ich sicher an unserer nationalen Polizeihundeschule lernen könnte. Ich dachte, dass vermutlich das Training eines mit Kamera und Sensoren ausgerüsteten und weit von mir weg arbeitenden Hundes die größte Herausforderung sein würde. Aber die Realität erwies sich als noch härter.

Wenn ich mich umsah, sah ich eine Menge sehr aktiv arbeitender Spürhunde: Sie bellten, kratzten, bissen oder zeigten andere sehr aktive Anzeigen. Mit dem Grundgehorsam war es bei ihnen nicht weit her, und im Allgemeinen wohl auch nicht mit der Qualität. Ich brauchte nun also sehr gute passive Spürhunde für unsere verdeckten Ermittlungen. Es überraschte mich, zu entdecken, dass es bisher für die Ausbildung keine Trainingspläne oder Handouts gab. Alles war nur mündliche Überlieferung, wie ich es auch in der Welt der Streifendiensthunde schon kennengelernt hatte. Jeder Ausbilder hatte seine eigene Vorstellung vom Training und es war nicht klar, wie viel Zeit man eigentlich zur Ausbildung eines Spürhundes brauchte. Ungefähr, so sagte man mir ohne viel weitere Erklärung, zwischen drei und neun Monaten. Auch bei den Personenspürhunden taten sich Probleme auf: Die bisherigen Fährtenhunde machten ganz gute Arbeit in ländlichen Umgebungen, wenn während der letzten 24 Stunden niemand anderes durch den gleichen Wald gegangen war. Aber sobald das der Fall war, gab es Probleme, und die Verfolgung von Spuren auf harten Untergründen wie Asphalt erwies sich als Illusion.

Plötzlich wurde mir klar, dass die drei Jahre wahrscheinlich nicht ausreichen würden. Aber da war sie nun mal, die Deadline, und sie weckte meinen Ehrgeiz. Also legte ich los.

Zuerst begleitete ich die Spürhund- und Personenspürhundeführer während der nächsten sechs Monate jeden Tag lang. Sie trainierten meistens in den Morgenstunden, sodass ich den

Nachmittag zum Testen meiner Ideen zur Ausbildung der „Kamerahunde“, wie ich sie nannte, nutzte. Dabei nutzte ich meine Erfahrungen aus dem Jagdhundetraining und kombinierte sie mit dem, was ich in der Polizeihundestaffel gelernt hatte.

Diese drei Themen – Spürhundearbeit, Personenspürhunde und Kamerahunde – hatten eins gemeinsam: Vertrauen! Ausbilder, die ebenfalls an den ferngelenkten Kamerahunden Interesse hatten, versuchten mir zu helfen und erklärten mir, dass ich unbedingt Zwang einsetzen müsse, denn ihrer Auffassung nach sollte ein solcher Hund niemals in der Weiterbewegung stoppen, nachdem er ein Kommando erhalten hatte. Ihrer Meinung nach konnte man das nur über Zwang sicherstellen. Überrascht fragte ich nach, wie genau sie sich das vorstellten, woraufhin der Chefausbilder mir erklärte: „Nimm ein langes Seil, etwa einhundert Meter lang. Führe es über eine Umlenkrolle, die in etwa fünfzig Metern Entfernung in einem Baum angebracht ist und dann wieder zurück ans Halsband des Hundes. Dann gib dem Hund das Kommando ‚Vorwärts!‘ und zieh am Seil. Der Hund kann nicht anders, als dem Zug nachzugeben und auf den Baum zuzugehen – und so konditionierst du ihn dazu, auf das Kommando ‚Vorwärts!‘ hin nach vorn zu gehen.“

Ich versuchte ihm zu erklären, dass dies im wahren Leben so nicht funktionieren würde – mitten in der Nacht in dunkler Umgebung, ohne Baum, Umlenkrolle und Hundert-Meter-Seil. Aber umsonst. Letztlich dankte ich ihm für seinen Rat, den ich geflissentlich ignorierte. Stattdessen arbeitete ich weiter mit meinen Erfahrungen aus der Welt der Jagdhundeausbildung, was aber auch nicht ausreichte, denn im wahren Leben konnte ich nicht erst ein paar Dummys auswerfen, um den Hund zum Arbeiten zu motivieren. Ich steckte fest! Ich brauchte eine verlässliche Trainingsmethode, aber niemand auf der ganzen Welt schien diese Art von Arbeit zu machen.

Es war ein Mittwoch und die Diensthundeführer hatten eine Besprechung zu Verwaltungsdingen. Ich hatte beschlossen, diesen Nachmittag freizunehmen und einem nahegelegenen Delfinarium einen Besuch abzustatten. Als Kind war ich mit meinen Eltern öfter dort gewesen und hatte schöne Erinnerungen an die Delfinshows. Als ich daran dachte, wie damals die junge Delfintrainerin auf dem Podest stand, fünf Delfine gleichzeitig für sie arbeiten ließ und dabei lächelnd ein Publikum von fünfhundert Menschen unterhielt, ging mir ganz plötzlich ein Licht auf: Sie beherrschte etwas, das ich nicht konnte! Sie trainierte fünf Tiere und gab ihnen Richtungsbefehle – ganz ohne Zwang oder Leine, nur mit Vertrauen und Spaß. Ich dagegen hatte erhebliche Probleme mit nur einem Hund an einer langen Leine, wenn es um das Schicken in bestimmte Richtungen ging. Ich musste unbedingt mehr über dieses Delfintraining lernen!

Am nächsten Morgen um zehn, die typische Kaffeezeit in meinem Land, stand ich am Eingang des Delfinariums. Diesmal trug ich meine Dienstuniform, hatte einen großen Kuchen dabei und sagte der Dame an der Rezeption, dass ich einen Termin mit der Cheftrainerin hätte. Sie telefonierte kurz und zehn Minuten später war die Ausbildungsleiterin da. Sie stellte sich als Toinny vor und entschuldigte sich, dass sie offensichtlich den Termin vergessen hatte. Ich lachte, reichte ihr den Kuchen und sagte, dass ich gar keinen Termin hätte, aber unbedingt alles über das Delfintraining wissen wollte. Wir setzen uns hin, tranken Kaffee, aßen Kuchen und unterhielten uns letztlich den ganzen Tag lang. Sie führte mich herum, erklärte, wie die Shows aufgebaut waren und wie die Meeressäuger (denn es gab außer Delfinen noch andere) trainiert wurden. Sie wusste nicht viel über die Geschichte des Delfintrainings und wie es begonnen hatte, aber mein Interesse an alldem war geweckt.

Am nächsten Wochenende stattete ich meinem jüngeren Bruder einen Besuch ab, der gerade die neue Welt des Internets betreten hatte. Ja, Jüngere unter Ihnen können sich das vielleicht nicht vorstellen, aber 1996 war das Internet tatsächlich zum ersten Mal frei für alle zugänglich! Und mein Bruder hatte einen der ersten Anschlüsse. Er half mir das ganze Wochenende lang, mehr über das Delfintraining herauszufinden und wir stolperten schließlich über Keller und Marian Breland in den USA, die anscheinend als erste irgendwann in den 1950er Jahren damit begonnen hatten. Wir fanden weiter heraus, dass Keller inzwischen verstorben war, Marian aber noch lebte und inzwischen mit einem gewissen Bob Bailey verheiratet war. Beide waren sehr aktiv im Tiertraining auf Basis operanter Konditionierung. Nach ein paar Tagen gelang es uns schließlich, ihre Telefonnummer in den USA herauszufinden.

Ich war ziemlich nervös, als ich sie schließlich wählte. Und überrascht, als sich nach wenigen Sekunden Bob Bailey persönlich meldete. Ich stellte mich als niederländischen Polizeibeamten vor, der mit einem Sonderprojekt in der Hundeausbildung beauftragt war und mehr über ihre Arbeit erfahren wollte. Bob fragte explizit nach, ob ich Polizeihundetrainer sei, und als ich bejahte, sagte er mir, dass er bereits vor Jahren beschlossen habe, nie wieder mit Polizeihundeausbildern zu arbeiten, weil diese zu viel Zwang einsetzten und nichts anderes hören wollten. „Goodbye“, sprach's, legte einfach auf und ließ mich verblüfft mit offenem Mund zurück.

Aber ich rief am nächsten Tag wieder an – und mindestens weitere zwanzig Male, um ihn davon zu überzeugen, dass ich keiner der üblichen Polizeihundeausbilder war. Irgendwann ließ er sich endlich auf ein längeres Gespräch ein. Er sagte, dass er in der Zwischenzeit mit seiner Frau Marian über mich gesprochen habe und dass sie beschlossen hätten, mir eine Chance zu geben. Sie würden mir zuhören, wenn ich in die USA käme. Wir könnten in einem Restaurant in Hot Springs, Arkansas zu Abend essen und am nächsten Tag würde ich einen Test absolvieren. Hurra – ich hatte einen Termin!

Ein paar Wochen später flog ich in die USA und traf Marian und Bob abends im „Brau Haus“, einem Restaurant mit deutschstämmiger Küche. Wir hatten eine lange Unterhaltung und riesige Schnitzel. Am Ende des Abends berieten die beiden sich kurz untereinander und sagten mir dann, dass sie bereit seien, den nächsten Schritt mit mir zu wagen, nämlich den Test am nächsten Morgen. Sie gaben mir ihre Adresse und den Auftrag, pünktlich um neun Uhr da zu sein.

Als ich das Haus betrat, führten sie mich zu einem großen, langen Tisch im Wohnzimmer, auf dem einige Blätter Papier lagen. Das sei mein Trainingsbereich, sagte Bob. Dann bat er mich, ihm in den Garten zu folgen und öffnete dort einen kleinen Hühnerverschlag. Ich sollte eins der Hühner nehmen und mit zum Wohnzimmertisch bringen. Ich setzte es darauf und Marian gab mir einen Clicker, eine Tasse mit Hühnerfutter und ein Papiertarget. Mein Test hatte begonnen – ich sollte zeigen, dass ich ein Tier, in dem Fall ein Huhn, trainieren konnte, indem ich entweder Futter gab oder nicht gab und dabei den Clicker als Brückensignal einsetzte. Sie beobachteten dabei mein Verhalten und analysierten mein Timing, meine Entscheidungen und andere Fertigkeiten. Ich befand mich ganz schön weit außerhalb meiner Komfortzone!

Das Training war in „Einheiten" („Sessions") und „Durchgänge" („Trials") eingeteilt. Nachdem ich 45 Minuten lang verschiedene Hühner trainiert hatte, hielt mir Marian einen 45-minütigen theoretischen Vortrag. Danach zeigte mir Bob weitere 45 Minuten lang in der Praxis, wie ich besser mit den Hühnern arbeiten könnte; gefolgt von einer weiteren Theoriestunden mit Marian. Das wurde nun zu meiner Routine während meiner Zeit bei ihnen: Training, Theorie, Training, Theorie.

Es war harte Arbeit, und als ich am Abend in mein Hotel zurückfuhr, war ich fix und fertig. Mein Notizbuch war vollgeschrieben und ich musste noch meine Hausaufgaben machen, nämlich einen Trainingsplan für den nächsten Tag schreiben. Bob hatte mir bereits erklärt, *was* ich am nächsten Tag trainieren sollte, allerdings nicht, *wie* – das war meine Aufgabe für den Trainingsplan.

Bei Bob und Marian Bailey lernte ich mit Hilfe von Hühnern die Prinzipien der operanten Konditionierung kennen.

Als ich zwei Wochen später nach Hause flog, war ich erschöpft, aber auch sehr zufrieden. Ich hatte so viel gelernt!

Mit Hilfe von Bob und Marian hatte ich die Hühner dazu trainiert, Targets anzupicken, Farben zu unterscheiden, einen Hindernisparcours zu absolvieren, Dinge aufzuheben oder daran zu ziehen und vieles mehr. Es war absolut erstaunlich.

Auf dem Rückflug nach Amsterdam fragte mich mein Sitznachbar, ob ich zum Urlaub oder Arbeiten in den USA gewesen sei. Ich erklärte ihm, dass ich Polizist sei und dass es eine Dienstreise gewesen sei. Interessiert fragte er genauer nach, aber ich lächelte innerlich und dachte mir, dass ich ihm unmöglich erklären könnte, dass ich während der letzten zwei Wochen Hühner trainiert hätte. Er würde mich für verrückt halten! Also sagte ich etwas von einem Austauschprogramm und fiel dann in einen tiefen Schlaf.

Die Begegnung mit Bob und Marian hatte mein Leben verändert. Ich verdanke ihnen so viel! Sie öffneten mir die Augen und zeigten mir ohne Übertreibung den Weg aus dem Nebel ins Licht des Tiertrainings. Sie erklärten mir, wie man Trainingspläne schreibt und benutzt, Daten sammelt und auswertet, Verhalten beobachtet, aufteilt und generalisiert. Sie erklärten mir, wie man Trainer auswählt und coacht und so vieles mehr

Marian starb am 25. September 2001. Kurz zuvor konnte ich ihr noch versprechen, dass ich alles in meiner Macht Stehende tun würde, um die Prinzipien der operanten Konditionierung auch in die Welt der Polizeihunde zu tragen.

Bob und ich wurden über die Jahre zu guten Freunden und wir haben seit unserer Begegnung viel an den Programmen gearbeitet, für die ich verantwortlich war. Und wir schufen einige tolle Projekte zusammen, die später großen Einfluss auf die Einsätze hatten. Zusammen trainierten wir außerdem auf der ganzen Welt Tausende von Tiertrainern in Workshops und Seminaren und steckten viel Energie in unser Ziel, die Welt des professionellen Hundetrainings zu verändern.

Sie werden in diesem Buch keine „Simon-Prins-Methode“ lernen. Es gibt auch keine „Bailey-Methode“. Es geht um klassische und operante Konditionierung, um Thorndike, Pavlov, Skinner und Watson und die anderen Vordenker. Ja, ich war es, der die Trainingsprogramme für die per Laser oder Funk ferngesteuerten Kamera-Polizeihunde entwickelte, aber ich habe nicht mein Namensetikett draufgeklebt. Denn es ist einfach nur operante Konditionierung.

Bob und Marian haben auch mein Interesse an der Wissenschaft geweckt und mich in diese Welt eingeführt. Ich begann Literatur und Studien zu Tierverhalten, Humanpsychologie, Training und vielem mehr zu lesen. Außerdem verdanke ich Bob die Erkenntnis, dass Zeit etwas sehr Kostbares ist – etwas, das ich um das Jahr 2000 herum, als wir so eng zusammenarbeiteten, noch gar nicht so richtig verstand. Heute, über zwanzig Jahre später, verstehe ich, was er gemeint hat. Je älter wir werden, desto schneller verfliegt die Zeit – bevor wir uns umgesehen haben, ist schon wieder Weihnachten und ein weiteres Jahr vorbei.

Zeit ist wertvoll – und gutes Training effizient

Für mich ist ein besonders gutes Beispiel für den Wert von Zeit die Erinnerung an unsere ersten Schritte im Trainingsprogramm für die ferngelenkten Kamerahunde im Jahr 1996. Die Aufgabe bestand wie gesagt darin, einen Hund so auszubilden, dass er zwei- bis dreihundert Meter von seinem Hundeführer entfernt mit einer Kamera ausgerüstet agieren und vom Hundeführer mit Richtungshinweisen gesteuert werden kann, und das auch im Dunklen. Die Hunde mussten leise und unauffällig arbeiten.

Zu Beginn des Trainings versuchte ich es noch damit, die Targets im Dunklen mit einer Taschenlampe anzuleuchten. Dann ging mir urplötzlich ein Licht auf: Warum benutzten wir eigentlich stattdessen keinen Laserpointer? Man könnte doch den Hund dazu trainieren, einen Laserpunkt als Target zu betrachten und bestimmte Aufgaben dort zu erledigen! Dazu müssen Sie aber wissen, dass ein Lasergerät damals 25.000 Dollar kostete! Und zusätzlich mussten wir noch selbst Behälter, Stromversorgung und Linsen dafür konstruieren und bauen. Heutzutage kann man in jedem Baumarkt einen Laserpointer für ein paar Euro kaufen.

Damals brauchte ich neun Monate, um einen Hund dazu zu konditionieren, zum 150 Meter von mir entfernten Laserpunkt zu laufen, dort etwas aufzuheben oder abzulegen oder ein bestimmtes Objekt anzuschauen (damit die Kamera auf seinem Kopf es filmen konnte).

Dadurch, dass wir Trainingsplan um Trainingsplan schrieben und immer wieder veränderten, Daten sammelten und auswerteten, können wir heute das gleiche Ergebnis in drei Monaten erreichen. Das ist, was Bob und Marian mich unter anderem lehrten: Verbessere dein Training stets weiter, werde effektiver und effizienter. Höre nie auf, zu lernen!

Zeit der Zweifel

Natürlich gab es immer wieder auch Momente, in denen ich die Macht der operanten Konditionierung in Frage stellte. An einen dieser Vorfälle erinnere ich mich ganz besonders deutlich: Ich schickte meinen ersten Kamerahund in einen richtigen Einsatz und er trug eine sehr teure Filmausrüstung. Mitten in der Nacht musste er rund zweihundert Meter von uns weggehen, um dort etwas für uns auszukundschaften. Ich selbst hockte getarnt im Gebüsch und wartete auf das Signal meines Vorgesetzten, den Hund loszuschicken. Es waren etliche Kollegen aus unserer Einheit anwesend, die diesem ersten Einsatz mit Spannung zuschauten. Nachdem ich mein „Go!" bekommen hatte, schickte ich meinem Hund zum Target, in diesem Fall einem zweihundert Meter weit entfernten Gebäude und verfolgte seine Bewegungen mit einem Nachtsichtgerät.

Nach etwa fünfzig Metern bog mein Hund plötzlich nach links ab, vom Target weg und beschleunigte. Ich war schockiert! Und dann sah ich auch den Grund für sein merkwürdiges Verhalten: Er jagte einem Kaninchen nach! Wir mussten den Einsatz abbrechen. Irgendwie schaffte ich es, den Hund unauffällig zu mir zurückzurufen und wir machten uns aus dem Staub. Das war natürlich ein sehr schlechter erster Eindruck, den mein erster Kamerahund in der Einheit hinterließ. Ich konnte am nächsten Tag nach diesem Nachteinsatz nicht schlafen und rief Bob Bailey an. Frustriert erzählte ich ihm, dass operante Konditionierung und positive Verstärkung nicht funktionieren würden, wenn es darauf ankäme. Seine lakonische Antwort war: „Gut, Simon, dann nimm einen großen Knüppel und schlag deinen Hund im Training!" Damit beendete er das Gespräch und ließ mich in der Luft hängen. Was natürlich ein kluger Schachzug von ihm war, denn so brachte er mich zum Nachdenken. Er gab mir die Lösung nicht vor, sondern ich musste sie selber finden! Was aus Sicht eines Ausbilders der wesentlich nachhaltigere Weg ist. Und ja, ich fand die Lösung, indem ich „Kaninchen als Ablenkung" mit in meinen Trainingsplan einbaute!

Fazit

Als die drei Jahre unseres Projektes um waren, hatten wir alle viel gelernt. Die Ergebnisse übertrafen unsere Erwartungen und die Hunde gingen regelmäßig erfolgreich in echte Einsätze. Unsere Kamerahunde verschafften uns, unbemerkt von Dritten, Einblicke in Gelände und Gebäude, die wir sonst nicht hätten einsehen können und lieferten uns so einsatzrelevante Informationen. Die Spürhunde fanden Dinge an Orten, die wir uns vor Start des Projekts noch nicht einmal hätten vorstellen können. Die über Funk ferngelenkten Hunde platzierten Gegenstände an für uns wichtigen Orten und vieles mehr.

Überraschend war auch, was das Pavlov-Projekt außerhalb unserer eigenen Ermittlungseinheit an Kreisen zog. Wir konnten unser Wissen mit anderen Diensthunde-Einheiten auf der ganzen Welt teilen und anderen Kollegen damit so manche Tür öffnen.

Heute kann ich zurückblickend sagen, dass ich sehr stolz und dankbar dafür bin, dass ich über 25 Jahre mit Hunden in allen möglichen Diensteinsätzen arbeiten konnte. Ich weiß, wie es da draußen ist, wenn man zusammen mit seinem Hund in manchmal gefährliche Situationen geht. Ich habe miterlebt, wie gut trainierte Hunde das Leben von Kollegen retteten und war mehr als einmal beeindruckt, wenn unsere Spürhunde Beweisstücke fanden, die den menschlichen Spurensuchern entgangen waren. Ich hatte großes Glück, mit so vielen verschiedenen Hunden und Menschen arbeiten zu dürfen und bin heute mehr denn je davon überzeugt, dass wir nur etwas verändern können, wenn wir offen, neugierig und bescheiden bleiben, wenn wir bereit sind, voneinander zu lernen und als Trainer zusammenarbeiten anstatt gegeneinander.

Und nun lassen Sie uns zusammen anschauen, was gutes Training ausmacht und worauf es beruht!

Aus der improvisierten und schweren Funk- und Kameraausrüstung der Hunde der ersten Stunde wurde ein ausgeklügeltes High-Tech-System, über das wir heute aus der Distanz mit den Hunden kommunizieren können und in Echtzeit sehen, was der Hund sieht.

2

Einige grundlegende Versuche

Im Lauf meiner Recherchen für das Projekt wurde ich auf viele Versuche und Studien aufmerksam und stieß auf viele weitere interessante Themen Hier möchte ich ein paar der wissenschaftlichen Versuche zusammenfassen, die mir dabei halfen, eine andere Sicht auf das Training von Tieren zu entwickeln und insgesamt anders als bisher gewohnt zu denken. Diese Experimente können so manchen Glaubenssatz verändern.

Das Asch-Experiment

Dieser Versuch wurde mehrfach in verschiedenen Teilen der Welt und mit verschiedenen Personengruppen durchgeführt. Grob beschrieben nimmt eine kleine Gruppe von Menschen freiwillig an einem Test teil. Der Versuchsleiter zeigt ihnen ein Blatt Papier mit ein paar Linien darauf. Die Linien sind nummeriert. Auf der rechten Seite befindet sich eine Linie von einer bestimmten Länge, auf der linken Seite sind mehrere verschieden lange Linien abgebildet. Der Versuchsleiter bittet die Teilnehmer nun darum, die Nummer derjenigen Linie auf der linken Blattseite zu nennen, die genauso lang ist wie die auf der rechten Seite. Aber nur eine Person in der Gruppe der Teilnehmer weiß nicht, dass alle anderen zuvor gebeten wurden, eine falsche Nummer zu nennen – die einer Linie, die ganz offensichtlich nicht genauso lang ist wie die „Musterlinie“. Die ganze Gruppe bis auf eine Person nennt nun also eine „falsche“ Linie. Normalerweise dauert es nur zwei oder drei Wiederholungen lang, bis auch die Einzelperson beginnt, der Gruppe zu folgen und die falsche Linie zu benennen. Das liegt daran, dass wir soziale Lebewesen sind – wir möchten gern Teil einer Gruppe sein, auch wenn das bedeutet, dass wir uns von der Wahrheit verabschieden müssen.

Das Milgram-Experiment

Dieses Experiment zeigt uns ebenfalls, wie leicht Menschen so zu beeinflussen sind, dass sie Dinge tun, die sie normalerweise nicht tun würden. Ein Freiwilliger nimmt an folgendem bizarrem Versuch teil: In einem kleinen Raum wird er von einem Wissenschaftler in weißem Laborkittel begrüßt. Dieses Drumherum ist wichtig, um eine Distanz und Hierarchie zu schaffen. Dann nimmt der Teilnehmer an einem Tisch Platz, auf dem sich mehrere Knöpfe und ein Mikrofon befinden. Der Wissenschaftler händigt ihm eine Liste mit Fragen aus und erklärt ihm, dass im Nachbarraum (außer Sicht) ein Testkandidat sitzt. In dem Versuch, so wird dem Freiwilligen gesagt, wird es um die Wirkung von Korrekturen gehen. Immer dann, wenn der „Testkandidat“ eine falsche Antwort gibt, soll der Freiwillige einen Knopf auf seinem Tisch drücken, der diesem einen Stromstoß verabreicht.

Es ist zunächst überraschend, wie viele Freiwillige an dieser Stelle mit dem Versuch weitermachen, nachdem man ihnen erklärt hat, wie wichtig er für die Forschung sei. Nun geht der „Test“

also los und natürlich gibt der Kandidat falsche Antworten und bekommt Stromstöße dafür. Was der Freiwillige nicht weiß, ist, dass *er* es ist, an dem hier von den beiden anderen zusammen als Versuchsperson geforscht wird. Wie weit wird er gehen?

Jedes Mal, wenn der Testkandidat eine falsche Antwort gibt, wird die Intensität des vermeintlichen Stromstoßes erhöht. Natürlich gibt es gar keine Stromstöße, alles ist nur vorgespielt, aber der Befragte gibt Schmerzlaute von sich, um alles realistisch erscheinen zu lassen. Manche Freiwilligen brechen den Versuch ab, nachdem der Befragte anscheinend wirklich starke „Stromstöße" bekommt und laut schreit. Aber viele machen selbst dann noch weiter, wenn der Versuchsleiter ihnen sagt, dass die Stromintensität nun langsam ein tödliches Niveau erreicht. Wir lassen uns leicht von Autoritäten beeinflussen, die uns sagen, was wir tun sollen! Dies sind nur ein paar Beispiele dafür, wie leicht sich Menschen durch andere beeinflussen lassen. Selbst, wenn Ihr eigener Verstand zögert und versucht, Sie an „falschen" Handlungen zu hindern, kann Gruppenzwang oder Autoritätsdruck Sie dazu bringen, sie trotzdem zu tun. Und wenn Sie einmal diese dünne Linie überschritten haben, ist es sehr schwierig, zu widerstehen und eine ganz andere Richtung einzuschlagen.

Scham- und Schuldgefühle bei Hundetrainern

Wie aus den Experimenten deutlich wird, sind wir Menschen häufig von Umständen beeinflusst, sei es der Wille, zu einer Gruppe dazugehören zu wollen oder der Glaube an Autorität. Besonders, wenn es im Hundetraining um das Thema „Strafe" geht, werden diese Mechanismen deutlich.

Wir leben in einer Welt, in der es normal ist, Urteile über andere zu fällen oder selbst verurteilt zu werden. Und damit können wir nur schlecht umgehen, weil es uns in Verteidigungsposition bringt. Scham und Schuld ziehen uns runter und beschädigen unser Selbstwertgefühl – ein empfindliches Thema in der „harten Welt" der Hundeausbilder. Sobald die Diskussion in Richtung Strafen, Datensammlung oder Effektivität und Effizienz des Trainings geht, empfinden viele Trainer das als Angriff. Viele von ihnen haben von ihren Hunden gelernt, dass Angriff die beste Verteidigung ist, andere fühlen sich verurteilt.

Wir aber möchten Menschen gerne stärken. Damit kann man ganz einfach beginnen, indem man sie nicht verurteilt, sondern ihnen zuhört. Warum machen sie die Dinge so, wie sie es tun? Was sind die Glaubenssätze? Wo sind die Triggerpunkte? Wie können wir ihnen dabei helfen, die Dinge aus einer anderen Perspektive zu betrachten? Wie ihnen helfen, dass keine Scham- und Schuldgefühle aufkommen? Seien Sie neugierig und stellen Sie Fragen, anstatt andere zu verurteilen.

Information

Das Zimbardo-Experiment

Im Jahr 1971 wurde ein weiteres Experiment durchgeführt, das uns einiges über das Verhalten von Menschen verrät. Es fand an der psychologischen Fakultät der Universität Stanford in den USA statt und den teilnehmenden Studenten wurden nach Zufallsprinzip die Rollen von Gefängniswärtern oder Gefängnisinsassen zugeteilt. Im Psychologiegebäude hatten man ein „Versuchsgefängnis" eingerichtet, in das die „Insassen" einzogen. Zu Beginn des Experiments waren die „Gefangenen" nur leicht zurückhaltend und die „Wärter" nur leicht bestimmend, aber recht schnell eskalierte es bis hin zu Randalen auf Seiten der Gefangenen und grobem Verhalten auf Seiten der Wärter. Die „Wärter" begannen die „Insassen" zu misshandeln, von denen die ersten nach sechs Tagen Anzeichen für Depressionen zeigten oder spontan zu weinen begannen. Die Forscher brachen das Experiment ab, weil sie fürchteten, dass es außer Kontrolle geraten könne. Ein beängstigendes Beispiel dafür, wie Menschen denken, dass sie in bestimmten Kontexten auf bestimmte Art und Weise handeln müssen – wie auch manche Hundetrainer es tun. Wir haben viele Beispiele dafür auf Hundeplätzen gesehen, wenn zwangsbasiertes Training normal war. Es ist nicht immer nur das Individuum, das sich für diese Art des Trainings entscheidet.

Selbst erfüllende Prophezeiung oder der Pygmalion-Effekt

Die selbst erfüllende Prophezeiung oder der Pygmalion-Effekt, so benannt nach Rosenthal & Jacobson 1969, kann uns in allen möglichen Situationen so manche Probleme dabei verursachen, wie wir die Welt um uns herum sehen und auch unser Verhalten beeinflussen. Stellen Sie sich vor, dass ein Coach engagiert wurde, um eine Gruppe von Trainern auf ein höheres Niveau zu bringen. Einer der Trainer hat aktuell private Probleme zuhause, was er der Gruppe aber nicht mitgeteilt hat. Nun kann er sich nicht gut konzentrieren und hat Probleme, das neue Trainingskonzept zu verinnerlichen. Der Coach beginnt sich selbst zu sagen, dass dieser Trainer nicht ausreichend motiviert ist. Beim nächsten Termin verbringt er mit ihm nicht mehr so viel Zeit, weil er ja davon überzeugt ist, dass er ohnehin nicht motiviert ist. Der Effekt ist, dass die Leistung des betreffenden Trainers noch schlechter ist als beim ersten Mal. Jetzt beginnen auch die anderen Teilnehmer, diesen Trainer in die Schublade „unmotiviert" zu stecken. Ein sehr mächtiger Effekt! Dieses Beispiel zeigt uns, wie leicht es ist, jemandem ein negatives Selbstbild zu vermitteln. Aber auch das Gegenteil ist möglich: Wir können das Ganze leicht ins Positive drehen. Wenn man neuen Lehrern zuvor gesagt hatte, welche Kinder die Schlauesten in der Klasse waren, zeigten diese bessere Leistungen als die Kinder, die man vor ihnen als „schlechte Schüler" präsentiert hatte. Was die Lehrer nicht wussten: Die Etiketten „guter Schüler" oder „schlechter Schüler" waren rein zufällig vergeben worden. Wenn ein Kind mit dem Etikett

„schlau" eine Frage stellt, neigt der Lehrer dazu, ihm mehr Informationen, mehr Aufmerksamkeit und mehr Gelegenheit und Zeit zum Stellen weiterer Fragen zu geben.

Parkinsons Gesetz

Eine weitere wichtige Lektion, die unsere Beachtung finden sollte, ist Parkinsons Gesetz. Es beschreibt typisch menschliches Verhalten, wurde im Jahr 1958 von Cyril Northcote Parkinson entdeckt und in seinem Buch *The Pursuit of Progress* beschrieben. Er erklärt darin, warum wir immer die gesamte Zeit ausnutzen, die wir für eine bestimmte Aufgabe zur Verfügung haben. Auch im Hundetraining ist das oft zu beobachten. Wenn ein Ausbilder sechs Monate Zeit bekommt, um einen Sprengstoffspürhund zu trainieren, wird er auch sechs Monate brauchen. Selbst wenn Hund und Trainer sehr begabt sind und alle Umstände ideal sind, wird er die gesamte Zeit ausnutzen. Wir haben das oft an existierenden Trainingsplänen überprüft: Konnten wir sie vielleicht auch schneller oder sogar mit besseren Ergebnissen durchlaufen? Und ja, wir konnten! Unsere erste Erfahrung damit machten wir mit unserem eigenen Trainingsplan zum Steuern von Hunden per Laser, den wir 1996 aufgestellt hatten. Bis dahin hatten wir neun Monate lang gebraucht, um die Hunde so zu trainieren, dass sie zuverlässig mit Lasersignalen steuerbar waren. Aber nachdem wir Daten gesammelt, die Ergebnisse analysiert und unsere Trainingspläne geändert hatten, konnten wir es in vier Wochen erledigen – und sogar mit besseren Ergebnissen.

Das Peter-Prinzip

Eine weitere wichtige Lektion finden wir in dem Buch *Das Peter-Prinzip* von Dr. Laurence Peter und Raymond Hull aus dem Jahr 1969. Dort lesen wir, dass Menschen immer bis zur Stufe ihrer Unfähigkeit aufsteigen. Kurz gefasst bedeutet es, dass Menschen aufgrund ihres beruflichen Erfolges in ihrer Karriere immer so weit befördert werden, bis sie ein Niveau erreichen, auf dem sie nicht mehr kompetent sind. Die Auswirkungen für die betroffene Person können verheerend sein: An dem Punkt, an dem sie nicht mehr kompetent ist, kann sie all ihre Motivation und Freude an der Arbeit verlieren. Es passiert sogar oft, dass diese Menschen ihren früheren Job, in dem sie so erfolgreich waren, nicht mehr mögen. Nehmen wir als Beispiel einen Tellerwäscher in der Küche. Er schaute den Köchen beim Zubereiten der Speisen zu. Er mochte seinen Job, es war sein Traumberuf. Nach ein paar Monaten war er der beste und motivierteste Tellerwäscher im Team. Irgendwann fragte ihn der Koch, ob er auch gerne einmal beim Kochen helfen wollte. Natürlich wollte er. Er lernte zuerst Vorspeisen zuzubereiten, dann die Desserts, dann begann er kalte Gerichte vorzubereiten und irgendwann begann er zu kochen. Zwei Jahre später war er Chefkoch – aber er kam mit dem Stress nicht zurecht, verlor die Motivation und sein ganzes

Selbstvertrauen, so weit, dass er noch nicht einmal mehr Teller spülen konnte. Er kündigte und verließ die Gastronomiebranche. Ich habe des Öfteren beobachtet, dass talentierte Hundetrainer zu Trainer-Ausbildern aufstiegen und ihre gesamte Motivation dabei verloren. Eine Verschwendung von Talent und Wissen!

Murphys Gesetz

Interessant ist es auch, Murphys Gesetz im Hinterkopf zu behalten: Es hilft einem, Probleme im Voraus zu durchdenken. Ganz allgemein gesprochen geht es um Dinge, die schiefgehen können. Es gibt verschiedene Deutungen des Gesetzes wie „Was schiefgehen kann, wird auch schiefgehen" oder „Die Dinge werden in jeder Situation schieflaufen, wenn Sie ihnen die Möglichkeit dazu geben" und andere Varianten mehr. Besonders Hundetrainer sollten sich an Murphys Gesetz erinnern, wenn sie neue Trainingspläne entwerfen oder mit dem eigentlichen Training beginnen. Stellen Sie also sicher, dass nichts schiefgehen kann – zumindest nichts, das Sie sich im Voraus vorstellen könnten. Wenn ich einen Trainingsplan aufstelle und weiß, dass ich dazu einen Futterautomaten brauchen werde, stelle ich sicher, dass ich zwei Futterautomaten zur Verfügung habe – damit ich, falls einer kaputtgeht, immer noch mit dem Ersatzgerät weitertrainieren kann. Wenn ich mit toxischen Zielgerüchen wie beispielsweise bestimmten Sprengstoffen oder Drogensubstanzen wie Fentanyl arbeite, stelle ich sicher, dass der Hund nicht damit in Berührung kommen kann, mache ich mich aber zusätzlich trotzdem schlau, was ich tun muss, falls er doch damit in Berührung kommt. Die Beachtung von Murphys Gesetz hat mir in so manchem Einsatz das Leben gerettet und außerdem den Erfolg vieler unserer Operationen gesichert, weil wir zuvor auch die kleinsten Details der Mission durchdacht hatten.

3

Die Pioniere

Viele Philosophen, Psychologen, Biologen, Forscher und andere Wissenschaftler haben uns tiefere Einsichten dazu vermittelt, wie Tiere lernen. Wie sie ihre Sinne benutzen. Was sie motiviert. Was sie ängstigt. Wie ihr Gedächtnis funktioniert. Und wie wir sie besser trainieren können. Das Wunderbare an unserer modernen Zeit ist, dass wir neue Geräte und Elektronik nutzen können, um Gehirnaktivität in Echtzeit zu messen. Die Untersuchung von Hunden mit MRT hat uns neue Informationen zu etwas geliefert, das wir zuvor nicht sehen konnten. Vergessen Sie nicht, wie viel Information es da draußen schon gibt – es ist sehr interessant, sich näher anzuschauen, was alles schon entdeckt und erforscht wurde. Und obendrauf können wir nun auch noch die moderne Technik nutzen, um zu klären, was schon untersucht wurde.

Tausende Jahre Trainingserfahrung

Seit Tausenden von Jahren werden Tiere schon dazu trainiert, Menschen bei der Jagd, Landwirtschaft oder Suche beizustehen. Hunde werden heute auch für den Artenschutz ausgebildet oder dazu trainiert, tauben oder blinden Menschen zu helfen oder für Menschen mit körperlichen Beeinträchtigungen Lichtschalter zu betätigen, Rollstuhlfahrern heruntergefallene Dinge aufzuheben oder ihren Besitzern sogar Jacke und Socke auszuziehen. Tiertraining ist ein ernsthaftes Geschäft, und das schon seit Langem. Wer ein Tier besser und schneller ausbilden konnte als andere, konnte damit seinen Lebensunterhalt verdienen. Was auch einer der Gründe dafür ist, dass es Tiertrainern immer noch schwerfällt, Informationen mit anderen zu teilen: Viele von ihnen möchten sich vor Konkurrenz schützen. Deshalb gibt es auch immer noch keine einheitlich geregelten Ausbildungswege dafür und Tiertraining bleibt eher eine Art Kunsthandwerk.

Viele Erfahrungen hat man in Kriegszeiten aus Projekten mit Tieren gesammelt. Immer dann, wenn Länder sich auf einen Krieg vorbereiten, gibt es einen Schub an Innovationen und auch neue Tierprojekte werden auf den Weg gebracht. Es ist allgemein bekannt, dass während der beiden letzten Weltkriege viele Hunde eingesetzt wurden. Aber wussten Sie, dass auch Tauben und andere Vögel, Meeressäuger, Ratten, Affen, Fledermäuse und viele andere Tiere „Kriegsdienst“ geleistet haben? Der Einsatz von Tieren zu Kriegszwecken ist alt. Schon die Römer hatten Hunde mit auf dem Schlachtfeld, die den Feind angreifen sollten. Hannibal setzte Elefanten in Schlachten ein. Soldaten und ihre Befehlshaber waren immer daran interessiert, wie sie Tiere zu ihren Gunsten nutzen konnten. Und Tiere retteten Menschen in allen möglichen Kämpfen über Tausende von Jahren hinweg immer wieder das Leben. Auch heute, während Sie dieses Buch lesen, retten Hunde Menschen, indem sie ihre Zähne, Nasen, Ohren oder andere Sinne einsetzen, um ihnen zu helfen.

Wir können viel von den Pionieren, den „Feldtrainern“ und Militärausbildern lernen. Ihre Erfahrungen, Versuche, Forschungen, Ausbildungsprogramme und die Daten, die sie sammelten, sprechen für sich selbst, denn all diese Tiere erhielten irgendeine Art von Training, um ihre Aufgaben erfüllen zu können. Zum Glück sind Teile dieser Ausbildungen dokumentiert und Daten festgehalten. Aber trotzdem ist es traurig zu sehen, dass wir selbst nach Tausenden von Jahren immer noch Mühe damit haben, den effektivsten und effizientesten Weg zum Training von Tieren und zur Ausbildung von Tiertrainern zu finden.

Ich möchte hier gerne einige der Persönlichkeiten aus der Welt der Wissenschaft erwähnen, die großen Einfluss auf das Tiertraining genommen haben. Daneben gibt es auch noch einige sehr interessante Pioniere, die sich in der Praxis und im „Feldeinsatz“ einen Namen gemacht haben. Um zu verstehen, wo wir in Zukunft hingehen, ist es wichtig zu wissen, wo wir herkommen.

Lassen Sie uns kurz einen Blick auf die Geschichte der Tierverhaltensforschung werfen, bevor wir uns die Arbeit mit Hunden näher anschauen. Zu Anfang des 19. Jahrhunderts begannen Psychologen ein großes Interesse an Tierverhalten zu zeigen. Der Gedanke dahinter war, dass dessen Erforschung auch mehr Informationen und Klarheit über das menschliche Verhalten bringen könnte, weil solche Versuche mit Menschen damals nicht erlaubt waren. So begannen kluge Köpfe den Weg für die moderne Psychologie zu ebnen, und auch wenn ihre Erkenntnisse, Theorien und Prinzipien seitdem erweitert wurden, ist das, was damals geboren wurde, heute zu großen Teilen immer noch in Benutzung.

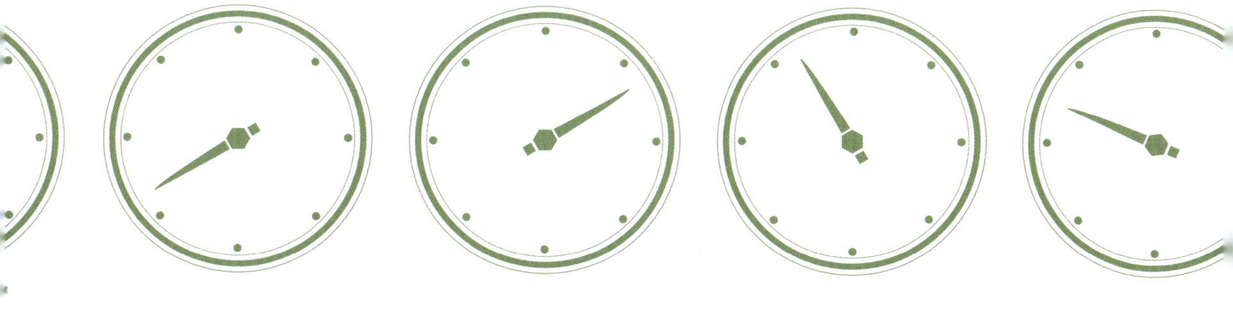

Edward Lee Thorndike (1874–1949 USA)

Edward Lee Thorndike gab uns die erste Idee vom späteren Konzept der operanten Konditionierung. Er arbeitete mit sogenannten Problemkäfigen, Puzzle Boxes, deren Tür sich durch Betätigung eines einfachen Mechanismus von innen öffnen ließ. Er sperrte eine Katze in den Käfig, legte etwas verlockendes Futter davor und notierte Zeit und Anzahl der Versuche, die die Katze brauchte, um den Käfig zu öffnen und an das Futter zu kommen. Er schlussfolgerte: Wenn eine Handlung zum Erfolg führt, prägt sie sich in das Gedächtnis des Tieres ein. Er nannte dies das *Gesetz der Wirkung* oder *Law of Effect*. Es war also eigentlich Thorndike, der uns zeigte, dass ein Individuum uns mehr von einem bestimmten Verhalten zeigen wird, wenn diesem eine positive Konsequenz folgt – und weniger, wenn ihm eine negative Konsequenz folgt. Eine weitere interessante Feststellung von Thorndike war, dass Intelligenz seiner Meinung nach als Sammlung verschiedener erlernter Fähigkeiten betrachtet werden musste anstatt als individuelles Merkmal.

> *Das Gesetz der Wirkung: Ein Individuum wird mehr von einem bestimmten Verhalten zeigen, wenn diesem eine positive Konsequenz folgt und weniger, wenn ihm eine negative Konsequenz folgt.*
>
> (Edward Lee Thorndike)

John Broadus Watson (1878–1969 USA)

Watson ist als der Vater des Behaviorismus bekannt. Er vertrat die Meinung, dass es möglich sein müsse, Verhalten auf eine objektive Art und Weise zu messen. Er konzentrierte sich nur auf Verhalten, das beobachtbar war und verwendete nur Erklärungen, die nachprüfbar waren. Er mochte keine subjektiven oder nicht überprüfbaren Erklärungen von Verhalten.

Watson führte das berühmt-berüchtigte Experiment mit *Little Albert*, einem Kleinkind namens Albert, durch: Der zweijährige Junge spielte regelmäßig mit einer zahmen Ratte. Eines Tages machte Watson in genau dem Moment, als Albert die Ratte streicheln wollte, ein schrecklich lautes Geräusch, indem er auf einen Gong schlug. Albert erschreckte sich und drehte sich von der Ratte weg. Nach einigen Wiederholungen dieses Ablaufs bekam Albert Angst vor der Ratte, und zwar allein schon bei ihrem Anblick, auch wenn er das Geräusch gar nicht mehr hörte. Seine Angst vor Ratten war konditioniert und inzwischen löste selbst ein weißes Kaninchen diese Emotion bei ihm aus. Später generalisierte er seine Angst zuerst auf Hunde, dann auf alle Tiere mit Fell. Natürlich brachte dieses Experiment eine Diskussion in Gang, was in der Forschung zur Konditionierung beim Menschen ethisch erlaubt sein dürfe. Vielleicht überrascht es Sie nicht, zu erfahren, dass Watson ein Vermögen mit Werbung verdiente. Seine psychologischen

Forschungen verbesserten den Marketingerfolg vieler großer Firmen und wir werden immer noch von den Ergebnissen seiner Arbeit beeinflusst.

Erkenntnis von Joan Broadus Watson:
Konditionierte Angstreaktionen können so generalisiert werden, dass sie auch bei anderen Auslösern auftreten.

Ivan Petrovich Pavlov (1849–1936 Russland)

Ungefähr zur gleichen Zeit studierte ein russischer Psychologe das Tierverhalten und stolperte dabei eher zufällig über das Prinzip, das wir heute als *Klassische Konditionierung* kennen. Die Wissenschaftler wollten eigentlich den Speichel von Hunden untersuchen. Dazu gaben sie den Versuchshunden Fleischpulver ins Maul und maßen die Menge des Speichels, der produziert wurde. Im Verlauf des Versuchs, so fiel Pavlov auf, begannen die Hunde schon zu speicheln, bevor das Fleischpulver überhaupt gegeben wurde. Schon der Anblick der Wissenschaftler in ihren weißen Kitteln, stellte er fest, reichte aus, um die Speichelproduktion in Gang zu setzen. Das veranlasste ihn zu dem bahnbrechenden Versuch mit „Pavlov's Glocke" (die eigentlich eine Klingel war, aber durch einen Übersetzungsfehler aus dem Russischen verfestigte sich überall die „Glocke"), in dem Hunde darauf konditioniert wurden, beim Klang der Glocke zu speicheln. Ein neutraler Reiz wie ein weißer Kittel oder ein Glockenton wird zu einem Signal, wenn darauf ein primärer Verstärker wie Futter folgt. Das Ergebnis dieser Forschung wurde als klassische oder Pavlovsche Konditionierung oder respondentes Modell bekannt. Mehr dazu später unter „Klassische Konditionierung" (s. S. 87). Pavlov ist mit seiner Entdeckung eine der absoluten Schlüsselfiguren im modernen, wissenschaftlich basierten Tiertraining und diente deshalb auch als Pate für den Titel dieses Buchs. Wir kommen um ihn nicht herum, wenn wir uns mit dem Verhalten von Lebewesen befassen und ein häufig gehörtes Zitat unter Trainern lautet „Pavlov is always sitting on your shoulders" – Pavlov sitzt dir immer im Nacken! Wir kommen später noch darauf zurück, was genau es damit auf sich hat.

Pavlovs Entdeckung der klassischen Konditionierung:

Hund hört Glocke und bekommt anschließend Futter
Hund hört Glocke – er speichelt. Öfter wiederholen.
Hund hört Glocke, bekommt aber kein Futter – er speichelt trotzdem.

Burrhus Frederic Skinner(1904–1990 USA)

Als „Vater der operanten Konditionierung" war es B. F. Skinner, der die Arbeiten von Thorndike, Watson und Pavlov außerhalb des Labors zusammenbrachte und sie einem breiteren Publikum bekannt machte. Skinner erklärte uns, wie wir durch den Einsatz von Verstärkern und Strafe Verhalten beeinflussen und manipulieren können. Viele moderne Trainer stellen die Arbeit Skinners in den berühmten „vier Quadranten" (s. S. 96) dar. Skinner benutzte die Begriffe positive und negative Verstärkung, aber auch positive und negative Strafe. Sein berühmtes Buch *The Behavior of Organisms* ist eine Sammlung von Dokumenten zu zahlreichen von ihm durchgeführten Versuchen mit Tieren. Seiner Ansicht nach gibt es drei Reaktionen, die auf ein Verhalten folgen können: Neutral (die Wahrscheinlichkeit für das Verhalten wird weder gesteigert noch gesenkt), Verstärker (verstärken das Verhalten) oder Strafen (schwächen das Verhalten). Sowohl Verstärker als auch Strafen können positiv sein (werden hinzugefügt) oder negativ (werden weggenommen).

Skinner war ebenfalls ein „Behaviorist", aber im Gegensatz zu Watson war es seiner Meinung nach wichtig zu verstehen, dass auch innere psychologische Auslöser ein Verhalten beeinflussen können, dass diese allerdings niemals der letztendliche Grund für inneres oder äußeres Verhalten sein könnten. Verhalten kann also nie der Grund für Verhalten sein. Verhalten ist immer das Produkt der Interaktion der Geschichte eines Organismus (Gene oder Umwelt) und den Umständen oder dem Kontext, in dem er sich momentan befindet.

Nach Skinner können drei Reaktionen auf ein Verhalten folgen:

Neutral – Die Wahrscheinlichkeit für das vorangegangene Verhalten wird weder gesteigert noch gesenkt.

Verstärker – Die Wahrscheinlichkeit für das vorangegangene Verhalten wird erhöht.

Strafe – Die Wahrscheinlichkeit für das vorangegangene Verhalten wird gesenkt.

Die Brelands (USA)

Keller Breland (1915–1965) und Marian Ruth Kruse (1920–2001) waren zwei von Skinners besten Studenten und lernten sich während des Studiums kennen. Nachdem sie die Geheimnisse des Tierverhaltens verstanden hatten, erschlossen sie deren Potenzial für das Tiertraining und entdeckten, wie machtvoll die operante Konditionierung sein kann – und zwar nicht nur im Labor, sondern im echten Leben.

Während des Zweiten Weltkriegs waren die beiden die treibenden Kräfte hinter dem sogenannten Pelikan-Projekt. Die Arbeit, die sie damals leisteten, war bahnbrechend! Sie entwickelten die erste „intelligente Bombe", die von Tieren, genauer gesagt Tauben gesteuert wurde. Projekte wie dieses überzeugten sie davon, wie machtvoll diese neue Trainingstechnik, die operante Konditionierung, tatsächlich sein konnte. Als der Krieg sich dem Ende zuneigte, wussten sie, was sie zu tun hatten. Sie heirateten am 1. August 1941, kauften ein Haus mit etwas Land und begannen Tiere zu trainieren. Es waren die Brelands, die die operante Konditionierung aus dem Universitätslabor in den Alltag brachten. In Ihrem Unternehmen namens „Animal Behavior Enterprise" (ABE) trainierten sie über 10.000 Tiere aus über 140 verschiedenen Arten und bewiesen, wie wirkungsvoll diese Technik war. Schließlich begannen sie auch mit der Ausbildung weiterer Trainer. Sie riefen die ersten Delfinshows ins Leben, waren in Werbespots mit Tieren aktiv und unterstützten die US-Regierung im Aufbau von Tierprojekten im Militär- und Sicherheitsbereich, entwickelten Trainingshilfsmittel und schrieben zahlreiche Handbücher und Artikel zum Tiertraining.

Animal Behavior Enterprise nahm seinen Betrieb zuerst auf einer Farm in Minnesota auf, bevor es 1950 nach Hot Springs, Arkansas umzog. Schnell wurde ABE auf der ganzen Welt bekannt. 1955 eröffneten die Brelands ihren „IQ Zoo", in dem Tiere viele verschiedene Shownummern zeigten: Tanzende Hühner, klavierspielende Enten, Flugschauen mit frei fliegenden Vögeln, basketballspielende Waschbären und viele andere Nummern unterhielten das Publikum. Der IQ Zoo zeigte den Zuschauern, wie machtvoll die operante Konditionierung war. Die Tiere zeigten ihre Nummern auf vorhersagbare Art und Weise, ihr erlerntes Verhalten war stark und wurde flüssig gezeigt. Es wurde keinerlei Bestrafung eingesetzt – positive Verstärkung war der Schlüssel. Die Brelands schufen sich mit dem Unternehmen nicht nur ein Einkommen, sondern konnten auch ihre Mission erfüllen, die operante Konditionierung einem breiteren Publikum bekannt zu machen. Auch in der Trainerausbildung machten sie sich einen Namen: Ein Tiertrainer, der von ABE kam, war als Profi von hohem Niveau bekannt.

Hinter den Vorhängen war ABE außerdem ein gut organisiertes Undercover-Projekt für viele regierungsfinanzierte Tierprojekte aus dem Bereich „Top Secret". Diese Tatsache brachte auch Bob Bailey zu ABE: Als Trainingsleiter im Meeressäuger-Programm der US Navy engagierte er die Brelands, ihn zu unterstützen und sie arbeiteten gemeinsam an diesem Projekt. Als Keller Breland am 16. Juni 1965 starb, hatten die beiden ihr Buch *Animal Behavior* fast fertiggestellt. Marian Breland veröffentlichte es 1966 – bei den heutigen Tiertrainern ist diese Ausgabe eins der meistgesuchten Bücher überhaupt, ein echtes Sammlerstück. Für Marian Breland, Bob Bailey und die gesamte Mannschaft von ABE war der Tod von Keller als Visionär und Macher natürlich ein immenser Verlust. Trotzdem entschieden sie sich dazu, weiterzumachen und das Unternehmen weiter auszubauen. Sie führten auch die von der Öffentlichkeit abgeschirmten Projekte und Forschungen für Navy, Army, Secret Service, CIA und andere Agenturen weiterhin durch. Selbst heute noch sind viele Tiertrainer auf der ganzen Welt stark von der Arbeit beeinflusst, die die Brelands in der ersten Hälfte des 20. Jahrhunderts geleistet haben.

Die Brelands setzten die Prinzipien der operanten Konditionierung als erste konsequent in die Praxis um und machten sie einem breiteren Publikum bekannt.

Bob Bailey

Schon als Kind und Jugendlicher war Bob fasziniert vom Tierverhalten. Er verbrachte Wochen in der nahe an seinem Zuhause gelegenen Wüste, um, herauszufinden, ob er das Verhalten von Kojoten steuern konnte, indem er ihnen Futter an immer den gleichen Stellen anbot. Später begann er zunächst ein Studium der Astronomie, aber dann brachte ihn seine alte Faszination für das Verhalten von Tieren wieder auf einen anderen Weg und er wurde Biologe. Einen großen Karrieresprung gab es für ihn, als er zum leitenden Direktor des Delfinprogramms der US Navy berufen wurde. Er hatte bis dahin noch nie in seinem Leben einen Delfin trainiert, aber er begriff die Bedeutung dieses Regierungsprojekts, über das er 1955 letztendlich auch in Kontakt mit den Brelands kam. Damals gab es nur einen einzigen kommerziell für eine Show trainierten Delfin in den USA, und zwar in den Marine Studios in Florida. Aber dort hatte man ein Problem: Der Trainer hatte seinen Job gekündigt, der Delfin war verstorben und man stand vor dem Nichts. Weil die Delfinshow aber fortgeführt werden sollte, hatte man Keller und Marian Breland angeheuert, nachdem man im Time-Magazine einen Artikel über ihren IQ-Zoo gelesen hatte. Und obwohl Keller noch nie in seinem Leben einen Delfin gesehen hatte, schafften die beiden es innerhalb von sechs Wochen, eine neue Delfinshow auf die Beine zu stellen – diesmal mit zwei Delfinen und ausgebildeten Helfern.

Einem Biologen wie Bob Bailey fiel es nicht schwer, ein Forschungsprogramm zum Tierverhalten auf die Beine zu stellen, aber Delfine zu trainieren war etwas ganz anderes. Als er von der Arbeit der Brelands in den Marine Studios in Florida hörte, bat er sie um Unterstützung im Delfinprojekt der Navy – und schon der erste Kontakt der drei war faszinierend. Bob sah mit eigenen Augen, was sie im IQ Zoo erreicht hatten und traf die wunderbaren ABE-Trainer. Er war sofort fasziniert vom Tiertraining und wollte alles darüber lernen. Um es kurz zu machen: Das Delfinprogramm der Navy wurde ein großer Erfolg und war gleichzeitig der Beginn einer engen Freundschaft zwischen Bob Bailey und den Brelands. Der erste Regierungsauftrag blieb nicht der letzte und es folgten viele weitere Trainingsprojekte mit anderen Tierarten, die offen oder unter Geheimhaltung vom IQ Zoo aus gesteuert wurden. ABE-Trainer wurden engagiert, um die Tierausbilder der Regierungseinheiten zu schulen. Als Keller Breland gestorben war, verliebten sich Bob und Marian, heirateten 1976 und bekamen drei Mal hintereinander Zwillinge! Mit ihrer großen Familie lebten und arbeiteten sie auf dem Gelände des IQ Zoo, trainierten viele Tiere und bildeten viele Trainer aus. Die Regierungsprojekte wurden ausgeweitet und im Zuge meiner eigenen Recherchen hatte ich viel über diese verdeckt stattfindenden Tiertrainingsprogramme gelesen – was am Ende der Grund dafür war, dass ich Bob und Marian Bailey 1996 persönlich kennenlernte. Wir begannen zusammenzuarbeiten und es entwickelte sich eine enge Freundschaft.

Bob und Marian Bailey sind weltweit als die Begründer der berühmten „Chicken Camps", der Hühnertrainings-Seminare, bekannt, in denen die Studenten alles über die operante Konditionierung lernen, sie verstehen und anwenden. Wie sich herausstellte, eignen sich Hühner am besten als Lernmodell für angehende Trainer: Sie sind schnell, lassen sich von den kleinsten Körperbewegungen des Menschen beeinflussen und sind damit gute Lehrer.

Marian Breland-Bailey, unter Freunden „Maus", starb am 25. September 2001 in Hot Springs. Ich hatte noch das große Glück, einige Jahre mit ihr zusammenarbeiten zu können. Sie war eine phänomenale Lehrerin und ein großartiger Mensch.

Bob ist eine Welt des Wissens für sich und ebenfalls ein großartiger Mensch mit scharfem Verstand. Seit über 25 Jahren darf ich nun schon an vielen verschiedenen Orten der Erde mit ihm zusammenarbeiten und wir haben gemeinsam Trainingsprogramme sowohl für allgemeine Zwecke als auch für verdeckte Operationen entworfen. Wir haben viele Tiere für Einsätze trainiert und neue Trainer ausgewählt, getestet und ausgebildet. Daneben verbrachten wir viele Stunden mit Gesprächen über das Tiertraining, während Bob an seinem geliebten schottischen Drambuie-Likör nippte. Die Arbeit von Marian, Keller, Bob und vielen anderen wird also fortgeführt und vieles davon ist in Artikeln, wissenschaftlichen Beiträgen, Interviews und Videos dokumentiert. Ihr Erbe lebt auch in all den Trainern auf der ganzen Welt fort, die sie ausgebildet und inspiriert haben.

Marian Bailey (1920 - 2001)

Professor Skinner, Marian und Bob Bailey

Ich habe schon einiges über Marian geschrieben, möchte hier aber noch hinzufügen, wie glücklich ich mich schätzen darf, sie kennengelernt zu haben, von ihrem Wissen und ihrer Weisheit zu profitieren und ihre Liebe zu Tieren, zum Training, zur Wissenschaft und natürlich zu ihrer Familie zu spüren. Ihr fotografisches Gedächtnis war wirklich unglaublich: Ich erinnere mich an mehr als eine Gelegenheit, in der sie mir etwas erklärte und dann Bob bat, ihr ein bestimmtes Buch zu bringen, es mir gab und mir sagte, welche Seite ich aufschlagen sollte – und da stand dann, was sie mir gerade erklärt hatte. Phänomenal!

David Premack (1925–2015 USA)

David Premack hat viel zum Thema Verstärker gearbeitet und fand heraus, dass Reaktionen gleichzeitig Verstärker und Strafen sein können – das hängt vom Gemütszustand des Tieres zum gegebenen Zeitpunkt ab. Für manche Hunde kann Fressen zum Beispiel ein großer Verstärker sein – aber für einen Hund, der schon sehr satt ist, kann es eher eine Strafe sein und er hätte vielleicht gerade einen Spaziergang besser gefunden, während der hungrige Hund das Fressen dem Spaziergang vorgezogen hätte. Und noch ein anderer würde vielleicht gerade lieber spielen als fressen. In irgendeiner Form haben wir dieses Prinzip alle schon am eigenen Leib erfahren – zum Beispiel als „Omas Gesetz“: Wir durften als Kinder den Nachtisch erst dann essen, wenn wir das Gemüse aufgegessen hatten, und mein fünfzehnjähriger Sohn weiß, dass er Extra-Spielzeit an seiner Play Station nur dann bekommt, wenn er zuvor sein Zimmer aufgeräumt hat.

Premack machte klar, dass ein verstärkendes Verhalten dazu benutzt werden kann, um ein weniger beliebtes Verhalten zu verstärken. Eine bestimmte Aktivität kann also im Verhältnis zum jeweiligen Gemütszustand des Tieres mal verstärkend und mal strafend wirken, und das kann je nach Zeit und Ort variieren. Erfahrene Trainer, die ihre Tiere gut kennen, werden sich dieses Prinzip zunutze machen!

Wichtige Erkenntnisse Premacks:

- *Etwas kann je nach Gemütszustand und Situation sowohl Verstärker als auch Strafe sein.*
- *Ein verstärkendes Verhalten kann dazu benutzt werden, ein weniger beliebtes zu verstärken.*

Weitere Vordenker

Wir nennen diese Menschen gern unsere Vordenker – sie haben beeinflusst, wie wir unser Training aufbauen und mit unseren Tieren umgehen. Einige von ihnen haben uns auch dazu gebracht, bestehende Paradigmen zu hinterfragen. Ich bin sicher, dass es auch in Zukunft solche einflussnehmenden Menschen geben wird. Es ist wunderbar, dass sich die Wissenschaft aktuell wieder dafür interessiert, welches Potenzial Hunde uns zu bieten haben. Nicht nur unsere Dienst- und Arbeitshunde, sondern auch die vielen Halter von Familienhunden sind eine fantastische Quelle des Wissens und der Erfahrung. Wenn wir all das zusammenbringen, können wir neue Einsichten gewinnen und die Forschung wird weitere Geheimnisse der Tierwelt aufdecken können, damit wir als Trainer in Zukunft bessere Arbeit leisten können.

33543
GG - 14
FULL 100%
GG 114 SD 003
5203948574.0

4

Wo stehen wir heute?

Zusammenarbeit ist gefragt!

Die Welt des Tiertrainings ist sehr aktiv und wächst immer schneller. Seit über zehntausend Jahren werden Hunde dazu trainiert, Menschen zu helfen. Und was haben wir daraus gelernt? Dass es schwierig ist! Warum? Weil wir immer noch nicht sonderlich gut darin sind. Wir haben immer noch eine Menge Fragen. Es scheint unter Hundetrainern ein gewisses Zögern zu geben, Informationen zu sammeln und zu teilen.

Man kann das vielleicht mit dem denkwürdigen Moment in unserer Geschichte vergleichen, als wir vergaßen, wie man Beton herstellt. Eine mehrere hundert Jahre lang dauernde Lücke, während der wir einfach nicht mehr wussten, welche Mischung man dazu braucht. Beim modernen Tiertraining ist es ähnlich: Wir haben vergessen, wie die Völker des Nahen und Mittleren Ostens oder die Römer schon vor Tausenden von Jahren Experten im Training aller möglichen Tierarten waren. Ihre Kriegshunde waren auf den Schlachtfeldern gefürchtet. Wachhunde beschützten ihre Häuser. Jagdhunde waren erfolgreich in Feld und Wald. Und viele andere Tiere wie zum Beispiel Jagdfalken oder -adler wurde trainiert und halfen den Menschen sehr erfolgreich, ihr Überleben zu sichern. Aber wo ist all diese Erfahrung hin? Wo sind die Pläne dieser Menschen? Was haben wir mit dem Wissen und der Expertise dieser Menschen gemacht?

Sind wir heute mit unseren Trainingsprogrammen effizient und effektiv genug? Ernsthaftes Training braucht viel Zeit, Geld und Energie. Überlegen Sie nur einmal, wie schnell sich andere Bereiche entwickelt haben – nehmen wir zum Beispiel die Luftfahrtindustrie. Man schrieb das Jahr 1903, als die Gebrüder Wright ihr Flugzeug namens „The Flyer“ über eine Entfernung von 61 Metern in der Luft hielten. Das war damals eine Sensationsnachricht. Nur wenige Jahre später wurden schon die ersten Militärflugzeuge im Ersten Weltkrieg eingesetzt, die zuerst nur aufklärten und dann sogar mit dem Abwerfen von Bomben begannen. Und nur dreißig Jahre später nahmen die ersten zivilen Fluglinien ihren regelmäßigen Betrieb auf.

Weitere dreißig Jahre später konnten Kampfjets wie der F16 mit Überschallgeschwindigkeit fliegen, viele Stunden lang in der Luft bleiben und viele hochtechnisierte Waffensysteme transportieren. All das war möglich, weil man Daten gesammelt und analysiert hatte: Zu den Tragflächen, Motoren, dem Treibstoff, den Propellern und zum Material – all das wurde immer besser. Außerdem lernte man aus Fehlversuchen und Abstürzen. Ausbildung, Ablaufpläne und Checklisten wurden zur Normalität, Piloten wurden ausgewählt, trainiert und mussten eine Prüfung ablegen. Nicht qualifiziert? Dann war es nichts mit Fliegen. Das Gleiche galt entsprechend für die Ingenieure.

Aber die Menschheit wollte noch mehr entdecken, was letztlich zur Eroberung des Weltraums führte. Es wirkten verschiedene Motivationen daran mit, dass letztlich ein Mann auf dem Mond landete. Eine davon war das Rennen zwischen den USA und der Sowjetunion, ein weiterer sehr starker Motivator war Präsident Kennedy. Er war es, der seine Landsleute dazu brachte, das möglich zu machen. Mit seinem Wunsch, einen Mann auf den Mond zu bringen, schaffte er es aber nicht nur, sein Volk zu motivieren, sondern er brachte die Menschen auch dazu, zum Erreichen eines gemeinsamen, höheren Ziels zusammenzuarbeiten. Sie hatten anfangs keine Ahnung, wie sie das bewerkstelligen sollten, aber sie wussten mit Sicherheit, dass sie zusammenarbeiten mussten!

Mit anderen zusammenzuarbeiten fällt Hundetrainern oft schwer. Eine häufige Redensart besagt: Wenn zwei Hundetrainer einem dritten bei der Arbeit zuschauen, lästern sie über alle Fehler, die er macht. Was wäre gewesen, wenn die Gebrüder Wright nicht zusammengearbeitet hätten? Wenn die NASA-Pioniere über die Fehler anderer gelacht hätten, hätten sie keine ihrer Ideen je verwirklichen können. Zusammenarbeit war das Schlüsselelement, das zum Erfolg führte. Zusammenzuarbeiten bedeutet aber, über den eigenen Schatten zu springen, die eigene Komfortzone zu verlassen und sein Ego beiseitezustellen. Sich gegenseitig zu helfen, anstatt sich zu be- und verurteilen. Erfolge zu feiern, aber auch die mit Fehlern verbundenen Schmerzen miteinander zu teilen. Dies sind Lektionen, die Hundetrainer unbedingt lernen müssen. Alle großen Errungenschaften der Menschheit, alle sieben Weltwunder sind das Resultat von Menschen, die zusammengearbeitet haben.

Wenn Sie also wirklich lernen und große Dinge erreichen möchten, müssen Sie lernen und in der Lage sein, mit anderen zusammenzuarbeiten. Denn alleine kommen Sie zwar vielleicht schneller voran, aber gemeinsam kommen Sie weiter!

Alleine kommen Sie vielleicht schneller voran, aber gemeinsam kommen Sie weiter!

Paradigmen in der Hundewelt

In der Hundewelt gibt es eine Menge Paradigmen, zu deutsch Glaubenssätze. Einige davon versuche ich in diesem Buch zu erklären. Das Wort stammt aus dem Griechischen „Paradigma“ und bezeichnet dort ein Modell oder Muster. Wenn es zu merklichen Veränderungen in Paradigmen kommt, nennt man das einen Paradigmenwechsel. Interessant zu wissen ist, dass wir Paradigmen brauchen, um unser Leben zu leben und die Dinge um uns herum zu erklären. Sie geben uns Stabilität und eine Form von Kontrolle. Wenn etwas geschieht, das wir nicht mit einem akzeptierten Glaubenssatz erklären können, geraten wir in eine Krise. Neue Ideen werden ausprobiert, und was folgt ist ein Kampf zwischen den Anhängern der alten Paradigmen und denen, die an neue glauben. Das ist der Punkt, an dem Diskussionen und Kämpfe in der Hundewelt oft Gruppen voneinander trennen, anstatt sie zusammenzubringen. Als wir vor dreißig Jahren mit der professionellen Polizeihundeausbildung begannen, lautete eins der Paradigmen, dass man alle Fehler bestrafen müsse und dass das Tier, wenn man es nicht bestrafe, das als Belohnung empfinden würde. Positive Verstärkung mit Futter oder Spielzeug war nicht erlaubt. Erst vor wenigen Jahren erlebte auch die Welt des Polizei- und Diensthundetrainings einen Paradigmenwechsel. Heutzutage ist es in vielen Ausbildungsgruppen Standard, viel mit positiver Verstärkung zu arbeiten und Strafen sind nicht mehr erlaubt.

Die Wichtigkeit von Daten

Was wir für das Training auf jeden Fall von der Wissenschaft lernen können und sollten, ist, systematisch Daten zu dem sammeln, was man tut und diese auch auszuwerten.

Die erste Frage, die ich Trainern stelle, ist deshalb: Haben Sie Daten gesammelt? Oft fangen sie dann sofort an, sich zu verteidigen, warum sie keine Zeit oder Energie dazu hatten, um mir dann zu erklären, wie gut ihr Gedächtnis sei und dass sie keine Daten bräuchten.

Lassen Sie es mich ganz klar sagen: Unser Verstand ist nicht in der Lage, uns einen guten Überblick über Trainingsmomente in der Vergangenheit zu geben. Natürlich wissen wir im Großen und Ganzen, was geschehen ist. Aber unser Gehirn ist darauf programmiert, uns ein sehr positives Gefühl der Geschehnisse zu vermitteln. Wir erinnern uns oft an die guten Ereignisse und neigen dazu, die schlechten und die Fehler zu vergessen. Es ist auch gut, dass unser Gehirn dies für uns tut, denn ansonsten würden wir sehr depressiv werden. Aber wenn wir aus unseren Fehlern lernen möchten, müssen wir Daten sammeln und analysieren. Verstehen Sie mich nicht falsch. Es ist nicht so, dass unser Gehirn keine Fehler erkennen möchte. Wenn wir nicht aus unseren Fehlern lernen würden, würden wir alle nicht alt werden und früh sterben. Aber um auf optimale Art und Weise lernen zu können, müssen wir Daten sammeln, denn nur diese liefern uns objektive Informationen. Damit können wir herausfinden, was wir verändern müssen, um unser Training schneller, verlässlicher, stärker, effizienter und effektiver zu machen.

Unser eigenes Training ist durch das Datensammeln wesentlich schneller und zuverlässiger geworden. Zu Beginn des Buchs habe ich bereits davon berichtet, wie das Training unserer Kamerahunde dadurch wesentlich schneller und effizienter wurde.

Damals „feuerten“ wir nur Diensthunde, wenn sie nicht erfolgreich waren. Heutzutage feuern wir auch Trainer, wenn sie nicht erfolgreich sind. Damit stießen wir auf einen wunden Punkt bei denjenigen Trainingsgruppen, die mit dem Datensammeln Schwierigkeiten hatten – denn es ist hauptsächlich die Angst um das eigene Ego, das dem im Wege steht. Oft ist auch die Führung nicht in der Lage, ihre Trainer von der Wichtigkeit der Datenerhebung zu überzeugen – und es ist außerdem ein Zeichen dafür, dass in dieser Einheit keine sichere, geschützte Arbeitsumgebung existiert. Denn warum sollte ein guter Trainer Probleme mit der Dokumentation haben? Sie zeigt, wie schnell man ein Verhalten ändern und wie schnell man gut trainierte Hunde „produzieren“ kann, und das ist ja letztendlich der Job eines professionellen Hundeausbilders. Gute Ausbilder sind stolz darauf, was sie leisten. Ihre Fähigkeiten, Erfahrung und Daten tragen zu besserem und stärkerem Verhalten beim Hund bei, was der Verlässlichkeit der Hunde zugutekommt, die sie „abliefern“. Ebenso wie der der Trainer, die sie ausbilden. Letzten Endes ist ein gut ausgebildeter Diensthund eine Menge Geld wert und kann eine Menge Dinge tun, die nach wie vor immer noch nicht von Maschinen erledigt werden können.

Qualität ist für das gesamte System wichtig. Deshalb fragen wir: Wie gut ist gut genug? Wie messen wir „gut genug“? Was können wir von einem gut trainierten Hund und Hundeführer erwarten? Was von einem erfahrenen Trainer? Müssen wir weitere zehntausend Jahre verschwenden, bevor wir uns zu fragen beginnen, warum das Hundetraining sich nur so langsam weiterentwickelt? Oder fangen wir endlich mit dem Sammeln und Auswerten von Daten an und teilen die Information mit anderen? Wir hoffen es und versuchen andere dazu zu motivieren, auch damit zu beginnen. Denn am Ende kamen wir zu der Erkenntnis, dass Hundetraining einfach, aber nicht leicht ist – eine Aussage, auf die wir noch öfter zurückkommen werden.

Hundetraining ist einfach,
aber nicht leicht.

Training ist nicht schwarz oder weiß

Managern sage ich gerne, dass es eine Menge Gemeinsamkeiten zwischen Tiertraining und dem Umgang mit Mitarbeitern gibt (s. a. S. 368). Manager lernen viel über verschiedene Herangehensweisen, denn keine zwei Menschen sind genau gleich. Individuen haben unterschiedliche Motivationen, und auch Tiertraining ist nicht nur schwarz oder weiß. Hunde unterscheiden sich nicht nur in ihrer Rasse, sondern auch in ihrer Persönlichkeit. Genau übrigens wie auch Hundetrainer.

Neben der Persönlichkeit gibt es noch weitere Faktoren, warum Training nicht nur schwarz oder weiß sein kann. Wir kommunizieren und lernen auf unterschiedliche Art und Weise. Wir haben andere Erfahrungen und andere Vorkenntnisse. Wir unterscheiden uns in unserer Beobachtungsgabe, in unserer Sensibilität und in vielen anderen Dingen. Manchmal wünschen wir uns, Training könnte nur einfach schwarz oder weiß sein – denn dann wäre es leicht. Wir könnten nach einem klar definierten schwarz-weißen Plan oder Protokoll vorgehen und jeder könnte danach Hunde bis zu einem definierten Niveau trainieren und mit ihnen arbeiten. Wir würden überall die gleichen Ergebnisse sehen und das Training würde überall gleich lange dauern.

Aber im Tiertraining gibt es, genau wie in der Ausbildung von Menschen, eine Grauzone. Und diese Grauzone ist es, für die das Lehrbuch keine genauen Anweisungen bereithält. An dieser Stelle sagen wir gern, dass es in der Theorie keinen Unterschied zwischen „theoretisch“ und „praktisch“ gibt. Aber in der Praxis sehen wir, dass dem sehr wohl so ist! Genau das ist die Phase des Trainings, in dem die Leute auf ihr Bauchgefühl zu hören beginnen. Es ist der Moment, in dem man beginnt, nicht mehr nur mit dem Gehirn, sondern auch mit dem Herzen zu trainieren. Emotionen kommen ins Spiel, wir fangen an, nach verschiedenen Sichtweisen zu suchen und starten Diskussionen. Wir setzen das Training in einen Kontext. Ablenkungen kommen ins Spiel, die Motivation des Trainees ändert sich und ist nicht mehr immer so deutlich. Es ist der Moment, in dem unser Signal nicht mehr jedes Mal zum vorhergesagten Verhalten führt. Das liegt daran, dass die „Black Box“ des Trainees (mehr dazu später) das Ergebnis auf unerwartete Weise verändern kann. Für erfahrene Trainer ist das eine aufregende Zeit, für Anfänger dagegen eine riskante Periode, in der viele das Handtuch werfen und zu dem Schluss kommen, dass Tiertraining nichts für sie ist.

Eine Trainerkollegin von mir, Leonie, brachte einmal ein sehr schönes Bild, als ich ihr von dem Graubereich des Trainings erzählte. Um Grau sehen zu können, sagte sie mir, müsse man zuerst in der Lage sein, schwarz und weiß zu sehen!

5

Das faszinierende Wesen Hund

Hunde sind wirklich faszinierende Lebewesen. Sie sind uns näher als alle anderen Tiere. Wir wissen immer noch nicht so sicher, warum sie uns so verbunden sind. Es sieht so aus, als seien sie sehr gut auf uns eingestimmt. Sie können unsere Körpersprache lesen, unsere Blicke deuten und riechen, ob wir glücklich oder gestresst sind oder Angst haben. Sie können sogar riechen, wenn wir krank sind, wie viele Fälle zeigen, in denen Hunde ihre Besitzer vor Unterzuckerung warnen oder sogar Krebs angezeigt haben. Außerdem leisten Hunde uns Gesellschaft, helfen uns beim Jagen oder Bewachen und Schutz unseres Eigentums. Seit Jahrzehnten halten sie unsere Soldaten aus Schwierigkeiten heraus, helfen uns bei der Aufklärung von Verbrechen und finden die Übeltäter. Vor allem aber schenken sie uns Liebe und Freude und halten uns körperlich und mental gesund.

Hundepersönlichkeiten

Bei Menschen sehen wir unterschiedliche Persönlichkeiten. Wir können sie als extro- oder introvertiert, ruhig, selbstbewusst oder ängstlich typisieren. Es gibt sensible oder verantwortungsbewusste Typen und viele mehr. Wenn man mit Menschen arbeitet, hilft es, zu verstehen, dass es viele verschiedene Persönlichkeitstypen gibt. Und ab diesem Moment begreift man, dass es wichtig ist, die Persönlichkeit zu verstehen, denn nur dann kann man den besten Weg finden, um sich dieser Person anzunähern, sie zu verstehen und mit ihr zu arbeiten.

Auch Hunde haben unterschiedliche Persönlichkeiten. Für uns als Trainer ist es wichtig, die jeweilige zu erkennen, damit wir die beste Trainingsmethode für genau diesen Hund aussuchen können. Genau wie bei den Menschen diskutiert man auch bei den Hunden sehr viel darüber, wie viele verschiedene Persönlichkeitstypen man identifizieren kann. Da ist die Rede von Reaktivität, Sozialverhalten, Unterwürfigkeit, Aggression, Ängstlichkeit, Aktivität, Arbeitswille mit dem Menschen und vielem mehr. Ich möchte hier keine Liste von Persönlichkeitstypen aufstellen, um dann darüber zu diskutieren. Ich möchte nur auf das Thema aufmerksam machen, damit Sie als Trainer verstehen, dass es zwischen Individuen Unterschiede gibt und dass Sie an diese Persönlichkeitstypen mit unterschiedlichen Trainingsmethoden herangehen müssen.

Kontakt zwischen Hunden und Menschen

Eine Beziehung zu unserem Hund setzt voraus, dass wir Kontakt zu einer anderen Welt aufnehmen, nämlich der der Tiere. Weil wir so mit unserer modernen Elektronik beschäftigt sind, scheinen wir immer mehr zu verlernen, wie man auf natürliche Art und Weise Kontakt zu anderen Menschen aufnimmt. Heutzutage ist ja schon ein Telefongespräch eher etwas Seltsames. Wir knüpfen und pflegen Kontakte lieber über E-Mail, Instagram, Facebook, Twitter und viele andere Apps. Aber eine sprachliche Unterhaltung mit einem Gegenüber, bei der man auf Blickkontakt reagieren und aus der Körpersprache lesen kann, ist etwas, das wir gar nicht mehr so oft erleben.

Unsere Hunde benutzen keine Elektronik, um mit uns zu interagieren. Selbst ihre Lautäußerungen reichen noch nicht aus, um uns mitzuteilen, was sie brauchen und wie sie sich fühlen. Die meisten Informationen über ihre Befindlichkeit bekommen wir, wenn wir ihr Verhalten beobachten. Allerdings scheinen wir heutzutage zu vergessen, wie man Körpersprache und Verhalten beobachtet und analysiert. Es gibt im Englischen eine Redensart für das Geschäftsleben: „No contract without contact", was so viel heißt wie „Kein Vertrag ohne (persönlichen) Kontakt. Wenn es um wirklich wichtige Vertragsverhandlungen geht, möchte man sich lieber treffen und sehen, anstatt das Geschäft nur über E-Mail abzuschließen. Für uns heißt das: Wenn wir wirklich einen „Vertrag" mit unserem Hund schließen möchten, dann müssen wir sicherstellen, dass wir in echtem Kontakt mit ihm sind. Der beste Kontakt, den wir mit unseren Hunden haben können, ist, in ihrer Nähe zu sein. Wir lieben die langen Spaziergänge im Wald, die gemeinsam im Garten verbrachte Zeit und schließen sie auch im Haus nicht von der Familie und anderen Tieren aus.

Hunde brauchen soziale Netzwerke

Hunde sind soziale Lebewesen und brauchen Zugang zu sozialen Netzwerken – realen, nicht virtuellen. Sie tun dies auf mannigfaltige Art und Weise: Sie genießen den körperlichen Kontakt zu anderen Hunden im Park. Sie beschnüffeln sich gegenseitig die Hinterteile, hinterlassen ihre Urinmarken an Gegenständen und lesen die der anderen. Sie äußern sich gegenüber anderen Hunden oder Menschen durch Bellen. Daneben kommunizieren sie mit einem großen Repertoire an Körpersprache und bemühen sich sehr, auch unsere menschliche Körpersprache zu verstehen. Sie lieben es einfach, ein soziales Netzwerk um sich herum zu haben. Was natürlich nicht heißt, dass jeder Hund mit jedem anderen Hund Freund sein muss. Ein soziales Netzwerk ist größer. Aber verstehen Sie bitte unbedingt, dass Hunde keine Einzelgänger sind. Sie brauchen andere!

Hunde sind emotionale Wesen

Bis vor gar nicht allzu langer Zeit war es noch nicht bewiesen, dass Hunde wirklich Liebe oder andere Emotionen empfinden können. Als Marc Bekoff sein fabelhaftes Buch *Das Gefühlsleben der Tiere* über Hunde als emotionale Wesen schrieb, veränderte sich für viele Trainer die Welt, während andere nach wie vor die bewiesenen Fakten dafür ignorierten, dass Hunde Gefühle haben. Hunde sind sehr gut darin, uns zu trösten, wenn wir einsam, traurig oder ängstlich sind. Wir müssen es ihnen nicht beibringen und sie nicht dazu auffordern und wir müssen sie auch nicht mit Futter oder Spielzeug dafür belohnen. Sie scheinen ganz einfach zu wissen, wann sie in diesen Momenten zu uns kommen und Kontakt aufnehmen müssen. Es ist einfach erstaunlich, wie sie das spüren. Nur zu oft schenken Hunde uns bedingungslose Liebe und Freundschaft – was vielleicht einer der wichtigsten Gründe dafür ist, dass wir so gern mit Hunden arbeiten. Es ist diese bedingungslose Freundschaft, die wir von ihnen dafür bekommen, dass wir ihnen Aufmerksamkeit schenken. Kein versteckter Plan dahinter, keine schlechten Absichten. Was wir sehen und bekommen ist klar, rein und ehrlich.

Die Intelligenz der Hunde

Lange Zeit haben sich die Menschen für den Intelligenzquotient (IQ) interessiert, aber in neueren Studien hat man festgestellt, dass auch die emotionale Intelligenz (EQ) sehr wichtig für unser Wohlbefinden, unseren Erfolg und sogar unser Überleben ist. Und ja, es gibt Unterschiede darin. Wir sind nicht alle gleich, und das trifft auch auf unsere Hunde zu. Es gibt große Unterschiede in ihrer Intelligenz, und das hat nichts mit der Größe des Körpers, des Schädels oder des Gehirns zu tun. Schauen Sie sich nur einmal die unglaubliche Intelligenz mancher Vögel wie zum Beispiel Krähen an. Ihre Gehirne sind viel kleiner als das kleinste Hundegehirn und zur Lösung kompliziertester Aufgaben fähig.

Ich habe selbst viel mit Hühnern gearbeitet, um mehr über operante Konditionierung zu lernen und uns selbst besser zu trainieren. Auch bei den Hühnern war ich überrascht, was ihre kleinen Gehirne leisten können! Ich habe Vögel Dinge tun sehen, zu denen Hunde nicht in der Lage sind. Wir sprechen hier natürlich nicht über Laufen, Schwimmen oder Fliegen, sondern wie sie ihr Gehirn, ihr Gedächtnis und ihre Problemlösungsfähigkeiten einsetzen. Und dabei sind Vögel mit ihren winzigen Gehirnen oft besser als unsere Hunde.

Der amerikanische Psychologe und Hundetrainer Stanley Coren hat Untersuchungen zur Intelligenz von über 133 verschiedenen Hunderassen gemacht und fand dabei heraus, dass ihre Kommunikation viel variabler ist, als wir dachten. Die Art und Weise, wie sie denken, planen und sich erinnern ist viel besser, als wir angenommen hatten und wird stark von Charakter, ererbten Eigenschaften und der Ernährung beeinflusst. Am Ende stellte er eine Liste der 79 intelligentesten Hunderassen auf, aber wichtig zu verstehen ist, dass es dabei nicht nur um Intelligenz und Rassen geht. Es gibt auch Persönlichkeiten, Erfahrungen und weitere Unterschiede.

Aber was ist Intelligenz? Das ist nicht so einfach zu definieren. Geht es darum, an was wir uns aus unseren früheren Lernerfahrungen erinnern können? Oder wird Intelligenz daran gemessen, wie gut jemand Probleme lösen kann? Jagdhunde sind sehr gut im Verfolgen von Spuren, aber verlangen Sie nicht von ihnen, eine Herde Schafe zu hüten. Border Collies sind hervorragend darin, Schafe zu lenken und kontrollieren, aber sie sind sicher nicht die besten Schutzhunde fürs Militär. Selbst Wissenschaftler sind sich nicht sicher, wie man die Intelligenz von Hunden messen soll. Was wir aus unserer eigenen Erfahrung wissen, ist, dass Hunde unglaublich gut darin sind, auf unsere menschliche Sprache zu hören und diese zu verstehen.

Unsere über Funk ferngesteuerten Diensthunde für Spezialeinsätze werden mitten in der Nacht weit außer Sichtweite ihrer Hundeführer geschickt. Oder in Gebäude, von wo aus sie ihre Führer nicht mehr sehen können. Sie erhalten Richtungsanweisungen über Funk: Geh links, rechts, vor, komm zurück. Während des Einsatzes arbeiten sie in einer Umgebung, in der sie noch nie zuvor waren und müssen dabei auch noch schwierige Aufgaben erledigen wie zum Beispiel ein bestimmtes Objekt eine Zeitlang anschauen (für die Aufzeichnung der durch auf ihrem Kopf befestigten Kamera), über etwas hinüberspringen oder unter etwas hindurchkriechen, Gegenstände tragen oder irgendwo platzieren oder Gegenstände finden, aufnehmen und woandershin bringen. Bei alldem müssen sie auch noch mit Ablenkungen zurechtkommen. Sie zeigen ganze Serien von Verhalten über einen langen Zeitraum, ohne einen Menschen zu sehen, ohne Belohnungen bzw. Verstärker zu bekommen und nur aufgrund von Signalen, die sie über ihr Headset erhalten. Wir sind jedes Mal wieder überrascht, wie leicht sie ihren Weg aus einem unbekannten Gebäude zu uns zurückfinden, wenn sie ihr Signal für „komm zurück“ erhalten. Es ist, als ob sie eine mentale Karte des Wegs gespeichert hätten, den sie zurückgelegt haben.

Die Psychologin Nicole Chaphuis hat uns erklärt, dass Hunde tatsächlich dazu in der Lage sind, mentale Landkarten eines Gebiets anzulegen. In ihren Feldversuchen hat sie herausgefunden, dass sie vermutlich bestimmte „Landmarken“ als Wegweiser benutzen und eine gute Vorstellung von ihrer Position und der Position dieser Markierungspunkte auf ihrer Route haben.

Aus unserer Einsatzerfahrung können wir sagen, dass es, wenn man einen ferngesteuerten Roboter in ein Gebäude schickt und damit sagen wir zwanzig Minuten lang verschiedene Räume inspiziert hat, enorm schwierig bis unmöglich ist, das Gerät wieder zurückzusteuern. Als Bediener haben Sie keine Ahnung, wo der Roboter gerade ist und wie Sie ihn den ganzen Weg zurücksteuern sollen.

Wie fördert man die kognitiven Fähigkeiten eines Hundes?

Die Intelligenz oder Kognition von Hunden ist ein spannendes Thema. Als Trainer können wir eine Menge von der ständig fortschreitenden Forschung auf diesem Gebiet lernen. Sie kann uns auch beim Auswahlprozess neuer Hunde helfen. Wenn wir all das besser verstehen, wird es auch die Art und Weise verändern, wie wir unsere Tiere trainieren und wir werden sogar Verhalten von ihnen fordern können, die wir uns jetzt noch nicht einmal vorstellen können.

Die von uns ausgebildeten Kamerahunde für verdeckte Einsätze werden heute über ein modernes Headset, über das wir mit ihnen sprechen können, „ferngesteuert" und z.B. in fremde Gebäude geschickt.

Wir wissen, dass Kinder mit einem sehr hohen IQ sich in der Schule schnell langweilen. Es ist wichtig, dass man dies frühzeitig erkennt, diese Kinder identifiziert und sie richtig fördert. Für Hunde gilt das Gleiche! Wenn wir mehr über ihre Intelligenz verstehen, können wir spezielle, fördernde Trainingsprogramme für sie erstellen.

Heute beschäftigen sich viele Wissenschaftler mit diesem Thema. Brian Hare zum Beispiel von der Duke University führt viel spannende Forschungsarbeit dazu durch. Er interessiert sich für die Evolution der Kognition sowohl beim Menschen als auch bei unseren nächsten Verwandten, den Menschenaffen, und bei Hunden. Weitere interessante Forschungsergebnisse kommen von Gregory S. Berns, einem Neurowissenschaftler aus den USA. Er hat einen Magnetresonanztomographen (MRT) dazu benutzt, um zu sehen, was eigentlich in den Köpfen unserer Hunde vorgeht. Als er die Ergebnisse sah, konnte er wirklich einen Paradigmenwechsel auslösen!

Eine seiner Fragestellungen war, diejenige Gehirnregion des Hundes zu untersuchen und ihre Aktivitäten aufzuzeichnen, die aktiviert wird, wenn der Hund sich gut fühlt. Zuerst beobachtete er via MRT verschiedene Hunde, während sie leckeres Futter wie zum Beispiel ein Würstchen bekamen. Dann maß er ihre Gehirnaktivität, wenn sie ihre Besitzer sahen oder rochen oder von ihnen Hinweise auf bevorstehende Belohnungen bekamen. Dabei konnte er tatsächlich in den Gehirnen der Hunde sehen, dass die Handlungen von uns Menschen einen großen Einfluss auf das Leben unserer Hunde haben.

Es gibt viele tolle Beispiele dafür, welche Spiele man mit seinem Hund spielen kann, um seine kognitiven Fähigkeiten zu testen. Der für uns in der Sondereinheit interessante Teil ist, mit Hilfe dieser Spiele diejenigen Hunde zu selektieren, die wir für unsere Programme brauchen. Natürlich müssen Spürhunde ihre Nase stärker einsetzen als ihre Augen. Aber es geht nicht nur um die Nase – sie müssen auch bei der Lösung komplizierter Aufgaben kooperieren. Wie zum Beispiel gehen sie mit einem Fundort um, der sehr hoch und außerhalb ihrer Reichweite liegt? Wie weisen sie auf einen Fund hin, an den sie nicht näher herangehen können? Unsere später „ferngesteuerten" Einsatzhunde werden darauf getestet, wie schnell sie unterschiedliche Probleme lösen können. Können sie von dem, was sie im Training gelernt haben, schnell genug auf die reale Welt eines Einsatzes verallgemeinern? Können sie schnell eine Beziehung zwischen ihren Handlungen und deren Ergebnissen oder Konsequenzen herstellen? Wie schnell lernen sie komplizierte Aufgaben und Verhaltensketten?

So oder so müssen wir sicherstellen, dass wir unsere Hunde beschäftigt halten – nicht nur körperlich, sondern insbesondere auch geistig. Wir müssen sie vor Herausforderungen stellen, weil sie diese lieben. Langeweile ist für sie ein Risiko und das so genannte Enrichment spielt eine wichtige Rolle in ihrem Alltag, ihrer Umwelt und Interaktion. Wir kommen später noch darauf zurück.

Das Gedächtnis unserer Hunde

Hunde können sich extrem gut erinnern. Schauen Sie sich nur an, wie sie mit bekannten Personen, Umgebungen, Gebäuden, Gerüchen und Geräuschen umgehen. Wir haben diesbezüglich früher einmal Tests mit jungen Spürhunden gemacht, die ihre Ausbildung bei uns wegen gesundheitlicher Probleme leider abbrechen mussten. Wir hatten diese teilausgebildeten Diensthunde als Familienhunde an private Besitzer vermittelt und überprüften interessehalber sechs Jahre später, was sie von ihrer Ausbildung noch behalten hatten. Sie erkannten immer noch den früher erlernten Geruch von Drogen oder Sprengstoffen und zeigten diesen korrekt an.

Das Erinnerungsgedächtnis wird aber fast nie von alleine oder aus Eigeninitiative aktiv. Es muss ein Trigger, ein Auslöser, vorhanden sein.

Wir sind der Meinung, dass nur wir Menschen über die Zukunft nachdenken können: Was wir tun möchten, wie wir reagieren sollten, über die Folgen nachdenken und so weiter. Im Großen und Ganzen glauben wir, dass Hunde dazu nicht in der Lage sind. Sie können vermutlich eine Handlung oder Strategie nicht mit Hilfe ihres Verstandes „planen".

Stellen Sie sich vor, Sie und Ihr Hund gehen in einem Park spazieren. Auf einer schmalen Brücke begegnet Ihnen wie aus dem Nichts plötzlich ein schneller Mountainbikefahrer, macht Lärm und fährt Sie um ein Haar an. Er erschreckt Sie beide zu Tode und nur ein schneller Sprung zur Seite und ein Leinenruck verhindern einen Unfall.

Zwei Wochen später erzählen Sie diese Begebenheit in Ihrem Wohnzimmer einem Freund. Sie erinnern sich an alles: das Geräusch, den Schrecken, Ihren Seitensprung und die Reaktion Ihres Hundes. Sie können sich genau erinnern, was passiert ist und alles sehr detailliert wiedergeben. Ihr Hund, der neben Ihnen auf dem Sofa schläft, erinnert sich vermutlich überhaupt nicht an dieses Ereignis. Es wird Ihnen nicht möglich sein, ihn in Ihrem Wohnzimmer nochmals zum Durchleben des Ereignisses zu bringen. Vielleicht erinnert er sich noch nicht einmal an das Schreckerlebnis, wenn Sie zu der Brücke im Park zurückgehen. Aber wenn plötzlich ein Mountainbiker auftaucht, Geräusche macht und Ihr Hund an der Leine ist, ist die Wahrscheinlichkeit hoch, dass seine Erinnerung sich einschaltet.

Die Art und Weise, wie das Erinnerungsdenken von Hunden vermutlich funktioniert, sagt uns viel darüber, wie wir unser Training gestalten müssen: Es ist wichtig, deutliche Trigger einzubauen, die ein Verhalten dann in Gang setzen, wenn wir es brauchen – und wir müssen sicherstellen, dass diese Trigger nicht mit anderen Signalen wie der (Trainings-)umgebung, anderen Geräuschen, Gerüchen etc. verknüpft werden. Wenn wir einen Spürhund zum Beispiel ausschließlich auf dem Übungsplatz trainieren, wird er den Zielgeruch niemals außerhalb des Übungsplatzes finden.

Können Hunde unsere Gedanken lesen?

Wenn Sie schon lange mit Hunden arbeiten, haben Sie sicher auch schon diese Momente erlebt, in denen Sie fast glauben, dass Ihr Hund Ihre Gedanken lesen kann. In unseren Einsätzen hatten wir diese Momente immer wieder, und zwar besonders in Situationen, in denen wir unter hohem Druck standen.

Intelligenz hat etwas damit zu tun, Verbindungen herzustellen und zu verstehen, dass gute oder schlechte Konsequenzen folgen werden. Wir sind davon überzeugt, dass nicht nur Versuch und Irrtum allein für das Lernen bei Hunden verantwortlich sind: es muss da noch mehr geben. In Einsätzen haben wir erlebt, dass Hunde Verhalten zeigten, die wir ihnen nicht beigebracht haben und die man auch nie anderen Hunden für ähnliche Situationen beibringen könnte. Aber sie taten es, retteten uns aus Gefahrensituationen und sorgten dafür, dass wir als Team überlebten. Will sagen: Wir glauben, dass es zwischen Himmel und Erde mehr gibt, als wir wissen, aber wir können noch nicht beweisen, dass Hunde unsere Gedanken lesen können.

Wissenschaftler haben wiederholt versucht, die Berichte von Besitzern zu validieren, nach denen Hunde ihre Gedanken lesen könnten. Oft stellte sich dann heraus, dass ab dem Moment, an dem die Wissenschaftler die subtilen Signale ausschalteten, die unbewusst von den Besitzern gegeben wurden und auch mögliche Hinweise aus der Umgebung ausschlossen, die

Hunde plötzlich keine Gedanken mehr lesen konnten. Hinzu kommt bei der Bewertung solcher Berichte auch noch die Tatsache, dass wir Menschen ein selektives Gedächtnis haben. Die Wissenschaftler achteten deshalb sehr darauf, dass sie mit objektiven Beobachtern und Videoaufnahmen arbeiteten, um klare Informationen zu bekommen.

Der Hund, der sich bei der Annäherung seines Besitzers an die Haustür schon vorab zur Begrüßung erhebt, steht auch auf, wenn andere Besucher oder der Postbote kommen. Wenn wir aber all diese Momente nicht sehen, sondern uns nur an das Verhalten des Hundes erinnern, das er zeigt, wenn ein Familienmitglied nach Hause kommt, beginnen wir eine Geschichte zu konstruieren und zu glauben, der Hund könnte voraussagen, wann Herrchen nach Hause kommt. Das sagt uns mehr über die Psychologie des Menschen als über den Verstand des Hundes!

Vergessen Sie nicht, dass Hunde mit einer großen Vielfalt an angeborenen Verhalten und Fähigkeiten zur Welt kommen. Sie können Hunde von anderen Tieren unterscheiden. Sie sind gern in der Gesellschaft von anderen Hunden und von Menschen. Sie erkennen Hunde aus ihrer eigenen Gruppe wieder. Sie fühlen sich eher zu bewegten als zu „toten" Dingen hingezogen, und sie haben ein mentales Bild von der Welt um sie herum. Das kann Handlungen bei ihnen auslösen, die wir nicht verstehen und die wir oft damit erklären, sie könnten unsere Gedanken lesen.

Kennen Sie Ihren Hund?

Wir sprachen bereits über individuelle Unterschiede wie Persönlichkeit, rassetypische Neigungen und angeborene Verhalten. Es ist wichtig, dass Sie Ihren Hund gut kennen, bevor Sie zu trainieren beginnen. Es geht um mehr, als eine Beziehung aufzubauen. Wissen Sie, was Ihren Hund glücklich macht? Was ihn ängstigt? Welche Herausforderungen können Sie ihm stellen? Was sind für ihn Ablenkungen? Wie kann er mit Stress umgehen? Was beruhigt ihn?

Beobachten Sie Ihren Hund. Der beste Ort, um damit zu beginnen, ist Ihr Zuhause. Nehmen Sie nicht nur bewusst wahr, was Sie sehen, sondern schreiben Sie es auch auf. Beginnen Sie, Daten zu sammeln! Nach den ersten Beobachtungen zuhause beginnen Sie auch auf den Spaziergängen damit, das Verhalten Ihres Hundes genauer wahrzunehmen. Bleibt er dicht bei Ihnen? Möchte er die Umgebung erkunden? Benutzt er all seine Sinne – Ohren, Augen und Nase? Oder ist einer davon besonders dominant? Beobachten Sie, wie sich Ihr Hund anderen Hunden und anderen Tieren nähert. Wie benimmt er sich beim Tierarzt? Wie reagiert er auf einer belebten Einkaufsstraße oder in öffentlichen Verkehrsmitteln? Bevor wir mit dem Training unserer Hunde beginnen, haben wir eine Menge individueller Informationen gesammelt und viel Zeit und Energie in den Aufbau einer guten Beziehung gesteckt.

Es gibt ein sehr interessantes Buch der Autoren Lang und Turner mit dem Titel *Gemeinsam zum Glück – Lebenskunst für Mensch und Hund* zu diesem Thema. Sie zeigen darin verschiedene Möglichkeiten, wie Sie Ihren Hund und seine Stärken besser kennenlernen und wie Sie sein Wohlbefinden steigern können.

Lernen Sie Ihren Hund mit seinem individuellen Wesen kennen.

6

Der Einfluss sensorischer Fähigkeiten auf das Training

Bevor wir mit Diensthunden ein teures und aufwändiges Trainingsprogramm starten, überprüfen wir sie gründlich körperlich. Wir röntgen Hüfte, Ellbogen und Wirbelsäule, wir überprüfen Blut, Herz, Allgemeinzustand und vieles mehr. Aber wir schauen uns auch ihre sensorischen Fähigkeiten an: Denn wir brauchen diese „Sensoren“, die Sinne des Hundes, nicht nur für den Einsatz, sondern die Leistungsfähigkeit der Sinne ist auch wichtig für das Training. Wenn ein Hund irgendwo ein Problem mit Augen, Ohren oder Geruchssinn hat, wird dies das Training sehr verzögern. Einige der einfachen Tests können Sie natürlich auch selbst durchführen, aber es gibt spezialisierte Tierärzte oder Kliniken, die eine aussagekräftige und objektive Untersuchung durchführen können.

Sehen

Wir Menschen sind sehr visuell orientiert, während unsere Hunde viel stärker mit ihrer Nase beschäftigt sind und deshalb in einer etwas anderen Welt leben. Das bedeutet nicht, dass sie ihre Augen nicht einsetzen – natürlich tun sie das, um zusätzliche Informationen zu bekommen, besonders, wenn sich Objekte weiter als 60 cm von ihnen entfernt befinden. Unterhalb dieser Entfernung können Hunde nicht scharf sehen, weshalb sie Gegenstände dann eher beschnüffeln oder berühren.

Wie unter Menschen gibt es auch unter Hunden solche mit Sehproblemen. Wenn wir einen Hund für den Einsatz ausbilden möchten, ist es für uns wichtig, dass wir seine Sehfähigkeit überprüfen. Wenn wir einen sichtorientierten Schutzhund, einen Sporthund, der Frisbees fangen oder im Agilityparcours alle möglichen Hürden absolvieren soll, dann ist ein guter Sehsinn Voraussetzung. Und für einen Trainer, der einen sichtorientierten Hund ausbilden soll, ist es ebenfalls wichtig zu verstehen, wie ein Hund sieht. So ist die Sehschärfe bei Mensch und Hund unterschiedlich: Objekte, die wir Menschen in rund 20 Metern Entfernung scharf sehen, sieht ein Hund erst bei rund sechs Metern scharf. Sein Sehsinn ist also schlechter als unserer, was die Schärfe auf Entfernung angeht.

Wir Menschen sehen die Welt außerdem in einem viel weiteren Farbspektrum als unsere Hunde. Hunde sind nicht farbenblind, aber rot-grün-blind, d. h. diese beiden Farben sehen für sie gleich und eher graugrün aus. Gelb und Blau können Hunde dagegen gut unterscheiden.

Das Farbensehen wird dann wichtig, wenn wir Targets oder Belohnungs-Spielzeuge für das Training aussuchen. Ein für uns leuchtend roter Ball wird vom Hund im grünen Gras kaum erkannt. Das war auch einer der Gründe dafür, warum wir für das Targettraining mit Laserpointern andere Farben als Rot zu nutzen begonnen haben.

Wenn Sie einem Hund per Laser Richtungshinweise geben, müssen Sie verstehen, was der Hund sieht, wenn der Laser auf einen bestimmten Hintergrund gerichtet wird.

Farbspektrum Mensch

Unser menschliches Farbensehen.

Farbspektrum Hund

Der Hund sieht in etwa so wie der Mensch, der rot-grün-blind ist.

Neben dem Farbensehen müssen wir uns auch Sichtfeld (Winkel) und Schärfe des Hundesehens anschauen. Allgemein kann man sagen, dass da, wo wir Menschen (falls wir keine Brille brauchen) die meiste Zeit scharf sehen, der Hund eher unscharf sieht.

Behalten Sie das im Hinterkopf, wenn Sie mit Targets, Hürden und anderen sichtorientierten Aufgaben arbeiten. Wir haben diese Probleme mit unseren Kamerahunden erlebt, wenn sie aus dem Gebiet, in das wir sie geschickt hatten, zurückkamen. Sie hatten es schwer, unter all den Einsatzkräften in ihrer schusssicheren Schutzkleidung ihren Hundeführer wiederzufinden. Um dieses Problem zu lösen, kamen wir auf die Idee, den Hundeführer als einzigen keine Schutzhandschuhe tragen zu lassen, sodass der Hund sich an seinen unbedeckten Händen orientieren konnte. Auch für Schutzhunde kann es unter bestimmten Umständen schwierig sein, Personen zu verfolgen und zu stellen. Das ist einer der Gründe dafür, warum Hunde nicht nur ihre Augen, sondern auch Nasen und Ohren einsetzen!

Außerdem ist das Sichtfeld von Hunden viel weiter als das von Menschen. Sie sehen seitlich viel weiter nach hinten als wir, weil ihre Augen weiter seitlich am Kopf sitzen, dafür ist der Bereich, in dem sich das Sehfeld beider Augen überschneidet, bei ihnen kleiner als bei uns. Das beeinflusst die Tiefenschärfe. Nur wenn etwas genau vor ihnen ist, sehen sie es scharf.

Der Bereich des Scharfsehens nach vorn ist beim Menschen größer als beim Hund (grün), dafür sieht der Hund weiter zur Seite und nach hinten (grau), wenn auch dort unschärfer.

Es gibt dabei auch rassespezifische Unterschiede. Ein Retriever hat zum Beispiel ein weiteres Sehfeld als manche kleineren und langnasigeren Hunde. Auch das kann zu Problemen im Training führen. Bei Hunden mit einem engen Bereich des Scharfsehens ist es deshalb wichtig, dass sie ihr Target anfangs frontal präsentiert bekommen und nicht seitlich.

Sein weites Sichtfeld sorgt auch dafür, dass der Hund mehr Ablenkungen „aus dem Augenwinkel“ wahrnimmt als wir. Nun können Sie verstehen, warum die Sehfähigkeit eines Hundes ebenfalls eine Rolle darin spielt, wie wir unsere Trainingsumgebung aufbauen, damit der Hund Erfolg haben kann.

Aus der Forschung wissen wir auch, dass viele Jagdhunderassen weitsichtig und viele typische Schäferhunde eher kurzsichtig sind. Verglichen mit Menschen können Hunde wiederum besser in der Dämmerung sehen, aber bei totaler Dunkelheit sehen sie ebenfalls nichts. Wenn wir Hunde in absolut stockfinsteren Bunker- oder Kellerräumen getestet haben, begannen diese sich ähnlich wie wir Menschen zu bewegen: Sie verlangsamen, laufen gegen Gegenstände und wagen irgendwann nicht mehr, sich zu bewegen. Wir haben dieses Problem gelöst, indem wir ihnen eine kleine Lampe an Halsband oder Kamerahelm montierten. Wenn es nicht vollkommen dunkel ist, bewegen sich Hunde dagegen schnell und sicher über ein Geläuf, auf dem der Mensch ständig gegen Hindernisse stoßen würde.

Hören

Neben dem Geruchssinn ist auch das Gehör des Hundes außergewöhnlich gut. Kleine Kinder können Töne bis 20.000 Hertz hören. Wenn wir Menschen altern, sinken diese Werte und im mittleren Alter können wir erwarten, noch bis rund 14.000 Hertz zu hören. Laut Forschungsergebnissen können Hunde Töne bis zu einer Frequenz von 45.000 oder sogar 65.000 Hertz hören, was unglaublich hoch ist. Man vermutet, dass dies damit zusammenhängt, damit sie in der Lage sind, Nagetiere wie zum Beispiel Ratten zu fangen. Deren Warnlaute mit einer Frequenz von 22.000 bis hin zu 44.000 Hertz sind für uns Menschen nicht hörbar, für einen Hund dagegen mit Leichtigkeit wahrzunehmen und zu orten.

Jagdhunde nutzen auch ihre Ohren, um verwundete Tiere zu finden und auch Rettungshunde nutzen nicht nur ihre Nase allein, um beispielsweise Erdbebenopfer zu finden. Polizeihunde benutzen ebenfalls ihre Ohren mit, um Verdächtige zu finden. Im Vietnamkrieg setzte das US-Militär Hunde ein, die Tretminen aufspürten – nicht nur anhand des Geruchs, sondern auch, weil sie das Ultraschallgeräusch (über 20.000 Hz) hören konnten, das der in die Minen blasende Wind verursachte.

Viele Familienhunde springen vom Sofa auf und rennen zur Haustür, wenn ihr Besitzer heimkommt, noch lange bevor die anderen Familienmitglieder sein Kommen hören konnten.

Unsere Hunde können das Geräusch eines bestimmten Automotors unter allen anderen heraushören. Sie hören, ob sich bekannte oder unbekannte Schritte dem Haus nähern. Ihr Gehör ist also viel feiner als unseres. Sie hören in einem weiteren Bereich, können weiter entfernte Geräusche wahrnehmen und viel besser als wir zwischen Geräuschen unterscheiden.

Riechen

Was Wissenschaftler und Hundeführer jedoch am meisten beeindruckt, ist die Hundenase. Nach vielen Jahren Forschung wissen wir immer noch nicht genau, wie sie funktioniert. Natürlich haben wir während der letzten einhundert Jahre sehr viel gelernt, aber wir müssen noch mehr verstehen. Das größte Fragezeichen ist vermutlich die Grenze der Leistungsfähigkeit der Hundenase. Hunde können Gerüche wahrnehmen, die nicht nur weit über der für Menschen wahrnehmbaren Grenze liegen, sondern auch über der vieler raffinierter technischer Geräte.

Ein gutes Beispiel ist die Arbeit eines Brandmittelspürhundes. Wenn der Verdacht auf Brandstiftung besteht, suchen die Experten mit Handgeräten nach Spuren von Brandbeschleunigern. Der große Unterschied zur Arbeit mit dem Brandmittelspürhund ist: Die Menschen setzen ihr Messgerät nur an den Stellen ein, von denen sie denken, dass dort der Brandherd gelegen haben könnte. Der Brandmittelspürhund sucht aber Stellen ab, an die die Menschen nie gedacht hätten. Er geht einfach dahin, wohin die Geruchsmoleküle seine Nase führen. Und oft ist es so, dass die Handmessgeräte an den Stellen, an denen der Hund anzeigt, keinen Messwert angeben! Wenn dann die Experten Proben vom Brandort nehmen und sie im Labor mittels

Gaschromatographie mit Massenspektrometrie-Kopplung (GC / MS) untersuchen, sieht es so aus, dass der Hund sogar den Messschwellenwert des GC / MS übertrifft. Das ist absolut verblüffend und einer der Gründe dafür, warum man Brandmittelspürhunde mit Geruchskonzentrationen trainiert, die vom GC / MS messbar sind – denn der offizielle Bericht verlangt den GC / MS-Nachweis von Brandbeschleunigern am Tatort. Die Anzeige des Hundes allein reicht nicht aus.

Hunde können kleinste Geruchsmoleküle in der Luft wahrnehmen. Mit vielen unterschiedlichen wissenschaftlichen Untersuchungsmethoden kommen wir immer mehr Geheimnissen der Hundenase auf die Spur. Mit MRT-Aufnahmen können wir sehen, was im Gehirn des Hundes passiert, wenn er vertraute Bezugspersonen riecht, seine Lieblingsleckerchen oder erlernte Geruchsbilder wie die von Drogen oder Sprengstoff. All das hilft uns, bessere Trainingspläne aufzustellen.

Bewusste Wahrnehmung der Umgebung

Hunde sind sich ihrer Umgebung sehr bewusst. Haben Sie je einen Hund in die Hinterlassenschaften eines anderen Hundes treten sehen? Sicher nicht oft, denn die meiste Zeit sind sie sich sehr bewusst, wo sie ihre vier Pfoten hinsetzen.

Sie werden auch im Auto aktiv, wenn wir zu ihrem Lieblingswald fahren. Sie scheinen genau zu wissen, wann wir da sind und werden kurz vorher wach, nachdem sie vorher stundenlang geschlafen haben. Sie erkennen auch den Trainingsplatz schon, bevor wir auf den Parkplatz einbiegen.

Hunde scheinen ständig eine „mentale Landkarte" ihrer Umgebung anzufertigen. Sie wissen genau, wo sie sind. Das Interessante dabei ist, wie Menschen und wie Tiere die Welt wahrnehmen. Unsere Sinne nehmen jede Menge Informationen auf, aber erst im Gehirn laufen sie zusammen. Erst hier können wir die Welt um uns herum wirklich sehen, riechen und hören. Menschen und Tiere tun dies auf unterschiedliche Weise. Menschen sehen, riechen und hören nicht das Gleiche wie Hunde, wie wir oben schon gesehen haben. Wir Menschen neigen zu dem Glauben, dass unsere Wahrnehmung der Welt die Realität ist, aber es wichtig zu verstehen, dass unsere Hunde in einer ganz anderen Realität leben.

Stellen Sie sich einmal vor, Sie könnten die Welt aus Sicht eines Hundes betrachten. Sie legen sich auf den Boden und schauen die Straße hinunter. Alles ist verschwommen und es ist sehr laut. Die Farben sind gelb, blau und graugrün. Sie riechen überall Geruchsnachrichten und wissen genau, wo Sie sich befinden.

Wenn wir verstehen, dass Hunde nicht in der gleichen Welt leben wie wir, können wir von ihnen auch nicht erwarten, dass sie sich wie wir benehmen. Sie werden nicht die gleichen Entscheidungen treffen wie wir und werden mit Herausforderungen anders umgehen. Sie nehmen viel mehr Informationen auf als wir und verarbeiten sie auf vollkommen andere Art und Weise.

7

Verhalten: Einige Grundlagen

In der Humanpsychologie, in der es um den menschlichen Verstand und seine Funktionen geht, bestehen die Hauptziele darin, Verhalten zu beschreiben, erklären, vorauszusagen und zu verändern. Genau das gleiche gilt für das Training von Tieren. Alles beginnt damit, dass man Verhalten beobachtet. Bevor wir also zu erklären beginnen, wie man ein Verhalten ändern kann, müssen wir zuerst definieren, was Verhalten eigentlich ist.

Was ist Verhalten?

Verhalten ist alles, was ein Organismus tut. Bewegungen, Aktionen, Reflexe. Verhalten hat viele Formen, zum Beispiel isolierte Aktionen, bei denen nur wenige Muskeln reagieren, oder aber solche, bei denen der ganze Körper beteiligt ist. Einige der sehr einfachen und primitiven, angeborenen physiologischen Reaktionen nennen wir Reflexe. Wir kennen aber auch sehr komplexe Verhalten wie Nestbau bei Vögeln, gemeinsame Jagd in einer Gruppe wilder Hunde oder einen Spürhund, der nach seinem Zielgeruch sucht. Auch die Befehlshaber umfangreicher Militäraktionen zeigen übrigens Verhalten … Verhalten findet immer und überall statt, auch, wenn wir es nicht sehen können. Es ist im Grunde alles, was ein Tier oder eine Person tut.

Es gibt eine einfache Möglichkeit, zu definieren, was als Verhalten bezeichnet werden kann. Wir nennen sie den „Toter-Mann-Test". Kann ein toter Mann es tun? Wenn ja, ist es kein Verhalten. Kann ein toter Mann nicht sprechen? Ja, also ist „nicht sprechen" kein Verhalten. Kann ein toter Mann nicht aufmerksam sein? Ja, nicht aufmerksam zu sein ist also kein Verhalten. Kann ein toter Mann einen Clicker bedienen? Nein, einen Clicker zu bedienen ist also ein Verhalten. Kann ein toter Mann einem Hund einen Verstärker geben? Nein, also ist das Geben eines Verstärkers ein Verhalten.

Der Tote-Mann-Test:
Kann ein toter Mann es tun?
Wenn ja, ist es kein Verhalten.

Der „Toter-Mann-Test“

Wir können den „Toter-Mann-Test“ ganz einfach in einen „Toter-Hund-Test“ umwandeln, um besser zu verstehen, was Verhalten ist. Ein paar Beispiele für Verhalten bei Hunden, die wir üblicherweise so sehen, wären rennen, springen, einen Ball fangen, etwas suchen, angreifen, bellen, fressen oder beißen. Beispiele für Nicht-Verhalten wären nicht aus dem Auto herauskommen, den Ball nicht jagen, nicht fressen, still liegen. Wenn Sie sich also fragen, ob etwas ein Verhalten ist, dann fragen Sie sich, ob ein toter Hund es zeigen kann.

Natürlich hat die Sache aber einen Haken. Stillliegen ist etwas, das ein toter Hund tun kann. Aber wenn ein lebender Hund still daliegt, spielt sich trotzdem immer noch Verhalten ab. Reflexe sorgen dafür, dass der Hund atmet. Seine Verdauung ist immer noch aktiv und sein Herz schlägt. Manchmal ist der „Toter-Hund-Test“ etwas zu einfach, aber dennoch hilft er uns dabei, uns auf das Richtige zu fokussieren.

Wie beobachtet und analysiert man Verhalten?

Wenn Sie ein Verhalten verändern möchten, müssen Sie es beobachten, Daten sammeln und die Daten auswerten. Ein wunderbares Hilfsmittel dazu sind Zeitlupen-Aufnahmen. Sie müssen zuerst verstehen, was ein Tier dazu motiviert, das Verhalten zu zeigen, das Sie sehen, bevor Sie dieses verändern können.

Nehmen wir als Beispiel einmal die Schrägwand oder A-Wand aus einem Agility- oder Hindernisparcours für Hunde. Das Verhalten, das Sie für die Prüfung oder den Wettkampf brauchen, ist, dass der Hund schnell die Schrägwand überquert und sie an einem bestimmten Punkt verlässt. Das Verhalten ist: Der Hund rennt schnell zur Schrägwand, springt darauf, läuft darüber und springt auf der anderen Seite herunter. Nach einigen Wiederholungen legt der Hund an Geschwindigkeit zu und sein Sprung wird intensiver. Das bedeutet, dass er nun fast schon ganz oben auf der anderen Seite der Schrägwand wieder abspringt. Sie möchten das Verhalten aber so verändern, dass der Hund etwas langsamer und sicherer läuft, damit der Richter Ihnen keine Punkte abzieht.

Jetzt kommen Videoaufnahmen ins Spiel, um genau zu analysieren, was der Hund tut. Wie bewegt er sich? Wo entschließt er sich zum Absprung von der Schrägwand? Warum bewegt er sich so schnell? Welche Art von Signalen starten sein Verhalten? Und was ist der Verstärker für den Hund? Wenn Sie all diese Fragen beantworten können, können Sie einen Trainingsplan schreiben, wie Sie das Verhalten zu dem verändern können, was Sie haben möchten.

Wie verändert man Verhalten?

Verhalten wird von den Konsequenzen geändert, die es hat. Das ist einfach, aber nicht leicht. Im Allgemeinen sind wir Menschen uns darüber im Klaren, dass wir Wohlbefinden suchen und Unwohlsein oder Schmerzen möglichst vermeiden.

Es gibt Gründe oder Motivatoren, die unser Verhalten verändern. Das gleiche gilt auch für Tiere. Ein Verhalten zu verändern oder ein neues Verhalten zu bekommen ist nicht schwierig, wenn man es in kleine Teile herunterbrechen kann. Wir alle haben das Laufen gelernt. Wir haben damit begonnen, dass wir zuerst krabbelten, dann die ersten kleinen Schritte machten, hinfielen, wieder aufstanden und irgendwann erst gehen, dann auch rennen und springen konnten. Sportler haben es sogar geschafft, schneller zu laufen und höher zu springen als die meisten von uns. An diesem Beispiel sieht man gut, dass man ein Verhalten dann, wenn man das Zielverhalten in kleine Teile zerlegen kann, gut und stark konditionieren kann. Die einzelnen Schritte bilden eine Kette und die Kette ist das fertige Verhalten. Wenn Sie Verhalten auf diese Weise sehen können, können Sie es auch bekommen.

Menschen und Tiere lernen 24 Stunden am Tag und sieben Tage die Woche. Sie können das Lernen nicht ausschalten, es findet ständig statt. Sehen wir einem jungen Hund zu, wie er seine Nase zum ersten Mal einsetzt, zu laufen oder sogar zu rennen versucht und alle möglichen Aktivitäten zeigt, die wir als Spiel verstehen. Er entwickelt damit seine Muskeln, findet sein Gleichgewicht und lernt neue Fähigkeiten wie rennen, springen, Dinge ins Maul nehmen und festhalten und so weiter. Die erfolgreichen Konsequenzen seiner Handlungen führen dazu, dass er neue Fähigkeiten erlernt. Die Muskeln werden stärker, die Sinne schärfer und das Nervensystem ist bereit. Viele Tausend Reaktionen beeinflussen die Bewegungs- und Handlungsmuster. Interaktionen mit der Umwelt werden verstärkt, geschwächt, geformt oder unterschieden und helfen dem Tier, zu überleben und sich fortzupflanzen. Es sind die Resultate erfolgreicher oder erfolgloser Handlungen. Diese Verhaltensänderungen sind Teil dessen, was wir als Lernen bezeichnen. Denken Sie also immer daran, dass alle Lebewesen einschließlich Menschen so lange lernen, wie sie leben. Lernen findet nicht nur in Klassenzimmern statt, beim Lesen von Büchern oder Teilnehmen an Online-Kursen.

Menschen und Tiere lernen 24 Stunden am Tag und sieben Tage die Woche.

Auf dem Hundeplatz sehen wir oft, wie ein Hund perfekt an der Leine geht, aber wie verrückt daran zerrt, sobald es außerhalb des Platzes zum Auto geht. Auf dem Hundeplatz, so sieht es aus, lernt der Hund erwünschtes Verhalten und außerhalb davon unerwünschtes. Wir können das Lernen nicht anschalten, wenn wir den Hundeplatz betreten und wieder abschalten, wenn wir ihn verlassen. Auch, wenn viele Trainer das glauben.

Bei kleinen Kindern ist das nicht anders: In der Schule „benehmen" sie sich und halten sich an Regeln wie „wir dürfen nicht miteinander raufen", „wir dürfen uns nicht anschreien" und so weiter, aber zuhause oder beim Spielen mit Freunden kreischen und schreien sie und prügeln sich und zeigen andere unerwünschte Verhalten. Auch Kinder lernen rund um die Uhr!

Der Ort zum Lernen muss kein speziell dafür vorgesehener Platz sein. Natürlich muss man irgendwo anfangen und tut das sinnvollerweise in einer sicheren Umgebung ohne allzu viele Ablenkungen. Aber so bald wie möglich gehen wir hinaus in die Welt. Es ist wichtig zu verstehen, dass Verhaltensänderungen bei Tieren meistens während Interaktionen mit der Umwelt stattfinden. Wenn Sie als Trainer diese Umwelt kontrollieren können, können Sie das Training auf bestmögliche Art und Weise beeinflussen.

Tiere lösen Probleme, um zu bekommen, was sie möchten. Das kann Futter sein, Wasser, Sex, Unterschlupf, Aufmerksamkeit oder was immer aktuell für sie wertvoll ist. Wenn man einen Hund in einer sicheren Umgebung ohne Ablenkungen vor ein einfaches Problem stellt, wird er es lösen, um den Verstärker zu bekommen, den er möchte. Gestaltet man diese Aufgaben nach und nach immer schwieriger, werden die Tiere Meister darin, unsere Menschenprobleme zu lösen.

Für uns Menschen ist es nicht leicht, Drogen zu finden, die Schmuggler in Autos, Flugzeugen oder Booten versteckt haben. Hunde können uns dabei helfen. Wir beginnen also in einer sicheren Umgebung ohne Ablenkungen. Wir stellen den Hund nur vor die Aufgabe, aus einer Reihe oder einem Geruchsrad (s. S. 344) einen bestimmten Geruch zu finden und er lernt schnell, dass es dafür eine tolle Belohnung gibt. Nach und nach fügen wir immer mehr Ablenkungen hinzu – nicht nur in der Geruchsreihe oder dem Geruchsrad, sondern auch im Übungsraum. Irgendwann gehen wir aus dem Raum heraus ins echte Leben und bereiten den Hund darauf vor, fast überall Drogen zu finden – auch unter allen möglichen Umständen wie auf lauten Flughäfen, einem schwankenden Schiff oder in einem engen Auto. Wir zeigen ihm, dass es kleine oder große Mengen des Geruchs geben kann, dass er tief versteckt oder direkt auf einer Oberfläche sein kann oder dass er von ablenkenden Gerüchen anderer Tiere umgeben oder von Kaffeegeruch fast überlagert sein kann. Wir üben in hellen und dunklen Umgebungen, bei Hitze oder Kälte. Bei jedem dieser Schritte fragen wir den Hund, ob er unser lustiges kleines Spiel mit uns spielen möchte, das wir selbst nicht so gut beherrschen, und „bezahlen" ihn mit Verstärkern. Wichtig ist, den Prozess in kleine Schritte aufzugliedern. Dazu arbeiten wir mit Trainingsplänen. Sie sind wie Stundenpläne für Schüler oder Baupläne für ein Haus. Wir gehen später ausführlich darauf ein.

„Was habe ich davon?"

Als erstes müssen wir das individuelle Tier studieren, um dann die Frage beantworten zu können: What's in it for me (WIIFM) – Was habe ich davon (WHID)? Denn wenn das Tier nichts von dem Verhalten hat, wird es dieses vielleicht nicht zeigen. Denn welchen Grund sollte ein Hund dafür haben, durch einen Fluss zu schwimmen, um einen Dummy zu apportieren, nach Drogen zu Suchen oder einen Hindernisparcours zu laufen?

Von der Umwelt geformte Verhalten

Es gibt auch Verhalten, die durch umweltbedingte Konsequenzen herausselektiert wurden. Sie bleiben bestehen oder gehen verloren, weil ihre Folgen zu ihrer Stärkung oder Schwächung führen. Diesen Prozess nennen wir „Lernen". Es geht um mehr oder weniger permanente Veränderung von Verhalten durch Umwelterfahrungen.

Denken Sie daran, dass jedes Verhalten, auch erlerntes, auf natürlichen Verhaltensweisen fußt und lediglich auf diese aufbaut und sie modifiziert. Es ist nicht möglich, ein Verhalten zu trainieren, das für das Tier unnatürlich ist. Schauen Sie nur einmal, wie natürlich ein kleines Kind jeden Tag durch Versuch und Irrtum lernt. Es lernt, seine Bewegungen immer besser zu koordinieren, um irgendwann eine Tasse zu halten, zu gehen, zu klettern und viele Verhalten mehr. Ein Tiertrainer modifiziert schon existierende Verhalten und bringt sie unter Kontrolle.

Manchmal höre ich Menschen über Hundesportarten wie Dog Dancing urteilen und sagen, dass zum Beispiel das Gehen auf den Hinterbeinen oder andere Bewegungen unnatürlich seien. Verstehen Sie, dass dies alles im Grunde natürliche Verhalten sind – sonst hätte der Hund sie nicht lernen können.

Es ist nicht möglich, ein Verhalten zu trainieren, das für das Tier vollkommen unnatürlich ist. Wir können nur vorhandenes Verhalten modifizieren.

Erwünschte oder unerwünschte Verhalten?

Bevor wir fortfahren, ist es wichtig, den Unterschied zwischen erwünschtem und unerwünschtem Verhalten zu verstehen. Beides unterscheidet sich von Individuum zu Individuum und wird von Zeit, Kontext, Ort, Umständen, Emotionen, Erfahrungen und vielen anderen Elementen beeinflusst.

Schauen wir uns einmal das Beispiel eines im Haus bellenden Hundes an. Besonders wenn es immer dann auftritt, sobald der Besitzer das Haus zum Arbeiten oder Einkaufen verlassen hat und länger anhält, kann es Nachbarn in den Wahnsinn treiben. Ganz klar würde das so gut wie jeder als unerwünschtes Verhalten bezeichnen. Aber wenn der gleiche Hund plötzlich mitten in der Nacht bellt, um seinen schlafenden Besitzer vor Einbrechern zu warnen, die sich an der Tür zu schaffen machen, wäre das ein erwünschtes Verhalten. Und wenn der gleiche Hund einen Dieb verjagen würde, der gerade ein Auto stehlen möchte, dann wären alle Bewohner der Straße sehr zufrieden mit ihm.

Wenn Sie also etwas als erwünschtes oder unerwünschtes Verhalten deklarieren möchten, werden Sie feststellen, dass dies nicht immer ganz einfach ist.

Was ist mit einem Polizeihund? Wenn er nachts auf Streife mit seinem Hundeführer unterwegs ist, soll er einen Verdächtigen beißen, der seinem Herrn zu nahekommt, aber zuhause auf dem Spaziergang soll er natürlich nicht den Nachbarn beißen, der auf ein Schwätzchen nahe herankommt. Sie sehen also, dass *wir* bestimmen, was in Ordnung ist und was nicht. Erwünscht oder unerwünscht. Vielen Hundebesitzern fällt es schwer, das herauszuarbeiten. Wenn wir uns selbst nicht darüber im Klaren sind, was für uns erwünscht und was unerwünscht ist, wird es auch für unsere Hunde unklar sein. Wir kommen später im Buch noch öfter auf dieses Thema zurück!

Die Herausforderung an den Trainer

Die größte Herausforderung an einen Trainer ist, entscheiden und erklären zu können, was das erwünschte Verhalten ist und was man als unerwünschtes Verhalten definiert. Bauen Sie Ihren Trainingsplan so auf, dass er klar für den Trainer, den Hundeführer und den Hund ist! Verwenden Sie klare Kriterien und versetzen Sie sich in die Lage, die notwendigen Daten während des Trainings auf eine objektive Art und Weise sammeln zu können, um so den Erfolg zu messen.

Eine Methode, die ich gerne nutze, ist, meinen Trainingsplan jemandem zu lesen zu geben, der kein Tiertrainer ist. Versteht er, welches erwünschte Verhalten ich anstrebe? Oder ich zeige einem Fachfremden eine Videoaufnahme einer Trainingssitzung. Wird daraus klar, worauf ich hinarbeite? Falls nein – wie soll es dann für den Hund klar sein?

Denken Sie daran, dass manche Verhalten einfacher zu trainieren sind als andere. Manchmal ist ein erwünschtes Verhalten sehr schwach oder tritt nur selten auf und ist deshalb schwierig zu verstärken. Manchmal wird es auch von konkurrierenden Verhalten blockiert oder überschattet.

Manche Verhalten sind nicht miteinander kompatibel – einem Hund wird es schwerer fallen zu bellen, wenn er gleichzeitig etwas im Maul hält.

Wichtig zu wissen ist, dass ein Tier wie ein Hund eine sehr große Bandbreite von Verhalten hat und dass diese viel mehr beinhalten als nur die fürs Überleben notwendigen Bedürfnisse zu erfüllen.

Wir müssen dem Hund zu verstehen helfen, was wir vorhaben.

Warum tut der Hund das?

Bob Bailey sagt immer: „Du bekommst, was Du verstärkst." Will sagen, man bekommt das Verhalten, das man belohnt und motiviert und welches sich für den Hund in irgendeiner Weise lohnt. Hunde betrachten die Welt, wie wir schon oben gesehen haben, mit der Einstellung „Was habe ich davon?" Wenn das Verhalten, das der Hund zeigt, ihm etwas gibt, das er mag oder möchte, wird er das Verhalten öfter und stärker zeigen.

> ***„Du bekommst, was du verstärkst."***
> (Bob Bailey)

Was hat der Hund zum Beispiel vom Ziehen an der Leine? Viele Hundehalter werden auf ihren Spaziergängen von Baum zu Baum gezerrt. Der Hund zieht so stark an der Leine, dass es für viele Hundebesitzer fast das Problemverhalten Nummer eins ist. Wenn man einmal aus Sicht des Hundes darüber nachdenkt, ist es sehr leicht zu verstehen, warum er das tut und warum es so schwer abzustellen ist: Weil Hunde es lieben, Informationen von anderen Hunden zu bekommen und ihnen Informationen von sich zu geben. So, wie wir Nachrichten auf unseren Smartphones senden und empfangen. Bäume und andere Dinge auf der Gassi-Route enthalten jede Menge Information – alle Hunde hinterlassen daran ihre Urinmarken. Sie sind wie eine Zeitung oder ein großes Schild, das sagt: „Hallo Du da! Lies das hier und sag mir, was Du darüber denkst!" Deshalb nennen wir diese Marken gerne „Pipi-Post". Schon von weitem empfängt die Hundenase die Information: „Neue Nachricht!" Der Hundebesitzer bekommt von alldem nichts mit und möchte gern in eine andere Richtung gehen. Der Hund beginnt an der Leine zu ziehen und schafft es, seinen Halter in die Richtung zu manipulieren, in die er möchte. Jetzt kann er die neue Nachricht lesen und seine Antwort hinterlassen. Das ist für den Hund sehr motivierend. In dem Fall ist die Antwort auf „Was habe ich davon?" also sehr klar. Der Hund hat Erfolg und entwickelt sehr schnell das Verhalten „Ziehen an der Leine". Für den Besitzer ist das ganz klar ein unerwünschtes Verhalten, aber für den Hund ist es positiv, erwünscht und bestärkend.

Wenn Sie es verstehen, können Sie es verändern

Wenn wir den Unterschied zwischen erwünschtem und unerwünschtem Verhalten verstehen, können wir es verändern. Nicht nur aus Perspektive des Besitzers oder Trainers, sondern auch aus der des Hundes wird es einfacher, wenn auch nicht leicht, Verhalten zu „designen", denn am Ende ist nur wichtig, dass wir genau wissen, wo unsere Ziele sind und was wir erreichen möchten, bevor wir mit unseren Hunden zu arbeiten beginnen. Klarheit ersetzt Zweifel, Zögern, Verwirrung und Frustration und bringt die Beteiligten an beiden Enden der Leine auf einen Weg, der eher Erfolg als Scheitern verspricht.

Erwünschtes und unerwünschtes Verhalten in der Wahrnehmung des Hundes

Das Vertrauen wird wachsen.

Wichtig zu verstehen ist, dass Hunde anders denken als wir Menschen. Sie leben im Jetzt anstelle in Vergangenheit oder Zukunft. Wir Menschen etikettieren Verhalten als erwünscht oder unerwünscht. Hunde tun das nicht. Sie reagieren einfach nur und ihr Verhalten fokussiert sich darauf, was sie möchten oder brauchen. Wenn sie an einen Baum pinkeln möchten, dann ziehen sie ihren Besitzer dahin, wenn das nötig ist. Ein Hund, der knurrt, wenn sich ihm jemand beim Fressen nähert, möchte nur sichergehen, dass ihm niemand sein Futter stiehlt. Der Hund, der bellt, wenn er alleine zuhause zurückgelassen wird, möchte sicherstellen, dass sein Besitzer wiederkommt. Und der Hund, der eine Person angreift, die ins Haus eintritt, möchte vielleicht sein Territorium verteidigen. Jedes Verhalten wird am Ende des Tages deshalb gezeigt, um sicherzustellen, dass der Hund in seiner gewohnten und geliebten Komfortzone bleiben kann, mit unbekannten Situationen umgehen kann, Stress senken oder Angst bekämpfen kann.

Oft haben Hunde auch falsche Verknüpfungen gebildet und zeigen weiterhin „unerwünschte" Verhalten, weil dessen Konsequenzen sich in irgendeiner Form für sie lohnen. Einen Fremden draußen auf dem Spaziergang anzubellen bewirkt, dass der Fremde weggeht. Wühlen im Mülleimer führt zu einem Stückchen Fleisch oder Hühnchen. Diese Verknüpfungen umzupolen, kann eine Herausforderung sein, besonders, wenn auch noch Aggression mit im Spiel ist und wenn die Grenzen unklar sind. Wenn Hunde nur „geliebt" werden und das Wort NEIN oder ein anderes Abbruchsignal nicht verstehen, bringen wir uns selbst auf den Weg des Misserfolgs. Es gibt die bekannte Redensart „Zu viel Liebe bringt dich um", und leider ist genau das oft der Fall bei Hunden, die sehr viel unerwünschtes Verhalten oder Aggressionen zeigen. Sie enden in Tierheimen und werden möglicherweise euthanasiert – und leider ist das oft ein Ergebnis schlechten Trainings oder schlechter Haltung.

Am Ende ist es unser Job als Menschen, dem Hund verstehen zu helfen, welches Verhalten akzeptiert wird und welches nicht. Grenzen zu setzen ist wichtig und stellt sicher, dass alle von den gleichen Voraussetzungen ausgehen. Problemverhalten kann zu Aggression führen. Ich habe viele Fälle gesehen, in denen Hunde den Haushalt mitsamt der ganzen Nachbarschaft terrorisierten, weil sie außer Kontrolle waren. Am Ende fühlte sich dabei jeder schlecht. Das Ganze kann für alle beteiligten Menschen sehr riskant sein, aber auch für den Hund. Was wir als Verhaltensexperten anstreben, ist Lebensqualität – nicht nur für die Besitzer, sondern definitiv auch für die Hunde! Wenn wir den Hund und seinen Besitzer umkonditionieren können, verbessern wir Sicherheit und Komfort für alle. Wir tun das, indem wir neue, gute Grenzen setzen und bessere Verknüpfungen schaffen. Das Vertrauen wird wachsen.

8

Konditionierung – Vom Handwerk zur Wissenschaft

Verhalten ändert sich aufgrund seiner Konsequenzen.

Die beeindruckende Arbeit der erwähnten Pioniere hat uns viele Einsichten in effiziente und effektive Trainingsmethoden gegeben. Was sie vor über hundert Jahren entdeckt haben, sind die grundlegenden Trainingsprinzipien, nach denen wir heute immer noch arbeiten. Wenn man sich klarmacht, dass ihre Forschung eigentlich dazu gedacht war, mehr über das menschliche Verhalten zu lernen, versteht man, warum diese Prinzipien sowohl beim Mensch als auch bei Tieren funktionieren. Die Grunderkenntnis lautet: Verhalten ändert sich aufgrund seiner Konsequenzen. Wenn es zu regnen beginnt, suchen Menschen wie Tiere Schutz. Wenn das Feuer zu heiß wird, suchen alle Lebewesen mehr Abstand. Und wer hungrig ist, beginnt nach Nahrung zu suchen. Die Forschung hilft uns dabei, Motivationen besser zu verstehen – warum Tiere und Menschen Dinge tun oder nicht tun.

Über Jahrhunderte war das Training von Tieren praktisch ein Handwerk. Genau wie dort gab es „Meister" und „Lehrlinge", aber es wurden auch zahlreiche Unwahrheiten und Annahmen weitergegeben. Es gab außerdem starke Bestrebungen dazu, das eigene Wissen nicht nach außen weiterzugeben, um sich das eigene „Geschäft" nicht zu verderben. Denn wie die von Meister xy ausgebildeten Tiere besser als andere darin waren, Jägern bei der Jagd zu helfen oder Bauern beim Pflügen des Ackers, dann war dessen Geschäftsmodell erfolgreicher.

Heute leben wir in einer anderen Zeit. Tiere sind wertvolle Investitionsgüter zur Bekämpfung von Verbrechen, zum Schutz von Menschen, zur Entdeckung von Krankheiten, zum Schutz von Wildtieren und vieles mehr. Verzeihen Sie mir, wenn ich von „Investitionsgütern" spreche. Natürlich handelt es sich um Lebewesen mit ihren eigenen Persönlichkeiten. Aber ich möchte gerne den Unterschied hervorheben, wie wir heute die Welt des Tiertrainings betrachten, damit klar wird, worauf der Fokus liegt und wie emotionale Bindungen manchmal die wissenschaftlichen Fakten verwischen können.

Der Vorteil an wissenschaftlicher Forschungsarbeit ist, dass neue, junge Trainer die daraus hervorgegangenen Prinzipien studieren und lernen können. Dieses Grundwissen muss vorhanden sein, bevor man Tiere zu trainieren beginnt. Es gibt viele Trainer da draußen, die einer bestimmten Art des Trainings ihren Namensstempel aufdrücken. Sie kommen mit einer bestimmten Liste von „Regeln" daher und bezeichnen das als ihre eigene, spezielle Art des Trainings.

Wie schon erwähnt, werden Sie in diesem Buch keine „Simon-Prins-Trainingsmethode" finden. Denn am Ende ist das, was wir alle tun, die klassische und die operante Konditionierung auf die verschiedensten Arten und Weisen zu nutzen – auch, wenn sich viele Trainer dessen nicht bewusst sind oder sogar behaupten, *nicht* mit Konditionierung zu arbeiten (s. S. 114). Das ist aber gar nicht möglich, denn jedes Lernen beruht auf Konditionierung, ob wir das mögen oder nicht. Auch dann, wenn jemand behauptet, nur über „Beziehung" oder „natürliche Kommunikation" oder was auch immer zu arbeiten.

Also keine „Simon-Prins-Methode", sorry. Was Sie dagegen schon finden werden, sind die ein oder anderen „Simon-Prins-Trainingspläne". Pavlov oder Skinner haben nicht aufgeschrieben, in welchen Schritten man einen Kamerahund für Einsätze ausbildet, den man aus Entfernung dirigieren kann. Aber wenn man die von ihnen beschriebenen Prinzipien verstanden hat, ist man in der Lage, seine eigenen Trainingspläne zu schreiben und anzuwenden!

Ich werde hier nicht in die kleinsten Details gehen, weil ich sonst fürchte, das Interesse der Hundetrainer zu verlieren. Den an den Details Interessierten rate ich, Tiertraining und Tierverhalten noch tiefergehender zu studieren. Die Absicht dieses Buchs soll es sein, Trainer und Besitzer dazu zu ermuntern, sich mit der Wissenschaft zumindest grundlegend auseinanderzusetzen und sie in ihre Arbeit mit einzubeziehen. Entdecken Sie, was schon entdeckt wurde! Beschäftigen Sie sich mit den Wissenschaftlern, denn sie helfen uns dabei, über uns hinauszuwachsen und unsere Arbeit besser zu machen.

Klassische Konditionierung (CC)

Die Entdeckung der klassischen Konditionierung durch Ivan Pavlov geschah durch Zufall. Auf den Weg dahin, was er später als „klassische Konditionierung" beschrieb, brachte ihn die Tatsache, dass seine Versuchshunde allein durch den Anblick der Wissenschaftler in weißen Kitteln dazu gebracht wurden, Speichel zu produzieren. Vielleicht ist Ihnen die grundlegende Arbeit von Pavlov vertraut, aber lassen Sie uns kurz noch einmal schauen, was klassische Konditionierung ist und warum sie so wichtig zu verstehen ist.

Pavlov und sein Forschungsteam

Wenn wir über klassische Konditionierung sprechen, müssen wir einen näheren Blick auf die Reflexe werfen. Reflexe sind die inneren und psychologischen Reaktionen eines Organismus in seiner Umwelt. Wir alle haben Reflexe, wir brauchen sie zum Überleben. Und wir denken nur selten über sie nach. Sie sind einfach vorhanden und schalten sich ein, wenn wir sie brauchen.

Wenn sich eine Fliege Ihrem Auge nähert, werden Sie es unwillkürlich schließen, um es zu schützen. Wenn Sie eine heiße Oberfläche anfassen, werden Sie unwillkürlich die Hand wegziehen, um sich vor schweren Verbrennungen zu schützen. Und wenn Ihre Lungen zu viel CO2 messen, atmen Sie aus und ein. Viele unserer Organe sind untereinander verbunden und halten uns so am Leben. Reflexe sind so automatisch und so universell, dass man eine ganze Zeitlang dachte, sie seien unveränderlich.

Auch die klassische Konditionierung hat eine biologische Grundlage, die mit dem Überleben zu tun hat. Sie löst reflexhafte Reaktionen wie Speicheln, Lidschluss des Auges, Schmerzvermeidung, Verdauung, Atmen etc. aus.

Als Pavlov den Speichelreflex bei Hunden untersuchte, bemerkte er etwas, das er nicht verstand. Zuerst maß er nur die Menge des Speichels, die der Hund bildete, nachdem man ihm etwas Fleischmehl ins Maul gegeben hatte. Nach ein paar Tagen fiel ihm auf, dass die Hunde dann, wenn sie in einem anderen Raum auf den Versuch warteten und darauf vorbereitet wurden, zu speicheln begannen, wenn man ihnen das Geschirr anlegte. Das Fleischmehl war noch gar nicht da. Was Pavlov hier durch Zufall entdeckte, nannte man später einen konditionierten Reflex (CR für conditioned reflex). Heute spricht man von der klassischen Pavlovschen Konditionierung.

Pavlov zeigte uns, dass es möglich ist, einen neutralen Reiz oder Stimulus (NS für neutral stimulus) mit einem unkonditionierten (angeborenen oder natürlichen) Stimulus (UCS) zu kombinieren, um eine unkonditionierte (oder angeborene) Reaktion (UR) zu erhalten. Ich weiß, dass das für viele verwirrend ist, deshalb lassen Sie uns ein Beispiel anschauen, um diese wissenschaftliche Beschreibung besser zu verstehen.

Ein neutraler Reiz oder Stimulus (NS) ist ein Reiz, der für sich allein genommen keine beobachtbare Veränderung im Verhalten auslöst. Das Geräusch eines Clickers bedeutet für einen untrainierten Hund nichts. Wir sehen keine Reaktion.

Ein unkonditionierter Reiz (UCS) ist ein Reiz wie zum Beispiel ein Stück Hähnchenfleisch. Auch wenn der Hund noch nie zuvor Hähnchenfleisch geschmeckt oder gerochen hat, wird er eine unkonditionierte Reaktion (UR) zeigen, wenn man es ihm vor die Nase hält. Wir können beobachten, dass der Hund zu speicheln beginnt.

Pavlov erklärt uns, dass ein neutraler Reiz wie ein Clicker eine unkonditionierte Reaktion wie Speicheln auslösen kann, wenn direkt nach dem Clickgeräusch ein Stück Hähnchenfleisch gegeben wird. Dieser Vorgang ist das, was wir als „Konditionierung“ oder „Konditionierungsprozess“ bezeichnen.

Sobald dieser Konditionierungsprozess abgeschlossen ist, ändern sich die wissenschaftlichen Bezeichnungen. Ab jetzt nennen wir den früher neutralen Reiz (NS) einen konditionierten Reiz (CS), weil er auch ohne die Präsenz von Hähnchenfleisch eine konditionierte Reaktion (CR) auslösen kann, in diesem Fall das Speicheln.

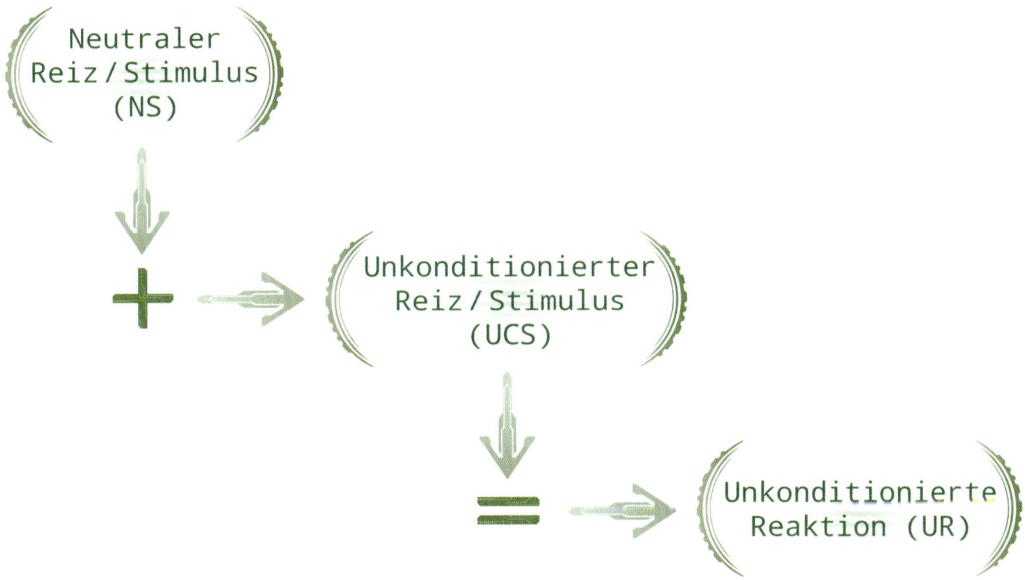

Der Beginn des klassischen Konditionierungsprozesses

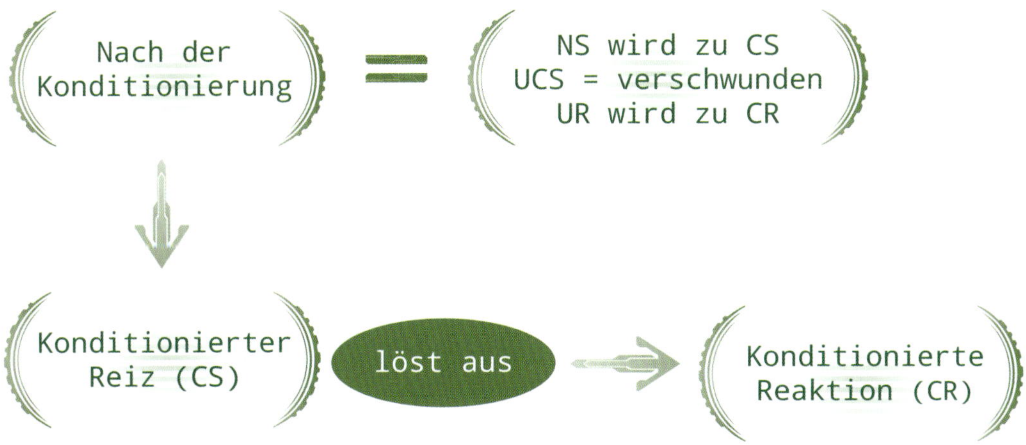

Prozess der klassischen Konditionierung abgeschlossen

Pavlovs klassische Konditionierung aufs Hundetraining übertragen

Wenn wir das Beschriebene in eine einfache Tabelle aufbrechen, sehen wir die einzelnen Schritte sehr deutlich:

Schritt 1 – Geräusch des Clickers (NS)
Schritt 2 – Futter wird angeboten (UCS)
Schritt 3 – Der Clicker wird zum konditionierten Reiz (CS) – der Hund denkt, dass Futter kommt
Schritt 4 – Der Clicker löst eine konditionierte Reaktion (CR) aus – der Hund speichelt

Wenn Sie diese vier Schritte verstehen, wird es leicht, einen einfachen Prozess der klassischen Konditionierung zu begreifen.

Das Geräusch eines Clickers wird erst durch einen nachfolgenden primären Verstärker wie zum Beispiel Futter von einem neutralen zu einem konditionierten Reiz.

Einem neutralen Reiz Bedeutung geben

Pavlov fand heraus, dass er so gut wie jeden neutralen Reiz wie einen Ton, ein Licht, einen Geruch oder ein visuelles Signal zu einem konditionierten Reiz (CS) umformen konnte. Indem er den neutralen Reiz (NS) mit einem unkonditionierten Reiz (UCS) wie Futter kombinierte, wurde der neutrale Reiz (NS) für den Hund wichtig. Die Glocke, der Clicker, der weiße Kittel oder ein bestimmter Geruch waren nicht mehr wie zuvor neutral, sondern wurden für den Hund zu einem Hinweis, dass etwas Gutes kam (UCS). Nach ein paar Wiederholung begann der Hund den neutralen Reiz zu antizipieren. Die Konditionierung war da.

Wie wir oben schon gesehen haben, ändern sich ab diesem Moment die Bezeichnungen und der neutrale Reiz (NS) heißt nun konditionierter Reiz (CS). Die Reaktion des Hundes ist nicht mehr unkonditioniert (UR), sondern konditioniert (CR). Das Schlüsselelement dabei ist, dass der unkonditionierte Reiz UCS wie zum Beispiel Futter gar nicht mehr vorhanden ist.

Wir können die klassische Konditionierung nicht ausschalten

Klassische Konditionierung ist sehr mächtig und es ist wichtig zu verstehen, dass man sie während seines Trainingsprozesses nicht „ausschalten“ kann. Inzwischen haben Sie schon verstanden, wie hilfreich sie uns für das Training sein kann. Aber sie kann Ihr Training auch bremsen oder sogar dafür sorgen, dass Ihr Hund unerwünschte Dinge lernt.

„Pavlov sitzt dir immer im Nacken!“

Ein häufiges Problem beim Geruchstraining ist zum Beispiel, dass die Hunde beginnen, Verpackungsmaterial wie Plastiktüten oder Aufbewahrungsbehälter anzuzeigen oder den spezifischen menschlichen Geruch des Helfers, der die Gegenstände im Training zum Suchen auslegt. Oder den Geruch der Handschuhe, die der Helfer dabei trägt. All diese neuen Gerüche, die nichts mit dem Zielgeruch zu tun haben, können für den Hund zu neuen Reizen werden, und bevor Sie sich versehen, können Ihre Handschuhe ein konditionierter Reiz (CS) für Ihren Hund geworden sein. Der Hund sucht gar nicht mehr nach dem Zielgeruch, sondern der Geruch der Handschuhe reicht schon aus, dass der Hund eine konditionierte Reaktion (CR) zeigt, weil er denkt, dass jetzt seine Belohnung kommt.

Pavlovs Paradigma

Pavlov führte jede Menge Versuche durch, um das Prinzip besser zu verstehen, das er durch Zufall entdeckt hatte. Er kombinierte alle möglichen Arten von neutralen Reizen (NS) mit UCS zu einem konditionierten Reiz (CS). Dabei experimentierte er neben Reizen wie Licht, verschiedenen Geräuschen und anderen Auslösern auch mit Zeitintervallen. Außerdem probierte er aus, *zuerst* das Fleischmehl zu geben und *dann* einen NS, aber das blieb wirkungslos. So kam er letzten Endes zu seinem Paradigma, das eine wichtige Information dafür darstellt, wie wir unsere Tiere trainieren. Hier haben wir Wege, wie wir Verhalten subtil verändern können.

Löschung

Der Grund dafür, warum wir nach einem Brückensignal (mehr dazu auf S. 140) wie dem Clicker weiterhin Verstärker geben müssen, ist die drohende Löschung (s. S. 198). Denn wenn die konditionierte Reaktion (CR) nicht mehr mit dem unkonditionierten Reiz (UCS) kombiniert wird, wird die CR allmählich schwächer und verschwindet.

Generalisierung

In seinen Versuchen entdeckte Pavlov, dass der konditionierte Reiz (CS) schnell generalisiert wird. Wenn der anfängliche CS ein Ton mit einer Frequenz von 1000 Hz war und dann ein Ton von 1500 Hz präsentiert wurde, trat die konditionierte Reaktion CR auf letzteren genauso auf.

Generalisierung (oder Verallgemeinerung) gebrauchen wir im Training ständig. Nehmen wir als Beispiel, einen Hund auf einen neuen Geruch zu konditionieren. Es gibt viele Möglichkeiten, wie man das tun kann.

Nehmen wir hier einmal an, wir haben acht Geruchsproben-Behälter in einer Reihe hintereinandergestellt (wir nennen das ein Line-up – mehr dazu auch ab S. 342). Sieben der Behälter sind leer, einer (den wir uns merken) enthält den neuen Zielgeruch. Der Hund muss also alle Behälter abschnüffeln. Sobald der Hund am Zielbehälter schnüffelt, bestärken wir ihn mit Futter. Nach drei bis fünf Wiederholungen ist der neue Zielgeruch (NS) mit einem UCS (Futter) verknüpft und das Schnüffeln wird länger (CR). Wenn wir den neuen Zielgeruch konditioniert haben, können wir den Zielgeruch gegen einen neuen austauschen. Es sind wieder sieben Behälter leer und nur einer enthält einen neuen Geruch – der Hund wird schnell generalisieren und auch hier den neuen Zielgeruch anzeigen. Das können wir uns zunutze machen, wenn wir den Hund neue Gerüche lehren.

Aber jetzt können Sie sich bestimmt schon vorstellen, dass Hunde aufgrund genau dieses Phänomens auch sehr leicht Fehler machen können, denn bevor es uns auffällt, kann der Hund im Training zum Beispiel generalisieren, dass der Geruch der Handschuhe, die von den Menschen beim Verstecken der Zielgerüche getragen werden, ebenfalls ein CS ist.

Das Gleiche gilt für Hörzeichen und Körpersprache. Ehe wir uns umsehen, hat der Hund verschiedene Worte und Bewegungen generalisiert. Die Generalisierung kann uns helfen oder gegen uns arbeiten. Die klassische Konditionierung ist sehr stark und sie geschieht sehr schnell!

Diskriminierung

Als Pavlov *nur* noch den 1000 Hz-Ton bestärkte, wurde die konditionierte Reaktion CR auf den 1500-Hz-Ton allmählich schwächer und verschwand. Das bedeutet: Wenn Sie eine konditionierte Reaktion auf Handschuhe in Ihrem Suchgebiet erhalten, dann bestärken Sie diese nicht und sie wird verschwinden. Der Hund lernt, dass Handschuhgeruch allein nicht zur Belohnung führt. Aber nun kann es sein, dass er denkt, Zielgeruch *plus* Handschuhgeruch führen zur Belohnung und nicht der Zielgeruch allein, sodass er diesen ignoriert! Unterschätzen Sie die Macht der klassischen Konditionierung nie und schreiben Sie immer sehr gute und genaue Trainingspläne und -protokolle, damit Sie solche Probleme umgehen oder sie Ihnen auffallen, wenn sie auftreten. Das gleiche gilt für Wortsignale: Wenn Sie nur „Sitz" bestärken und nicht „Witz" oder „Flitz", wird der Hund mit großer Wahrscheinlichkeit auch nur auf „Sitz" reagieren.

Unbewusstes Lernen

Klassische Konditionierung wird oft auch mit „unbewusstem Lernen" umschrieben, denn der Konditionierungsprozess findet statt, auch wenn das Individuum sich dessen gar nicht bewusst ist oder vielleicht sogar gar nichts lernen will. Man kann den Prozess nicht aufhalten. Sie alle kennen das Beispiel, dass Ihr Hund aufspringt, wenn Sie am Abend zuhause aufstehen, um sich für den Spaziergang fertigzumachen.

Der Hund schnüffelt in einem Line-up am Behälter mit dem Zielgeruch und wird belohnt.

Ein gutes Beispiel ist auch das Training von Spürhunden. Viele Spürhundetrainer arbeiten heute mit einem Stückchen eines Kongs, um das Training auf einen neuen Geruch zu beginnen: der Geruch des Kongs hilft dabei. Wenn der Hund den Geruch des Kongs kennt und zuverlässig anzeigt, wird der Geruch des Kongs mit einem neuen Geruch kombiniert. Schon nach wenigen Durchgängen wird der Hund den neuen Geruch auch dann anzuzeigen beginnen, wenn das Stückchen Kong nicht mehr dabei ist. Mehr zum Spürhundertraining finden Sie auf S. 241.

Das gleiche Prinzip zeigt sich, wenn Ihr Hund aufgeregt aufspringt, sobald er zuhause die Türklingel hört. Wir haben dieses Verhalten nicht trainiert – die Aufregung wurde „von allein", sprich durch klassische Konditionierung, mit dem Reiz Türklingel kombiniert: Für den Hund bedeutet Türklingel = Aufregung.

Viele Spürhundetrainer arbeiten mit Stückchen eines Kongs, um das Training auf einen neuen Geruch zu beginnen. Der vertraute und für den Hund positiv belegte Konggeruch dient als Trainingsgeruch, der nach und nach durch den-Zielgeruch ersetzt wird. Klassische Konditionierung am Werk!

Operante Konditionierung (OC)

Manchmal ist der Unterschied zwischen klassischer und operanter Konditionierung etwas schwierig zu verstehen, besonders angesichts der Tatsache, dass beide am Werk sind, wenn wir trainieren. Wir können uns nicht zwischen *nur* klassischer oder *nur* operanter Konditionierung entscheiden. Ein berühmtes Zitat von Bob Bailey ist das schon erwähnte „Pavlov sitzt dir immer im Nacken." Damit erklärt er den Trainern, dass die Prozesse der klassischen und der operanten Konditionierung während des Trainings immer Hand in Hand gehen.

Eine gute Merkhilfe zur Unterscheidung ist: Bei der operanten Konditionierung ist immer die gestreifte Muskulatur beteiligt, die für bewusste Aktivitäten wie Bellen, Laufen, Springen, Apportieren, Sitzen, Hinlegen und viele andere „operative" Tätigkeiten gebraucht wird – im Gegensatz zur so genannten glatten Muskulatur, die nur vom vegetativen Nervensystem (also unbewusst) gesteuert wird, zum Beispiel zum Atmen, für den Herzschlag und so weiter.

Anders gesagt: Der Hund zeigt ein Verhalten, das wir beobachten können. Operante Konditionierung wird auch als bewusstes Lernen beschrieben. Das Individuum kann sich dazu entscheiden, nicht am Trainingsprozess teilzunehmen und in diesem Fall nichts zu lernen. Dagegen läuft, wie schon erwähnt, die klassische Konditionierung unbewusst ab – und damit lernt das Individuum, egal ob es will oder nicht.

Klassische Konditionierung ist eher unbewusstes Lernen, operante Konditionierung eher bewusstes.

In Internetforen verbringen die Teilnehmer oft viele Stunden mit der Frage, ob etwas klassische oder operante Konditionierung ist und führen komplizierte Beispiele dafür an. Ich persönlich glaube, dass viele dieser Diskussionen verschwendete Trainingszeit sind. Selbstverständlich ist es wichtig, die Grundessenz des Tiertrainings und die Techniken, die man nutzt, zu verstehen. Aber oft führen diese fanatischen Diskussionen zu Polarisierungen innerhalb der Trainergemeinde. Ich bin eher für den Grundsatz „Keep it simple" – „Halte es einfach!".

OC ist mehr als „Kekse werfen"

Viele traditionelle Trainer haben die allgemeine Vorstellung, dass operante Konditionierung nur auf positiver Verstärkung beruht, sprich auf „Kekse werfen", und deshalb nicht immer ernst genommen wird. Das ist schade, weil diejenigen, die mit operanter Konditionierung arbeiten, die Erfahrung machen, dass dies eine sehr machtvolle Technik ist, deren volles Potenzial auszuschöpfen gleichzeitig aber auch schwierig ist.

Skinner hat uns erklärt: Wenn wir ein stärkeres Verhalten und mehr davon haben möchten, müssen wir positive und negative Verstärkung anwenden, um dahin zu kommen. Und wenn wir weniger von einem Verhalten haben oder es schwächen möchten, müssen wir positive oder negative Strafe einsetzen. Daraus entstand die berühmte Tabelle der vier Quadranten:

Die vier Quadranten der operanten Konditionierung

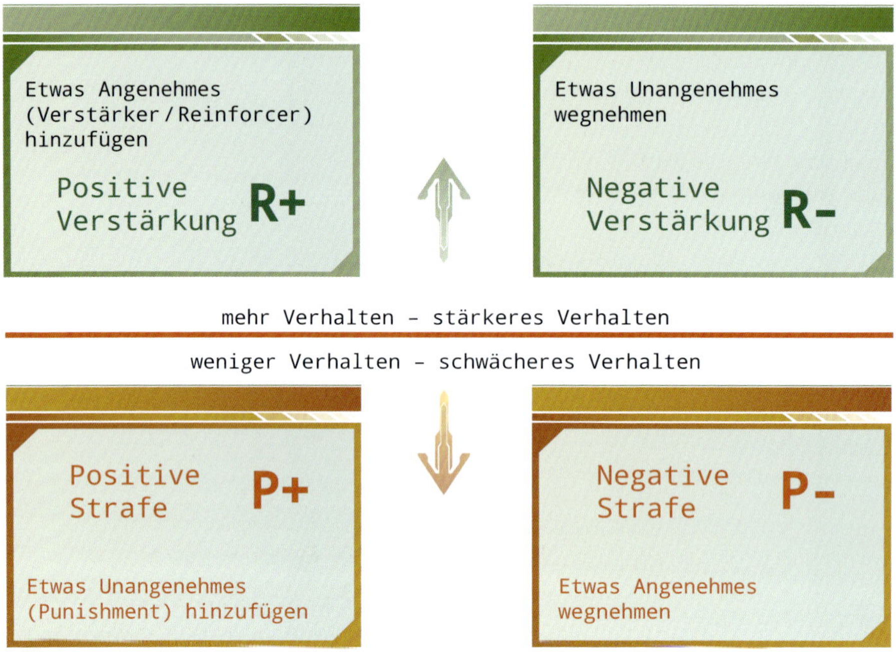

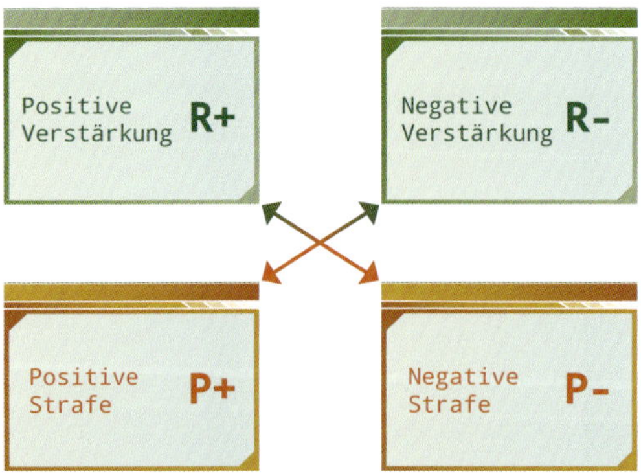

Die vier Quadranten sind nicht so scharf voneinander getrennt, wie wir uns das häufig vorstellen. Sie hängen zusammen und sind nicht isoliert betrachtbar! Um etwas Unangenehmes wegnehmen zu können, muss man es z.B. zuvor hinzugefügt haben.

Trainer nutzen alle vier Quadranten

Der Einsatz der operanten Konditionierung verlangt viel von einem Trainer, wenn er alle vier Quadranten nutzt – also positive und negative Verstärkung, um mehr von einem (erwünschten) Verhalten zu bekommen und positive und negative Strafe, um ein (unerwünschtes) Verhalten zu schwächen. Die meisten Trainer sind sich gar nicht bewusst, dass sie eigentlich schon alle vier Quadranten nutzen. Ein einfaches Hörzeichen wie „Nein!" kann positive Strafe sein, wenn es für den Hund „etwas Schlechtes wird hinzugefügt" bedeutet. Ein wiederholtes „Nein nein nein!" kann aber auch zur negativen Verstärkung werden, wenn es nach einer Verhaltensänderung „weggenommen" wird.

Daraus folgt eine wichtige Erkenntnis: Ob etwas ein Verstärker oder eine Strafe ist, entscheidet sich am Kontext, am Zeitpunkt und vor allem am Ergebnis. Wenn das Verhalten mehr wurde, war es ein Verstärker. Wird es weniger, war es eine Strafe. „Strafe" definiert sich also entgegen landläufiger Meinung nicht nur darüber, dass man den Hund irgendwie maßregelt wie z. B. durch Leinenruck oder das ominöse Nackenschütteln.

Futterbelohnung ist positive Verstärkung. Keine Futterbelohnung zu geben, wenn das Tier die Trainingskriterien nicht erfüllt, ist negative Strafe (da dem Tier etwas Angenehmes vorenthalten wird). Ein Ruck an der Leine ist positive Strafe. Nachlassen der Leinenspannung ist negative Verstärkung.

Seien Sie sich also bewusst, dass Sie vermutlich alle vier Quadranten nutzen, auch wenn Sie denken, dass Sie nur mit positiver Verstärkung arbeiten.

> *Ob etwas ein Verstärker oder eine Strafe ist, entscheidet sich am Kontext, am Zeitpunkt und vor allem am Ergebnis. Wenn das Verhalten mehr wurde, war es ein Verstärker. Wird es weniger, war es eine Strafe.*

Die Quadranten verstehen

Es ist wichtig, dass alle professionellen Tiertrainer diese einfache Tabelle verstehen und wiedergeben können. In diesen vier Quadranten liegt der grundlegende „Code", wie man Lebewesen trainieren kann. Positive Verstärkung (R+) und negative Verstärkung (R-) werden benutzt, um mehr von einem Verhalten zu bekommen oder es zu verstärken. Positive Strafe (P+) oder negative Strafe (P-) werden benutzt, um Verhalten zu schwächen.

Weil diese Abkürzungen in der Trainergemeinde geläufiger sind, verwenden wir R+ / R- für positive und negative Verstärkung (von engl. Reinforcement) und P+ / P- für positive und negative Strafe (von engl. Punishment, Strafe).

So wird glasklar, dass operante Konditionierung nicht nur aus positiver Verstärkung besteht. Sie erinnern sich: Verhalten ändert sich aufgrund seiner Konsequenzen. Wir bauen unser Training zwar rund um die positive Verstärkung auf, aber wir nutzen auch die drei anderen Quadranten, wenn es für die Sicherheit des Tieres, anderer Tiere, von Menschen oder des Einsatzes nötig ist.

Einfach, aber nicht leicht

Bevor wir mit der Anwendung der operanten Konditionierung beginnen, müssen Sie diese Grundprinzipien unbedingt verstanden haben. Aber wenn wir die vier Quadranten und die Basiselemente, die Pavlov uns gegeben haben, verstanden haben, haben wir eigentlich alles, was wir brauchen. Jetzt geht es „nur" noch darum, nachzudenken, zu planen und dies dann in die Tat umzusetzen – Think-Plan-Do! Nun verstehen Sie vielleicht das berühmte Zitat von Bob Bailey besser: „Tiertraining ist einfach, aber nicht leicht!"

Tiertraining ist einfach, aber nicht leicht!

Mehr von und über Skinner

Ich habe bis jetzt nur einen sehr kurzen und vereinfachten Überblick über die operante Konditionierung gegeben, weil die vier Quadranten einfach Grundwissen für jeden sind, der mit Tieren arbeitet. Später im Buch werden wir noch tiefer in die Details gehen, die Skinner uns zum Tiertraining erklärt hat. Und falls Sie dann wirklich Feuer fangen, können Sie noch mehr in seinen Büchern und Veröffentlichungen nachlesen. In seinem berühmtesten Buch *The Behavior of Organisms* beschreibt er seine grundlegende Arbeit von 1938 in vielen Studien und zahllosen winzigen Details, die es allerdings nicht gerade zur leichten Lektüre machen. Wenn Sie mehr über die Person B.F. Skinner und sein Lebenswerk erfahren möchten, empfehle ich das Buch *B. F. Skinner – A Life* von Daniel W. Bjork (nur auf Englisch). Diese lebhafte Biographie gibt Ihnen tiefere Einsichten zu dieser bemerkenswerten Persönlichkeit.

Wenn Pavlov und Skinner uns im Nacken sitzen

Pavlov und Skinner haben uns wertvolle Einsichten vermittelt. Pavlov lehrte uns, dass die klassische Konditionierung Reflexverhalten auslöst und schwierig zu stoppen ist. Der Hund wittert auf einem Spaziergang eine Katze im Gebüsch. Er hat Erfolg und schafft es, die Katze zu packen. Von diesem Tag an dreht er absolut durch, wenn er eine Katze im Gebüsch riecht. Der Besitzer bekommt langsam Angst, draußen mit dem Hund an Büschen vorbeizugehen, weil er ihn kaum noch kontrollieren kann.

Skinner hat uns verdeutlicht, dass Lernen ein Prozess aus positiver und negativer Verstärkung ist. Ein Hund, der auf dem Spaziergang unangeleint läuft und dabei Schafen begegnet, kann lernen, auf den Rückruf seines Halters zu hören. Missachtet er den Rückruf, führt das zu negativer Verstärkung oder sogar positiver Strafe, indem der Halter zum Beispiel lauter ruft, seiner Stimme Druck hinzufügt, auf den Hund zurennt und Druck mit seiner Körpersprache ausübt und so weiter.

Manchmal hört man das Argument, das Anleinen sei negative Verstärkung, weil man damit etwas Angenehmes / Gutes, nämlich das Freilaufen, „wegnimmt". Aber bei allen vier Quadranten liegt der Schlüssel im Zeitabstand zwischen dem Verhalten des Hundes und der Aktion des Halters (oder der Umwelt).

Außerdem müssen wir schauen, ob unsere Aktion eine Verhaltensänderung auslöst. Denn wenn sie das nicht tut und das Verhalten des Hundes sich nicht ändert, müssen wir einen Schritt zurückgehen und unsere Hausaufgaben im Erstellen des Trainingsplans machen. Training muss sich auf Verhaltensänderung konzentrieren!

Auch alle Trainer, die eher strafbasiert arbeiten, nutzen positive Verstärkung. Und ob Sie es glauben oder nicht – auch alle „positiven" Trainer setzen Strafe ein. Wir sind uns oft ganz einfach nicht bewusst, welche Technik wir genau benutzen oder was genau wir gerade tun.

Laut Skinner können wir Verhalten verändern, indem wir zwei verschiedene Arten von Motivation oder zwei verschiedene Arten von Strafe einsetzen. Er teilte die Motivation in die Begriffe positive und negative Verstärkung auf und definierte Strafe als „positiv" und „negativ" im Sinne von „hinzufügen" und „wegnehmen".

Der Hund des Positiv-Trainers, der plötzlich unvermittelt ins Wohnzimmer pinkelt, erntet höchstwahrscheinlich ein strafendes „Nein!". Der strafbasierte Trainer, der seinen Hund nach einer Strafe streichelt, nutzt positive Verstärkung – natürlich nur dann, wenn der Hund das Streicheln als positiv empfindet. Der Positivtrainer, der nicht auf den Clicker drückt, obwohl der Hund korrekt auf ein Signal reagiert hat, bestraft den Hund, indem er ihm keine Belohnung gibt. Und wenn ein Hund gern mit anderen auf der Wiese spielen möchte, aber nicht kann, weil er von der Leine zurückgehalten wird, können wir das als Strafe bezeichnen. An diesen Beispielen sieht man gut, dass die Grenze zwischen Verstärker und Strafe dünn ist und dass das Wort „positiv" negativ sein kann – und andersherum.

Warum ist operante Konditionierung so machtvoll?

Von Marian und Bob Bailey

Operante Konditionierung funktioniert für uns. Der Hauptgrund dafür, dass wir an Verhaltensanalyse glauben und sie anwenden, ist rein empirisch: Sie funktioniert! Sie hat für uns beide zusammengenommen über einen Zeitraum von 100 Jahren funktioniert, in denen wir über 15.000 Tiere aus 140 verschiedenen Arten von der Kakerlake bis zum Killerwal trainiert haben. Wir haben Tiere über große Distanzen kontrolliert – Seemöwen und Delfine über viele Meilen und Hunde und Katzen über viele hundert Meter. Wir haben raffiniertes elektronisches Equipment eingesetzt wie etwa Laser, Radar oder GPS. Aber wir haben auch wilde Waschbären trainiert, indem wir einfach zum richtigen Zeitpunkt Wurstbrot-Stückchen warfen. Niemals haben wir dabei erlebt, dass die Tiere dabei gelangweilt oder starrsinnig waren. Und wir haben niemals erlebt, dass die Prinzipien der operanten Konditionierung, wie B.F. Skinner sie in seinem Forschungslabor entdeckt hat, versagt hätten.

Sie funktioniert für andere. Überall da, wo operante Konditionierung effektiv genutzt wurde, hat sie funktioniert. Das gilt nicht nur für das Training von Tieren, sondern auch für die Veränderung von komplexen Verhalten beim Menschen, von Sprachverhalten, für Bildung, Wirtschaft, Sicherheit, geistige Gesundheit, Sporttraining, Kunst und so weiter und so fort. Wir haben die Erfahrungen mit der operanten Konditionierung Hunderter von Wissenschaftlern verschiedenster Couleur auf Video dokumentiert – von Physikern, Chemikern, Zoologen, Biologen, Physiologen und sogar Kognitionspsychologen. Außerdem haben wir Interviews mit Lehrern, Bankern, Wirtschaftsfachleuten, Ingenieuren, Unternehmern und anderen geführt. Nicht einer von ihnen berichtete, dass die Prinzipien der operanten Konditionierung bei ihm versagt hätten. Wohl aber stellten sie fest, dass sie die Prinzipien manchmal nicht korrekt oder passend angewendet hätten. Solche Fehler sind in komplexen Programmen zur Verhaltensänderung verständlich.

Worauf unsere Überzeugung nicht fußt. Wir halten weder B.F. Skinner noch irgendeinen anderen Menschen für unfehlbar. Dass wir uns auf die operante Konditionierung so verlassen, wie wir es tun, hat nichts mit blinder Gefolgstreue oder blindem Gehorsam zu tun. Unsere Überzeugung fußt auch nicht auf reinen Erfahrungsberichten, obwohl wir gelegentliche informelle Beobachtungen (unsere eigenen und die anderer) manchmal nützlich finden.

Operante Konditionierung beruht auf Wissenschaft. Wir sind parteiisch. Wir glauben, dass Verhalten determiniert ist. Zwar können Verhalten und seine Ursachen sehr komplex sein, aber es ist weder mystisch noch liegt es außerhalb unseres möglichen Verständnisses. Weder Menschen noch Tiere sind Maschinen. Menschen und Tiere treffen Entscheidungen aufgrund ihrer Vorerfahrungen und der inneren und äußeren Reize, die auf sie einwirken. Wir glauben an Daten, an deren objektive und umsichtige Auswertung und Interpretation. Unsere

Treue zur wissenschaftlichen Herangehensweise bewahrt uns nicht immer davor, Spekulationen anzustellen und danach zu handeln. Aber falls wir spekulieren und dabei Fehler machen, sind wir bereit, den Preis für die falsche Annahme zu zahlen, anstatt Rechtfertigungen für unser Versagen finden zu wollen. Auch wir sind nicht perfekt darin, Wissenschaft und Technologie anzuwenden. Menschliches Versagen ist immer ein Faktor in jedem Bestreben.

Wir verlassen uns auf die Macht der operanten Konditionierung. Der ein oder andere mag unser Vertrauen in unsere Vorgehensweise vielleicht mit einer gewissen Selbstgefälligkeit verwechseln. Wir halten uns nicht für etwas Besseres. Wir denken nur, dass wir die bestmögliche Technik nutzen, um Verhalten zu formen. Wenn wir andere lehren, dann lehren wir sie Vertrauen in die operante Konditionierung. Wir benutzen kein anderes System für die Veränderung von Verhalten. Wir lehren kein anderes System für die Veränderung von Verhalten.

Wir nutzen das wissenschaftlich bewiesen beste System zur Verhaltensänderung. Die operante Konditionierung wurde wissenschaftlich untersucht und in ihrer Wirksamkeit bewiesen. Wir werden dann zu einem anderen System zur Verhaltensänderung wechseln, wenn ein besseres gefunden wird. Wir empfinden keine besondere Loyalität zur operanten Konditionierung. Ein neues System müsste nur wissenschaftlich nachweisbar schneller, genauer und dabei mindestens so gefahrlos für Trainer und Trainee sein.

Warum haben manche Trainer Probleme mit der operanten Konditionierung? Alle Techniken haben Grenzen und jede Methode zur Verhaltensänderung kann dem Einfluss von menschlichen Fehlern unterliegen. Ein Trainer, der mit operanter Konditionierung arbeitet, muss die Kraft und die Grenzen dieser Technik kennen. Er muss das theoretische Wissen dazu geläufig haben und die handwerklichen Fähigkeiten des Trainings beherrschen. Operante Konditionierung muss exklusiv eingesetzt werden, nicht als eins von mehreren „Werkzeugen".

Warum arbeiten nicht alle mit operanter Konditionierung? Wir wissen es nicht und können nur darüber spekulieren. Vielleicht sind viele Trainer mit den Ergebnissen ihrer jetzigen Methode zufrieden. Vielleicht gibt es Gefühle der Loyalität gegenüber bestimmten Methoden, Personen oder Ideen. Manche sagen, operante Konditionierung sei zu stark, es handele sich dabei um „Gehirnkontrolle". Für andere ist sie zu „soft" und Verhalten ließe sich damit nicht ausreichend kontrollieren. Wieder andere bringen negative und obskure ethische Bedenken auf den Tisch. Keines dieser Urteile ist unserer Ansicht nach korrekt. Vielleicht sollte man nicht urteilen, bevor man nicht die Fertigkeiten der operanten Konditionierung beherrscht und damit gearbeitet hat.

9

Was ist Training?

Training ist das Ändern von Verhalten. Ganz einfach.

Wir müssen uns ein Ziel setzen: Was möchten wir erreichen? Warum möchten wir unser Tier trainieren? Trainieren wir auf der körperlichen oder auf der mentalen Ebene oder beides? Möchten wir einfach nur einen gut erzogenen Hund? Oder sind wir an Hundesport interessiert oder brauchen wir den Hund in unserem Beruf? Möchten wir, dass der Hund eher mit Augen und Ohren oder eher mit seiner Nase arbeitet? Oder brauchen wir alle diese Sinne? Vielleicht möchten Sie den Hund ja auch deshalb trainieren, damit sich seine Lebensqualität verbessert? Ein Tierheimhund zum Beispiel ist leichter vermittelbar, wenn er ein paar Grundkommandos kennt. Oder der Hund ist unverträglich mit anderen und Sie möchten das ändern. Diensthunde bei Polizei, Militär und Zoll sind mit richtigem Training effektiver. Vielleicht soll Ihr Hund auch lernen, entspannt alleine zu bleiben, während Sie zur Arbeit gehen? Es gibt viele Gründe dafür, warum Menschen Hunde trainieren und deren Verhalten ändern möchten.

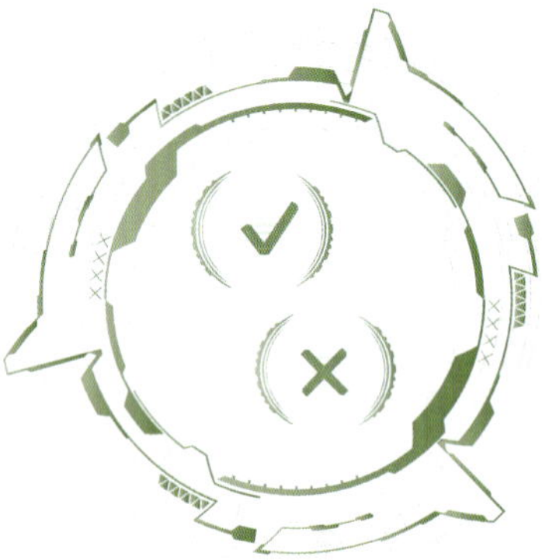

Verhalten ändern

Um Verhalten zu ändern, erstellen wir zunächst eine Liste der erwünschten und der unerwünschten Verhaltensweisen. Dann priorisieren wir, was wir zuerst trainieren möchten. Es ist wie beim Hausbau: Wir müssen mit einem starken Fundament beginnen, bevor wir weitermachen können. Etablieren Sie eine Kommunikation, arbeiten Sie am Vertrauen, erstellen Sie eine Top-Five-Liste der Verstärker (s. S. 172), beobachten Sie das Verhalten, sammeln und analysieren Sie Daten und folgen Sie Ihrem Plan!

Training stärkt

Training stärkt nicht nur die Tiere, sondern auch die Trainer. Es ist wunderbar, zu sehen, wie Trainer immer mehr Selbstvertrauen entwickeln. Jeder, der Tiere trainiert, hat mit irgendwelchen Problemen zu kämpfen, und es ist wunderbar zu sehen, wenn all die Puzzleteile irgendwann zusammenzupassen beginnen. Wenn das unerwünschte Verhalten verschwindet, die Trainingsfähigkeiten und -möglichkeiten wachsen und eine Beziehung zwischen Mensch und Tier entsteht. Ich habe oft miterleben dürfen, wie Trainer aus ihrer Komfortzone herauskommen, neue Fähigkeiten lernen und selbstbewusster werden. Dies sind wichtige Lebenslektionen, die weit über das Tiertraining hinausgehen. Es sind Erfahrungen fürs Leben, die sehr kraftvoll sind.

Training ist Lernen fürs Leben

Sicher haben Sie schon einmal eine dieser Talentshows im Fernsehen verfolgt. In der ersten Auswahlphase sind die neuen Talente oft scheu und stehen mit hängenden Schultern da. Aber sobald sie die erste Runde überstanden haben, beginnen sie, an sich selbst zu glauben. Sie verändern sich! Nicht nur Frisur, Kleidung und Make-up sind nun anders, sondern sie halten sich auch anders – Brust raus, Schultern zurück. Sie treten der Welt mit mehr Selbstbewusstsein gegenüber. Die Körpersprache ist oft so verändert, dass man meinen könnte, da stünde eine andere Person als beim ersten Casting.

In Spezialeinheiten bei Militär und Polizei ist das nicht anders. Die Rekruten sind zunächst eher still und wissen nicht, was auf sie zukommt. Sie machen Fehler, sie zweifeln, sie sind verletzlich. Aber nach dem ersten Bootcamp beginnen sie sich zu verändern: Sie werden Blutsbrüder, sie lernen zu kämpfen und Maschinen zu bedienen. Sie entwickeln neue Fähigkeiten, ihr Selbstvertrauen wächst.

Den gleichen Prozess können wir bei Trainern beobachten. Viele beginnen als Helfer in der Versorgung oder beim Ausführen der Hunde. Scheu und unwissend saugen sie jede Information zum Training auf, die sie hören, sehen, lesen oder fühlen. Sie beginnen, ihre Hunde anders auszuführen und Teile des Verhaltens zu verändern. Sie werden besser darin und kommen in kürzerer Zeit zu Ergebnissen. Sie bekommen Komplimente von den erfahreneren Trainern oder vom Management und wachsen weiter. Sie machen weniger Fehler als zu Beginn und beginnen mehr und mehr, das Verhalten des Hundes zu sehen als nur den Hund selbst.

Und vergessen Sie nicht die Hunde, die wir trainieren. Jedes Mal, wenn wir in unserer Einheit mit dem Training eines neu dazugekommenen Hundes beginnen, fragen wir uns: Kann er das leisten? Wird das Training auch mit diesem Hund ein Erfolg? Denn zu Beginn verhält er sich noch nicht so wie der erfahrene, voll trainierte Hund, den wir zuletzt ausgebildet haben. Der neue Hund reagiert nicht so schnell auf Signale und hat vielleicht noch keine Ahnung, was „Sitz“, „Platz“ oder „Hier“ bedeuten. Wir müssen all das und vieles andere von Beginn an trainieren. Wir beginnen dabei mit einer hohen Verstärkungsrate (s. S. 163) und kurzer Dauer, während derer das Verhalten gezeigt werden soll. Unsere Kriterien sind noch weit gefasst. Wir halten die Distanz kurz, sind sehr deutlich in unserer Körpersprache und bieten Hilfe in Form von Targets und Plattformen an. Dann beginnen wir langsam, unsere Hilfestellung auszuschleichen. Wir fügen weitere Kriterien hinzu, verlangen mehr Dauer und beginnen variabel zu belohnen (s. S. 165). Jetzt können wir sehen, ob wir wirklich Verhalten verändert haben. Wir können nun sagen, dass wir den Hund trainiert haben.

Hat der Hund auch mehr Selbstvertrauen gewonnen? Wir sind überzeugt davon! Schauen Sie nur einmal jungen Trümmersuchhunden zu, wie sie sich zum ersten Mal auf einem großen Trümmerkegel bewegen: Langsam, vorsichtig und sich des seltsamen, instabilen Untergrunds sehr bewusst. Aber schon nach ein paar Wiederholungen laufen und springen sie über den gleichen Trümmerkegel. Und wir fragen uns, wie es möglich ist, dass sie die Balance halten, sich nicht die Pfoten verletzen und schauen staunend dabei zu, wie sie auf der Suche nach Opfern in die kleinsten Löcher kriechen. Oder wenn wir sehen, wie ein junger Polizeihund zum ersten

Mal in seinem Leben einen Figuranten angreift. Sein Trainer hilft ihm, indem er ihn an kurzer Leine hält und nahe bei ihm steht. Er lobt ihn für das Beißen und ermuntert ihn, weiter gegen diese hässliche Person zu kämpfen. Ein paar Monate später kann er ihn schon ein paar hundert Meter vom Figuranten entfernt ableinen und der junge Hund wird schnell dem „Täter" nachsetzen, ihn mit einem großen Sprung und voller Energie angreifen und keine Angst haben.

Training ist nicht nur Ändern von Verhalten. Es ist eine Stärkung des Individuums, indem wir es mit den nötigen Fähigkeiten ausstatten, um seinen Job erledigen zu können und indem wir ihm Kraft, Mut und Selbstvertrauen vermitteln. Training kann eine lebensverändernde Erfahrung sein!

Die Zeit außerhalb des Trainings

Es gibt Hunde auf der ganzen Welt, die die meiste Zeit ihres Lebens in Zwingern verbringen, und andere, die die meiste Zeit bei ihrem Besitzer verbringen. Wie weit geht die „Inklusion", die Miteinbeziehung des Hundes, bei Ihnen? Je mehr Zeit Sie mit Ihrem Hund verbringen, desto mehr werden Sie voneinander lernen. Es gibt so viele kleine Hinweise, die Ihnen beiden jeweils mehr über den anderen verraten und die Ihnen entgehen, wenn Sie nicht zusammen sind.

Inklusion während der Kaffeepause.

Exklusion, also Ausschluss, wäre, wenn der Hund die meiste Zeit des Tages eingesperrt im Zwinger oder Auto verbringt. Hunde sind soziale Lebewesen und genießen die Nähe. Vertrauen entsteht durch gemeinsam verbrachte Zeit und gemeinsame Aktivitäten – nicht nur Training. Gehen Sie zusammen auf Entdeckungstour, spielen Sie, seien Sie einfach zusammen. Planen Sie kleine Abenteuer zusammen mit Ihrem Hund. Aber stellen Sie sicher, dass er auch genug Ruhe bekommt, insbesondere nach dem Training, denn dann braucht er Zeit, um zu verarbeiten, was er gerade gelernt hat.

Bestimmtheit und Aggression sind nicht das Gleiche

Sie müssen unbedingt verstehen, dass es einen großen Unterschied zwischen Aggression und Bestimmtheit oder Durchsetzungsvermögen gibt. Insbesondere bei Polizei- und Militärhunden sehen wir oft eine Menge Aggression, aber aggressive Hunde sind nicht immer die am besten zur Arbeit geeigneten. Sie können unzuverlässig und unvorhersehbar für zufällig Anwesende oder sogar ihren Hundeführer sein.

Aggression kommt immer von irgendwo her. Sie kann ein Trainingsproblem sein, von versteckten Schmerzen oder Frustration herrühren oder einfach nicht klar genug gesetzten Grenzen. Insbesondere in Teams mit anderen Hunden kann das Arbeiten mit aggressiven Hunden zu gefährlichen Situationen führen. Wir suchen uns gerne durchsetzungsstarke, bestimmte Hunde für unsere Arbeit aus. Solche selbstbewussten und mental starken Hunde sind sehr zuverlässig. Sie können auch in stressigen Situationen arbeiten, bleiben ruhig und machen ihren Job. In schwierigen Einsätzen haben wir oft erlebt, dass aggressive Hunde entscheidende Fehler zu machen beginnen wie etwa ihre Teamkameraden zu beißen (oder gar nicht zu beißen, auch nicht den Täter). Selbstbewusste und durchsetzungsstarke Hunde dagegen scheinen zu verstehen, wer der Böse und wer der Gute ist – solche Hunde lösen Probleme selbständig.

Gehorsam oder Disziplin

Es ist ein sensibles Thema, aber wir müssen Gehorsam und Disziplin ansprechen. Diese Diskussion wird nicht nur in der Welt des Tiertrainings, sondern auch gesellschaftlich geführt. Die Pandemie hat uns 2020 gezeigt, wie schwierig es ist, die Aufmerksamkeit aller zu bekommen und Regeln zu befolgen. Warum fällt es Menschen in manchen Fällen so schwer, neue Regeln zu respektieren? Während die Menschen in Asien ab dem Moment Masken trugen, in dem die Regierung es anordnete, kämpften die Menschen in Europa lange Zeit gegen diese Regel.

Gleichzeitig wurde in den USA über Freiheit und Grundrechte diskutiert, viele weigerten sich, Masken zu tragen oder in den Lockdown zu gehen.

Gehorsam, Unterordnung, Regeln und Disziplin können uns helfen, zu überleben, unversehrt zu bleiben und effektiver und effizienter zu arbeiten. Vor ein paar Wochen wurde ich Zeuge, wie ein Hund von einem Auto überfahren wurde. Der Hund war mit seinem Herrchen auf einem Spaziergang unterwegs, als er auf der anderen Straßenseite einen anderen Hund sah. Er ignorierte das „Sitz" und „Hier" seines Besitzers und versuchte, auf die andere Straßenseite zu kommen. Das Auto war stark beschädigt, der Hund tot und der Besitzer am Boden zerstört.

Bei einer anderen Gelegenheit erlebte ich, wie ein großer Hund einen kleinen weißen Hund angriff und totbiss. Als die Besitzerin ihrem Hund zu helfen versuchte, wurde sie ebenfalls gebissen.

Im Straßen- und Flugverkehr, bei der Arbeit mit potenziell gefährlichen Maschinen oder in der Pflege von Zootieren wissen, verstehen und akzeptieren wir, dass Regelbefolgung und Disziplin notwendig sind. Beim Militär, insbesondere während der Auswahlphase und der Grundausbildung, wissen wir, dass Disziplin die Schwachen von den Starken aussondert und die aggressiven und unsicheren von den selbstbewussten Typen unterscheidet. Disziplin ist nicht schlecht.

Korrekturen

Der Gebrauch des Worts „Korrektur" wird definitiv einige Emotionen auslösen. Es ist in unserer Vorstellung eng mit körperlichen Formen der Korrektur verbunden. Das liegt daran, dass wir als Kleinkinder als eins der ersten Wörter „Nein!" lernen und dass es meistens von einer Korrektur gefolgt wird. So sind nicht nur Kinder darauf konditioniert, mit dem aufzuhören, was sie gerade tun. Auch unser Denken wurde dahingehend konditioniert, dass Korrekturen etwas Schlechtes und Gefährliches sind, das Beziehungen beschädigt. Das stimmt aber nicht, wenn Korrekturen richtig angewendet werden.

Im Lernprozess sind Korrekturen eine Notwendigkeit. Ein Lernen ohne Korrekturen ist nicht möglich. Vielen Menschen ist die Definition einer Korrektur nicht klar. Also lassen Sie uns zuerst darüber Klarheit gewinnen: *„Eine Korrektur ist das Anbieten einer Verbesserung, um einen Fehler zu ersetzen und etwas richtig zu machen."*

Mit dieser Definition verstehen wir, dass zum Beispiel Vorenthalten eines Verstärkers, wenn er die Kriterien nicht erfüllt, eine „Korrektur" ist. Nehmen wir als Beispiel das „Sitz!". Wenn wir unserem Hund das Signal „Sitz!" geben und aufgrund unseres Trainingsplans das Verhalten „Sitz" innerhalb von zwei Sekunden danach erwarten, dann bestärken wir das „Sitz" nicht, wenn der Hund länger als zwei Sekunden zum Reagieren braucht. Wir geben ihm das Leckerchen oder Spielzeug nicht, weil wir nicht das Verhalten bekommen haben, das wir haben wollten. Einen Verstärker nicht zu geben ist eine Form der Korrektur, um zu erreichen, dass das Tier uns das gewünschte Verhalten gibt.

Aber natürlich werden nicht nur die Tiere Fehler machen, sondern auch die Menschen. Wenn im Training zu harte Korrekturen verwendet werden, liegt das oft daran, dass es nicht so gelaufen ist, wie erwartet. In vielen Situationen sind zu harte Korrekturen das Ergebnis von Frustration.

Wir arbeiten im Training mit einem Trainingsplan. Darin haben wir alle Schritte aufgeschrieben, die wir machen müssen. Wir bauen unsere Trainingspläne so, dass wir kleine Schritte machen können, damit die Hunde fast gar nicht anders können, als Erfolg zu haben. Solange wir die Umgebung kontrollieren können, brauchen wir außer einem Neustart keine weiteren Korrekturen. Neustart bedeutet, dass der Trainingsversuch beendet wird und das Tier keinen Verstärker mehr bekommen kann. Es muss den Versuch von der Startposition aus wiederholen.

Später im Training werden andere Korrekturen vorkommen. Wir müssen die Hunde auf die Herausforderungen, die das Leben an sie stellen wird, vorbereiten. Wir werden mit Ablenkungen arbeiten, von denen wir wissen, dass der Hund ihnen im wahren Leben begegnen wird, die er gerne jagen oder haben möchte. Sie werden in Einsätzen, Prüfungen und im Alltag auf solche Ablenkungen treffen. Korrekturen können verbal, körpersprachlich oder mit einer langen Leine durchgeführt sein. Dies hat nichts mit geistigem oder körperlichem Missbrauch zu tun. Das Ziel ist, das Verhalten zu ändern und eine negative Konsequenz hinzuzufügen, um sicherzustellen, dass wir das Tier vor Schaden bewahren können. Korrekturen müssen präzise sein und gerade eben stark genug, um das unerwünschte Verhalten zu verändern, müssen exakt zum richtigen Zeitpunkt kommen und ohne jede Emotion ausgeführt werden. Sobald Emotionen im Spiel sind, ist die Korrektur außer Kontrolle.

Umwelt oder Gene (Nature or Nurture)

Bei dieser Frage geht es darum, welches Verhaltensrepertoire schon in der DNA oder den Genen angelegt ist (engl: Nature) und welches aus Erfahrungen gelernt wird (engl: Nurture). Wenn wir uns Hunde anschauen, ist klar, dass sie dadurch lernen, dass sie Dinge tun. Ein Hund, der zu nah am Ufer spielt und ins Wasser fällt, wird aus dieser Erfahrung lernen, sprich sein Verhalten in ähnlichen Situationen anpassen. Border Collies werden von Natur aus Schafe hüten und Vorstehhunde „einfrieren", wenn sie einen Vogel im Feld wahrnehmen.

Ich habe einmal einen interessanten Moment miterlebt, als zwei unserer Hunde spielten und sich gegenseitig um unser Auto herum jagten. Wenn sie sich auf entgegengesetzten Seiten des Autos befanden, blieben sie stehen und der ältere schaute unter dem Auto hindurch auf die Pfoten des jüngeren. Wenn er sah, dass dieser nach links loslief, startete er in die entgegengesetzte Richtung. Die beiden hatten einen Riesenspaß!

Dominanz und Hierarchie

Ist es legitim, Hunde mit Wölfen zu vergleichen? Sind die Regeln der Hierarchie für beide Spezies die gleichen? Dazu gibt es verschiedene Ansichten, selbst unter Wissenschaftlern. Was immer wir gerne glauben möchten – wir müssen bedenken, dass wir auch Aggression begegnen können, die mit Dominanz und Hierarchieproblemen zu tun hat. Es ist nun einmal Tatsache, dass beides existiert und Probleme verursachen kann. Hunde können aggressiv gegenüber anderen Hunden sein, aber auch gegenüber Menschen oder sogar ihren Besitzern.

Das Konzept der Dominanz wurde in den letzten Jahren heiß diskutiert und gibt Stoff für eigene Bücher. Zusammengefasst kann man festhalten: Ja, es gibt Dominanz unter Hunden, aber sie ist nicht so fest und linear, wie man früher dachte. Sie ist kein Charaktermerkmal in dem Sinne, als dass ein Hund *immer* dominant über andere Hunde oder sogar Menschen ist bzw. zu sein versucht. Die Dominanzbeziehungen ändern sich vielmehr häufig nach den Umständen, dem Kontext oder der Anwesenheit anderer Tiere oder Menschen.

Hunde sind soziale Tiere. Sie leben gern mit anderen zusammen, dennoch kann es auch schwere Aggressionsprobleme geben, die mit Dominanzaggression zu tun haben. Diese kann hochkomplexes Aggressionsverhalten und variable Verhaltensprobleme verursachen (Peter L. Borchelt 1983).

Klar ist, dass die Themen Dominanz und Hierarchie immer wieder zu hitzig geführten Debatten unter Hundeleuten führen. Mehr darüber lesen Sie später auch noch im Abschnitt über unerwünschtes Verhalten auf S. 347.

Ein sehr interessanter Artikel mit dem Titel „Dominante Alpha-Menschen gewinnen nicht Vertrauen und Respekt der Hunde" wurde von Marc Bekoff geschrieben. Seiner Meinung nach bilden Hunde dominante Beziehungen, funktionale Rudel und es gibt Alpha-Individuen. Aber das Problem mit dem Begriff „Alpha" ist die Assoziation mit den negativen Effekten alphaorientierten und auf Angst und Strafen basierenden Trainings.

Man hat klar nachgewiesen, dass in Ländern, in denen es noch große Population frei lebender Hunde wie zum Beispiel Straßenhunde gibt, diese funktionale Rudel als Zweckgemeinschaften bilden, die ihnen beim Überleben helfen. Sie haben oft kein festes Alpha-Paar an der Spitze, wie das bei einem natürlich gewachsenen Wolfsrudel der Fall ist, sondern sie wechseln sich quasi in der Aufgabenverteilung (und auch Führung) je nachdem ab, welches Individuum gerade am meisten zum Wohl der Gruppe beisteuern kann. Dieses Modell des „funktionalen Rudels" kommt vielleicht einer idealen Mensch-Hund-Beziehung insofern näher, als dass der Mensch auch einmal bereit sein muss, Verantwortung an seinen Hund abzugeben, wenn dieser etwas besser weiß oder kann, zum Beispiel eine Geruchsspur verfolgen, Vielen Menschen fällt es schwer, hier das eigene Kontrollbedürfnis einmal hintenan zu stellen!

Der Begriff „Alpha" verwirrt viele Menschen, aber er ist nicht gleichbedeutend mit gemein oder aggressiv sein oder anderen als negativ empfundenen Eigenschaften. Das Ziel des Alpha-Individuums in einer Gruppe ist es vielmehr, eine solide Struktur zum Überleben zu schaffen, einige Regeln aufzustellen und damit für Ordnung und Stabilität zu sorgen. Aggressionen und Kämpfe könnten den Alpha verletzen, was nicht dem Überleben des Rudels dient. Der Alpha

Auch unter Schlittenhunden eines Teams gibt es eine Hierarchie.

sorgt also eher auf nicht aggressive und nicht gewalttätige Weise dafür, dass es einen Zusammenhalt in der Gruppe gibt. Er behauptet seine Position nicht durch Kämpfen, sondern mit bestimmtem Auftreten. Das alles heißt aber noch nicht, dass ein in einem menschlichen Haushalt lebender Hund seine Menschen als „Rudel“ betrachtet. Es gibt keine Daten oder Forschungsergebnisse, die diese These stützen könnten.

Von daher gibt es keinen Beweis und keine Begründung für die Forderung, dass der Mensch die Alpha-Position dem Hund gegenüber einnehmen müsste. Es ist nicht nötig, den Hund mit Zwangsmaßnahmen zu dominieren oder zur Unterwerfung zu zwingen, um sein Verhalten zu ändern. Ein Hund kann wirklich nicht verstehen, warum er in dem einen Moment von seinen Menschen geliebt und im nächsten bestraft wird. Positives Training ist die bessere Lösung, auch wenn es schwieriger sein mag als die dominanzbasierten Trainingsmethoden oder länger dauern kann. Aber es wird definitiv die Beziehung zu ihrem Hund verbessern!

10

„Trainings-methoden“

Es sind viele verschiedene sogenannte „Trainingsmethoden“ im Umlauf und ich möchte hier einen Überblick über diejenigen geben, die einem am häufigsten begegnen. Natürlich gibt es noch weit mehr, und ständig etikettieren neue Trainer die eine oder andere Kombination aus schon existierenden Methoden mit ihrem Namen – und schon gibt es eine neue „Methode“. Wir nehmen uns hier diejenigen heraus, die allgemein bekannt sind und die in Workshops und Seminaren immer wieder diskutiert werden sowie diejenigen, die etwas mehr Aufmerksamkeit und Erklärung benötigen.

Warum ich das Wort „Trainingsmethoden“ in der Überschrift in Anführungszeichen gesetzt habe? Vielleicht ahnen Sie es schon: Es kann gar keine Abgrenzung zwischen „Lernen durch klassische und operante Konditionierung“, wie ich es beschreibe und vertrete, und „anderen Methoden“ geben – ganz einfach, weil JEDES Lernen auf klassischer und operanter Konditionierung beruht, ob man das möchte und beabsichtigt oder nicht! Verhalten ändert sich aufgrund seiner Konsequenzen! Wenn sich ein Verhalten verändert, gibt es dafür immer einen Grund, sprich entweder einen Verstärker oder ein Aversivum. Oft ist er nur nicht so gut auf den ersten Blick erkennbar oder wurde vom Trainer gar nicht beabsichtigt gesetzt. Das führt dann zu den Trainern, die paradoxerweise von sich behaupten, zu „kommunizieren statt zu konditionieren“ oder über „Beziehung statt Konditionierung“ zu arbeiten. Lassen Sie sich nicht täuschen: Wenn Sie genau hinschauen, finden Sie *immer* die Gesetze der operanten und klassischen Konditionierung am Werk, ganz einfach, weil Lernen nun einmal so funktioniert! Ob ein positiver Verstärker immer Futter sein muss, ist natürlich eine andere Frage, ändert aber nichts daran, dass die Grundlage des Lernens immer noch universal gültig bleiben. Nur zu oft wird aber „Training über positive Verstärkung“ mit „den Hund ständig füttern“ gleichgesetzt (oder missverstanden), und das ist sowohl falsch als auch schade. Ich hoffe, das wird im Verlauf des Buchs noch an vielen Stellen klarer.

Anstatt von verschiedenen „Methoden“ zu sprechen, sollten wir eigentlich also lieber schauen, wer welchen der vier Quadranten (s. S. 96) vorrangig in seinem Training anwendet. Man kann viel belohnen, viel strafen, das Weglassen von Druck als Belohnung definieren, Räume schließen und wieder freigeben und so weiter – das alles ist Konditionierung. Ohnehin ist es schwierig, Trainingsstile mit Begriffen zu etikettieren. Eine schöne Übung für Sie: Schauen Sie einmal hinter die Worthülsen der „Methoden“ und versuchen Sie, die Verstärker und Aversiva zu identifizieren, nach denen sich das Verhalten ändert!

> Streng genommen ist es begrifflich falsch, von verschiedenen „Trainingsmethoden“ zu sprechen. Hinter jeder „Methode“ stecken die Prinzipien der operanten und klassischen Konditionierung. Es gibt kein „Lernen über Konditionierung“ versus „anderes Lernen“! Die Frage ist lediglich, wer welchem der vier Quadranten der operanten Konditionierung in seinem Training den Vorrang gibt!
>
> Information

Traditionelles, strafbasiertes Training

Es ist etwas schwierig, dem Kind einen Namen zu geben, aber ich möchte damit versuchen, verschiedene ähnliche Trainingsmethoden in einer Kategorie zusammenzufassen. All diese Methoden haben gemeinsam, dass sie nicht durch wissenschaftliche Forschung validiert wurden. Aber sie existieren, werden angewendet und sind auf irgendeine Art und Weise auch erfolgreich. Natürlich ist es dabei ein Diskussionspunkt, ob es akzeptabel ist, Tiere auf diese Art und Weise zu trainieren. Es ist die Art von Training, wie wir sie immer noch in manchen alten traditionellen Hundesportvereinen sehen. Im Allgemeinen beruht es auf Zwang. Die Trainer „bestrafen" jede Art von Verhalten, das sie nicht sehen möchten, sodass am Ende nur noch das gewünschte Verhalten im Repertoire des Hundes übrigbleibt. Es gibt keine Bücher darüber, die Methode wird mündlich weitergegeben und die Schüler lernen von einem „Meister". Die Methode ist nicht wissenschaftsbasiert und wird auf dem Hintergrund des Wissens, das wir heute über Tiertraining haben, oft heftig diskutiert.

Um das Prinzip zu erklären, wie diese Art des Trainings aufgebaut ist, verwende ich oft das Beispiel der Taxifahrt. Wenn ich ein Taxi anhalte, auf die Rückbank steige und kein Wort zum Fahrer sage, wird er wahrscheinlich irgendwann einfach losfahren. Wenn er an der ersten Kreuzung links abbiegen möchte und ich ihm ins Gesicht schlage, fährt er vielleicht rechts. Auf diese Art und Weise kommen wir irgendwann vielleicht dahin, wo ich hinwollte. Indem ich den Taxifahrer schlage oder nicht schlage, komme ich an mein Ziel. Aber es ist nicht unbedingt der Weg, wie wir mit Menschen oder Tieren gern kommunizieren möchten. Es ist nicht effektiv, nicht effizient und es baut keine gute Beziehung auf.

Als ich 1993 die Welt der Polizeihundeausbildung betrat, fand noch sehr viel zwangsbasiertes Training statt. Strafe schien die Grundlage jedes Trainings zu sein. Ich war damals überrascht, weil ich erwartet hatte, dass diese „Profis" andere Methoden anwenden würden. Ich war gezwungen, diese Zwangsmethoden zu übernehmen, denn das war damals die einzige Art und Weise, wie man Polizeihunde für allgemeine Einsatzzwecke ausbilden konnte. Zumindest war das die Meinung des Chefausbilders und des Rests der Gruppe.

Nach einer Weile begann ich zu verstehen, dass das Problem ein Mangel an Wissen in dieser Gruppe war, aber dass es auch keine von irgendeiner Organisation vorgegebenen Trainingsstandards gab. Es gab keinen formal geregelten Ausbildungsweg und das Training beruhte stark auf Annahmen und Glaubenssätzen (Paradigmen).

Paradigmenwechsel im Training

Als junger Polizeihundetrainer wollte ich, wie ich zu Beginn des Buchs bereits beschrieben habe, diese Zwangsmethoden nicht mehr anwenden. Was dazu führte, dass ich fast gefeuert wurde, weil der Chefausbilder meinte, ich sei „nicht hart genug" für dieses Geschäft. Aber anstatt mich gegen diese Meinung aufzulehnen, begann ich zu lesen, zu recherchieren und einfach anders zu trainieren. Mein Diensthund machte draußen auf den Straßen einen sehr guten Job und unsere Einsatzerfolge waren erstaunlich – das war das direkte Ergebnis des eher auf Verstärkern beruhenden Trainings, das ich nun anwendete. Die Beziehung zwischen meinem Hund und mir war sehr gut geworden, Vertrauen und Respekt hatten sich aufgebaut. Mein Hund begann, überall Gelegenheiten zu sehen, wie er Erfolg haben könnte (und damit bestärkt werden würde). Das machte den Unterschied aus, warum wir in schwierige Einsätze gehen konnten, in die andere ihre Hunde nicht zu schicken wagten. Das bewirkte letztendlich einen Paradigmenwechsel in unserer Trainingsgruppe und auch andere Hundeführer begannen, stärker belohnungsbasierte Methoden anzuwenden.

Vermeidungsbasiertes Training

Dies ist ein schneller, einfacher und wirksamer Weg. Durch das Hinzufügen und Wegnehmen von Druck kann man Verhalten beeinflussen. Das funktioniert natürlich, wie alle anderen Trainingsmethoden auch, nicht nur bei Tieren, sondern auch bei Menschen.

Ein Welpe, der noch nie angeleint war, wird beim ersten Versuch des Gehens an der Leine möglicherweise einfrieren und seine vier Pfoten in den Boden stemmen. Zug an der Leine wird dazu führen, dass er irgendwann geht. Er vermeidet den Zug und Druck auf das Halsband. Nach ein paar Wiederholungen geht der Welpe ohne Widerstand, weil er den Druck aufs Halsband vermeiden möchte.

Clickertraining

Der Clicker ist ein Trainingswerkzeug, ein Gerät, das als Brückensignal (s. S. 140) benutzt wird. Aber es gibt keine „Clickertrainingsmethode“, auch wenn viele das glauben!

Der Clicker ist ein sekundärer Verstärker (s. S. 126) und als solcher erst einmal bedeutungslos für den Hund. Erst nachdem er über Konditionierung mit Futter gepaart wurde, erhält er seine Macht und wird für das Tier zum Signal, dass die Belohnung unterwegs ist. Der Clicker ist auch kein Zauberinstrument, sondern ein Hilfsmittel zur klaren Kommunikation!

Clicker werden im Training unterschiedlich eingesetzt. Manche Trainer „laden ihn auf“, sodass sie ihn mehrmals hintereinander einsetzen können, ohne dem Tier tatsächlich einen primären Verstärker (z. B. Futterbelohnung) geben zu müssen. Wenn wir ein Brückensignal einsetzen, bedeutet das, dass das Tier eine positive Verstärkung (z. B. Futter oder Spielzeug) nach dem Click erhält. Der Clicker überbrückt also die Zeit zwischen gewünschtem Verhalten und primärem Verstärker. Wichtig dabei ist, die Kommunikation klar und die Erwartung des Tieres hoch zu halten!

Rund ums Clickertraining gibt es auch jede Menge Paradigmen, die nicht stimmen. Ein schönes Beispiel dazu gibt es aus den Niederlanden: Nachdem negative Schlagzeilen über Zwangsmaßnahmen in der Hundeausbildung bei der Polizei in die Öffentlichkeit geraten waren, wollten die Verantwortlichen die Trainingskultur ihrer Polizeihundeausbilder verändern und schickten sie zu einem zweitägigen Clickertrainingskurs. Sie können sich bestimmt vorstellen, dass dieser Kurs die Fragen der Trainer nicht beantworten konnte. Das Ergebnis war, dass viele Polizeihundetrainer den Clicker quasi mit einem Bann belegten, weil er angeblich nicht bei Polizeihunden funktioniere. So wurde leider eine Gelegenheit verpasst, die Trainer im korrekten Gebrauch eines Brückensignals zu schulen und sie zum weiteren Studium der klassischen und operanten Konditionierung anzuregen.

Wir arbeiten bei uns übrigens nicht nur mit dem Clicker, sondern mit diversen Brückensignalen wie zum Beispiel Pfeifen. Diese setzen wir besonders dann ein, wenn die Hunde in größerer Distanz zu uns arbeiten – ab etwa zwanzig Metern. Oft verwenden wir auch einfach nur ein konditioniertes Lobwort als Brückensignal – was praktisch ist, weil man es immer dabeihat!

Hühnertraining

Weitere Missverständnisse gibt es leider häufig um die neuerdings immer öfter angebotenen „Hühner-Clickerkurse". Ich beobachte eine zunehmende Zahl dieser „Quasi-Hühnerworkshops", bei denen der hauptsächliche Fokus auf dem Einsatz des Clickers liegt. Aber auch hier ist der Clicker nur das Brückensignal für „Futter kommt!" und damit nur ein kleiner Baustein des Trainings. Der Clicker an sich ist kein Zauberinstrument!

> *Der Clicker ist kein Zauberinstrument,*
> *sondern einfach nur ein sekundärer Verstärker,*
> *der nur funktioniert, wenn er mit*
> *Sinn und Verstand eingesetzt wird.*

Oft ist dabei zu beobachten, dass die Teilnehmer sehr beschäftigt damit sind, die Hühner um Slalomstangen oder einen Hindernisparcours zu locken, aber die Prinzipien der klassischen und operanten Konditionierung zur Veränderung von Verhalten gar nicht anwenden.

Die echten Hühner-Workshops wurden, wie schon erwähnt, von Bob und Marian Bailey erfunden. Sie benutzen Hühner als Verhaltensmodelle und es ging nicht darum, „Hühnerkurse" oder „Clickerkurse" zu geben. Sie lehrten operante Konditionierung und zeigten, dass ihre Trainingsprinzipien für alle höher entwickelten Tiere gültig waren. Das war einer der besten Wege, um Trainer auszubilden und auf das echte Leben vorzubereiten – sie lernten Theorie und setzten das Gelernte gleichzeitig an Hühnern als lebenden Modellen in die Praxis um. Das Training mit lebenden Tieren ist etwas ganz anderes als nur Theorie und für viele Menschen eine echte Herausforderung. Oft sind ihre handwerklichen Fähigkeiten nicht gut genug, denn Hühner sind schnell! Sie stellen die Trainer vor echte Herausforderungen. Sie sehen jede kleinste Bewegung und reagieren darauf. Ich hatte das Glück, alle fünf Stufen der Hühnerworkshops bei den Baileys durchlaufen zu können (und viele darauffolgende mehr). Erst hier lernte ich wirklich, wie

In den Hühner-Workshops bei Bob Bailey lernt man, wie die operante Konditionierung in Theorie und Praxis funktioniert.

man einen Trainingsplan schreibt und danach arbeitet, erst hier wurde ich damit konfrontiert, wie wichtig es ist, Daten zu sammeln und zu analysieren. Und hier lernte ich, andere Trainer zu coachen.

„Do as I do"-Training

„Do as I do" ist ein neuer Name für Nachahmungslernen. Grob gesagt geht es darum, dass der Hund durch Beobachtung anderer lernt. Der Trainer macht bestimmte Bewegungen, lässt den Hund genau zuschauen und motiviert ihn zum Nachmachen. Diese Methode wird immer populärer und wird gerne als neu und spannend beschrieben. Dabei wurde die eigentliche Pionierarbeit dahinter schon von dem Psychologen Albert Bandura mit seiner sozialkognitiven Lerntheorie geleistet. In einer neueren Studie schreiben Claudia Fugazza und Adam Miklósi, dass diese Technik effektiver sei als das Formen von Verhalten (Shaping). Soziales Lernen ist sicherlich sehr interessant, aber zu behaupten, dass es effektiver sei als operante Konditionierung, ist doch fragwürdig. Viele Spürhundeführer haben schon die Erfahrung gemacht, dass die Hunde an genau den Stellen schnüffeln, die die Trainer in ihrem Beisein angeschaut haben. Aber wir haben beispielsweise noch nie gesehen, dass ein Trainer eine gesamte Reihe von Geruchsproben oder ein Geruchsrad (s. S. 344) als Beispiel zur Nachahmung vor ihrem Hund abschnüffeln.

„Positiv-Trainer" oder „Gewaltfrei-Trainer"

Eine schnell wachsende Gruppe von Trainern bezeichnet sich als „Positiv-Trainer" oder „Gewaltfrei-Trainer". Sie stellen sich gegen jede Art von negativen Elementen im Training.

Verstehen Sie mich nicht falsch: Ich bin keinesfalls für den Einsatz von Strafe im Training. Aber in einem Lernprozess wird es immer auch irgendwelche unangenehmen Einflüsse geben, die das Verhalten mitbestimmen. Genau das ist der Punkt, an dem die Diskussion oft in die falsche Richtung geht.

Nehmen wir als Beispiel einen Hund, der das Signal für „Sitz" bekommt. Er setzt sich, erfüllt aber die Kriterien nicht, sprich er setzt sich nicht schnell genug oder steht sofort wieder auf. Der Hund erwartet eine Belohnung für sein schluderiges Sitz, die der Trainer ihm aber vorenthält, weil er nicht zufrieden ist. Er belohnt nur schnelleres Hinsetzen und längeres Sitzenbleiben. Das Ausbleiben der Belohnung ist eine unangenehme Konsequenz, die das Verhalten verändern kann.

Auch die besten Hunde zeigen manchmal unerwünschtes Verhalten. Der einzige Weg, um unerwünschtes Verhalten zu ändern, ist, ihm seinen Verstärker zu entziehen, und, wenn das nicht möglich ist, eine negative Konsequenz einzuführen. Wirklich zu 100 % „positiv" im Sinne von straffrei zu trainieren ist eine echte Herausforderung!

Ausgewogenes Training

Neben den „Positiv-Trainern“ gibt es auch eine wachsende Gemeinde von Trainern, die ihren Weg eher in einer Art ausgewogenen Mitte suchen. Sie möchten nicht mit Straf- oder Zwangsmethoden arbeiten, finden aber auch im zu 100 % positiven Training nicht alle Antworten. Diese Trainer sprechen über Grenzen, erwünschtes und unerwünschtes Verhalten, Korrekturen und Konsequenzen.

Was ist die beste Trainingsmethode?

Für uns ist es ganz einfach: Die vielseitigsten Möglichkeiten bietet die klassische und operante Konditionierung. Die reinen Positiv-Trainer versuchen nur einen Quadranten zu nutzen, die positive Verstärkung (R+). Die ausgewogenen Trainer nutzen alle vier Quadranten der operanten Konditionierung.

Öfter hört man von Trainern, die von sich behaupten, ausschließlich mit positiver Verstärkung zu arbeiten die Aussage, man könne „Training mit positiver Verstärkung“ nicht mit „anderen Trainingsformen“ mischen. Man müsse, wenn man einmal mit dem Training über positive Verstärkung begonnen habe, ausschließlich dabei bleiben, weil das Tier sonst verwirrt würde. Ein Körnchen Wahrheit ist insofern daran, als dass Tiere, die bisher in ihrem Leben nur strafbasiertes Training erfahren haben, oft in eine gewisse erlernte Hilflosigkeit (s. S. 200) verfallen. Sie tun lieber nichts, ehe sie etwas Falsches tun, das wieder Strafe nach sich ziehen könnte – ein sehr trauriger Zustand. Die positive Verstärkung fördert dagegen eine gewisse Experimentierfreudigkeit beim Tier: „Was könnte mir den nächsten Verstärker einbringen?“. Dennoch ist die Aussage, man müsse deshalb immer zu 100 % nur über positive Verstärkung arbeiten, sowohl übertrieben als auch falsch, denn es ist gar nicht möglich, *nicht* zu bestrafen.

Gibt man für eine misslungene Ausführung eines Tricks keine Belohnung, ist das bereits eine Strafe, ob man möchte oder nicht. Das Tier wird dadurch auch nicht grundsätzlich demotiviert – sofern die angenehmen Erfahrungen überwiegen. Hat ein Tier ständig Misserfolg bei einem Trainingsschritt und wir können deshalb nicht verstärken / belohnen, ist es an uns, unser Vorgehen schnellstmöglich so zu ändern, dass das Tier wieder Erfolg haben kann.

Wichtiger, als in zehn von zehn Fällen eine Belohnung zu bekommen, ist für ein Lebewesen die Berechenbarkeit und Fairness seines Trainers und dass dieser es ihm ermöglicht, die Aufgabe zu verstehen. Misserfolge und Fehlversuche gehören zum Lernen dazu – mehr noch, ohne sie wäre Lernen gar nicht möglich!

Sicher werden in Zukunft noch weitere Trainingstechniken und -möglichkeiten entdeckt werden. Die Wissenschaft spielt ins Hundetraining mit hinein und es gibt so vieles, das wir noch nicht verstehen. Während wir immer mehr lernen, wird uns klar, dass wir noch längst nicht alles über Hunde wissen.

Die beste Trainingsmethode verschafft dem Tier möglichst hohe Erfolgschancen.

Virtuelle Trainingsprogramme

Für alle, die nicht mit echten Tieren arbeiten können, aber ihre handwerklichen Trainingsfähigkeiten verbessern möchten, möchte ich das Computerprogramm „Sniffy The Virtual Rat" vorstellen. In dieser Software gibt es ein virtuelles Labor, das wie eine echte Skinnerbox aufgebaut ist und in dem eine virtuelle Ratte sitzt. Das Programm wurde ursprünglich geschrieben, um Psychologiestunden die operante Konditionierung zu erklären und üben zu lassen. Natürlich ist das kein Ersatz für ein echtes Tier, aber es kommt dem sehr nahe, was man wissen muss, um das Tiertraining besser zu verstehen. Man bekommt ein Gefühl dafür, wann Wiederholungen nötig sind, wie sich Enttäuschung anfühlt und wie Tiere in Interaktion mit dem Trainer reagieren können.

Weg vom Schubladendenken

Nur, wenn man sich davon verabschiedet, eine Art des Trainings sofort in die Schublade xy zu schieben und darüber zu urteilen, ist ein offener Dialog darüber möglich, was die beste Trainingsmethode in verschiedenen Szenarien, Kontexten oder Umgebungen sein kann. Ja, wir etikettieren strafbasiertes Training gern als schlecht, und dennoch ist es manchmal der letzte Ausweg vor einer Euthanasie oder einem Leben mit ständigen Beschränkungen.

11

Die fünf Grundlagen des Tiertrainings

Als Taucher habe ich gelernt, mich auf die Grundlagen zu verlassen – das sicherte mein Überleben, wenn etwas schiefging. Wir sehen in vielen Berufen wie Piloten oder Ärzten, bei der Feuerwehr, Polizei oder im Militär, dass der Fokus immer auf den Grundlagen liegt. Das Gleiche gilt für Ihr Haus, imposante Bauwerke, Brücken und Megastrukturen.

Bevor wir also tiefer in die Details des Tiertrainings eintauchen, möchte ich Ihnen einen kurzen Überblick über die fünf entscheidenden Grundlagen geben.

Was auch immer Ihnen in der Zukunft begegnen mag – gehen Sie immer zu diesen Grundlagen zurück! Sie sind ein Extrakt aus den Arbeiten von Thorndike, Pavlov, Skinner und den Brelands und ich betrachte sie als Bausteine zur Konditionierung neuen Verhaltens und zur Veränderung unerwünschten Verhaltens. Mir haben sie auch dabei geholfen, eine „andere Sprache" zu lernen, um mit Wissenschaftlern und anderen Trainern über Details sprechen zu können. Das machte das Training für mich klarer. Wenn Sie die klassische und operante Konditionierung studieren und diese fünf Grundlagen verstehen und anwenden können, wird Ihr Training viel besser werden!

Die fünf Grundlagen des Trainings sind:

1) **Reiz**
2) **Verstärker**
3) **Löschung**
4) **Aversiva (Strafe)**
5) **Generalisierung**

Grundlage 1: Reiz

Ein Reiz ist eine Veränderung in physikalischer Energie, auf die ein Lebewesen reagieren kann oder die es wahrnehmen kann. Denken Sie an Sehen, Hören, Schmecken, Riechen, Berührung, aber auch Bewegungssinn (Empfindungen der Muskeln und Sehnen), Temperaturempfinden (heiß oder kalt), Schmerzempfinden und die vestibulären Sinne wie Kopfbewegung und Balance. Reize (bzw. deren Wahrnehmung) können von einer Spezies zur anderen variieren. Wir wissen, dass Hunde und viele andere Säugetiere sich stark auf ihren Geruchssinn verlassen, aber auch einen sehr guten Seh- und Hörsinn haben. Hunde können Tausende von Substanzen anhand ihres Geruchs erkennen. Berührungsempfinden und Geschmack sind sehr ursprüngliche Sinne – jedes normale Tier wird auf Berührungsreize reagieren. Bei uns Menschen ist die Haut unser größtes Organ und wir reagieren nicht nur auf Berührung, sondern auch auf Temperaturreize (heiß oder kalt), Schmerzen, Dehnung oder Druck.

Wenn ein Lebewesen nicht auf eine gegebene Einwirkung reagieren kann, dann ist diese kein Reiz. So sind zum Beispiel hochfrequente Töne über 20 Kilohertz kein Reiz für uns Menschen, sehr wohl aber für Hunde.

Grundlage 2: Verstärker

Verstärkung ist der Prozess, der eine Reaktion stärkt. Ein Verstärker kann alles, ein Gegenstand oder eine Aktivität sein, was eine Reaktion stärkt. Verstärkung meint: Höhere Frequenz der Reaktion. Wir definieren also die Stärke einer Reaktion anhand der Rate ihres Auftretens oder der Steigerung der Wahrscheinlichkeit, dass sie gezeigt wird. Es geht NICHT um die Intensität oder Heftigkeit einer Reaktion, sondern eher um die Häufigkeit ihres Auftretens!

Um zu verstehen, was der beste Verstärker ist, müssen wir immer das individuelle Tier anschauen. Für manche Hunde ist ein Tennisball der beste Verstärker, während andere den Ball ignorieren, aber für Futter alles tun. Es ist wie mit dem Geruch von Zigarettenqualm: Manche Menschen mögen ihn, während andere ihn nicht ausstehen können und weggehen.

Untersuchungen haben ergeben, dass Hunde viel hochfrequentere Töne hören können als wir Menschen und folglich diese auch als Reiz wahrnehmen können.

Primäre und sekundäre Verstärker

Wir müssen den Unterschied zwischen primären und sekundären Verstärkern verstehen. Um es einfach zu halten: Primäre Verstärker sind Aktivitäten oder Dinge, die ein Lebewesen für sein Überleben benötigt, wie zum Beispiel Nahrung, Wasser, Sex, Unterschlupf, Wärme, soziale Aktivitäten etc. Sekundäre Verstärker werden mit primären Verstärkern „gepaart". Wir bezeichnen sie auch als konditionierte (erlernte) Verstärker oder diskriminative Reize. Als sekundäre Verstärker kann man die unterschiedlichsten Dinge benutzen, zum Beispiel alle möglichen Spielzeuge, Bälle, Geräusche, Berührungen oder was auch immer mit primären Verstärkern kombiniert werden kann.

Verstärker können positiv oder negativ sein

Positive Verstärker verstärken die Reaktion, auf die sie folgen. Wenn ein Hund Futter mag und ein Leckerchen nach Zeigen der Reaktion „Sitz" bekommt, wird er künftig vermutlich mehr und stärkere „Sitz-Reaktionen" zeigen. Wenn das der Fall ist, können wir sagen, dass Futter ein positiver Verstärker für diesen Hund ist.

Negative Verstärker verstärken Reaktionen, die einen aversiven Reiz vermeiden oder beenden. Negative Verstärkung ist effektiv. Wenn wir uns im Auto nicht anschnallen, ertönt so lange ein unangenehmer Warnton, bis wir uns anschnallen.

Ich gebe zu – dies kann ein wenig schwer zu verstehen sein. Negative Verstärkung bringt einen dazu, weiter von einem Feuer wegzurücken, wenn man die Hitze als unangenehm empfindet. Genauso kann ein Warnsignal – als eine Art von negativer Verstärkung – ein Verhalten verstärken, wenn danach erfahrungsgemäß etwas Aversives folgt. Der Hund erhält allerdings auch die Chance, sich für das gewünschte Verhalten zu entscheiden, welches wiederum positiv verstärkt werden könnte.

Die Begrifflichkeit der negativen Verstärkung ist manchmal etwas komplex. Daher hier ein Beispiel zum besseren Verstehen: Wenn der Hund bellt und der Trainer ihn mit Wasser besprüht, ist dies positive Strafe. Angenommen der Trainer holt die Sprühflasche aus der Tasche, welche für den Hund mit negativer Konsequenz verknüpft ist, dann dient diese quasi als Warnsignal. Unterbricht der Hund beim Anblick das Bellen und die Sprühflasche wird weggenommen, kann sich das erleichternd auf den Hund auswirken und ist damit eine negative Verstärkung.

Verstärkung führt immer dazu, dass Verhalten vermehrt gezeigt wird, und Strafe verringert das Auftreten eines Verhaltens. Spannend sind an dieser Stelle aber auch die Perspektive und das Ziel des Trainers: Geht es also in dem Beispiel darum, das Bell-Verhalten abzustellen, oder ist das Kriterium die Zunahme von ruhigem Verhalten? Natürlich ist Verstärkung dem Einsatz von Strafen prinzipiell zu bevorzugen. Ein klares Kriterium ist die Grundlage von erfolgreichem Lernen sowohl für Trainer als auch für den Hund. Es ist wichtig, die verschiedenen Prinzipien zu kennen, um diese im Training sinnvoll anwenden zu können.

Schade ist allerdings, dass ein so großer Teil unserer menschlichen Kultur auf Strafe oder negativer Verstärkung beruht. Wie bereits erwähnt, ist „Nein", gefolgt von einer Strafe, leider immer noch eins der ersten Dinge, die ein Kind lernt. Das in der Intensität gesteigerte „Nein, nein, NEIN!" kann als negativer Verstärker definiert werden, der stoppt, sobald das Kind das unerwünschte Verhalten sein lässt. Macht es damit weiter, folgt etwas Aversives in Form einer positiven oder negativen Strafe.

Man muss also die Verhaltensänderung sehen, um sagen zu können, welche Technik am Werk war.

Grundlage 3: Löschung

Mit Hilfe des Phänomens der Löschung kann man ein (unerwünschtes) Verhalten loswerden. Wenn Sie ein zuvor verstärktes Verhalten zu schwächen beginnen, wird es nach und nach verschwinden. Das ist nicht immer leicht zu bewerkstelligen, denn oft werden solche Verhalten durch eine unbemerkte variable Verstärkung (s. S. 165) weiter am Leben erhalten. Das Verhalten „Ziehen an der Leine" kann verschwinden, wenn der Besitzer jedes Mal stehenbleibt, sobald der Hund zieht und erst dann weitergeht, wenn die Leine wieder locker ist. Bis jetzt wurde der Hund für das Ziehen bestärkt, weil es ihn zu den Orten gebracht hat, zu denen er hinwollte. Nun beginnt er zu verstehen, dass ihn das Ziehen nirgends mehr hinbringt. Das Verhalten wird schwächer und irgendwann verschwinden – aber nur, wenn der Trainer sehr konsequent mit dieser Technik ist. Wenn er das Ziehen ab und zu doch toleriert, weil er vielleicht gerade selbst zu abgelenkt ist, um konsequent zu sein, baut er eine variable Bestärkung ein, die das Verhalten sogar insgesamt noch weiter verstärken kann.

Spontane Erholung

In unserem Beispiel mit dem Leinenziehen ist es auch möglich, dass der Hund nach einigen Tagen des Gehens an lockerer Leine plötzlich wieder zu ziehen beginnt. Wenden Sie auch hier wieder das Prinzip der Löschung an und das Verhalten wird diesmal schneller verschwinden als beim ersten Mal.

Löschungstrotz

Ein sehr interessantes Element bei dieser Technik, auf das man als Trainer vorbereitet sein muss, ist der Löschungstrotz. Ein unerwünschtes Verhalten, das man mit der Absicht, es zum Verschwinden zu bringen, nicht mehr belohnt, wird zu Beginn des Trainings sogar noch schlimmer!

Der Hund zieht vielleicht noch einige Male sehr viel heftiger an der Leine als vorher. Man kann es damit vergleichen, was Sie tun, wenn Ihr Auto nicht anspringt, nachdem Sie den Zündschlüssel gedreht haben: Sie werden ihn vermutlich noch einige Male hintereinander drehen (und dabei vielleicht auf das Lenkrad hauen), bevor Sie Ihre Versuche aufgeben.

Grundlage 4: Aversiva

Aversiva schwächen ein Verhalten. Wenn ein Mensch oder ein anderes Tier sie anwendet, nennen wir sie Strafe. Mir ist bewusst, dass Erklärungen zum Thema Strafe zu der ein oder anderen hochgezogenen Augenbraue bei manchem Leser führen können. Aber wir müssen uns selbst und unseren Tieren gegenüber ehrlich sein: Aversiva sind ein Teil des Lernprozesses. Sie helfen uns zu überleben. Giftige Pflanzen lehren uns, sie in Zukunft zu meiden. Schlechtes Wetter zwingt uns dazu, einen Unterschlupf zu suchen, wenn wir nicht krank und damit potenziell Opfer von Raubtieren werden möchten. Wenn wir ständig zu spät zur Arbeit kommen, werden wir gekündigt, verdienen kein Geld mehr und können uns nichts mehr zu essen kaufen.

Wenn ein Elternteil seinem Kind den Hintern versohlt, bezeichnen wir das als Strafe. Aber es gibt neben der Strafe auch noch andere Aversiva. Um uns herum gibt es ständig jede Menge Aversiva, sie verändern das Verhalten von Mensch und Tier. Beide können sich an Feuer verbrennen. Die Katze, die eine Maus fängt, setzt keine Strafe ein, trotzdem ist es für die Maus definitiv aversiv, von der Katze gefangen zu werden. Ein Aversivum ist also generell ein Ding oder eine Aktivität, die ein Lebewesen meidet oder dem gegenüber es Angst empfindet.

Aversiva können primär oder sekundär sein

Primäre Aversiva sind solche, die uns körperliche Schäden oder Schmerzen zufügen, für manche Tiere können es aber auch sehr laute oder hochfrequente Töne sein oder bestimmte für sie unangenehme Gerüche. Was als aversiv empfunden wird, hängt vom jeweiligen Lebewesen ab.

Sekundäre Aversiva sind ehemals neutrale Reize, die mit einem primären Aversivreiz kombiniert wurden, wie zum Beispiel das Wort „nein" mit einem strafenden Ruck am Halsband. Oder das Anheben eines Stocks, mit dem der Hund anschließend geschlagen wird. Worte wie „Nein", Drohungen und Warnungen sind alle sekundäre Aversiva. Nicht nur Hundetrainer arbeiten mit sekundären Aversiva, wir sehen sie auch in Gebrauch bei Eltern und Lehrern, die mit strafbasierten Methoden arbeiten.

Sekundäre Aversiva sind um uns herum allgegenwärtig und müssen nicht immer in direktem Zusammenhang zu einem Menschen stehen. Sogar Straßenschilder wie „Vorsicht scharfe Kurve" oder „Vorsicht Rutschgefahr" sind sekundäre Aversiva, denn falls Sie sie als Autofahrer missachten, bauen Sie möglicherweise einen Unfall.

Im Allgemeinen können wir sagen, dass nicht alle Operanten von Verstärkern gefolgt werden, welche eine Reaktion verstärken. Primäre und sekundäre Aversiva sind eine Art von Konsequenz, die ein Verhalten schwächen oder unterdrücken.

Hierbei gibt es einige Regeln zu beachten:

- Das eingesetzte Aversivum muss stark genug sein, um zu wirken, sprich, das Verhalten zu stoppen!
- Setzen Sie nie ein Aversivum ein, *nachdem* das unerwünschte Verhalten aufgehört hat. Es muss vielmehr dann beginnen, solange das Verhalten noch stattfindet oder besser noch kurz bevor es startet – beim Auslöser.
- Das Aversivum muss so dargeboten werden, dass das Tier es nicht mit dem Trainer in Verbindung bringt.
- Verwenden Sie ein Aversivum wirklich nur dann, wenn es keine andere Möglichkeit gibt. Es sollte immer nur der allerletzte Ausweg sein, um zum Beispiel das Leben eines Menschen oder Tieres zu retten oder z. B. einen schlimmen Unfall zu verhindern.

Auch das Straßenschild „Vorsicht Rutschgefahr" ist ein sekundäres Aversivum: Wenn Sie es missachten, bauen Sie möglicherweise einen Unfall.

Nebenwirkungen von Aversiva

Um ein (unerwünschtes) Verhalten zu verändern, kann es also manchmal nötig sein, irgendeine Form von Aversiva anzuwenden. Falls dies durch die Person des Trainers geschieht, kann das zu Problemen führen, denn oft ist das Ergebnis, dass das Tier Angst vor dem Trainer bekommt. Diese Angst wird dann auch noch leicht auf die Trainingssituation, den Ort, das Gebäude, Menschen, Gegenstände, Kleidung, Gerüche, Geräusche und vieles mehr generalisiert. Der Einsatz von Aversiva kann auch dazu führen, dass das Tier Aggressionen gegenüber dem Trainer oder anderen zeigt. Auch können Tiere diesen „Strafstil" gegenüber anderen Tieren oder Menschen imitieren. Es ist wie bei Kindern, die in gewalttätigen Familien aufwachsen: Das Risiko ist groß, dass sie später selbst gewalttätig werden. Wenn Aversiva eingesetzt werden, um unerwünschtes Verhalten loszuwerden, wird dieses nur durch Unterdrückung abgeschwächt. Das Verhalten, das man im Visier hatte, ist nicht verschwunden, sondern immer noch da und wird in unerwarteten Momenten zurückkommen.

Außerdem ist es eher schwierig, positive Strafe wirklich korrekt anzuwenden. Wir müssten sie so schnell wie möglich anwenden, idealerweise, bevor die unerwünschte Reaktion zu Ende gezeigt wurde. Je länger wir warten, desto unwirksamer und verwirrender wird die Strafe und zeigt keine Auswirkungen mehr auf das Verhalten des Tieres. Die Strafe muss stark genug sein, um wirksam zu sein und das unerwünschte Verhalten zu stoppen, aber auch nicht so heftig, dass sie körperliche Schäden anrichtet. Wenn man es nicht richtig macht, wird das Tier das unerwünschte Verhalten wieder zeigen und die Strafe hat in dieser Situation nichts bewirkt. Eine Strafe muss konsequent sein und darf nicht variabel gestaltet werden. Besonders wichtig ist das zum Beispiel, wenn man einen Hund dafür bestraft, dass er einen anderen Hund angreift, weil man sonst das Verhalten nicht nur nicht stoppt, sondern auch noch verschlimmert.

Vermeiden Sie, wo immer möglich, den Einsatz von Aversiva, denn im Allgemeinen haben sie mehrere üble Konsequenzen sowohl für das Tier als auch für den Trainer!

Negative Strafe

Wenn der Trainer einen positiven Verstärker wegnimmt, beschreiben wir das als negative Strafe. Wenn der Hund Futter aus Ihrer Hand zu stehlen versucht und Sie die Hand wegnehmen, ist das negative Strafe. Oder wenn ein Kind seinen Bruder mit einem Spielzeugauto auf den Kopf haut und die Mutter ihm daraufhin das Auto wegnimmt. Wenn der Delfintrainer am Beckenrand erscheint, den Delfinen das Signal zum Kommen gibt und sie nicht reagieren und er daraufhin mit seinem mit Fisch gefüllten Eimer weggeht. Auch Auszeiten sind eine Form der negativen Strafe. Sie wirkt milder als positive Strafe. Die emotionalen Auswirkungen sind beim Einsatz positiver Strafe andere. Viele Trainer, die überzeugt davon sind, nie mit Strafe zu arbeiten, wenden oft irgendeine Form negativer Strafe an.

Wenden Sie nie Strafe an, um ein Verhalten zu bekommen

Ein Trainer sollte nie positive Strafe einsetzen, um damit ein Verhalten erreichen zu wollen. Das funktioniert nicht! Denken Sie daran, dass Strafe dazu genutzt wird, um Verhalten loszuwerden, es aber meistens nur unterdrückt. Strafe wird auch dazu führen, dass das Tier weniger neue Verhaltensweisen anbietet. Der generelle Effekt von Strafen ist Unterdrückung von allem möglichem Verhalten. Es kann Situationen geben, in denen Sie Entscheidungen treffen möchten – aber denken Sie immer an die oben genannten Nebenwirkungen.

Wenden Sie nie Strafe an, um ein Verhalten zu bekommen! Der generelle Haupteffekt von Strafen ist Unterdrückung und steht damit im Gegensatz zu der Absicht, ein neues Verhalten hervorzurufen.

Grundlage 5: Generalisierung

Dies ist eine machtvolle Technik, die oft von Trainern nicht gut genug verstanden wird. Es gibt zwei Arten von Generalisierung:

Stimulusgeneralisierung (Reizgeneralisierung)

Ein Tier kann lernen, auf einen bestimmten Stimulus (Reiz) zu reagieren. Auch ein dem spezifischen Reiz ähnlicher Reiz kann die gleiche Reaktion auslösen. Ein Hund, der dazu trainiert wurde, auf Fingerzeig hin einen Gegenstand aufzuheben, hebt vielleicht auch Gegenstände auf, auf die mit der ganzen Hand gezeigt wird. Ein Hund, der dazu trainiert wurde, auf Pfeifensignal hin zu seinem Trainer zurückzukommen, kommt vielleicht auch, wenn dieser plötzlich eine andere Pfeife benutzt. In der Natur sind zwei Reize niemals vollkommen gleich, sodass ein Tier eher auf ein gewisses Spektrum an Reizen reagieren muss anstatt nur auf einen einzigen Reiz.

Unsere „ferngesteuerten" Kamerahunde bekommen ihre Richtungssignale wie links, rechts, vorwärts oder zurück mit menschlicher Stimme über Funk. Wir benutzen im Training absichtlich viele verschiedene Funkgeräte, damit wir sie im Einsatz austauschen können, falls es einmal zu technischem Versagen kommt und die Hunde dann kein Problem damit haben, wenn ein Gerät etwas anders klingt. Im Gegensatz dazu stellen wir bei unseren Spürhunden sicher, dass sie nur auf einen ganz spezifischen Geruch (Reiz) reagieren und nicht auf Gerüche, die so ähnlich sind. Deshalb trainieren wir mit ihnen vor allem eine Generalisierung von Umweltbedingungen, wie etwa verschiedenen Geruchsträgern.

Verhaltensgeneralisierung

Ein Tier kann lernen, auf einen spezifischen Reiz hin entweder ein spezifisches Verhalten oder eine Gruppe von Verhaltensweisen zu zeigen. Beispielsweise kann ein Hund lernen, dass er einen Gegenstand im Maul trägt und zu einer bestimmten Kiste bei uns im Wohnzimmer bringt. Das heißt allerdings noch lange nicht, dass der Hund dieses Verhalten auch an anderen Orten oder aus unterschiedlichen Entfernungen abrufen kann. Wenn wir also Verhalten in unterschiedlichen Kontexten mit verschiedenen Ablenkungen trainieren, schaffen wir mit der Zeit eine Verhaltensgeneralisierung.

Problemlösungsverhalten

Bei diesen Generalisierungen sehen wir, welche Tiere besser im Lösen von Problemen sind. Wir können den Unterschied entweder während des gesamten Trainings oder von einer Situation zur anderen sehen und wie sich Reizunterschiede auf das Problemlösungsverhalten auswirken. Manche Tiere sind richtig gut darin, Verhalten zu generalisieren. Wenn man ein Verhalten besonders gut trainiert, wird es leichter, auch ein anderes, ähnliches Verhalten zu trainieren. Nehmen wir zum Beispiel das Absolvieren eines Hindernisparcours. Indem man zuerst die einfachen Hindernisse trainiert, werden danach die schwierigen einfacher. Oder einen Gegenstand apportieren – wenn man mit einem einfachen beginnt, wird auch der schwierigere leicht gemeistert.

Ja, natürlich hat dies auch viel mit der Verstärkungsrate zu tun: Einfache Aufgaben / Verhalten werden öfter korrekt gezeigt, öfter belohnt, haben also eine höhere Erfolgsquote und stärken damit wiederum das Selbstvertrauen, um neue Dinge auszuprobieren.

Problemlösungsverhalten geht aber noch weiter: Wir kennen die Beispiele von Labyrinthversuchen mit Tieren, bei denen man schaut, wie Tiere einen Ausweg finden oder eine Aufgabe lösen. Das Tier muss zum Beispiel herausfinden, wie es eine Klappe öffnet, einen Hebel betätigt o.ä., um an Futter zu kommen. Thorndike hat dazu Experimente mit Katzen in „Puzzle Boxes" gemacht. Wir wissen auch von Vögeln mit erstaunlichen Problemlösungsfähigkeiten, wie etwa Krähen, die Zweige als Werkzeug benutzen, um an Futter zu kommen.

Je mehr Erfolg ein Tier im Lösen zunächst einfacher, dann zunehmend schwieriger werdender Aufgaben hat, desto größer wird seine Motivation und auch Fähigkeit und Kreativität, komplexe Probleme zu lösen. Es lernt, zu lernen!

12

Weitere grundlegende Trainingselemente

Wir haben uns bereits die fünf Trainingsgrundlagen angeschaut (s. S. 123). Aber neben Reiz, Verstärkung, Löschung, Aversiva und Generalisierung gibt es noch sehr viel mehr. Ich schreibe dieses Buch für begeisterte und aktive Tiertrainer: Sie möchte ich gerne einladen, mehr zu lernen, mehr nachzudenken, sich für die Wissenschaft zu interessieren und motiviert zu bleiben. Vielleicht sind einige der Trainingselemente neu für Sie. Einige sind in diesem Buch tiefergehend beschrieben, bei anderen wird vielleicht nur an der Oberfläche gekratzt, um Ihr Interesse zu wecken. Im Folgenden werden wir uns die wichtigsten Themen anschauen. Wenn Sie diese in Ihren Plan aufnehmen, können Sie ein professionelles Trainingsprogramm aufbauen und Sie werden genügend Werkzeuge zur Verfügung haben, um Verhalten schnell ändern zu können.

Training ist ein Handwerk

Wir hatten schon mit sehr klugen und talentierten Professoren zu tun, die alles zum Tiertraining verstanden hatten und erklären konnten – aber nicht in der Lage waren, ihr Wissen von ihrem Kopf zu ihren Händen zu transferieren. Selbst das Betätigen eines Clickers war schwierig für sie. Tiere zu trainieren ist auch eine handwerkliche Fertigkeit! Sie müssen sich Ihrer Körpersprache bewusst sein und sie kontrollieren können. Die kleinste Bewegung Ihrer Schultern, Ihres Kopfs oder Ihrer Hand kann dem Tier schon verraten, dass gleich eine Bestärkung kommt. Und in diesem Moment wird es das Verhalten nicht zu Ende bringen, sondern stoppen und Sie in Erwartung einer Belohnung anschauen.

Sie müssen in der Lage sein, ein Brückensignal mit einem Clicker, einer Pfeife, Ihrer Stimme oder einem elektronischen Gerät geben zu können – aber darüber hinaus müssen Sie auch darauf achten, wie Sie den Verstärker präsentieren und geben, wie Ihre Körperposition ist und wie Sie sich in der Trainingsumgebung bewegen oder umschauen.

Spiele zum Trainieren der handwerklichen Fähigkeiten

Damit Schüler Ihre handwerklichen Trainingsfähigkeiten überprüfen und üben können, setzen wir bei uns gerne verschiedene Spiele ein. Eins davon ist das „Tennisball-Clicker-Spiel", bei dem es um Beobachtung, Auge-Hand-Koordination und Einsatz eines Brückensignals wie dem Clicker geht. Der Schüler hält den Clicker, während der Coach den Tennisball gegen eine Wand wirft. Sobald der Ball auf die Wand trifft, clickt der Schüler. Nach ein paar Wiederholungen sollten das Geräusch des auftreffenden Balls und des Clickers gleichzeitig stattfinden. Dann machen wir es ein wenig schwieriger und ändern die Regeln: Jetzt soll nur geclickt werden, wenn der Ball auf den Boden auftrifft, nachdem er zuvor die Wand berührt hat.

Ein anderes tolles Spiel ist auch „Verstärker geben". Dazu brauchen Sie ein paar große Becher oder kleine Eimer, die Sie nummerieren und auf einen Tisch oder vor eine Wand stellen. Nehmen Sie nun eine flache Schale mit Trockenfutterstückchen zur Hand, treten Sie ein paar Schritte zurück und werfen das Futter genau in den Zielbehälter – so, als ob er das Maul eines Tieres wäre, das Sie gerade trainieren. Wenn Sie im Zielen richtig gut geworden sind, sagt der Trainer Ihnen die Nummer des Zielbehälters an und Sie müssen ein Stückchen Futter so schnell wie möglich hineinwerfen. Der Trainer ruft in der Zwischenzeit schon eine neue Nummer – immer schneller und schneller. Ein perfektes Spiel, um „Belohnungen geben" zu üben!

Trainieren mit Herz und Verstand

Bei uns geht es viel um Pläne, Protokolle, Daten und Wissenschaft. Aber das Training von Tieren ist für uns auch nicht nur eine Frage des Arbeitens mit Intellekt, handwerklichen Fähigkeiten, Futter- und Ballmaschinen. Wir nutzen auch unser Herz und unser Bauchgefühl – was besonders für Behavioristen ein schwieriges Thema sein kann. Aber wir wissen, dass unsere Hunde soziale Tiere sind und wir haben die Macht sozialer Verstärker erlebt. Also ja, Sie müssen auch Ihrem Bauchgefühl folgen können, wenn Sie trainieren. Tun Sie es einfach – folgen Sie Ihrer Intuition, wie wir es tun, wenn wir Menschen coachen oder Kinder großziehen.

Kommunikation

Der beste Rat, den ich Ihnen geben kann, ist: Halten Sie es klar und einfach. Alles dreht sich darum, dem Hund zu erklären, was Sie möchten und ihn davon zu überzeugen, dass das eigentlich auch sein Wunsch war. Wenn wir ihm erklären können, auf eine Plattform zu steigen, wäre es toll, wenn auch der Hund das von sich aus gern tun würde.

Hunde hören nicht auf all die Wörter in einem Satz, die wir sprechen. Natürlich ist es wunderschön, wenn Sie mit Ihrem Hund während eines Spaziergangs sprechen oder wenn Sie sich etwas von der Seele reden möchten. Aber von der Wissenschaft wissen wir, dass Hunde Sprache nicht so verstehen, wie wir es tun. Sie antworten uns auch nicht in unserer Sprache. Wenn Sie ihn also fragen, warum er ins Wohnzimmer gepinkelt hat, während Sie fort waren, wird er darauf keine zufriedenstellende Antwort geben können. Es hilft auch nicht, wenn Sie Ihrem Hund in gesprochener Sprache erklären, dass Sie irgendetwas nicht mögen. Hunde können das einfach nicht verstehen – aber Sie verstehen sehr wohl Worte. Und dabei geht es nicht nur um Laute, wie manche Menschen uns gerne glauben machen möchten. Als Beispiel möchte ich hier gerne die Border Collie-Hündin Chaser anführen, die über 1000 Spielzeuge anhand ihres Namens identifizieren konnte. Ihr Halter und Trainer Professor John W. Piley (USA) nannte ein bestimmtes Spielzeug, woraufhin Chaser loslief, um danach zu suchen, es identifizierte, aufhob und zu ihrem Trainer brachte.

Bei unserer Arbeit mit den über Funk ferngelenkten Kamerahunden haben wir die Erfahrung gemacht, dass Hunde im Allgemeinen bessere Kommunikationsfähigkeiten haben, als wir denken. Für fast alle Hunde ist es normal, dass sie ihren Trainer sehen können, wenn sie ein Kommando bekommen. Das heißt, dass sie auch viel auf die Körpersprache achten, wenn sie ein Wortsignal erhalten. Die meisten Hunde legen sich ins „Platz", wenn man leicht mit dem Kopf nach unten nickt und ins „Sitz", wenn man den Kopf hebt. Probieren Sie es einmal aus und vertauschen Ihre üblichen Kommandos „Sitz" und „Platz" einfach einmal mit „Auto" und „Apfel". Schätzungsweise 95 % der Hunde werden sich weiterhin setzen oder legen – nur aufgrund der Körpersprache. Für unsere über Funk ferngelenkten Kamerahunde sieht die Welt anders aus und folglich auch ihr Training. Sie agieren außerhalb unseres Sichtfelds und können uns nicht sehen, wenn sie in einem Gebäude sind und wir draußen stehen oder wenn sie nachts im Stockfinstern auf 300 Meter Entfernung arbeiten. Sie können uns also nicht nur nicht sehen, sondern sie erhalten ihre Kommandos auch über ein Funkgerät an ihrem Halsband. Und trotzdem verstehen sie den Unterschied zwischen links, rechts, vorwärts, hier, sitz, Platz, Schau, Hols, Lass los, Touch, Versteck Dich und vielem mehr. Es ist wirklich sehr beeindruckend!

Also ja, wir glauben, dass Hunde besser im Kommunizieren sind, als die meisten Trainer meinen. Trotzdem ist es wichtig, dass wir es einfach halten. Im Training geben wir oft leicht Signale, derer wir uns gar nicht bewusst sind – durch die Art, wie wir uns bewegen, andere Geräusche neben den Wortkommandos, Signalen aus der Umwelt. Achten Sie genau darauf, was Sie genau trainieren möchten und lassen Sie alle andere Kommunikation weg.

Kommunikationsprobleme

Wenn Kommunikationsprobleme auftreten, bedeutet das oft, dass wir zu schnell vorgegangen sind. Vielleicht versteht dieser Hund nicht, was Sie ihm gerade zu erklären versuchen. Auch wenn andere Hunde früher gut auf Ihr Training angesprochen haben – vielleicht haben Sie ja Ihre Technik seitdem etwas verändert? Es kann auch hilfreich sein, kleinere Schritte zu machen und das Verhalten in kleinere Segmente aufzusplitten. Schauen Sie sich auch die Umgebung genauer an, in der Sie arbeiten. Ist der Hund wirklich auf Sie konzentriert? Gibt es vielleicht Ablenkungen, die Ihnen gar nicht bewusst waren? Das könnte zum Beispiel auch ein Geruch sein, den Sie selbst gar nicht wahrnehmen können, der Ihren Hund ablenkt, wie zum Beispiel der Geruch einer läufigen Hündin. Oder es ist ein hochfrequentes Geräusch vorhanden, das wir nicht hören, das den Hund aber zum Wahnsinn treibt? Stellen Sie sicher, dass der Hund wirklich auf Sie fokussiert ist und zu verstehen beginnt, dass das Signal für das Verhalten, das Sie von ihm sehen möchten, wichtig ist.

Skinners ABC-Methode

Genau wie das Element der Kommunikation möchten wir auch das Training insgesamt gerne einfach halten. Dazu hat uns Skinner seine ABC-Methode an die Hand gegeben. Sobald man Verhalten so zu betrachten beginnt, wird alles leichter. Hierzu passt gut die bekannte Redensart: „Wenn Du es nicht einfach erklären kannst, hast Du es noch nicht gut genug verstanden." Und die niederländische Fußball-Legende Johan Cruif sagte gern: „Sie sehen es erst, wenn Sie es haben."

Selbst das komplexeste Verhalten kann in kleinere Schritte heruntergebrochen werden. Setzen Sie sich doch einmal hin und schauen einem Trainer und seinem Hund genau zu. Schreiben Sie auf, was Sie sehen und nutzen Sie Zeitlupenaufnahmen, um alles in kleinere Segmente herunterzubrechen. Während Sie damit beschäftigt sind, schauen wir uns das ABC des Trainings an: Dann werden Sie zu verstehen beginnen, was wirklich vor sich geht!

A steht für Antezedent (engl. Antecedent), also alles, was dem Verhalten vorausgeht. Wir konzentrieren uns hier auf die Signale oder Trigger, die das Verhalten hervorrufen.

B steht für Behavior, also Verhalten. Wir schauen uns also das eigentliche Verhalten an, das gerade abläuft. Denken Sie an den „Toter-Mann-Test", wenn Sie Verhalten beschreiben und analysieren.

C steht für Consequences / Konsequenzen. Sie beeinflussen das Verhalten und die Lernkurve direkt. Positive Konsequenzen führen zu mehr von einem Verhalten und machen es stärker, schneller und länger anhaltend. Schlechte Konsequenzen führen zu weniger von einem Verhalten und machen es schwächer.

Wenn ein Hund ein „Sitz!"-Signal erhält (Antezendent) und sich in ein perfektes Sitz (Behavior / Verhalten) begibt, wird die Belohnung durch einen leckeren Keks (C – positive Konsequenz) dafür sorgen, dass der Hund Ihnen künftig mehr und bessere „Sitz"-Reaktion nach einem „Sitz"-Signal anbietet.

Kriterien

Eins der wichtigsten Elemente in einer Trainingssitzung sind die Kriterien. Sie können sich das vorstellen wie eine kurze Videoaufnahme des Verhaltens, das Sie gerne erreichen möchten. Ohne das Festsetzen von Kriterien ist es sinnlos, trainieren zu wollen. Natürlich könnten Sie auch nur zum Spaß trainieren oder zur körperlichen und geistigen Auslastung, aber wenn Sie Fortschritte machen möchten, müssen Sie Kriterien festsetzen. Nur so können Sie zum nächsten Schritt und auf das nächste Niveau weitergehen. Mit Hilfe von Kriterien können Sie messen, ob es Verbesserungen in Ihrem Training gab. Sie können entscheiden, ob Sie auf diesem

Niveau noch mehr trainieren müssen, ob Sie weitergehen können oder ob Sie einen Schritt zurückgehen und alles noch einmal einfacher machen müssen. Kriterien aufzustellen ist nicht kompliziert – es kann sogar einfach sein.

Nehmen wir als Beispiel einmal „Sitz" als Element der Unterordnung. Sie könnten zum Beispiel als Kriterium festsetzen: „Der Hund sitzt innerhalb von zwei Sekunden nach dem Signal und bleibt fünf Sekunden lang sitzen."

Das bedeutet: Wenn der Hund nicht innerhalb von zwei Sekunden sitzt, ist der Durchlauf zu Ende und es gibt keinen Verstärker. Wenn der Hund sich zwar innerhalb von zwei Sekunden setzt, aber vor Ablauf der fünf Sekunden wieder aufsteht, ist der Durchgang ebenfalls ohne Verstärker zu Ende.

Training ist kein lineares, sondern ganzheitliches Denken

Training verläuft nicht wie ein linearer Prozess und besteht nicht nur aus beispielsweise dem SITZ, der Dauer und dem Verstärker. Vielmehr ist alles miteinander verbunden und wird in irgendeiner Form den nächsten Teil des Verhaltens und des gesamten Trainings beeinflussen. Stellen Sie sich vor, dass Sie ein Glas Wasser füllen. Wenn wir es als linearen Prozess betrachten würden, drehen wir den Wasserhahn auf, halten das Glas darunter und drehen dann den Wasserhahn wieder zu. Aber so ist es nicht, vielmehr ist der Prozess wie ein Regelkreis. Es geht darin zum Beispiel um die Position des Glases nicht zu hoch und nicht zu tief. Es geht um das Aufdrehen des Wasserhahns, den Wasserstrahl, den Wasserstand im Glas und den Füllstand, den wir erreichen möchten. Es geht um Ursache, Folge und Ergebnis.

Das Füllen eines Wasserglases ist kein linearer Prozess.

Auch das Trainieren eines Hundes ist kein linearer Prozess mit einem Start- und einem Endpunkt. Um ein guter Tiertrainer zu werden, müssen Sie in der Lage sein, „systemisch" zu denken. Sie müssen verstehen, dass jeder Schritt sich auf den nächsten auswirkt. Wenn Sie einen Bestandteil des Systems verändern, kann das Auswirkungen auf alle anderen Bestandteile oder sogar das System insgesamt haben. Es geht nicht nur darum, dass man eine Belohnung gibt, sondern auch darum, wie und wo man sie gibt.

Nehmen wir als Beispiel, dass der Hund lernen soll, an der rechten Seite eines Rollstuhls zu gehen. Wenn er zu weit vorn läuft, rucken wir nicht an der Leine, sondern geben die Belohnung etwas nach hinten versetzt, damit sich der Hund von selbst weiter hinten positioniert.

Wenn wir „Sitz“ nicht linear, sondern systemisch betrachten, beginnen wir, das ganze Bild zu erfassen. Wir möchten nach dem Signal „Sitz“ innerhalb von zwei Sekunden das Verhalten sehen. Aber gleichzeitig möchten wir auch, dass der ganze Hundepopo auf dem Boden ist, nicht nur eine Seite, dass die Vorderläufe gerade stehen, der Hund uns anschaut, nicht bellt und winselt und ein entspanntes, geöffnetes Maul hat anstatt eines gespannt verschlossenen. All das möchten wir in dieser Trainingsphase für eine Dauer von mindestens fünf Sekunden sehen, bevor wir ein Brückensignal geben und den Verstärker folgen lassen. Es gibt also viele Bestandteile des Systems, die Ihrer Aufmerksamkeit bedürfen, die Sie analysieren und zu denen Sie Entscheidungen treffen müssen, bevor Sie mit dem nächsten Schritt fortfahren.

Entscheidungen treffen

Der Job eines Trainers besteht daraus, Entscheidungen zu treffen! Verstärken wir – ja oder nein? Helfen wir dem Hund? Sind wir bereit für den nächsten Schritt? Müssen wir noch länger an diesem Verhalten trainieren? Verstärken wir mit Futter oder mit Spiel? Trainieren wir weiter oder machen wir eine Pause? Es gibt viele Entscheidungen, die ein Trainer treffen muss, und die meisten davon innerhalb kurzer Zeit. Das ist einer der Gründe dafür, warum ich das Prinzip „THINK-PLAN-DO“ so mag. Denn wenn man sich die Zeit nimmt, zu denken und zu planen, dann kann man, wenn es darauf ankommt, schnell entscheiden. Viele Trainer möchten gerne direkt zur DO-Phase gehen – aber ihr Training wird langsamer oder wird problematisch, wenn sie nicht in der Lage sind, die nötigen Entscheidungen zu treffen. Entscheiden Sie sich also dafür, sich zuerst die Zeit zum Denken und Planen zu nehmen!

Ein wichtiger Merksatz fürs Training lautet:

THINK-PLAN-DO!
Erst nachdenken, dann genauer planen,
dann erst handeln! Nicht umgekehrt!

Brückensignal

Ein Brückensignal (in der Literatur oft auch Markersignal genannt) ist ein klares Zeichen für das Tier, dass seine Belohnung unterwegs ist. Es ist nicht wichtig, welche Art von Brückensignal Sie nutzen, solange es klar ist und das Tier es wahrnehmen kann. Das üblichste Beispiel für ein Brückensignal ist ein Clicker, es kann aber auch eine Pfeife, ein Licht, ein Handzeichen, ein Wort, ein Ultraschallton, eine Berührung oder sonst irgendetwas sein, dass das Tier unterscheiden kann.

Ich mag das Wort „Brückensignal" lieber als „Markersignal", weil es impliziert, dass die zeitliche und räumliche Lücke zwischen dem Zielverhalten und dem Verstärker überbrückt wird. In vielen Situationen ist der Trainer nahe am Hund und kann ihm die Belohnung schnell zuwerfen. Aber je weiter das Training fortschreitet, desto größer werden Zeitabstand und Entfernung. Nun wird das Brückensignal eine wichtige Rolle darin spielen, um die Kommunikation klar zu erhalten. Und es ist ein sehr präzises Werkzeug, um den exakten Moment des Verhaltens einzufangen, den Sie verstärken möchten!

Das Brückensignal schließt die Zeit- und Entfernungslücke zwischen Zielverhalten und Primärverstärker.

Achtung, Verwechslungsgefahr!

Das Brückensignal ist nicht zu verwechseln mit dem, was im deutschen Sprachgebrauch manchmal als „Überbrückungssignal" bezeichnet wird, um zu beschreiben, dass der Hund auf dem richtigen Weg hin zum Zielverhalten ist (intermediäre Brücke) oder das Verhalten so lange zeigt, bis der Sekundärverstärker eintritt (Keep-Going-Signal; s. S. 234 für eine ausführliche Beschreibung.

Information

Motivation im Training

Charlie kann kaum erwarten, dass die Arbeit endlich losgeht!

Wie ich zuvor bereits erwähnt habe, spielt Motivation eine zentrale Rolle im Training von Tieren. Für das Training brauchen wir Motivation! Ein unmotiviertes Tier wird nicht mitmachen. Die meisten Hunde aus Arbeitsrassen oder -linien haben eine sogenannte intrinsische Motivation: Sie liegt schon in ihrer Natur, in ihrer DNA. Wenn Welpen einer Vorstehhunderasse wie dem Pointer draußen einem Vogel begegnen, frieren sie förmlich ein! Wenn Retriever etwas fallen sehen, rennen sie hin und heben es auf. Border Collies hüten gern Schafe. Malinois graben ihre Zähne gerne in einen Beißarm, während Deutsche Schäferhunde das Fährten lieben.

Neben der intrinsischen Motivation nutzen wir aber auch externe Motivation wie Spiel, Futter, Aktivität und so weiter: Unsere Verstärker. Je besser wir unsere Tiere motivieren können, desto mehr möchten sie arbeiten und desto eher sind sie bereit, unsere albernen Spielchen mitzumachen – denn am Ende des Tages verlangen wir genau das von ihnen: dass sie bei unseren Spielchen mitmachen und im Gegenzug externe Motivation von uns erhalten. Hunde sind die bei weitem am einfachsten zu trainierende Tierart, weil sie ohnehin schon so stark auf uns fokussiert sind.

Finden Sie heraus, welche primären Verstärker für Ihren Hund wirklich stark sind und verknüpfen Sie diese mittels Konditionierung mit sekundären Verstärkern. Machen Sie eine Liste, in der die Verstärker nach Wertigkeit für Ihren Hund sortiert sind. Welcher hat den höchsten, welcher den niedrigsten Wert? Dann können Sie diese Motivatoren verwenden, um das Ergebnis Ihres Trainings zu beeinflussen. Denn Sie bekommen am Ende immer das, was Sie verstärken!

Hohe Leistungen wie große Entfernung, hohes Gewicht oder dergleichen führen auch zu größeren Belohnungen. Kleinere Trainingsschritte zu kleineren. Aber alles in allem werden Belohnungen den Hund motivieren! Das oft gehörte „Der soll das für *mich* tun!" ist leider in den meisten Fällen unser Wunschdenken. Ich erwähnte bereits weiter vorn, dass wir uns immer die Frage stellen müssen, was an einem bestimmten Verhalten sich für den Hund lohnt (s. S. 80). Die Zufriedenheit des Halters allein (im Sinne der Abwesenheit von Sanktionen) ist in aller Regel *keine* ausreichende Motivation für einen Hund, auch wenn es die ein oder anderen Exemplare mit einem besonders großen Bestreben geben mag, es „ihren" Menschen recht zu machen.

Antezedenten

Wie wir unter Skinners ABC schon gesehen haben, ist wichtig zu verstehen, dass Antezedenten alles sind, was einem Verhalten vorausgeht. Es sind die Signale oder Reize, die die Wahrscheinlichkeit, dass ein bestimmtes Verhalten gezeigt wird, erhöhen, aber auch erniedrigen können. Sie können klar oder manchmal auch eine Kombination mehrerer Signale oder Reize sein. Für einen Rettungshund kann zum Beispiel der Anblick eines eingestürzten Gebäudes einer der Antezedenten dafür sein, mit der Suche nach Menschen unter den Trümmern zu beginnen. Meistens ist es eine Kombination aus a) Anblick des Gebäudes, b) Wortsignal des Hundeführers und c) spezielle Kleidung und Ausrüstung von Hundeführer und Hund im Einsatz. Wenn eins der drei Dinge fehlt, kann es das Verhalten des Hundes beeinflussen. Denken Sie daran: Wenn Antezedenten mit daran beteiligt sind, ein Verhalten auszulösen, das für den Hund zu positiven Verstärkungen führt, wird diese angenehme Konsequenz die Antezedenten in der Zukunft beeinflussen: Sie werden stärker. Im Gegenzug kann ein Antezedent natürlich dann, wenn das Verhalten negative Konsequenzen hat, auch negativ für den Hund werden, was bedeutet, dass er das Verhalten nicht beginnen oder sogar weglaufen wird.

Timing

Über die Bedeutung von Entscheidungen, Brückensignalen und Verstärkern haben wir bereits gesprochen. Bei all dem ist Timing von entscheidender Wichtigkeit. Ich habe die Details und die Bedeutung des Timings vor allem in den Hühnertrainingscamps gelernt. Eine Grundfertigkeit besteht zum Beispiel darin, dass man ein Huhn dazu trainieren soll, genau in die Mitte eines Targets zu picken. Exakt in dem Moment, in dem der Schnabel auf die Mitte des Targets trifft, muss der Trainer den Clicker betätigen (Brückensignal) und Futter geben (Verstärker). Drückt der Trainer zu früh auf den Clicker, pickt das Huhn nicht aufs Target, sondern bleibt mit seinem Schnabel ein paar Zentimeter darüber schweben und wartet auf den Click. Drückt er zu spät, wird das Huhn mehrmals hintereinander picken anstatt nur einmal. Hunde sind in ihrem Verhalten zwar langsamer als Hühner, aber das Timing ist trotzdem weiterhin wichtig.

Wichtig zu verstehen ist auch, dass ein neues Signal immer vor einem schon bekannten kommen muss. Stellen Sie sich vor, Ihr Hund reagiert auf ein Handzeichen für „Sitz". Jetzt möchten Sie dieses Verhalten auf ein Wortsignal trainieren. Also geben Sie zuerst das Wortsignal „Sitz" und dann das schon bekannte Handzeichen. Andersherum, zuerst das bekannte Handzeichen und dann das neue Wortsignal, wird es nicht funktionieren. Wir Menschen könnten diese Abfolge ebenfalls verstehen, aber für Hunde ist sie zu schwierig.

Wenn wir ein neues Signal für ein bekanntes Verhalten einführen möchten, muss das neue Signal immer vor das alte gesetzt werden.

Es ist eine normale Abfolge oder besser gesagt Vorwegnahme zu Ursache und Wirkung. Wenn das Sitz-Verhalten vom Handzeichen ausgelöst wurde, führt das zu einer Belohnung. Alles nach dem Handzeichen hat keine Bedeutung für den Hund. Aber wenn ein verbales „Sitz" von einem schon bekannten Handzeichen gefolgt wird, wird das neue Hörzeichen („Sitz") interessant! Denn jetzt kann der Hund vorwegnehmen, dass das Handzeichen gleich kommen wird. Nach ein paar Wiederholungen und langsamem Ausschleichen des Handzeichens wird der Hund sich allein auf das Wort „Sitz" hinsetzen.

Timing ist also sehr wichtig, und dabei kann uns die Elektronik helfen. Wir haben zum Beispiel ein mit High-Tech ausgestattetes Geruchsrad (s. a. S. 346) entwickelt, das ein sehr wertvolles Werkzeug für das präzise Timing ist. Denn selbst der beste Trainer der Welt wird Fehler im Timing und in der Einschätzung machen. Geräte wie dieses können uns dabei helfen – nicht nur beim präzisen Timing, sondern auch beim Sammeln von Daten. Wir können den Computer so programmieren, dass er den Hund belohnt, wenn dessen Nase lang genug am „heißen" Ziel war. Und außerdem gibt uns jedes Target elektronisches Feedback in Form von Daten darüber, wie lange sich die Nase daran befunden hat!

Wir haben unser eigenes High-Tech-Geruchsrad mit Berührungssensoren entwickelt, das uns hilft, präzise in unseren Kriterien zu sein.

Übrigens ganz am Rande bemerkt: Die Tatsache, dass die meisten Menschen nicht so absolut präzise und konsequent im Timing sein können wie eine Maschine, ist ein starkes Argument gegen den Einsatz positiver Strafe. Denn damit diese zum gewünschten Ergebnis führt, muss sie, wie schon gesagt, a) stark genug sein und b) im exakt richtigen Moment erfolgen. Anderenfalls verschlimmert man die

Situation! Ist das Timing beim Einsatz eines positiven Verstärkers hingegen nicht ganz korrekt gewesen, bekommt man schlimmstenfalls nicht das erwünschte Verhalten (oder nicht so schnell dahin), aber zumindest werden Beziehung und Vertrauen nicht geschädigt! Daher sagen wir immer gern: Wer nicht sein exaktes Timing beim Einsatz positiver Verstärkung unter Beweis stellen kann, sollte an den Einsatz positiver Strafe nicht einmal denken!

Wer sein Timing beim Einsatz von positiver Verstärkung mit Futter nicht gut beherrscht, wird eventuell einen übergewichtigen Hund bekommen. Wer es dagegen beim Einsatz positiver Strafe nicht beherrscht, ruiniert seine Beziehung zum Hund!

Trigger

Trigger gehen wie Antezedenten einem Verhalten voraus, aber im Gegensatz zu diesen steigern oder senken sie nicht nur die Bereitschaft für ein bestimmtes Verhalten, sondern sie sind der letzte, entscheidende Reiz, der das Verhalten wirklich auslöst, wie ein umgelegter Schalter.

Alle Trigger sind Antezedenten, aber nicht alle Antezedenten sind Trigger.

Oft wird der Begriff „Trigger" mit einer negativen Konnotation verwendet: Ein anderer Hund triggert Ihren aggressiv zu sein. Ein rennender Hase triggert Ihren zu einer Hetzjagd in der Nähe einer vielbefahrenen Straße. Der Geruch eines verwesenden Tierkadavers triggert Ihren Hund, sich an der Stelle zu wälzen. Ein Besucher an Ihrer Haustür triggert Ihren Hund zum Bellen. Interessant zu verstehen ist einfach, dass Trigger da sind und dass sie ein Verhalten starten können.

Wenn Sie diese identifizieren können – wunderbar. Sie werden daraus mehr über Ihren Hund, die Umwelt und den Kontext lernen, aber auch darüber, wie gut Sie schon trainiert haben und wie stark der Trigger ist. Lernen Sie verstehen, dass Sie Trigger sehr gut zu Ihrem Vorteil nutzen können!

Wenn der Trigger das gewünschte Verhalten startet, dann wissen wir, was zu tun ist. Wir setzen entweder unser Signal davor oder beginnen sofort mit dem Verstärkungsprozess. Aber oft ist zu beobachten, dass Trainer immer dann, wenn ein Trigger ein negatives Verhalten auslöst, nicht mehr wissen, was sie tun sollen. Meistens versuchen Sie, den Trigger zu vermeiden. Wenn ihnen auf dem Spaziergang ein anderer Hund entgegenkommt, wechseln sie die Straßenseite. Oder sie meiden ab sofort den Acker mit den Hasen. Dann beginnen sie ihre Hunde zu „warnen", dass sie nicht auf den Trigger reagieren sollen, der vermutlich gleich kommt. Sie sagen etwas wie „nein" oder halten die Leine vorsorglich schonmal stramm und kurz. Jetzt ist wichtig zu verstehen: Auch diese Handlungen werden zu Antezedenten und der Hund wird daraus das Verhalten vorwegnehmen! Er lernt „gleich kommen Kaninchen und ich gehe jagen!"

Wir versuchen bei uns immer gern, die Trigger für negatives Verhalten zu etwas Gutem umzuformen. Sie erinnern sich an das „Was habe ich davon" – Prinzip? Wenn man Trigger, die zu negativem Verhalten führen können, immer vermeidet, nimmt man sich damit die Chance auf ein Extra-Training. Wir trainieren also unsere Hunde so, dass diese Trigger für sie zu etwas Gutem werden. Wenn wir es mit einem reaktiven Hund zu tun haben, nutzen wir den Trigger „anderer Hund in Sicht" dazu, dass er uns anschaut und bestärken den Moment des Blickkontakts. Der Trigger eines aufspringenden Hasen wird für den Hund zum Signal, sich schnell hinzusetzen und anschließend eine große Super-Belohnung zu bekommen. Wenn Sie einmal verstanden haben, dass Sie Trigger auf diese Weise nutzen können, gibt es keine Grenzen mehr für Ihr Training. Beobachten Sie, sammeln Sie Daten, analysieren Sie die Trigger, verstehen und beachten Sie den Kontext und nutzen Sie all das in Ihrem Training.

Nutzen Sie Trigger, die unerwünschtes Verhalten ausläsen, aktiv für Ihr Training, anstatt sie nur zu vermeiden!

Abergläubisches Verhalten

Oft beginnen Hunde, ohne dass wir es gleich bemerken, ein Verhalten zu zeigen, von dem sie denken, dass es zu einer Belohnung führt. Wir haben zum Beispiel „Sitz" gesagt, der Hund hat sich gesetzt und ganz kurz vor dem Moment, als wir ihn bestärkt haben, die rechte Vorderpfote gehoben. Das passiert ein paar Mal und wir haben ein neues Verhalten!

Das gibt es übrigens nicht nur bei Tieren, sondern auch bei Menschen: Ein Fußballspieler steht vor dem wichtigsten Spiel der Saison. Im Umkleideraum hat er festgestellt, dass er die falschen Strümpfe mitgenommen hat: Statt zwei blauen hat er einen roten und einen blauen dabei. Es ist aber zu spät, das noch zu ändern, und so läuft er mit zwei verschiedenen Socken auf den Platz. An diesem Abend schießt er drei Tore und es wird das beste Spiel seines Lebens. Welche Strumpffarbe wird er wohl beim nächsten Spiel tragen? Natürlich einen roten und einen blauen, weil ihm das beim letzten Mal so viel Glück gebracht hat!

Grobe Übersicht vs. Finetuning (Lumping und Splitting)

Wenn wir mit einem für uns neuen Tier zu trainieren beginnen, arbeiten wir am Anfang sozusagen grob verallgemeinert: Wir machen einfach ein paar Dinge, geben ein paar willkürliche Signale, bewegen unsere Körper und Hände. Wir werfen Bälle, einen Kong und etwas Futter. Wir laufen umher oder springen über ein paar Hürden. Wir schauen uns also ganz allgemein an, wie der Hund reagiert. Es geht nur um eine Übersicht, was der Hund uns anbietet. Im Englischen nennen wir das „Lumping". Das Interessante an dieser Phase ist, dass wir schnell vorangehen können und in kurzer Zeit viele verschiedene Verhalten sehen. Wir können Dinge auslassen, aber natürlich können auch Fehler passieren.

Dann beginnen wir andererseits, Verhalten „aufzusplitten" und an den Details zu arbeiten, die wir streng nach der ABC-Formel aufbauen. Nehmen wir als Beispiel einmal das Apportieren: Wir zerlegen es und beginnen mit Sitzen und Warten am Start. Wir arbeiten daran, dass der Hund sich nicht bewegt, wenn wir den Dummy werfen, sondern auf sein Signal wartet. Dann beobachten wir, wie der Hund losläuft und kultivieren das Suchverhalten. Dann das Finden und Zurückbringen. Wir arbeiten gesondert daran, wie der Hund den Dummy trägt und dass er ihn auf schnellstem Weg zurückbringt. Dieses „Splitting" kostet zwar viel Zeit, aber führt zu einem sehr guten, starken und gut konditionierten Verhalten.

Shaping / Formen

Der Prozess des Shapings (im deutschen auch „Formens“) ist auch unter den Begriffen „sukzessive Annäherung“ oder „differenzielle Verstärkung“ bekannt. Skinner und seine Studenten haben uns an vielen verschiedenen Tieren gezeigt, wie machtvoll Shaping sein kann. Nach ihm führten Keller und Marian Breland in ihrem IQ Zoo der Welt die Technik des Shapings vor.

Beim Shaping werden Verstärker gegeben oder vorenthalten, um das Verhalten eines Tieres (oder einer Person) zu verändern. Ein gutes Beispiel ist, ein Huhn dazu zu trainieren, genau in die Mitte eines bestimmten Targets zu picken. Dazu wird ein rundes Target vor das wartende Huhn auf einen leeren Tisch gelegt. Sobald das Huhn das Target anschaut, clickt der Trainer und gibt eine Futterbelohnung. Nach ein paar Wiederholungen bekommt das Huhn allein fürs Anschauen des Targets aber keine Belohnung mehr: jetzt wartet der Trainer, bis es eine leichte Bewegung in Richtung Target macht.

Ein Huhn wird mittels Shaping trainiert, in die Mitte eines Targets zu picken.

Ein Stuhl in einem leeren Raum als Target.

Dann gibt es erneut einen Click plus Futterbelohnung, was die Frequenz des Pickens in Richtung Target erhöht. Ein guter Trainer ist also in der Lage, das Huhn immer näher an das Target „heranzuclicken", bis es nur noch darauf pickt. Pickt es nicht in die Mitte, sondern etwas nach links versetzt, gibt er die Futterbelohnung nach dem Click etwas rechts vom Target. An diesem Beispiel kann man sehr schön sehen, dass Shaping eine Kombination aus Brückensignal und Futtergeben ist. Nehmen wir an, Sie möchten einem Hund beibringen, seine beiden Vorderpfoten auf einen Stuhl zu stellen. Dieser weiß bereits, dass das Geräusch des Clickers eine Futterbelohnung ankündigt. Stellen Sie einen Stuhl in kleinen Raum ohne Ablenkungen: es sind keine anderen Möbel im Raum und es hängt nichts an der Wand. Nur Stuhl, Hund und Trainer sind da. Sobald der Hund den Stuhl anschaut, clicken und belohnen Sie. Wiederholen Sie das ein paar Mal, bis der Hund ein erhöhtes Interesse am Stuhl zu zeigen beginnt. Dann „fragen" Sie nach mehr Verhalten: Jetzt belohnen Sie das einfache Anschauen nicht mehr, sondern warten, bis der Hund einen Schritt in Richtung Stuhl macht. Clicken und belohnen Sie. Wenn Sie zuviel auf einmal erwarten und die Schritte zu groß machen, wird Ihr Verstärkungsrate zu niedrig werden, sprich Sie können seltener belohnen und der Hund wird nicht mehr motiviert sein, für Sie zu arbeiten. Er verliert das Interesse am Stuhl und am Training! Wenn Sie dagegen kleine Schritte machen, oft belohnen und immer nur ein bisschen mehr verlangen, können Sie den Hund in Richtung des Stuhls „shapen". Arbeiten Sie in kurzen, zweiminütigen Trainingssitzungen oder mit 5–10 Clicks. Danach machen Sie eine kleine Pause, bevor Sie erneut beginnen. Nach etwa 10 Sitzungen, etwa 40–50 Clicks und Belohnungen wird es möglich sein, mindestens zwei oder sogar mehr Hundepfoten auf dem Stuhl zu haben.

Was Sie da also gerade tun, ist, eine Serie von sukzessiven Annäherungen zu gestalten. Auf diese Weise können Sie ein sehr seltenes und unwahrscheinliches Verhalten (zu einem Stuhl gehen und die Pfoten drauflegen) in sehr kurzer Zeit zu einem sehr wahrscheinlichen Verhalten machen. Sie als Trainer bauen das Verhalten aus bisher undifferenziertem Verhalten in einem ständigen Prozess differenzieller Verstärkung.

Bestimmt haben Sie als Kind auch „Heiß-Kalt" gespielt. Ein Kind wurde aus dem Raum geschickt, während die anderen sich einen Gegenstand ausdachten, den der Spieler berühren sollte (oder eine kleine Aufgabe, die er lösen sollte). Nachdem der Spieler zurück im Raum war, wurde er von den anderen mit „heiß!" oder „kalt" nach und nach zum Ziel geleitet – nichts anderes als Shaping.

Shaping ist ein wichtiger Prozess, den jeder Trainer beherrschen muss. Einer der Gründe dafür, warum ich meine Trainer an Hühnern unterrichte, ist, ihre Shaping-Fähigkeiten zu verbessern. Hühner sind sehr schnell und gute Beobachter und jeder „Fehler" des Trainers wird sofort von ihnen bestraft: zum Beispiel, wenn er den Futterbehälter bewegt, bevor er geclickt hat. Dann wird das Huhn in seiner Aufgabe innehalten, zum Trainer laufen und auf Futter warten, obwohl es den Click noch gar nicht gehört hat. Hühner bringen den Trainern also bei, wirklich absolut stillzustehen!

Locken

Locken bedeutet, dass man ein Tier mit Zeigen von Futter oder Spielzeug dazu „bestiecht", ein bestimmtes Verhalten zu zeigen. Es ist eine mächtige und schnelle, aber auch riskante Technik – denn wenn Sie zu lange locken, verliert das Tier das Interesse daran, mehr Verhalten zu zeigen und strengt sich weniger an: Es gibt Ihnen nur dieses spezifische Verhalten in diesem spezifischen Kontext und nur dann, wenn der Verstärker präsent ist. Und dann wird es im weiteren Training schwierig oder fast unmöglich, mehr Verhalten zu verlangen.

Nehmen wir noch einmal das Beispiel „auf einen Stuhl springen". Mit dem Shapen brauchen wir vielleicht zehn Trainingssitzungen à 40–50 Verstärkungen, bis wir den Hund am Ende dort haben, wo wir ihn haben möchten – mit zwei oder mehr Pfoten auf dem Stuhl. Mit Locken, also zum Beispiel indem wir ein Stück Futter auf den Stuhl legen, bekommen wir den Hund vermutlich in nur einer Trainingssitzung und nach drei bis fünf Verstärkungen auf den Stuhl. Dann aber müssen wir schnell mit dem Prozess des Shapens beginnen, um vom Locken wegzukommen.

Wir arbeiten gerne mit Locken, weil es eben so schnell und mächtig ist und uns viel Zeit spart. Aber seien Sie sich dessen bewusst, dass Locken nur der Beginn eines Trainingsprozesses ist, der dann in Shaping übergeht. Bevor Sie mit dem Locken beginnen, müssen Sie Ihren Hund auf ein Brückensignal wie den Clicker oder eine Pfeife konditioniert haben. Außerdem sollte der Hund etwas Erfahrung mit dem Shapen haben, denn das ist eine benötigte Grundfertigkeit, die Sie zum Weitermachen brauchen werden.

Unterschied zwischen Formen und Locken

Der große Unterschied zwischen Formen und Locken ist die Verstärkungshistorie. Wie Sie sich denken können, gab es in dem Beispiel mit dem Stuhl beim Formen / Shaping viele Verstärkungen irgendwo im Raum anstatt direkt beim Stuhl, weil es nicht einfach ist, die Aufmerksamkeit des Hundes auf den Targetbereich (Stuhl) und das gewollte Manöver (Pfoten auf Stuhl) zu lenken. Das liegt an den vielen Verstärkungen, die an anderen Orten gegeben wurden. Beim

Szenario des Lockens dagegen fanden alle Verstärkungen direkt am Stuhl statt, womit der Targetbereich für den Hund kristallklar deutlich wurde. Die Wahrscheinlichkeit, dass der Hund das gewünschte Endverhalten zeigt, ist höher, weil er bereits herausgefunden hat, dass die Belohnung irgendetwas mit dem Stuhl zu tun haben muss.

Dagegen hat sich das Huhn beim Formen selbständig an das gewünschte Verhalten herangearbeitet, was zu einem intensiven Erfolgserlebnis führt und dementsprechend einen starken Lerneffekt auslöst.

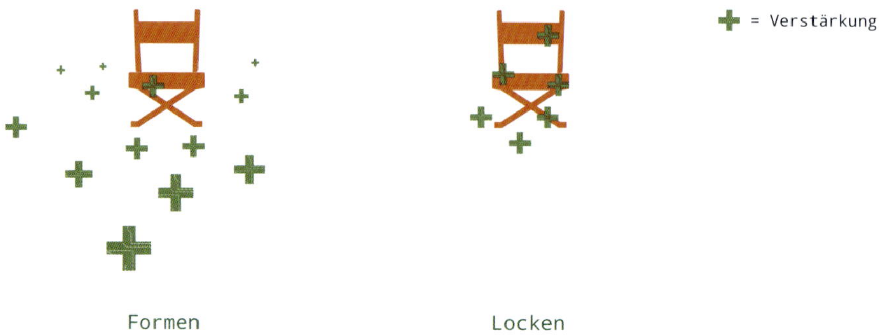

Wenn der Hund auf den Stuhl als Target geformt wird, finden viele Verstärkungen weit weg von diesem statt. Beim Locken finden sie direkt am Stuhl statt.

Futter zielgenau werfen – in der Position belohnen

Hierbei handelt es sich nicht direkt um ein Trainingswerkzeug, sondern eher eine handwerkliche Fähigkeit, die jeder Trainer haben sollte. Wir arbeiten ständig damit. Futterbelohnungen geben uns die Möglichkeit, viel in kurzer Zeit und in fast jeder Situation zu verstärken. Wir benutzen dazu Futterstückchen, die man gut gezielt zum Hund werfen kann.

Nehmen wir einmal die Unterordnungs-Lektionen Sitz, Platz oder auch Hier. Die besten und schnellsten Reaktionen auf diese Signale bekommen Sie, wenn Sie schnell und in der gewünschten Position belohnen können. Ein Brückensignal wie der Clicker gibt uns die Möglichkeit, dem Tier zu sagen: „Gut gemacht, Belohnung ist unterwegs." Aber auch das Werfen des Futters ist ein starker Verstärker. Der Vorteil ist, dass Sie ein Verhalten damit immer stärker machen können, weil gute Dinge (Futter) für den Hund wieder und wieder kommen.

Wichtig dabei ist: Ihr Hund muss die Futterstückchen fangen können und Sie müssen wirklich gut in sein Maul zielen können. Wenn Ihr Hund Ihnen ein perfektes Sitz liefert, Sie es aber nicht schaffen, in sein Maul zu zielen, landet das Futterstückchen auf dem Boden und der Hund muss seine Sitz-Position aufgeben, um dranzukommen – womit Sie ungewollt das Verlassen der Sitz-Position verstärkt haben.

Deshalb ist es so wichtig, dass Sie Ihre Wurf- und Zieltechnik üben, bevor Sie mit dem Training beginnen. Wir arbeiten dazu gern mit kleinen Eimerchen, die wir in fünf Meter Entfernung aufstellen und nummerieren. Aufgabe des Trainers ist nun, ein Stück Futter so schnell wie möglich in den „angesagten“ Eimer zu werfen. Am Anfang werden Sie langsam sein und Fehler machen, aber nach und nach werden Sie immer besser, bis Sie in 80 % der Versuche oder mehr treffen. Jetzt sind Sie so weit, mit Ihrem Hund arbeiten zu können. Wir fangen damit gerne auf einer Plattform an: Bringen Sie Ihren Hund darauf ins Sitz und positionieren sich ein bis zwei Meter davor. Stellen Sie sicher, dass Ihr Hund auf Sie achtet. Jetzt muss Ihr Hund Ihre Körpersprache lernen – deshalb ist es wichtig, dass Sie anfangs immer auf die gleiche Art und Weise werfen. Sie nehmen ein Stück Futter, der Hund verfolgt jede Ihrer Bewegungen, Sie werfen es in seine Richtung und zielen dabei auf sein Maul, wie Sie es mit dem Eimer geübt haben.

Sie müssen dabei keinerlei Hörzeichen geben. Falls Ihr Hund das Futter verfehlt und es auf den Boden fällt, erlauben Sie ihm nicht, die Plattform zu verlassen. Laufen Sie stattdessen schnell zum auf dem Boden liegenden Futter, heben Sie es auf und starten Sie neu. Damit zwingen Sie sich selbst, besser zu zielen (und Ihren Hund, besser zu fangen). Wenn Sie beide besser im Werfen und Fangen geworden sind, können Sie das Ganze schneller ablaufen lassen. Klappt auch das, können Sie beginnen, die Art zu verändern, wie Sie werfen: Aus verschiedenen Positionen, mit unterschiedlicher Körpersprache, mit unterschiedlichem Tempo. Ihr Hund wird dieses Spiel lieben – und Ihnen eröffnet es die Möglichkeit, ihn schnell aus so gut wie jeder Position belohnen zu können, die noch „wurffähig“ für Sie ist.

Marieke wirft gezielt Futterstückchen, während Ygor auf der Plattform sitzt.

Mit Hilfe des Verkettens können wir einen Hund zu den verschiedensten Aufgaben trainieren, wie hier dem Absetzen eines Roboters bei der Fernlenkung über Funk.

Verketten (Chaining)

Wenn wir Verhalten aufsplitten und die Elemente einzeln trainieren, um sie schön stark zu machen, müssen wir sie am Ende wieder miteinander verketten. Wie zum Beispiel beim Apportieren eines Balls: Wir konditionieren die Verhalten „Sitz am Start“, „Suchen im Feld“, „Ball finden“, „Ball aufnehmen“, „Ball tragen“, „auf dem schnellsten Weg damit zum Trainer zurückkommen“ zunächst einzeln. All diese Verhalten werden miteinander dann zu einem Gesamtverhalten verkettet, die wir als Übung „Ball apportieren“ bezeichnen.

Wichtig zu verstehen ist die Tatsache, dass ein einziges schwaches Verhalten die ganze Kette zerstören kann. Deshalb müssen wir unbedingt sicherstellen, dass alles gut konditioniert ist, bevor wir die einzelnen Elemente miteinander verketten.

Wiederholungen

Ich glaube unbedingt an die Macht von Wiederholungen, denn diese führen am Ende zu einer starken Konditionierung. Stellen Sie aber zuvor sicher, dass Sie auch das konditionieren, was Sie konditionieren möchten – schärfen Sie Ihre Kriterien!

Wir bauen unsere Trainingspläne in der Regel so auf, dass wir auf jedem Trainingsschritt etwa zehn Wiederholungen machen. Erst, wenn wir in diesen zehn Durchgängen zu mindestens 80 % Erfolg hatten, gehen wir zum nächsten Schritt im Trainingsplan weiter. Der Vorteil der Vorgehensweise mit zehn Durchgängen und 80 % Erfolg auf jeder Stufe ist die Anzahl der Wiederholungen. Man kann auch nicht mehr von „Anfängerglück“ sprechen, wenn Sie bei zehn Durchgängen 80 % erreichen müssen. Wenn Sie mit nur zwei oder drei Wiederholungen schnell von Schritt zu Schritt springen, sind Sie vielleicht schnell, erreichen aber nicht die starke Konditionierung des Verhaltens, bevor Sie mit dem Verketten beginnen. Es sind viele Wiederholungen nötig, bevor das Verhalten stark und fast perfekt wird. Das Wichtigste ist, dass der Hund das Verhalten vertrauensvoll und flüssig ausführt.

Pausen machen

Es ist immer gut, den Hund während des Lernprozesses nachdenken zu lassen. Manchmal ist es sehr überraschend zu sehen, dass oft genau dann, wenn wir beim Training nicht weiterzukommen scheinen, der Effekt einer Pause geradezu magisch wirken kann: Wir haben mehr als einmal erfahren, dass nach einer Pause das gewünschte Verhalten auf einmal da war!

Reizkontrolle / Signalkontrolle

Für viele Trainer bedeutet Reizkontrolle, dass sie einen Hund davon abhalten können, einem losspurtenden Hasen nicht hinterher zu hetzen oder sich auf irgendeine andere Ablenkung einzulassen. Aber Reizkontrolle geht noch viel weiter: Sie ist die Essenz des Tiertrainings. Es geht darum, ein Verhalten unter die Kontrolle eines Reizes oder Kommandos / Signals zu bringen. Man kann deshalb auch von Signalkontrolle sprechen.

Zuerst muss das Tier lernen, *was* es tun soll, und dann, *wann* es das tun soll. Die meiste Zeit kann man ein spontanes Verhalten einfach „einfangen", indem man es verstärkt. Nehmen wir als Beispiel das Platz. Sobald Ihr Hund sich hinlegt, werfen Sie ihm ein paar Leckerchen zu. Nun wird er sich vermutlich öfter hinlegen, um mehr Leckerlis zu bekommen. Nach einigen Wiederholungen werfen Sie kein Futter mehr fürs Hinlegen, sondern geben zuerst – vor dem Verhalten – das Hörzeichen „Platz". Legt er sich hin, werfen Sie wieder Futter. Der Hund beginnt schnell zu verstehen, dass nur das Hinlegen in Kombination mit dem Hörzeichen „Platz" zu Futter führt, Hinlegen ohne vorheriges Hörzeichen nicht. Der Hund muss also unterscheiden lernen, dass nur das Hörzeichen „Platz" gefolgt vom Hinlegen zur Belohnung führt – und dass alle anderen Umgebungsreize nichts damit zu tun haben (abergläubisches Verhalten). Außerdem muss er lernen, dass „Sitz" oder „Hier" nicht „Hinlegen" bedeutet.

Mit alldem erwarten wir vom Hund, dass er das neue Hörzeichen „Platz" in allen Umgebungen zu generalisieren lernt. Also nicht nur im Wohnzimmer, sondern auch in der Küche, im Garten, draußen auf der Straße, im Wald oder vor einem Geschäft. Sie sehen also, dass Reizkontrolle die Basis allen Trainings ist. Es geht um Unterscheidung, Generalisierung und Erwartung. Das ist auch ein sehr wichtiges Element für unsere funkgelenkten Kamerahunde: Sie müssen wirklich perfekte Reizkontrolle haben und unsere Hörzeichen sehr genau voneinander unterscheiden, weil sie diese nur über ein Funkgerät an ihrem Halsband und außer Sichtweite des Trainers empfangen.

Wie gut die Reizkontrolle ist, können Sie testen, indem Sie Worte sagen, die so ähnlich klingen wie Ihr Hörzeichen, aber sich minimal unterscheiden. Statt „Platz" könnten Sie also „Schatz", „Ratz" oder „Matz" sagen. Wenn der Hund sich hinlegt, belohnen Sie nicht, sondern nur nach „Platz". Außer den Wörtern können Sie auch Ihre Position abwechseln: Wenn Sie normalerweise beim Trainieren vor Ihrem Hund stehen, drehen Sie sich nun einmal zur Seite, setzen sich hin oder gehen hinter den Hund. Machen Sie das Verhalten so stark, dass Ihr Hund selbst dann sofort reagiert, wenn Sie im Liegen „Platz" flüstern und dabei in eine andere Richtung schauen. Das ist Reizkontrolle!

Seien Sie sich also bewusst, dass Reizkontrolle wichtig ist und Ihr Training in vielerlei Hinsicht beeinflussen kann.

Ken Ramirez hat mir einmal eine unglaublich interessante Geschichte aus seinem Delfintraining erzählt. Er stand, wenn er mit den Tieren arbeitete, immer auf einer Glasplattform. Mitten in einer wichtigen Show gab es auf einmal einen Moment, als die Delfine sich ihm plötzlich nicht mehr nähern wollten. Er und sein Team hatten keine Ahnung, was das Problem war, weil alles so war wie immer. Bis es einem der Trainer auffiel: Ken trug neue Schuhe. Zwar die gleiche Farbe und Marke wie die alten, aber diese hier hatten weiße Sohlen anstatt schwarze wie die vorherigen und die Delfine konnten das von unten durch die Glasplattform sehen. Allein dieses winzige Detail reichte aus, dass die Delfine sich anders verhielten.

Schutzkleidung kann es für Ihren Hund schwierig machen, Sie zu finden.

Daher ist es gut, nicht nur in Ihrer Körpersprache und Stimmlage zu variieren, sondern auch in ihrer Kleidung. Ganz besonders wichtig ist das für alle, die im Dienst in Uniform oder Einsatzkleidung arbeiten müssen oder die im Einsatz plötzlich im Team arbeiten anstatt wie sonst alleine.

Signale und Targets ausschleichen

Zu Beginn des Trainings ist es wichtig, alles klar und einfach zu halten. In einer Welt voller Ablenkungen gestalten wir unsere Trainingsumgebung so, dass wir die Außenreize kontrollieren könne. Wir üben also Sitz, Platz und Hier mit viel Körpersprache, klaren Hörzeichen und in einer Situation, in der wir allein für den Hund im Zentrum stehen.

Bei unseren „ferngelenkten" Kamerahunden beginnen wir mit sehr großen, gut sichtbaren Targets, anhand derer sie die Signale für links, rechts und vorwärts verstehen lernen. Hütehunde beginnen auf einer kleinen Wiese mit wenigen Schafen, Jagdhunde mit Dummies und Spürhunde mit deutlichem Geruch. Kurze Distanzen, eine hohe Verstärkungsrate sowie klare Signale und Targets sind der Beginn allen Trainings. Wenn das Training fortschreitet, ist es Zeit, diese Signale und Targets langsam auszuschleichen. Irgendwann muss der Hund ohne sie arbeiten können. Wir lassen also unsere Körpersprache immer schwächer werden und arbeiten nur noch mit Hörzeichen, und auch diese sagen wir mit der Zeit immer leiser. Wir schleichen

Umweltreize aus. Wir lassen anfänglich große Targets immer kleiner und kleiner werden, bis wir sie gar nicht mehr brauchen. Auch Trainingsequipment wie Futterautomaten und Ballmaschinen schleichen wir aus. Spürhunde lernen, nach immer kleineren Gegenständen mit immer schwächerem Geruch zu suchen. Hütehunde lernen, die Schafe auf einer großen Fläche zu finden und Jagdhunde lernen, das Stück Wild in einem Feld voller Ablenkungen zu finden.

Gehen Sie vorsichtig und langsam vor, wenn Sie die Signale und Reize auszuschleichen beginnen. Vom „Klugen Hans" (s. S. 195) haben wir gelernt, dass Tiere auch noch die winzigsten Hinweise wahrnehmen können, die wir ihnen unbewusst geben. Machen Sie also einen Plan, bevor Sie mit dem Ausschleichen beginnen. Was ist das Signal, das Sie geben möchten oder können? Wie muss das Verhalten aussehen, wenn Sie dieses Signal geben? In welchen Schritten werden Sie vorgehen? Machen Sie diese so klein, dass der Hund nach und nach lernt, auch subtilen Hinweisen zu folgen. Machen Sie ihm den Erfolg leicht und seien Sie jederzeit bereit, einen Schritt zurückzugehen, falls der Hund Fehler macht.

Beim Training von Kamerahunden beginnen wir nach und nach, unsere Körpersprache und die Targets auszuschleichen.

Kontext und Generalisierung

Hunde sind Meister darin, sich auf den jeweiligen Kontext einzustellen. Man kann jede Menge wunderbare Videos mit perfekten Beispielen dafür in den sozialen Medien finden. Typisch ist das für viele Hundesportarten. Haben Sie je bei einem IPO-Wettkampf zugeschaut? Außerhalb des eigentlichen Wettkampfplatzes bellen die Hunde, zerren an der Leine und achten nicht auf ihre Halter. Aber sobald sie den Platz betreten, ist es, als hätte man einen Schalter umgelegt: Sie haben nur noch Augen für den Hundeführer, kein Bellen, kein Zerren an der Leine, blitzschnelle Reaktionen auf die Signale. Es ist wirklich beeindruckend, wie schnell Hunde „Kontext" verstehen.

Ein Spürhund, der in einem Line-up Setting arbeitet (also an mehreren in einer Reihe hintereinander gestellten Geruchsproben, s. S. 342) wird alles Mögliche an Futter oder Spielsachen nebenher ignorieren. Es gibt ein schönes Video davon, wie einer unserer Spürhunde an einem solchen Line-up arbeitet. An den acht Positionen befinden sich rohes Fleisch, gekochtes Hühnchen, ein Tennisball, sein Lieblings-Trockenfutter und andere Verleitungsgerüche. Eine Position enthält den Zielgeruch – ein winziges, nur 1 mm großes Stückchen Kong. Auf dem Film ist gut zu sehen, wie schnell er die Verleitungsgerüche ignoriert, um dann vor dem Millimeterstückchen Kong abrupt innezuhalten und eine perfekte Sitz-Anzeige macht. Das ist Kontext – weil er im Alltag wie jeder Hund vollkommen anders reagieren würde. Wenn Hunde über eine lange Zeit doppelblind suchen, werden sie irgendwann das gekochte Hühnchen fressen oder sich von anderen Gerüchen ablenken lassen.

Eine noch viel einfachere Erklärung zum Kontextlernen liegt darin, wie Ihr Hund Futter aus Ihrer Hand frisst: Sie sehen und spüren, dass er das wirklich vorsichtig tut. Er nähert sich Ihrer Hand fast in Zeitlupe, benutzt sehr vorsichtig seine Schneidezähne und schaut Sie dabei an. Der Kontext ist vollkommen anders, wenn Sie dem gleichen Hund dabei zusehen, wie er ein auf den Boden gefallenes Stück Futter aufschnappt oder den Ball oder Kong „attackiert", den er als Verstärkung angeboten bekommt.

Wir haben diese Lektionen schon vor vielen Jahren auf unseren Einsätzen mit Streifenhunden gelernt. Einen Polizeihund auf einem grasbewachsenen Hundeplatz dazu auszubilden, einen Figuranten in einem Beißanzug anzugreifen, ist das eine – Streife gehen in der Stadt etwas vollkommen anderes. Einer der Hundeführer beschwerte sich damals, dass sein in Schutzhundprüfungen preisgekrönter Diensthund einen Verdächtigen in einer Bar nicht angreifen wollte. Hundeführer und Hund waren für den Polizeidienst ausgebildet und geprüft – die Prüfung hatte im Diensthundezentrum der Polizei stattgefunden. Eine Woche nach der Prüfung befahl der Hundeführer seinem Hund im Einsatz, einen Verdächtigen anzugreifen, der in einer Bar im Stadtzentrum andere mit einem Messer bedrohte. Der Hund griff nicht an und der Hundeführer verlangte nach einem anderen Diensthund, weil dieser nicht verlässlich sei. Was aber tatsächlich geschehen war, war, dass dieser Hund seine Arbeit nie in einem anderen Kontext gelernt hatte – er war nur dazu trainiert worden, auf dem Übungsplatz zu beißen und das Target war bisher immer ein schreiender Typ mit einem dicken, stark riechenden Schutzanzug gewesen.

Erwartung

Vor dem Start zur Suche wird Erwartung aufgebaut.

Etwas schwieriger zu fassen und nicht so leicht zu messen ist die Erwartung, aber auch sie spielt eine wichtige Rolle im Tiertraining. Wir trainieren unsere ferngelenkten Kamerahunde so, dass wir in ihnen eine Erwartungshaltung aufbauen. Es geht also nicht nur darum, den Richtungshinweisen links, rechts und geradeaus zu folgen, sondern das Ganze ist auch ein spannendes Spiel, in dem wir ihnen zu vermitteln versuchen, dass irgendwo da draußen, weit weg von unserer Position, etwas Tolles passieren wird. Es kann zum Beispiel sein, dass sie einen versteckten Futterautomat finden, der plötzlich Futter abgibt. Oder vielleicht hängt eine Ballmaschine in einem Baum oder an einer Wand. Es kann vorkommen, dass sie eine halbe Stunde lang mit vielen Richtungsänderungen arbeiten müssen oder dass es plötzlich ein Brückensignal und eine Belohnung an der Position des Hundeführers gibt. Oder die Position kann ganz woanders sein und das Befolgen der Richtungshinweise bringt den Hund an einem ganz anderen Ort zu seinem Hundeführer zurück. Erwartung ist hier die treibende Kraft!

Der Aufbau einer Erwartungshaltung ist ein wichtiger Aspekt im Tiertraining. Besonders Spürhundetrainer sind stark davon abhängig. Anfängerhunde beginnen damit, alle paar Minuten viele Zielgerüche zu finden, aber nach und nach müssen sie lernen, länger und härter zu arbeiten, bevor sie etwas finden. Übrigens gibt es auch in dieser Welt viele Paradigmen. So sagen uns Hundeführer häufig, dass ein Spürhund nicht länger als 25 Minuten am Stück arbeiten könne und dann eine Pause brauche. Aber stimmt das? Jagdhunde arbeiten über Stunden und Sprengstoffspürhunde beim US-Militär suchen acht Stunden oder länger. Nach meiner anfänglichen Ausbildung zum Fährtenhunde-Trainer war ich davon überzeugt, dass ein Fährtenhund eine Fährte, die eine Stunde alt war, maximal 1000 Meter weit verfolgen konnte. Aber dann arbeitete ich in Skandinavien mit Hunden, die zehn Kilometer lange Fährten laufen konnten!

Seien Sie sich darüber im Klaren, dass eine negative Erwartungshaltung ein ernsthaftes Problem sein kann, das sich nur schwer überwinden lässt. Es gibt eine interessante Studie von Porritt, Shapiro et al. zu den Unterschieden in Trainings-und Arbeitskontexten und der Leistung von Spürhunden – unter dem Titel „Performance decline in search dogs in repetitive tasks and mitigation strategies", veröffentlicht in *Applied Animal Behaviour Science,* 166 (2015) S. 112–122. Wenn Spürhunde in einer Einsatzumgebung zu arbeiten beginnen, scheinen sie zu verstehen, dass sie nicht so viele Zielgerüche finden können, wie sie aus ihrer Trainingsumgebung gewohnt sind. Eine Lösung für dieses Problem könnte darin bestehen, Zielgerüche in typischen realen Einsatzumgebungen zu verstecken, aber das ist nicht immer einfach. Es kann je nach

Substanz zur Gefahr für die Umwelt werden oder andere Sicherheitssysteme wie z. B. elektronische Sprengstofferkennungen auslösen. Oder ein unbeteiligter Dritter könnte ein Suchobjekt mitnehmen. Wenn man echte Drogensubstanzen oder echten Sprengstoff draußen „verliert", ist das ein ernstes Sicherheitsproblem und von politischer Relevanz.

Die Studie hat ergeben, dass man für diesen Zweck gut ein harmloses Zielobjekt verwenden kann. In der Studiengruppe wurden 21 Hunde dazu trainiert, vier verschiedene Zielobjekte zu finden, davon drei echte und ein harmloses Objekt. Nach diesem Ausgangstraining wurden die Hunde in drei Gruppen aufgeteilt und dann für je sechs Wochen zum weiteren Training in ihre „Einsatzumgebungen" geschickt. Gruppe 0T (für null Target) musste arbeiten, sprich suchen, fand aber innerhalb der sechs Wochen kein einziges Zielobjekt. Gruppe 1T (1 Target) fand nur das harmlose Zielobjekt und wurde dafür belohnt. Gruppe 3T (drei Targets) fand die drei realen Zielobjekte und wurde dafür belohnt. Alle drei Gruppen durchliefen außerdem innerhalb der sechs Wochen zwei Auffrischungskurse außerhalb der Einsatzumgebung, in denen sie alle vier Targets fanden und dafür belohnt wurden. In der Schlussuntersuchung stellten die Wissenschaftler fest, dass der Sucheifer bei den Hunden der 0T Gruppe deutlich nachgelassen hatte. Als den Hunden am Ende der Arbeitsphase wieder alle vier Zielobjekte präsentiert wurden, hatte die Erfolgsquote für das Finden in der 0T-Gruppe erheblich nachgelassen, blieb aber sowohl in der 1T- als auch in der 3T-Gruppe gleich. Der Aufbau einer Erwartungshaltung zum Finden von etwas Interessantem stellt also sicher, dass die Leistung von Spürhunden auf einem hohen Niveau bleibt. Dazu kann man sich auch „unechter", harmloser Zielobjekte bedienen.

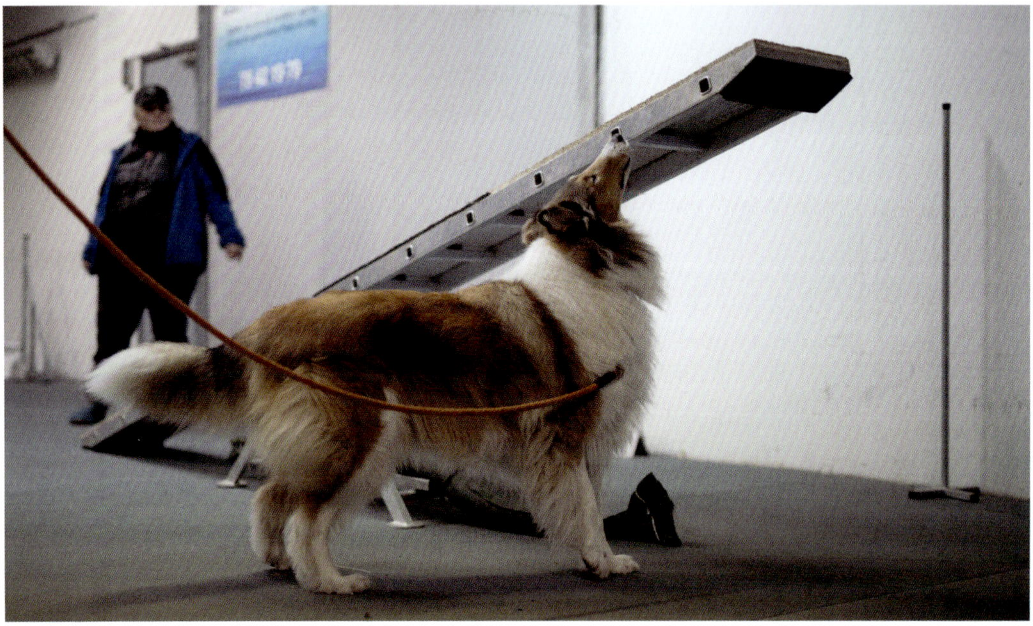

In der Sucharbeit kann man sehr kreativ werden.

13

Mehr zum Thema Verstärker

Verstärkung ist ein Prozess. Schauen Sie sich einmal genau an, wie Trainer das Verhalten ihrer Hunde verstärken. Wenn sie das Brückensignal verwenden, was bedeutet, dass die Belohnung schon unterwegs ist, hat der Prozess bereits begonnen. Die Körperbewegung sagt dem Hund schon, welche Art von Verstärker kommen wird, denn die Hand zum Beispiel bewegt sich in Richtung der Futtertasche. Sie öffnet die Tasche (Geräusch) und fasst hinein, die Finger graben darin. Die Hand mit dem Futter kommt wieder heraus und wird dem Hund präsentiert. Der Hund nähert sich der Hand und riecht das Futter. Er öffnet das Maul, nimmt es hinein, schmeckt, kaut und schluckt es. Dann gelangt das Leckerchen in den Magen und der Verdauungsprozess beginnt.

Die Verstärkung hat also irgendwo einen Anfang und irgendwo ein Ende und der Prozess besteht nicht nur darin, dem Hund ein Leckerchen ins Maul zu geben. Dabei haben wir hier nur den Prozess einer Futterbelohnung aus der Hand beschrieben, aber das Futter könnte ja zum Beispiel auch aus einem Futterautomaten kommen. Oder der Hund könnte mit Spielzeug oder einem sozialen Verstärker belohnt werden wie Aufmerksamkeit, Streicheln oder einfach Zusammensein.

Die Beziehung zwischen Hund und Trainer kann manchmal wirklich stark sein. In unserer Organisation kommt es öfter vor, dass wir jemanden um einen Extra-Gefallen bitten. Wir zahlen der Person dafür kein Geld oder einen sonstigen Gegenwert, sondern die zusätzliche Arbeit wird nur aufgrund der Beziehung geleistet, die wir zueinander haben. Wir sagen dazu gern, dass wir etwas von unserem emotionalen Bankkonto abheben. Das gleiche Prinzip gilt auch für Hunde! Auch, wenn es von Behavioristen sehr bestritten wird, glauben wir dennoch, dass ein solches „emotionales Bankkonto" auch in Mensch-Hund-Beziehungen existiert. All das macht deutlich, dass Verstärkung nicht einfach damit erklärt ist, dass man irgendetwas gibt oder zurückhält. Es ist mehr und tiefgründiger!

Forschung zum Thema Verstärker

Nach der wissenschaftlichen Definition erhöht Verstärkung die Wahrscheinlichkeit, dass ein Verhalten auftritt. Ist das nicht der Fall, wissen Sie, dass auch keine Verstärkung stattfindet. Sie können so viele Kekse geben, wie Sie wollen oder so lange mit dem Hund spielen, wie Sie wollen – aber am Ende sagt Ihnen nur die Steigerung im Verhalten, ob Sie verstärkt haben oder nicht.

Zu Verstärkungsplänen gibt es jede Menge Information. Wenn Sie sich wirklich für die Details interessieren, lesen Sie „Behavior of organisms" von B. F. Skinner, auch wenn es etwas schwierig zu lesen sein kann. Daneben gibt es aber auch viele andere und einfachere Bücher über Verstärkungspläne. Allerdings fürchte ich, dass die meisten Trainer darüber das Interesse verlieren: Die wissenschaftliche Seite an den Verstärkungsplänen ist zwar sehr interessant, aber die meisten Versuche dazu werden in Labors durchgeführt oder sogar in Skinner-Boxen, sprich sehr kontrollierten Umgebungen. Das ist in der Regel sehr weit vom Alltag in Arbeit mit

Diensthunden oder vom Hundesport entfernt. Wir selbst haben viel aus diesen Studien gelernt, als wir die Trainingspläne für unsere funkgelenkten Kamerahunde oder das Targettraining mit Lasern entworfen haben. Aber dennoch sprechen wir über das Thema Verstärkung lieber auf einer Ebene, auf der wir die Mehrheit der Menschen noch erreichen und motivieren können. Ja klar, es gibt eine Unmenge komplizierter Verstärkungspläne da draußen und ja klar, ich ermutige Sie ausdrücklich, sich mehr damit zu befassen. Aber für den Moment lassen Sie uns nur die grundlegende Basisinformation anschauen.

Definition eines Verstärkers

Wir haben bereits gesehen: Ein Verstärker motiviert Verhalten. Es ist ganz einfach: Wenn das Tier Ihnen mehr und stärkeres Verhalten liefert, funktioniert der Verstärker. Zur Erinnerung: Wir sprechen von einem positiven Verstärker (R+), wenn es eine positive Konsequenz für den Hund gibt und er etwas bekommt, dass er mag – Futter, Spiel und so weiter. Von negativer Verstärkung (R-) sprechen wir, wenn der Hund eine negative Konsequenz zu beenden oder zu vermeiden versucht, also etwas, das er nicht mag. Das könnte zum Beispiel ein ärgerlicher Hundehalter sein, der an der Leine ruckt. Beide Arten von Verstärkung führen zu mehr und stärkerem Verhalten – Hunde lernen, weil ihr Verhalten von dessen Konsequenzen verändert wird. Wenn Sie in der Lage sind, diese Verstärker zu kontrollieren, also zu geben oder zurückzuhalten, haben Sie als Trainer den Schlüssel zur Verhaltensänderung in der Hand.

Wie setzt man Verstärker ein und wie wählt man den richtigen?

Stellen Sie sich vor, Sie möchten dem Hund beibringen, auf eine Plattform zu springen. Sie können positive Verstärkung einsetzen und dem Hund Futter geben, wenn er auf die Plattform springt. Sie können aber auch den Hund an der Leine zur Plattform ziehen und die Spannung auf der Leine nachlassen, sobald der Hund auf die Plattform springt, um dem Zug zu entkommen. Beides wird funktionieren, aber Sie können sich vorstellen, dass wir uns lieber für die positive Verstärkung entscheiden, weil sie motivierender für den Hund und besser für unsere Beziehung ist.

Die Sache hat aber auch einen Haken: In diesem Beispiel würde die negative Verstärkung schneller zum Ziel führen – allerdings nur mit dieser Plattform, in dieser Umgebung und in dieser Position. Sobald Sie Größe oder Farbe der Plattform verändern oder sie irgendwo anders hinstellen, muss die negative Verstärkung wieder von Neuem beginnen.

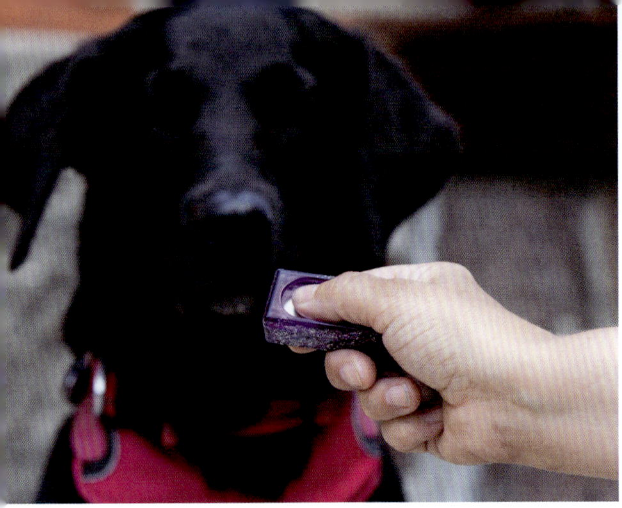

Verstärken mit einem Brückensignal wie dem Clicker.

Der große Vorteil positiver Verstärkung liegt neben der Tatsache, dass Sie eine starke Beziehung zu Ihrem Hund aufbauen, darin, dass die Hunde sich Mühe geben und von sich aus alles versuchen! Eine neue Plattform, die anders aussieht oder woanders steht, ist nun für ihn das Fenster zu einer möglichen Belohnung! Er wird hinrennen und hochspringen, um herauszufinden, ob auch diese Plattform zu einer positiven Verstärkung führt. Die Hunde betrachten die Welt also aus einem optimistischeren Blickwinkel – und das ist genau das, was wir brauchen!

Ein großer Vorteil positiver Verstärkung liegt darin, dass sie die Hunde dazu bringt, von sich aus Neues zu versuchen und gemachte Erfahrungen auf neue Situationen zu übertragen.

Primäre und sekundäre Verstärker

Um den Prozess der Verstärkung besser zu verstehen, ist es gut, die drei Hauptkategorien identifizieren zu können, nämlich primäre, sekundäre und tertiäre Verstärker.

Primäre Verstärker sind „unkonditionierte" oder „ungelernte" Verstärker auf evolutionärer Grundlage, also alles, was von Natur aus und ohne es erlernt haben zu müssen wichtig und gut ist. Sie sprechen die grundlegenden Überlebensbedürfnisse an, in erster Linie Futter, Wasser, Schlaf und auch Sex. Aber auch Dinge wie Schutz vor den Elementen, Komfort, Spiel und Gemeinschaft sind Beispiele für primäre Verstärker, wenn auch weniger deutliche. Unter den primären Verstärkern ist Futter derjenige, den wir am besten im Training nutzen können. Bei Wasser wird es etwas komplizierter und einen Hund mit Unterschlupf oder Komfort belohnen zu wollen, wird wirklich kompliziert!

Sekundäre Verstärker sind „konditionierte" oder „erlernte" Verstärker. Sie sind zuerst einmal neutral und entwickeln ihre Kraft und Wirkung erst durch die Kombination mit einem primären Verstärker. Das Geräusch eines Clickers oder einer Pfeife, ein Ball, das Lasersignals oder Lobwort bedeuten zuerst einmal nichts für den Hund, aber indem man sie mit einem primären Verstärker wie Futter oder Spiel kombiniert, werden sie sehr interessant. Der Click bedeutet „Futter kommt“ und der Ball bedeutet „mein Mensch spielt mit mir.“

Tertiäre Verstärker kündigen sekundäre Verstärker an. Sie werden beispielsweise als das eingesetzt, was wir später noch als „Keep-Going-Signal“ beschreiben werden (s. S. 234). Das Keep-Going-Signal ist das Feedback, das dem Tier sagt, dass das, was es gerade tut, richtig ist und dass es damit weitermachen soll. Dieser spezielle tertiäre Verstärker baut Motivation auf und ermuntert den Hund, das Verhalten über einen längeren Zeitraum zu zeigen. Tertiäre Verstärker können auch leicht mit verschiedenen Gemütszuständen des Tieres verknüpft werden (siehe auch „mentale Anker“ auf S. 175).

Verstärkungspläne

Unsere Hunde müssen viele verschiedene Verhalten lernen. Um diese wirklich vorhersehbar und stark zu machen, machen wir Tausende von Wiederholungen und setzen viele positive Verstärkungen ein. Aber wenn wir jedes Verhalten mit dem gleichen Verstärker, zur gleichen Zeit, aus der gleichen Distanz und Position belohnen würden, würden unsere Hunde sehr schnell das Interesse verlieren. Wir müssen in Sachen Verstärker so unvorhersehbar bleiben, dass die Hunde gern für uns arbeiten. Das geht nicht, indem man nur verschiedene Verstärker benutzt. Natürlich können wir verschiedene Futterbelohnungen nehmen wie Käse, Fleisch, Hühnchen oder Hundeleckerli. Wir können alle möglichen Spielsachen benutzen wie Ball, Kong oder Zergel. Aber das Schlüsselelement dafür, ein Verhalten superstark, verlässlich und vorhersagbar zu machen und eine lange Dauer aufzubauen, ist der Verstärkungsplan.

Dafür gibt es viele Möglichkeiten. Manche sind besser für das Training unter Laborbedingungen geeignet und andere besser für die Arbeit draußen. Ich möchte hier einen Überblick über die wichtigsten Verstärkungspläne geben, die im Hundesport und bei der Arbeit mit allen möglichen Diensthunden eingesetzt werden.

Wir müssen zunächst ein paar Regeln festsetzen, wann und wie wir verstärken. Müssen wir zum Beispiel jedes Mal verstärken, wenn der Hund das gewünschte Verhalten auf unser Signal hin zeigt? Das hängt von unserem Endziel und dem Niveau unseres Trainings ab. Die Verstärkungsrate, die der Trainer benutzt, konditioniert am Ende das Verhalten. Denken Sie an schnelles oder langsames Verhalten, kurze oder lange Dauer. Die Rate beeinflusst auch die Stärke des Verhaltens und die Anzahl der Wiederholungen, bevor das Tier damit aufhört, Ihnen das gewünschte Verhalten zu zeigen. Bei der Spürhundearbeit kann man jeden Fund belohnen, weil der Hundeführer immer nahe beim Hund ist. Aber unsere funkgelenkten Kamerahunde zum Beispiel arbeiten oft in großer Entfernung zu uns und wir können sie nicht für jede Richtungsänderung bestärken, die sie ausführen.

Kontinuierliche Verstärkung – Erlernen neuer Verhalten

Bei der kontinuierlichen Verstärkung wird jede richtige Reaktion belohnt. Wir verwenden dieses Schema immer dann, wenn wir einem Hund etwas Neues beibringen möchten. Nehmen wir zum Beispiel „Sitz". Wir locken den Hund in eine sitzende Position und er bekommt seinen Verstärker. Wir kommen schnell voran und der Hund lernt, bei jedem Versuch eine Belohnung zu erwarten. Wenn keine Belohnungen mehr gegeben werden, hört der Hund auf, das Verhalten zu zeigen, fängt aber wieder damit an, sobald Belohnungen kommen. Wir möchten aber nicht erreichen, dass das Verhalten „Sitz" dauerhaft von der Erwartung des Hundes abhängt, dass er für jedes Hinsetzen belohnt wird oder dass er sich nur setzt, wenn der Verstärker präsent ist.

Bei der Sucharbeit belohne ich meine Hunde aber auch später noch jedes Mal, wenn sie etwas finden, variiere aber dabei die Art des Verstärkers, um die Sache interessant zu halten – mal Futter, mal Spiel etc.

Intermittierende Verstärkung – Verhalten wird auch dann gezeigt, wenn der Verstärker nicht präsent ist

Wenn wir mit intermittierender Verstärkung arbeiten, belohnen wir das „Sitz" nicht mehr jedes Mal, sondern nur noch manchmal. Wenn der Hund sich auf unser Signal hinsetzt, bekommt er manchmal, aber nicht immer, einen Keks. So wird er sich auch dann hinsetzen, wenn der Verstärker nicht präsent ist. Der Vorteil hierbei ist außerdem, dass wir, sobald das neue Verhalten grundsätzlich verstanden ist, eine höhere Erwartungshaltung aufbauen als bei der kontinuierlichen Belohnung. Es bleibt für den Hund spannender – bekomme ich eine Belohnung oder nicht, und wenn ja, welche? Verhalten, das mit intermittierender Verstärkung gelernt wurde, bleibt zudem auch löschungsresistenter. Wenn wir ein neues Verhalten trainieren, ist es deshalb wichtig, möglichst schnell von der kontinuierlichen Verstärkung wegzukommen.

Es gibt verschiedene Pläne mit intermittierender Verstärkung zu verschiedenen Zwecken.

Beim Erlernen neuer Verhalten ist die kontinuierliche Verstärkung sinnvoll, sollte dann aber so schnell wie möglich von intermittierender Verstärkung abgelöst werden.

Feste Verstärkungsrate – Schaffung starker Verhaltensketten

In diesem Schema verstärken wir immer nach der gleichen Anzahl richtiger Reaktionen. Wenn wir beispielsweise mit der fixen Rate 5 arbeiten, belohnen wir jedes fünfte „Sitz". Dieses Schema ist leicht vorzugeben und zu befolgen und auch für den Hund leicht zu erinnern. Man kann es gut verwenden, um eine Routine aufzubauen, wie z. B. Slalom um Stangen oder sogar einen ganzen Hindernisparcours. Wir können zum Beispiel die fixe Verstärkungsrate 2 festsetzen und nur jeden zweiten Lauf durch den Hindernisparcours belohnen. Bei uns selbst sehen wir feste Verstärkungsraten zum Beispiel in der Arbeitswelt, wo Menschen eine bestimmte Anzahl von Produkten fertigstellen müssen, bevor sie eine Verstärkung erhalten – zum Beispiel eine Pause, nachdem jeweils 50 Produkte am Fließband verpackt wurden.

Variable Verstärkungsrate – Tier arbeitet auch ohne viel Verstärkung weiter

In diesem Schema belohnen wir richtige Reaktionen nicht jedes Mal, sondern nach einer immer anderen Anzahl von Durchgängen, die wir uns vor dem Training aufgeschrieben haben. Die Belohnung kommt so immer zu einem für das Tier unvorhersehbaren Zeitpunkt – aber sie kommt auf jeden Fall. Wir nutzen dazu gern die App „Pick a number!" von Google Play als Hilfe, je nachdem, wie viele Durchgänge wir trainieren möchten. Zum Beispiel könnten wir uns überlegen, dass wir 15 Durchgänge machen, aber nur vier davon davon belohnen werden. Dann geben wir in der App als Minimum 1 und Maximum 15 ein und clicken vier Mal auf „Zahl generieren": Das werden die Durchgänge, die wir belohnen werden, zum Beispiel 6,8, 9 und 15 – wobei wir diese natürlich aufsteigend sortieren und so in die richtige Reihenfolge bringen.

Das gleiche Prinzip wird übrigens genutzt, um Menschen abhängig von Spielautomaten zu machen: Wann man gewinnt, ist unvorhersehbar, aber sicher ist, dass es mindestens einen oder mehrere Gewinne pro Spielsitzung gibt. Das bringt auch das Tier zum Weiterarbeiten, weil es nie weiß, wann der nächste Verstärker kommt. Dann gibt es wirklich sein Bestes!

Dieser Verstärkungsplan ist ideal, um Hunden beizubringen, über eine längere Zeit weiterzuarbeiten, auch, wenn man sie mal eine Zeitlang nicht belohnen kann. So hat man zum Beispiel mit einer variablen Verstärkungsrate von 1000 gearbeitet, um die ersten Affen im Weltall zu trainieren. Sie mussten 1000 Reaktionen zeigen, bevor sie eine Verstärkung erhielten. Natürlich kann man nicht mit so einem enorm langen Schema beginnen, sondern muss zu Beginn darauf achten, häufig variabel zu belohnen.

Festes Verstärkungsintervall – nicht für das Hundetraining empfohlen

Nun müssen wir auch noch über die Zeit sprechen, die vergeht, bis der Hund seinen Verstärker bekommt. Ein festes Verstärkungsintervall von 1 würde beispielsweise bedeuten, dass der Hund immer, nachdem er „Sitz" gemacht hat, nach genau einer Minute bestärkt wird. Da Hunde aber ein sehr gutes Zeitgefühl haben, vermeiden wir es unbedingt, sie nach einem festen Intervall zu belohnen! Wenn Sie Ihren Hund immer um acht Uhr morgens und vier Uhr nachmittags füttern, weiß er das ganz genau. Mit festen Intervallen arbeitet man viel in Laboren, also in kontrollierter Umgebung. Für das Hundetraining empfehlen wir sie nicht.

Variables Verstärkungsintervall – ideal, um Spürhunde länger suchen zu lassen

Auch hier spielt Zeit eine Rolle und es gibt Variation. Wenn wir Hunde im Auto, Boot oder Hubschrauber transportieren, setzen wir sie dazu normalweise in eine Transportbox. Das dient nicht nur der Sicherheit beispielsweise des Piloten, sondern gibt auch dem Hund einen Ort, an dem er sich sicher fühlt. Egal, welches Transportmittel wir gerade wählen – die Box ist immer da und vertraut.

Das vertraute Sicherheitsgefühl, das der Hund in der Box haben soll, trainieren wir mit einem variablen Verstärkungsintervall. Nachdem er einige Zeit in der Box verbracht hat, nehmen wir ihn raus und bestärken ihn, in der Regel mit einem ausgelassenen Spiel. Das bauen wir so weiter auf, bis der Hund für lange Zeit in der Box bleiben kann.

Auch bei der Sucharbeit arbeiten wir mit variablem Intervall: Zu Beginn des Trainings findet der junge Spürhund viel und alle paar Minuten. Aber wir planen die Verstecke so, dass er mal zwei, mal sechs, dann eine, dann 12, dann 23 oder 5 Minuten lang suchen muss, bevor er etwas findet. Die Zeit, das Intervall zwischen den Funden ist variabel – und genau das lässt den Hund weitersuchen. Wie bei allen Verstärkungsplänen ist es aber wichtig, zu kontrollieren, was man tut – sprich Daten zu sammeln und auszuwerten!

Feste Dauer – Hunde trainieren, auf etwas oder jemand fokussiert zu bleiben

Für im Dienst eingesetzte Schutzhunde, die Personen attackieren sollen, ist es oft sehr schwer, leise und unbeweglich in einer Versteckposition zu bleiben, bis sie losgeschickt werden. Mit diesem Schema können wir sie trainieren, über einen festen Zeitraum in einer bestimmten Position zu bleiben. Wenn der Hund die Kriterien erfüllt, sagen wir einmal drei Minuten, wird er zum Angriff losgeschickt. Wenn er die Kriterien nicht erfüllt und nach zwei Minuten etwas anderes macht wie beispielsweise Aufstehen, Bellen, Winseln etc., wird er nicht losgeschickt, kann sich also auch keine Verstärkung holen.

Auch für unsere funkgelenkten Kamerahunde benutzen wir dieses Schema. Eine ihrer Aufgaben besteht darin, über längere Zeit in ein Fenster hineinzuschauen (damit die Kamera filmen kann, was drinnen zu sehen ist) oder ein Objekt längere Zeit anzuschauen.

Wir setzen also zum Beispiel eine Feste Dauer von einer Minute fest (FD1). Wenn der Hund eine Minute lang schaut / filmt und nichts anderes tut, verstärken wir. Falls er die Minute nicht schafft und für einen kurzen Moment in eine andere Richtung schaut, gibt es keinen Verstärker und wir beginnen wieder von vorn. Mit der Zeit bauen wir die Dauer immer länger aus. Wie bei jedem Training ist es auch hier extrem wichtig, ganz klar Kriterien für den Hund und den

Trainer zu haben – anderenfalls wird es einfach nicht funktionieren. Hund und Trainer müssen verstehen, was genau den Neustart der Übung verursacht hat und warum es keinen Verstärker gab.

Variable Dauer – das Schema für funkgelenkte Kamerahunde

Dieses Schema benötigen wir unbedingt, um funkgelenkte Kamerahunde für Einsätze trainieren zu können. Der Hund muss eine Zeitlang arbeiten, bevor er einen Verstärker bekommt – aber wann genau dieser Verstärker kommt, ist für ihn unvorhersehbar, denn die Zeitintervalle zwischen den Verstärkern wechseln die ganze Zeit. Der Unterschied zwischen variabler Dauer und variablem Intervall ist, welche Dauer man misst: Beim variablen Intervall ist die Dauer von Verstärkung zu Verstärkung unterschiedlich, bei der variablen Dauer geht es dagegen um die Zeit, die der Hund arbeitet und die veränderlich ist. So kann es zum Beispiel sein, dass der Hund erst zwei Minuten lang laufen muss, dann fünf und dann zehn Minuten lang in ein Gebäude hineinlaufen muss, bevor er seinen Verstärker bekommt. Das gleiche Prinzip kann man auch für das Training von Spürhunden anwenden: Suche einen kleinen Raum ab. Dann suche einen großen Raum ab. Suche einen kleineren Raum ab. Suche zwei große Räume ab – und so weiter.

Unsere Kamerahunde lernen, für eine bestimmte Zeit in ein Fenster zu schauen. Den Verstärker gibt es erst nach einer genau definierten Dauer.

Die drei W's – Hilfe für junge Trainer

Wir halten es am Anfang gerne einfach und erklären den jungen Trainern, dass sie sich an die drei großen W's erinnern müssen, um das Training immer spannend und interessant für die Tiere zu halten. Sicher wissen muss das Tier immer nur eins – dass irgendwann ein Verstärker kommt! Die Lösung, wie es ihn sich verdienen kann, muss es selbst finden. Das ist der magische Punkt im Training! Sobald die Grundlagen eines neuen Verhaltens erarbeitet sind, stellen wir immer sicher, dass die Hunde niemals wissen

- WANN Brückensignal und/oder Verstärker kommen
- WAS der Verstärker sein wird
- WO der Verstärker auftaucht

Der Hund muss also während des Arbeitens damit überrascht werden, dass ein Brückensignal oder Verstärker kommt. Auch das WAS ist wichtig: Variieren Sie Ihre Verstärker so, dass der Hund nie weiß, ob es Futter gibt, und wenn ja welches, ein Spiel oder etwas anderes. Und last but not least sollte er nie wissen, WO der Verstärker kommt: Auf der von ihm eingeschlagenen Route durch eine vorher platzierte Ballwurfmaschine oder einen versteckten Futterautomat? Oder nähert sich plötzlich ein bisher unbeteiligter Dritter und wirft dem Hund eine Belohnung hin? Oder ist es der Weg zurück zum Startpunkt, wo der Trainer sich plötzlich in einer anderen Position befindet und den Hund überrascht? Indem wir mit den drei großen W's spielen, können wir das Training für die Hunde sehr unvorhersehbar und spannend machen!

Information

Verstärker können vieles sein

Premack hat einmal gesagt, dass alles in der Umgebung als Belohnung verwendet werden kann. Verstärker sind also überall um uns herum! Es kann das Rollen im duftenden Gras, das Schwimmen im Teich, ein Loch graben im Sand, wie verrückt herumflitzen oder im Wald in einen Laubhaufen springen sein. Wir sind in der Auswahl der Verstärker oft nicht smart genug! Seien Sie kreativ, offen und haben Sie ein Auge für die Möglichkeiten. Und denken Sie daran, dass es nicht nur darum geht, welchen Verstärker Sie nutzen, sondern definitiv auch darum, *wie* Sie ihn präsentieren! Werfen Sie ihn, geben Sie ihn, lassen Sie den Hund danach suchen, spielen Sie damit, übergeben Sie ihn ruhig oder übergeben Sie ihn aufgeregt. Es gibt immer viele verschiedene Optionen! Viele Trainer sind sich dieser Möglichkeiten und ihrer Wirkung nicht bewusst, aber es macht für

den Hund einen großen Unterschied, wie Sie den Verstärker präsentieren!
Dazu gibt es übrigens auch ein häufiges Missverständnis, das manche Trainer aus den Hühnertrainingscamps mitnehmen: Dort ist eins der ersten Dinge, die sie lernen, beim Verstärken (Brückensignal + Futterbelohnung) immer möglichst still zu stehen, immer den gleichen Bewegungsablauf zu vollziehen und keine sonstigen körpersprachlichen oder stimmlichen Signale zu geben, die die Hühner fälschlich als Bestandteil des Prozesses betrachten könnten – denn das passiert tatsächlich schnell und ehe man sich's versieht, hat man ein Huhn, das zum Beispiel nur noch bei Kopfnicken des Trainers sein Target anpickt.

Verstärkung durch ausgelassenes Spiel ist in echten Einsätzen nicht immer möglich. Variieren Sie deshalb auch im Training die Art und Intensität der Verstärker.

Das heißt aber nicht, dass man später im wahren Leben seinen Hund nun immer roboterhaft und emotionslos verstärken soll, wie man das manchmal beobachten kann. Wie freudlos für den Hund! Stattdessen ist es wichtig, sich an die jeweilige Situation anzupassen: Wenn ich zum Beispiel eine neue Aufgabe trainiere, die sehr viel Konzentration und Präzision vom Hund verlangt, wie beispielsweise einen sehr kleinen Schalter umzulegen, dann achte ich während der einzelnen Durchgänge darauf, auch den Verstärker sehr ruhig, konzentriert und „still" zu geben, um den Hund in keinen ungewollten Erregungszustand zu bringen. Zu viel Bewegung, Emotion und Energie würden seine Konzentration jetzt stören. Vielleicht verwende ich sogar einen Futterautomaten in diesem Fall. Hat er aber am Ende seine neue Aufgabe erfolgreich erledigt, gehe ich sofort wieder dazu über, ihn auch persönlich mit Stimme, Bewegung, fröhlichem Gesicht und positiver Energie zu belohnen!

Auch aus einem anderen Grund ist es noch wichtig, Art und Intensität der Verstärker immer wieder mal zu variieren: In unseren verdeckten Einsätzen kommen wir öfter in Situationen, in denen wir uns unauffällig verhalten müssen. Oft können wir den Hund nach erfolgreicher Arbeit deshalb nicht lautstark loben oder minutenlang mit ihm Ball spielen, sondern ein leises Wort und ein kurzes Streicheln müssen es dann tun, obwohl die Leistung fantastisch war. Wäre das in Einsätzen öfter und im Training niemals so, bekämen wir nach und nach einen Hund, der in Einsätzen schlechter arbeitet als im Training, denn dort wird er ja schlechter verstärkt. Um dem entgegenzuwirken, sollte auch im Training ab und zu die Intensität der Verstärker variieren!

Bleiben Sie in Art und Intensität der Verstärker immer flexibel, der Situation angepasst und planen Sie voraus!

Soziale Verstärker

Auch soziale Verstärker können sehr mächtig sein und wir sind uns oft nicht bewusst, dass wir sie geben. Wir weisen Hundebesitzer im Training zum Beispiel oft darauf hin, dass sie ihren Hund nicht streicheln sollen, wenn sie den Durchgang wegen eines Fehlers abgebrochen haben und neu beginnen. Es ist ganz oft so, dass die Hundeführer in der Zwischenzeit, während sie auf Feedback von uns warten oder einen Neustart vorbereiten, mehr oder weniger unbewusst ihre Hunde streicheln. Sprich sie geben ihrem Hund in einem Moment, den wir gerade *nicht* verstärken möchten, einen sozialen Verstärker. Und für manche Hunde sind diese sozialen Verstärker sogar wichtiger als Futter!

Wir alle kennen inzwischen das Beispiel des an Menschen hochspringenden Hundes, dessen Motivation die soziale Verstärkung ist. Selbst wenn der Halter das Verhalten zu stoppen versucht, indem er den Hund anschreit oder wegschubst, springt dieser immer noch weiter hoch. Eine Berührung, Augenkontakt, nette Ansprache, Spiel oder Aufmerksamkeit sind alles soziale Verstärker und sehr wirkungsvoll. Um solche unerwünschten sozialen Verstärkungen zu vermeiden, nutzen wir in manchen Trainingssituationen ganz bewusst Futterautomaten oder Ballwurfmaschinen. Wenn der Hund einen Fehler macht oder besser gesagt die Kriterien nicht erfüllt, startet die Maschine nicht und es gibt keine Verstärkung und auch keine Interaktion mit einem Trainer, der sonst vielleicht das Futter in seine Tasche zurückstecken oder den Kong wieder wegstecken würde. Denn für manchen Hund ist es schon ein Verstärker, wenn der Trainer in die Trainingsumgebung hineintritt!

Verschlimmert man die Angst, wenn man einen ängstlichen Hund streichelt?

Öfter ist immer noch das Argument zu hören, man solle einen Hund, der z. B. Angst vor einem Gewitter hat, nicht streicheln, weil man sonst die Angst verstärken würde (in diesem Fall durch einen sozialen Verstärker). Stimmt das? Hierauf ein klares Jein! Entscheidend ist der kleine, aber feine Unterschied zwischen Mitgefühl und Mitleid: Wenn Sie mit dem ängstlichen Hund mitzittern und mitleiden, ihn möglicherweise schon beim ersten fernen Donnergrollen bedauern und ihm zu verstehen geben, dass wirklich alles ganz schlimm ist, dann ja, dann verstärken Sie seine Angst. Mit*fühlen* dagegen heißt, die Angst nicht zu ignorieren, sondern insofern anzuerkennen, als dass Sie dem Hund Sicherheit vermitteln: „Ich sehe, Du hast Angst. Das ist nicht schlimm. Die Situation ist ungefährlich und macht mir keine Sorgen. Ich bin hier, du bist sicher." Also ja, seien Sie für Ihren Hund auch mit körperlicher Nähe da, wenn er wirklich Angst hat, aber machen Sie kein unnötiges Aufhebens um die Situation und bleiben Sie souverän und ruhig.

Information

Emotionales Bankkonto

In meinem früheren Job gab es einen Manager, der sehr gut darin war, seine Mitarbeiter um Extra-Gefallen zu bitten und auch zu bekommen. Auch am Freitagnachmittag, wenn alle sich auf das Wochenende vorbereiteten, fand er immer jemanden, der eine wichtige Aufgabe noch fertigstellte. Oder wenn es irgendeine Krise gab, fand er jemanden, der Nachtschicht einlegte und das Problem bis zum nächsten Arbeitstag löste. Und wenn niemand Überstunden machen wollte, fand er andere, die die Arbeit gerne machten. Er erklärte mir einmal, dass er dies dem Guthaben auf dem emotionalen Bankkonto zu verdanken hätte, das er für seine Leute angelegt hatte. Ich denke, dass genau dieses Prinzip auch in den Beziehungen zwischen Menschen und Tieren eine Rolle spielt – dazu habe ich zu viele Berichte gehört, in denen um weit mehr als nur um Reiz / Signal und erwünschtes Verhalten ging. In den Beziehungen zu unseren Tieren gibt es immer wieder Momente, in denen sie uns ein ganz besonderes Verhalten schenken, ein ganz besonderes Gefühl oder eine ganz besondere Verbindung, die wir nicht trainieren können. Mir ist bewusst, dass diese Berichte anekdotenhaft, sprich unwissenschaftlich sind, aber ich habe diese Momente selbst oft genug erlebt. Ich mag die Vorstellung, dass ich das emotionale Bankkonto meiner Hunde auf langen Waldspaziergängen oder beim gemeinsamen Joggen auffülle und sie so oft wie möglich mit mir zusammensein lasse. Genau das ist auch einer der Gründe dafür, warum ich so viel positive Verstärkung in meinem Training nutze und das auch Ihnen empfehle: Sie bauen damit eine starke und verlässliche Bindung auf – und Sie bekommen jede Menge zurück!

Jackpots

Wenn Trainer von einem „Jackpot" sprechen, meinen Sie in der Regel, dass sie dem Tier viel Futterbelohnung auf einmal geben, wenn es etwas Außerordentliches geleistet hat: Sehr schnell gelaufen oder sehr hoch gesprungen ist, sehr viel Gewicht getragen hat, den Wettkampf gewonnen hat oder was auch immer. In der neueren wissenschaftlichen Literatur beschreibt Kennon A. Latall (Behavior Analysis in Practice 13, 1000 – 2008, 2020) Jackpots als große, seltene Verstärker und erklärt, dass es Ihnen, was Definition und Prozedere angeht, an Klarheit mangelt. Ich würde dazu folgende Frage stellen: „Werden Jackpots für außergewöhnliche Leistungen gegeben und verstehen die Tiere, dass sie für etwas Besonderes sind?" Oder ist das Geben eines Jackpots vielleicht eher etwas, das den Trainer zufrieden macht, quasi ein emotionales Statement dafür, dass er stolz und glücklich darüber ist, was das Tier gerade geleistet hat? Bei manchen Hunden ist es auch so, dass sie zwar das Futter mögen und den Jackpot fressen, aber eigentlich glücklicher über das nachfolgende Spiel oder die Aktivität als Verstärker sind? Was also ist ein Jackpot und was ist er wert? Ich denke, man kann nur sagen, dass zu diesem Thema noch mehr Forschungsarbeit geleistet werden müsste.

Aktivität als Verstärker

Verstärker wie Futter, Kong oder Tennisball sind altbekannt und wir alle wissen, dass Hunde gerne spielen und dass dies ein mächtiger Verstärker ist. Manche Menschen finden das Konzept der sozialen Verstärker etwas schwierig fassbar, aber man braucht beide Themen, um Aktivitäten als Verstärker besser zu verstehen. Als Erster hat uns Premack (s. S. 50) deren Wirkung erklärt. Wenn Sie Ihre Tiere genau beobachten, werden Sie herausfinden, welche Arten von Aktivität sie wirklich mögen. Eine der Fragen, die im Spürhundetraining oft an uns gestellt wird, ist: Soll ich den Hund nach dem Absuchen eines Raums verstärken, bevor wir weitermachen? Für einen Spürhund kann die Aktivität „Suchen" sehr belohnend sein. Das Gleiche lässt sich auch bei Fährtenhunden beobachten, wenn sie manchmal vor lauter Sucheifer das Objekt auf der Fährte überlaufen oder ignorieren. Sie möchten weitermachen, weil das Suchen ihnen so viel Spaß macht!

Bei unseren Mitmenschen wenden wir das Premack-Prinzip übrigens öfter an, ohne uns dessen bewusst zu sein. Eins der Kinder aus unserer Nachbarschaft liebt es zum Beispiel über alles, Papas Auto zu waschen. Als mir sein Eifer dabei einmal auffiel, fragte ich ihn, wieviel Geld er eigentlich dafür bekäme, weil ich im Hinterkopf die Idee hatte, ihn zu fragen, ob er vielleicht gegen Bezahlung auch mein Auto waschen möchte. Freudig berichtete er mir, dass sein Vater ihm fürs Autowaschen eine halbe Stunde mehr Spielzeit an der Xbox gab!

Verstärker-Hitliste Ihres Hundes

Bei der Wahl Ihrer Verstärker ist es wichtig, dass Sie wissen, was Ihr Hund möchte, denn am Ende spielt er all Ihre seltsamen kleinen Spiele nach dem Prinzip „Was habe ich davon?" (s. S. 80) mit. Sie müssen also sicherstellen, dass es für Ihren Hund auch interessant genug ist, die Arbeit für Sie zu tun.

Eins der Schlüsselelemente dazu ist Abwechslung: Immer noch begegnen uns in unserer Ausbildung Trainer, die beim nächsten Hund, der ihnen zugeteilt wird, einfach die gewohnten Verstärker weiterverwenden, die sie beim letzten Hund immer benutzt haben. Der Trainer entscheidet also, was der Verstärker für den Hund sein soll. Ja, die meisten Hunde mögen einen Tennisball, einen Kong oder etwas Futter, aber bekommen Sie damit wirklich die maximale Aufmerksamkeit *Ihres* Hundes? Suchen Sie den besten Verstärker für *Ihren* Hund aus und achten Sie dann darauf, auch etwas Abwechslung ins Spiel zu bringen und dass die Verstärker zur Situation und zum Erregungsniveau passen: (siehe S. 209 zum Thema hoch und niedrig aufgeladene Verstärker). Außerdem sollten Sie dem Hund eine kleinere Belohnung für eine einfache Aufgabe geben und eine größere für eine schwierigere.

Apropos Situation: Diese spielt eine wirklich wichtige Rolle! Stellen Sie sich vor, ein zwölfjähriger Junge trainiert mit seinen Kumpels im Fußballverein für ein wichtiges Spiel und die Mutter schaut zu. Der Junge stürmt vor und schießt ein Tor – und Mama kommt aufs Spielfeld

Ygor bekommt einen tollen Verstärker nach einem perfekten „Sitz".

gelaufen, küsst ihn auf die Wange, streicht ihm über den Kopf und gibt ihm einen Lutscher. Findet er das gut? Sicher nicht! Auch wenn er Lutscher sonst sehr gerne mag. Hunden geht es da nicht anders!

Wir versuchen immer, eine Liste der besten fünf Verstärker für jeden individuellen Hund zu erstellen. Diese bestimmen wir auf sehr einfache Art und Weise: Wir setzen den Hund in seine Box, wenn er das gewöhnt ist, oder bitten jemand, ihn zu halten. In etwa zwei Metern Entfernung vor den Hund legen wir fünf Verstärker nebeneinander auf den Boden, die wir zuvor mit Nummern versehen haben. von links nach rechts beginnen wir mit 1 Kong, 2 Tennisball, 3 Trockenfleisch, 4 Trockenfutter, 5 frisches Fleisch. Wir lassen den Hund frei und beobachten, was er wählt. Vermutlich prüft er alle und nimmt einen. Wenn er zum Beispiel Nr. 5, das frische Fleisch, wählt, wiederholen wir das Ganze: Der Hund geht wieder auf Startposition und auf Position 5 liegt ein neues Stück Fleisch. Wenn er sich wieder für 5 entscheidet, wissen wir, dass dies die Nummer eins auf unserer Hitliste und der beste Verstärker für diesen Hund ist. Nachdem der Hund zwei Mal Frischfleisch gewählt hat, lassen wir die Position Nr. 5 im nächsten

Durchgang leer. Jetzt sind nur noch vier Verstärker da. Für welchen entscheidet sich der Hund dieses Mal? Wiederholen Sie das wie oben und Sie wissen, was Nummer zwei auf Ihrer Liste ist. So erstellen Sie Ihre Liste der Top 5 (oder mehr) Verstärker für Ihren Hund.

No-Reward-Marker (NRM)/Negativmarker

Jetzt müssen wir uns noch anschauen, wie wir mit Situationen umgehen können, in denen KEIN Verstärker verdient wurde bzw. gegeben werden soll, der Hund diesen aber erwartet. Das kann einen echten Konflikt für den Hund bedeuten und das Vertrauen in sich selbst, den Halter und die Beziehung zu ihm kann unter Druck geraten. Es sind verschiedene Umstände denkbar, die zu diesem Moment des Nicht-Belohnens führen können.

Ein Beispiel: In der Spürhundearbeit zeigt der Hund an einem bestimmten Gegenstand an. Er scheint fest davon überzeugt zu sein, dass es der richtige ist, fokussiert ihn und friert ein. Gerade in dem Moment, als der Hundeführer bestärken möchte, bekommt er die Information, dass es sich um eine Fehlanzeige handelt und der Gegenstand nicht den gesuchten Geruch beinhaltet oder trägt. Was tun wir jetzt?

Oder der Hund soll im Unterordnungstraining mehrere verschiedene Signale hintereinander befolgen und erwartet am Ende eine Belohnung. Der Trainer hat aber ein paar Fehler gesehen und sich entschieden, nicht zu verstärken, denn man bekommt ja bekanntlich immer, was man verstärkt.

Oder was machen Sie, wenn Ihr Hund den Zielgeruch zwar identifiziert, aber anstatt passiv darauf zu reagieren am Gegenstand zu kratzen oder zu bellen beginnt?

In all diesen Beispielen haben Sie das Problem, dass der Hund „glaubt", wirklich richtig zu liegen. Wenn jetzt nicht verstärkt wird, könnte ihn dies auf die Idee bringen, dass Sie gerade an der Dauer trainieren. Oder wenn der Hund frustriert wird, muss er verstehen, was die Verzögerung in der Belohnung verursacht hat. Hier kommt es auf klare Kommunikation an.

Bei der Kommunikation im Tiertraining konzentriert man sich im Allgemeinen darauf, dem Tier mitzuteilen, dass es etwas richtig macht. Sei es durch ein Keep-Going-Signal, ein Brückensignal, Futter, Spiel, Körpersprache und so weiter. Aber ihm außerdem auch mitteilen zu können, das etwas nicht stimmt, kann dem Training enorm nutzen und es beschleunigen.

Wenn wir Trainer fragen, was sie machen, wenn ihr Tier die Kriterien erfüllt, wissen die meisten, was sie zu tun haben: Markern/überbrücken und belohnen. Aber wenn wir fragen, was passiert, wenn das Tier einen Fehler macht, wird es schwierig. Die meisten haben zwar eine vage Idee, was sie tun könnten, aber welche Schritte genau sie unternehmen könnten, was sie tun und sagen und wie sie reagieren sollen, ist unklar. Von Brené Brown stammt die Aussage „klar ist freundlich, unklar ist unfreundlich" – und das gilt auch für Hunde. Erinnern Sie sich an die Zeit, als Sie Autofahren gelernt haben? Es hat Ihnen damals sehr geholfen, Feedback zu bekommen, und zwar nicht nur dazu, was Sie gut, sondern auch dazu, was Sie falsch gemacht haben. Stellen Sie sich vor, Sie versuchen Ihr Bestes zu geben, aber der Fahrlehrer sagt die ganze

Zeit über nichts, bis er an irgendeinem Punkt der Strecke abrupt in die Bremsen tritt und Ihnen sagt, dass Sie wieder zum Startpunkt zurückfahren und die Route nochmal fahren sollen. Sein Schweigen hat sie verunsichert und Ihnen keine Information darüber gegeben, was Sie möglicherweise falsch gemacht haben. Klare Kommunikation, und zwar auch darüber, was man falsch macht, hilft dabei, das richtige Verhalten zu definieren. Das ist nicht nur wichtig, sondern sogar unerlässlich für den Lernprozess!

Fehler ist nicht gleich Fehler. Ein Spürhund kann an einem Line-up eine falsch positive Anzeige (an einem Verleitungsgeruch) oder eine falsch negative Anzeige (Zielgeruch verfehlt) machen. Ein Sprengstoffspürhund kann an einem Koffer im Flughafen anzeigen, in dem nichts gefunden wird. Ein Hund kann im Unterordnungstraining aus dem „Platz" aufstehen und zu seinem Hundeführer gehen. Oder er steht auf, um der vorbeirennenden Katze hinterherzujagen. Unterschiedliche Fehler verlangen auch unterschiedliche Herangehensweisen, und Schweigen ist nicht immer die beste Form der Kommunikation in diesem Fall. Es geht uns leicht von der Hand, ein Brückensignal für gutes Verhalten zu nutzen, warum also verwenden wir nicht auch ein Signal, um unserem Hund zu sagen, dass jetzt KEINE Belohnung kommt? Das ist der No-Reward-Marker (NRM), also der Marker für „Keine Belohnung" – auch als „Negativmarker" bezeichnet. Wir möchten keinerlei Strafe mit ihm verknüpfen bzw. konditionieren, sondern dem Tier lediglich mitteilen, dass es ab diesem Punkt seine Energie umsonst verschwendet und nichts von uns zu erwarten hat.

Bei uns ist der NRM ein Wort. Das haben wir immer „dabei" und können es im Gegensatz zu irgendeinem Gegenstand nicht vergessen. Außerdem können wir Lautstärke, Betonung und Länge variieren. Wir sagen ein freundliches, leises „no no" genau an dem Punkt, an dem der Hund die Kriterien nicht erfüllt. Das ist eine klare Kommunikation für ihn und er bekommt danach weitere Hilfe in Form eines weiteren Signals, eines Keep-Going-Signals (s. S. 234) oder eines Resets zurück zum Start. Sie erinnern sich daran, wie gut Hunde darin sind, unsere Worte und deren Intonation wahrzunehmen. Das gibt uns die Möglichkeit, ein lauteres oder schärferes „NO!" zum Abbruch eines Verhaltens zu verwenden, wenn es gerade gefährlich für den Hund wird – wenn er sich zum Beispiel gerade anschickt, auf eine stark befahrene Straße oder einen Abgrund zuzurennen, teure Gegenstände umzuwerfen droht, etwas Giftiges ins Maul nimmt, gleich auf Glasscherben zu treten droht und so weiter und so fort. Hier wird der feine Unterscheid zwischen einem Negativmarker und einer konditionierten Strafe deutlich.

Wenden Sie diese Prozeduren immer mit Bedacht an. Verhelfen Sie dem Hund immer zum Erfolg, machen Sie die Schritte klein und überprüfen Sie Ihre Daten!

Mentale Anker

Wenn wir über Verstärker, Verstärkungspläne und Negativmarker sprechen, geht es immer darum, wie man das gewünschte Verhalten bekommt oder besser gesagt einfängt, indem man Belohnungen gibt oder vorenthält. Das letztendliche Ziel ist es, unsere Hunde dazu zu bringen, sich auf die Arbeit zu konzentrieren, Ablenkungen zu ignorieren und uns das erwünschte

Unser kleiner Champion Todd zeigt den mentalen Anker.

Kamerahund Ops ist auch mental bereit zum Einsatz.

Verhalten zu geben. All das kann in einer Umwelt voller Ablenkungen schwierig sein. In unserer menschengeprägten Welt sind Hunde ständig von Geräuschen, Gerüchen, sich bewegenden Menschen, Straßenverkehr, anderen Tieren und vielem mehr umgeben. Mentale Anker können ihnen dabei helfen, besser konzentriert zu bleiben. Sie dienen einfach als Referenzpunkt in einer hektischen, stressigen Umgebung. Sie sind so wie für uns in stressigen Momenten die Hand eines Freundes auf unserer Schulter, den wir respektieren und dem wir vertrauen. Wir fühlen uns nicht mehr allein, finden einen Moment Ruhe und können uns auf unseren nächsten Schritt konzentrieren.

Wir konditionieren entsprechende mentale Anker für unsere Hunde, denn sie können nicht lernen, wenn sie zu aufgeregt oder in einer zu gedrückten Stimmungslage sind. Deshalb ist es immer gut, die Hunde in die richtige Gemütsverfassung zu bringen, bevor wir beginnen. Das Ganze ist aber mehr als nur ein Startritual, denn es hängt davon ab, wie sehr der Hund von der Trainingsumgebung beeinflusst ist.

Unsere Einsatzhunde arbeiten in sehr intensiven Situationen mit Gewehrschüssen, Explosionen oder schreienden Menschen. In diesen Fällen ist es besonders gut, ihnen einen Ankerpunkt zu geben, bevor sie in den Einsatz geschickt werden, um ihren Job zu machen. Es ist für sie so, als wenn wir für einen kurzen Moment die Augen schließen und tief durchatmen. Dafür, wie man einen mentalen Anker konditionieren kann, gibt es verschiedene Möglichkeiten: wir bevorzugen es, den Hunden unsere offene Handfläche anzubieten. Sie lernen, Ihr Kinn auf Signal auf unsere Hand zu legen und dort für ein paar Sekunden zu ankern, bevor sie ihre Arbeit beginnen.

14

Lernen ermöglichen

Lernen hat etwas mit einer Veränderung im Verhalten zu tun. Es gibt keine strikte Definition dazu, was Lernen ist. Allerdings können wir ohne, dass eine Veränderung im Verhalten stattgefunden hat, niemals sagen, dass das Individuum etwas gelernt hat. Aber Achtung, es muss sich um ein Verhalten handeln, das nach der Lernphase *mehr* geworden ist. Wenn ein Tier nur einmal etwas tut, können wir nicht sicher sein, dass es etwas gelernt hat. Neben dem Lernen kann auch Lehren schwierig zu beschreiben sein, weil es keine Übereinstimmung darin gibt, was eine gute Lehrpraxis ist.

Es gibt viele Tiertrainer da draußen. Aber sind sie auch in der Lage, Ihnen als Trainer das beizubringen, was Sie brauchen und möchten? Oder Ihren Hund bis zu dem Niveau zu trainieren, das Sie erreichen möchten?

Bevor wir also in die „Lernentwicklung“ eintauchen, müssen wir verstehen, was Lehrer und Trainer mit an den Tisch bringen können. Was ist Lernen? Was können wir erwarten? Wie erkennen wir guten und schlechten Unterricht? Mit welchem Equipment arbeitet ein guter Lehrer?

Ein Lehrer wird benötigt, um Informationen zu übermitteln. Gute Lehrer werden in Ihnen immer den Wunsch wecken, mehr wissen zu wollen und Sie neugierig darauf machen, was noch alles möglich ist. Ein guter Lehrer nimmt Sie bei der Hand und macht Ihnen Mut, aus Ihrer Komfortzone herauszukommen. Er stellt Sie vor Herausforderungen. Ein solcher Lehrer kann einen enormen Unterschied für Sie bewirken! Aus diesem Grund brauchen wir unbedingt fähige Lehrer. Beim Lehren und Lernen geht es nicht nur darum, Informationen in den Köpfen der Schüler zu speichern. Wichtig ist vielmehr, dass die Information auch herauskommt und genutzt wird, wenn sie gebraucht wird, sodass sie im Einsatz, im Wettbewerb, in der gegebenen Situation oder Aufgabe auch hilft. Zweifellos kann man sagen, dass Lehren eine Kunst ist!

Sichere Lernumgebung

Wichtig ist, eine sichere Lernumgebung zu schaffen. Die Atmosphäre im Unterrichtsraum und draußen auf dem Trainingsplatz ist ein wichtiger Einflussfaktor für die Schüler – nicht nur für die zwei-, sondern auch für die vierbeinigen. Ich habe viele verschiedene Unterrichtsumgebungen auf der ganzen Welt gesehen und immer wieder festgestellt, wie wichtig dieser Punkt ist. Wenn die Lernumgebung durch Ego, Scham- oder Schuldgefühle belastet ist, schafft das Spannungen, die leicht von uns und den Tieren wahrgenommen werden. Hiermit haben wir eine wichtige Zutat zu erfolgreichem Lernen identifiziert! Stellen Sie sicher, dass alle sich gut, sicher und bereit zum Lernen fühlen. Schaffen Sie eine Umgebung, in der mit den Trainern und Tieren interagiert werden kann und bedenken Sie auch die Tatsache, dass unser Gehirn Orte mit Aktivitäten verbindet. Wenn beispielsweise Menschen dazu neigen, überall in ihrem Haus zu arbeiten – auf dem Sofa, am Küchentisch etc. – wird es für sie schwieriger, zuhause zur Ruhe zu finden. Das Gleiche gilt auch für Tiere. Wenn wir eine Lernumgebung schaffen, sollte sie mit positiven Emotionen und nicht vielen anderen Aktivitäten (wie etwa Fellpflege o.ä.) angefüllt sein.

Zum Lernen gehört eine sichere Lernumgebung. Das meint nicht nur die Räumlichkeiten, sondern auch eine druck- und spannungsfreie Atmosphäre.

Die vier Phasen eines Lernprozesses

Im Allgemeinen können wir beim Lernen vier Phasen unterscheiden. Nehmen wir einmal das Verhalten „Sitz" als Beispiel. Wenn wir damit beginnen, einem Hund „Sitz" beizubringen, hat er zunächst keine Ahnung, was er tun soll. Es gibt mehrere Möglichkeiten, einem Hund das „Sitz" zu lehren – wir bevorzugen die Methode des Lockens mit Futter.

1) Ein neues Verhalten lernen

In dieser Phase lernt der Hund ein neues Verhalten. Er muss herausfinden, was er tun soll, wie er seinen Körper bewegen soll und vieles mehr. Wenn wir ein leckeres Stückchen Futter in die Hand nehmen und es dem Hund über den Kopf halten, können wir ihn leicht in die Sitz-Position locken. Sobald sein Hinterteil den Boden berührt, öffnen wir die Hand. Der Hund bekommt das Futter und beginnt zu verstehen, wie er unsere Hand mit dem Futter darin „öffnen" kann.

2) Das Verhalten beherrschen

Der Hund beginnt zu verstehen, was er tun soll und wie er sich bewegen muss. Er reagiert schneller, intensiver und bleibt länger sitzen. Das Verhalten „Sitz" wird flüssiger beherrscht.

Es ist wie ein Aha-Moment. Das Locken mit Futter wird nun nicht mehr benötigt, der Hund scheint zu verstehen, was er tun soll. Er beginnt, das Verhalten vorwegzunehmen – das ist der Moment, in dem wir anfangen können, das Verhalten unter Signal zu setzen, d. h. ein Hör- oder Sichtzeichen hinzuzufügen.

3) Generalisierung des Verhaltens
Nun fragen wir das gleiche Verhalten „Sitz" in unterschiedlichen Situationen ab. Wir können den Hund in eine andere Umgebung bringen – anstatt nur noch im Wohnzimmer zu üben, gehen wir hinaus in den Garten. Wir üben „Sitz" auf unterschiedlichen Untergründen und können zum Beispiel auch verlangen, dass der Hund sich auf Plattformen, Kisten oder Gegenstände setzt. Kurzum: Wir tun alles dafür, dass der Hund „Sitz" unter allen nur denkbaren Umständen und mit allen möglichen Ablenkungen drumherum lernt.

4) Aufrechterhalten des Verhaltens
Wir haben nun also geübt, dass der Hund sich unter allen möglichen Umständen schnell und zuverlässig hinsetzt. In dieser Phase achten wir auf seine allgemeine Leistung: Wie oft pro Woche müssen wir trainieren, damit das „Sitz" weiterhin genauso schnell und zuverlässig und mit der gewünschten Dauer erfolgt?

Soziales Lernen

Kurz gesagt bedeutet dies, dass das Tier zum Nachahmen eines Verhaltens motiviert wird, das von einem anderen Lebewesen gezeigt wird. Thorndike hat hierzu schon eine Reihe von Studien durchgeführt, konnte aber nicht nachweisen, dass Hunde durch Beobachtung lernen können. Aber im Jahr 1996 schaffte Vauclair den wissenschaftlichen Beweis, dass Lernen durch Beobachtung bei vielen verschiedenen Spezies wie Menschenaffen, Vögeln, Delfinen, jungen Hunden und anderen möglich war.

Heute sehen wir im Hundesport auf der ganzen Welt eine Menge Hundeführer, die nach dem von Claudia Fugazza eingeführten Prinzip „Do as I do" arbeiten. Sie hat ein Buch darüber geschrieben, in dem sie erklärt, wie viel Spaß es macht, auf diese Weise mit seinem Hund zu trainieren. Sie führte „Do as I do" als eine neue Möglichkeit ein, dem Hund beim Lernen zu helfen. Soziales Lernen ist nichts Neues: Es ist eine der Grundlagen des Überlebens. Welpen ahmen die Verhaltensweisen ihrer Eltern und Geschwister in Jagdspielen nach und entdecken die Welt um sie herum. Wir nutzen das soziale Lernen, wenn wir neue Fähigkeiten wie zum Beispiel das Berühren eines Targets üben möchten. Wenn wir das Target sehr interessiert anschauen und es berühren, wird unser Hund unser Verhalten nachahmen. Wenn wir dann seine Versuche durch Brückensignal in Richtung des gewünschten Verhaltens formen, erhalten wir sehr schnell unser Zielverhalten „Berühre das Target". Aber hier haben Wissenschaftler wie Thorndike eine andere Idee vom sozialen Lernen als viele Hundetrainer.

Stellen Sie sich vor, Sie trainieren „Target anstupsen" mittels Versuch und Irrtum. Wenn der Hund das Verhalten perfekt beherrscht, setzen Sie ihn in einen Raum, der in der Mitte durch eine Glasscheibe geteilt ist. Auf die andere Seite der Scheibe kommt ein Hund, der das Verhalten „Target" noch nie gezeigt hat. Nun lassen Sie den untrainierten Hund zuschauen, wie der bereits trainierte das Target berührt. Ohne jegliche Hilfestellung eines menschlichen Trainers wird dieser Hund vermutlich nie ein gutes Targetverhalten lernen und es wird wahrscheinlich nicht passieren, dass der neue Hund nur durch Zuschauen alle Details des Verhaltens vom trainierten Hund abschaut. Hier werden also die Paradigmen in Sachen „Lernen durch Beobachtung" zwischen Wissenschaftlern und Hundetrainern kollidieren. Natürlich schauen Hunde auf uns Trainer, aber auch auf andere Hunde. Sie kopieren Teile des Verhaltens, das sie sehen – aber sie werden nie das Niveau an Nachahmung erreichen, das wir beispielsweise bei Meeressäugern sehen. Delfine zum Beispiel sind in der Lage, das Verhalten anderer Delfine allein durch Beobachtung und Kommunikation untereinander exakt nachzuahmen – ohne Hilfe eines Trainers.

In Borneo hat man einmal eine sehr interessante Beobachtung gemacht und einen Orang Utan dabei fotografiert, wie er einen Speer zum Fangen von Fisch benutzte. Man kann das Foto leicht über Google Bildersuche finden. Der Orang Utan muss sich das Verhalten bei Menschen abgeschaut haben, denn es gibt keine bekannten Berichte dazu, dass Menschen je Orang Utans beigebracht hätten, wie man Fische mit Speeren fängt.

Das beeindruckendste Beispiel für soziales Lernen habe ich bei Meeressäugern wie Delfinen gesehen. In Delfinarien in den Niederlanden und auf Hawaii konnte ich beobachten, wie schnell diese Tiere voneinander lernen. Wenn wir einen Delfin baten, uns ein paar beliebige Verhaltensweisen zu zeigen und diese bestätigten, zeigte der andere ohne jede Aufforderung exakt das gleiche Repertoire.

Soziales Lernen ist aber nicht immer positiv: Tiere können auch von anderen lernen, Stress oder Angst zu empfinden. Wenn ein Hund vor etwas Angst hat, kann es sein, dass ein anderer sein Verhalten kopiert. Wenn ein Freund seinen Hund mit zu Ihnen nach Hause bringt, kann es sein, dass sich Ihr Hund schlechte Verhaltensweisen von diesem abschaut: Wenn er plötzlich beginnt, Reste aus dem Mülleimer zu stehlen oder Löcher im Garten zu buddeln, wissen Sie, was passiert ist.

Lernen und Aufmerksamkeit

Ohne Aufmerksamkeit gibt es keinen Lernprozess. Die Erfahrungen aus der Umgebung werden im Verstand oder besser gesagt Gedächtnis des Tieres verarbeitet. Es geht nicht nur um Signale, die vom Trainer gegeben werden, sondern auch die Umwelt hält viele Signale in Form von Geräuschen, Gerüchen, Temperatur, Wind, Berührung, Regen, Bodenbeschaffenheit, Kontakt, Farben, anderen Tieren und vielem mehr bereit. Neben diesen vom Trainer oder aus der Umwelt stammenden Signalen spielt außerdem die jeweilige Motivation des Tieres eine Rolle, und wie wir alle wissen, kann diese variieren und sich sehr schnell ändern. Aggressive Hunde halten nach einer Rauferei Ausschau. Ängstliche Hunde sind damit beschäftigt, Schwierigkeiten aus dem Weg zu gehen. Hungrige Hunde sind sehr mit Futter beschäftigt, soziale Hunde mit anderen Hunden und Menschen. Diese und andere Umstände verändern die Motivation und die Aufmerksamkeit. Stellen Sie sicher, Ihr Training und Ihre Trainingsumgebung so aufzubauen, dass Sie die maximale Aufmerksamkeit von Ihrem Hund bekommen können, insbesondere zu Beginn, wenn er ein neues Verhalten lernen soll und all die Ablenkungen um sich herum nicht verarbeiten kann.

Fehlerfreies Lernen

Wir versuchen stets, unsere Tiere auf den Weg des Erfolgs zu bringen, sprich wir gestalten unser Training und unsere Trainingsumgebung so, dass das Tier Erfolg haben wird. Hilfestellungen und Signale werden so allmählich ausgeschlichen, dass Fehler vermieden werden. Auf diese Weise erreichen wir eine Situation, die viele Menschen gern als „fehlerfreies Lernen“ bezeichnen. Aber Achtung, Lernprozesse bestehen auch aus Versuch und Irrtum, weshalb wir diesem Thema etwas mehr Aufmerksamkeit widmen müssen.

Herbert Terrace hat im Jahr 1963 eine interessante Studie mit Tauben durchgeführt, in der es darum ging, dass sie Rot und Grün unterscheiden lernen sollten. Zuerst wurden die Tauben auf konventionelle Art und Weise trainiert: Sie lernten, einen roten Punkt anzupicken und dafür eine Futterbelohnung zu erhalten. Als sie dieses Verhalten sicher zeigten, wurde ihnen ein grüner Punkt präsentiert. Natürlich pickten sie zunächst auch diesen an, bekamen aber dafür kein Futter. Nach und nach pickten sie den grünen Punkt weniger an, weil daraufhin keine Belohnung folgte. Dies ist der konventionelle Weg, wie man eine Diskriminierungsaufgabe, also eine Unterscheidungsaufgabe, trainiert. In dieser Studie pickten die Tauben den grünen Punkt sehr oft, an, 3000 Mal in 28 Trainingssitzungen, bevor das Verhalten verschwand.

Im zweiten Teil des Versuchs bekamen die Tauben (diesmal andere) Hilfestellung: Die visuellen Reize (roter und grüner Punkt) variierten in Farbintensität und Dauer, in der sie gezeigt wurden. Der rote Punkt erschien zum Beispiel 5 Sekunden lang und leuchtend rot, während der grüne zuerst nur 0,5 Sekunden lang und sehr dunkel gezeigt wurde. Erst später wurde auch dieser 5 Sekunden lang und leuchtend grün gezeigt. Mit dieser Strategie der Fehlervermeidung gab es nur 25 falsche Reaktionen auf den grünen Punkt in 28 Trainingssitzungen. Terrace's Schlussfolgerung: Fehler sind nicht zum Lernen notwendig. Ein weiterer großer Vorteil der Fehlerfrei-Methode ist, dass die Tiere nicht beginnen, aus Frustration „aggressive“ Verhaltensweisen zu zeigen, wie es beim konventionellen Training von Unterscheidungsaufgaben der Fall sein kann. So wird das Training der Unterscheidungsaufgabe niemals aversiv und Terrace stellte 1972 die Theorie auf, dass die Leistung in Unterscheidungsaufgaben mit dieser Methode langfristig besser ist.

Lernen durch Konsequenzen

Wenn wir verstehen, dass ein Lernprozess durch positive und negative Konsequenzen stattfindet, dann verstehen wir auch, dass Tiertraining nicht allein mit nur positiven oder nur negativen Konsequenzen gestaltet werden kann.

Eine Konsequenz ist eine Auswirkung, die angenehm oder unangenehm sein kann. Beides kann aber auch miteinander in Verbindung stehen. Wenn wir zum Beispiel mit einer entzündeten Zahnwurzel zum Zahnarzt gehen und dieser den Zahn zieht, ist das zunächst unangenehm. Aber ein paar Stunden später sind unsere Schmerzen geringer als vor dem Zahnarztbesuch. In diesem Moment ändert sich die unangenehme Konsequenz in eine angenehme! Konsequenzen sind nicht schwarz-weiß, sondern es ist eine Frage dessen, wie das Individuum sie empfindet. Wie sind Vorerfahrung und aktuelle Verfassung des Empfängers? Was ist der Kontext? All das spielt eine wichtige Rolle im Lernprozess.

Im Tiertraining sprechen wir oft von der „Black Box". Ein Reiz (oder Signal) geht hinein, aber das Verhalten, das auf der anderen Seite herauskommt, ist nicht immer das gleiche. Wir wissen nicht genau, was im Gehirn des Empfängers (der Black Box) exakt vor sich geht. Wenn wir in einen Supermarkt gehen, wird unsere Kaufentscheidung durch Werbung, Platzierung der Produkte oder Preis beeinflusst. Neben all diesen äußeren Einflüssen wird aber auch unsere Stimmungslage unser Verhalten beeinflussen. Wenn wir hungrig sind, werden wir mehr Lebensmittel kaufen.

Auch der Grad der Intelligenz spielt eine Rolle. Stellen Sie sich nur einmal vor, wir Menschen müssten alles selbst ausprobieren und erfahren, um zu wissen, was zu angenehmen und was zu unangenehmen Konsequenzen führt. Wir würden das ganze Leben dafür brauchen, um zu lernen, wie man in einem kleinen Habitat überlebt, welche Nahrung gut für uns ist und welche uns krank macht, wie wir ein Lager für die Nacht finden können und wie wir Feuer machen können, um uns warmzuhalten. Wie wir Schmerzen vermeiden und Vergnügen empfinden können. Als intelligente Menschen können wir all das von anderen lernen und unsererseits Wissen an andere weitergeben. Aber es gibt auch etliche intelligente Tiere: Nicht nur Primaten fertigen nach der Beobachtung von Wissenschaftlern einfache Werkzeuge an, um Nahrung zu gewinnen. Auch viele Vögel nutzen ihre intelligenten Gehirne, um unangenehme Konsequenzen zu verhindern und angenehme Dinge zu erfahren – wie zum Beispiel, andere Vögel beim Verstecken ihres Futters zu beobachten, um hinterher deren Verstecke zu plündern.

Berühmt geworden ist auch das Beispiel der Blaumeisen in England, die gelernt hatten, die Alufolie, mit der die traditionell vom Milchlieferanten vor die Haustür gestellten Milchfalschen verschlossen waren, mit dem Schnabel aufzupicken. Die Vögel schauten sich das Verhalten voneinander ab und bald gab es in dieser Region eine ganze „Kultur" von Blaumeisen, die Spezialisten im Aufpicken von Milchflaschen waren.

In manchen Studien hat man das Intelligenzniveau von Hunden mit dem drei- bis vierjähriger Kinder verglichen, was die Reflexion über die Konsequenzen des eigenen Verhaltens angeht. Kleinkinder lernen, dass der heiße Heizkörper wehtun kann, wenn sie ihn anfassen. Wenn sie sich ihm das nächste Mal nähern und seine Wärme spüren, werden sie sich an die

Lernen durch Konsequenzen

unangenehmen Folgen erinnern und ihn nicht anfassen. Sie können dieses Ereignis auch auf andere Zusammenhänge verallgemeinern – zum Beispiel andere Häuser mit anderen Heizkörpern, die etwas anders aussehen. Stellen Sie sich nun vor, jemand (wie alle Eltern es tun würden) ruft dem Kind kurz vor der Berührung „Nein!“ zu. Weil das kleine Kind noch nicht weiß, was „Nein!“ bedeutet, fasst es den Heizkörper an, verbrennt sich die Finger, erinnert das als unangenehm und lernt nicht nur, dass ein heißer Heizkörper Probleme bedeutet, sondern auch, dass „Nein!“ Probleme bedeutet.

Diese Prozedur der „Konditionierung von Konsequenzen“ funktioniert natürlich genauso für angenehme Erfahrungen. Wenn der Hund auf „Hier!“ reagiert und ein tolles Stück Wurst bekommt, kommt er das nächste Mal schneller zu seinem Besitzer zurück. Ein Stück Fleisch vom Küchentisch zu stehlen ist für ihn sehr angenehm und das „Nein!“ wird ignoriert. Wenn auf das „Nein!“ und das Stehlen aber unangenehme Konsequenzen folgen, wird der Hund ebenfalls lernen.

Wie diese Diskussion die Trainingsgemeinde beeinflusst

Die mitunter verbittert geführte Diskussion zwischen reinen Positiv-Trainern, Sowohl-als-auch-Trainern und solchen, die nur mit Strafe arbeiten, finde ich bedenklich, denn sie trägt nicht dazu bei, dass wir voneinander lernen oder mehr über das Tiertraining verstehen. Vielmehr polarisiert sie nur zwischen diesen Gruppen und spaltet die Tiertrainer-Gemeinde in zwei Lager. Das hilft weder der Sache noch den Tieren. Es ist mitunter erstaunlich, wie die Verteidiger beider „Lager" auf die Barrikaden gehen, um zu beweisen, dass sie Recht haben und die anderen Unrecht.

Ganz ähnlich ist es übrigens mit der Diskussion über das Rauchen: Diejenigen, die die Raucher am fanatischsten angreifen und verurteilen, sind meistens die, die früher selbst geraucht haben, bevor sie dieses ungesunde Verhalten aufgegeben haben. Manche der Menschen mit dem meisten Einfluss in der Hundeszene tun das Gleiche. Sie haben sich und ihrem Unternehmen vor vielen Jahren einen Namen gemacht, indem sie strafbasierte Methoden zur Korrektur von allen möglichen Problemverhalten anwendeten. Mit den emotionalen Diskussionen in den sozialen Medien konfrontiert, möchten sie nicht öffentlich über „Problemverhalten" sprechen und haben sich zu fanatischen Befürwortern eines rein positiv geprägten Trainings gewandelt. Problematisches und unerwünschtes Verhalten wird nun einfach ignoriert. Wenn ein Hund draußen aggressives Verhalten gegenüber einem anderen Hund zeigt, ignorieren sie es und nehmen eben einfach einen anderen Weg. Wenn Hunde auf den Rückruf nicht kommen, weil sie im Wald lieber dem Wild hinterherjagen, werden sie eben einfach nicht mehr von der Leine gelassen. Wenn der Hund Essen vom Tisch stiehlt, schaut man eben, dass man schneller isst als er. Natürlich „löst" dies Probleme, aber es schafft auch Problemhunde. Viele dieser Hunde werden irgendwann von ihren Familien ausgeschlossen, die meiste Zeit über in einen Zwinger gesperrt und nur noch kurz spazieren geführt. Oder sie enden im Tierheim oder werden sogar euthanasiert. Gutes Training und das Setzen einiger Grenzen würden das verhindern, die Probleme lösen und dem Hund ein besseres Leben ermöglichen!

Wenn unerwünschtem Verhalten niemals Grenzen oder negative Konsequenzen gegenübergestellt werden, können Hunde zu Problemhunden werden. Wobei „Grenzen setzen" nicht automatisch mit irgendwelchen aversiven Einwirkungen einhergeht – es geht einfach um Regeln und deren Einhaltung, mehr dazu ab S. 237.

Achtung: Schon der Begriff „unerwünschtes Verhalten" ist Treibstoff für emotional geführte Diskussionen. Was ist „unerwünscht"? Das ist oft eine Frage der Perspektive des Halters! Es geht im Grunde nur darum, wie wir Verhalten beobachten, analysieren und wahrnehmen und mit unserem Wissen, unserer Erfahrung, unserem Denken oder unserer Stimmung in einer gegebenen Situation kombinieren. Ja, genau – damit wird die Definition, was „unerwünscht" ist, sehr subjektiv.

Ich erinnere mich an einen jungen Labrador, der alle in seiner Familie in den Wahnsinn trieb, weil er alles, was er im Haus finden konnte (und nach seinen Menschen roch), in sein Körbchen schleppte: Sämtliche Schuhe, die Fernbedienung des Fernsehers, dann die Autoschlüssel und so weiter. Als er irgendwann damit begann, seine „Eroberungen" zu verteidigen und auch ein iPhone kaputtmachte, hatte die Familie genug und gab ihn ins Tierheim ab. Sein Verhalten war „unerwünscht".

Wenige Wochen später wurde der gleiche Hund von einem Polizeibeamten adoptiert, der gerade auf der Suche nach einem neuen Junghund für die Ausbildung zum Drogenspürhund war. Nach nur drei Monaten war dieser Labrador der beste Drogenspürhund der Einheit. Also Achtung, bevor Sie ein Verhalten als „unerwünscht" betiteln – viel hängt von den Umständen, den Auslösern und vielem mehr ab.

Aber natürlich wird es Momente geben, in den wir unerwünschtes Verhalten identifizieren. Wir können uns dazu entscheiden, es zu ignorieren – aber das wird ab dem Moment unmöglich, wenn das Verhalten für den Hund selbst, für Menschen oder andere Tiere um ihn herum gefährlich wird oder Gefahrensituationen hervorruft.

Nehmen wir als Beispiel für unerwünschtes Verhalten einmal an, dass ein Hund Besucher anknurrt. Er hat schnell gelernt, dass das Anknurren von Besuch im Haus sich für ihn lohnt, denn die Menschen bekommen Angst und geben dem Hund, was er möchte. Solche Hunde lernen auch, dass es in Ordnung ist, draußen auf dem Spaziergang mit anderen Hunden zu raufen und dass es akzeptabel ist, den Besitzer zu ignorieren. Sie reagieren weder auf „Hier!" noch auf andere Grundkommandos und sind so möglicherweise eine Gefahrenquelle im Straßenverkehr. Sie gefährden potenziell nicht nur das Leben anderer, sondern auch das eigene. Grenzen zu setzen ist nichts Schlimmes, sondern nötig! Und damit wir uns nicht falsch verstehen: Nicht nur für Hunde, auch für Menschen gibt es Grenzen im Leben. Wenn wir ein Stoppschild ignorieren, kassieren wir einen Strafzettel oder kommen bei einem Unfall ums Leben.

Ein gut trainierter Hund ist ein Vergnügen für die ganze Familie. Er reagiert auf die Grundkommandos und ist sich der Tatsache bewusst, dass es im Leben Grenzen gibt. Diese Grenzen sind Gegenstand von Diskussionen, sie lösen Emotionen und Frustrationen aus.

Für manche Menschen ist es in Ordnung, wenn ihr Hund sehr viel bellt, für andere ist es ein Problem. Wir möchten nicht, dass unser Hund im Wald Wild hetzt, aber manche machen sich nichts daraus und betrachten es als zusätzliche Bewegung für ihren Hund. Es gibt keine allgemeingültige Definition für einen gut trainierten Hund, weil wir alle unterschiedliche Beziehungen zu unseren Hunden und unterschiedliche Meinungen haben. Aber wir können alle verstehen, dass ein gut trainierter Hund einer sein muss, der sich auch in schwierigen Situationen zu benehmen weiß. Er zettelt keine Rauferei an, stiehlt kein Essen aus der Küche, bellt nicht exzessiv, ist nicht aggressiv gegenüber Menschen und grundsätzlich gehorsam. Ein solcher Hund wird Teil der Familie sein und nicht ausgeschlossen werden. Er wird alltagstauglich sein, was wiederum bedeutet, dass er genug Aufmerksamkeit, Bewegung und die Freiheit bekommt, draußen zu schnüffeln, frei zu laufen, Dinge zu entdecken, zu spielen, Kontakte zu knüpfen und vieles mehr.

Mehr zu Problemverhalten und dem Umgang damit lesen Sie übrigens auch ab S. 193.

Rein positives Training kann nicht alle Probleme lösen

Manche Verhaltensprobleme können durch rein positives Training nicht mehr gelöst werden – hier wären die richtigen Präventivstrategien im Training mit dem individuellen Hund gefragt gewesen.

Ein Hund, der auf einem Spaziergang eine Katze jagt, stellt und tötet, ist nicht an einem positiven Verstärker interessiert, den der Besitzer ihm anbietet, wenn er die Katze loslässt. Ein Hund, der eine Schafherde über eine Verkehrsstraße hetzt, reagiert nicht für einen Keks auf „Hier!".

Die meisten solcher Probleme hätten vermieden werden könne, wenn die Besitzer zuvor einen besseren Job gemacht hätten. Viele Verhaltensprobleme sind das Ergebnis von Fehlern im Training, Kommunikationsproblemen, davon, dass der Halter der Hund nicht genügend Sicherheit bietet und ihm keine klaren Grenzen setzt.

Viele Verhaltensprobleme könnten gelöst werden bzw. würden gar nicht erst entstehen, wenn wir mehr Zeit mit unseren Hunden verbringen würden, wirklich versuchen würden, ihr Verhalten zu verstehen und sicherstellen würden, dass ihre Bedürfnisse erfüllt werden, z. B. indem sie genug Bewegung und geistige Auslastung bekommen. Dazu gehören zum Beispiel Spaziergänge, die länger dauern als nur ein paar Minuten, die zum Lösen nötig sind. Hunde müssen die Möglichkeit haben, ausgiebig zu schnüffeln, zu schauen und zu riechen und ihre Umwelt zu entdecken.

Wiederholen Sie oft die wichtigen Fähigkeiten wie Rückruf, ein stabiles Sitz und die Fähigkeit, mit Ablenkungen umzugehen.

Viele Hundehalter haben Schwierigkeiten, ihre Hunde zu verstehen und deren Verhalten zu analysieren. Eine häufige Falle hierbei ist, dass der Hund vermeintlich etwas tut, „um uns zu ärgern". Wir nehmen sein Verhalten quasi persönlich. Emotionen und Ärger verstellen dann häufig den Blick darauf, das Verhalten wirklich zu analysieren und zu verstehen, wo der Verstärker für den Hund liegt – warum sich ein bestimmtes Verhalten für ihn lohnt. Das ist nicht immer einfach herauszufinden, und auch nicht immer einfach ist es, gute Hilfe zu finden. Hier würde ich mir wünschen, dass Hundeleute sich weniger gegenseitig verurteilen – dass sie vielmehr begreifen, dass man die Welt nicht in „nur positiv" oder „nur negativ" teilen kann, sondern dass sie stattdessen offen bleiben, sich gegenseitig zuhören, helfen und versuchen, Situationen zu analysieren!

Emotionen und Ärger über Fehlverhalten des Hundes verstellen uns häufig den objektiven Blick darauf, wo der Verstärker dafür liegt.

Aber zurück zum Punkt, wenn es leider so weit gekommen ist, dass ein wirklich problematisches Verhalten sich schon etabliert hat: Ein Hund, der Besucher im Haus beißt, hört nicht damit auf, wenn Sie ihm seine Spielsachen wegnehmen. Solche Hunde werden oft euthanasiert. Oft tun die freiwilligen Mitarbeiter in Tierheimen ihr Bestes, um die Hunde umzuerziehen oder ein neues Zuhause ohne Katzen, Schafe oder Besucher zu finden. Aber wenn das nicht möglich ist, werden sie eingeschläfert.

Das bringt mich zu einer abschließenden Aussage dazu, welche Art des Trainings ich nutzen werde. Ein Lernprozess wird nur möglich sein, wenn es sowohl positive als auch negative Konsequenzen gibt. Wir können also gar nicht zwischen „rein positivem" und „strafbasiertem" Training wählen.

In der Diskussion muss es vielmehr darum gehen, wann, wie, wo und warum wir positive und negative Konsequenzen in unserem Training anwenden. Was ist das erwünschte oder unerwünschte Verhalten, das wir stärken oder schwächen möchten? Wie können wir exakt herausarbeiten, was wir ändern möchten? Was wird das Ergebnis unserer positiven oder negativen Verstärkung sein? Wie können wir das messen? Ist das die einzige Möglichkeit, das Verhalten zu ändern, oder gibt es Alternativen? Wenn der Hund Schafe hetzt, ist es dann die Alternative, dass er den Rest seines Lebens nicht mehr von der Leine kommt und Maulkorb trägt?

Was ich gerne diskutieren möchte, ist, über die richtigen Vorbeugemaßnahmen anstatt über Strafe zu sprechen. Beispiel: Wenn ein Hund Schafe hetzt, können wir ihn in diesem Moment weder belohnen noch strafen, es sei denn über ein Stromhalsband. Ihn angeleint zu lassen wäre eine Managementmaßnahme, aber keine Lösung des Problems. Positiv-Trainer würden die Sache so angehen: „Beginnen Sie das Training in so großer Entfernung zu den Schafen, dass der Hund noch auf Sie achten kann und bestärken Sie das Anschauen der Schafe mit Click / Belohnung, solange der Hund die Schafe ohne Ihre Hilfe managen kann." Es gäbe hier also positive Möglichkeiten des Trainings. Aber seien Sie sich bewusst, dass auch dies nicht ganz ausschließlich positiv wäre, weil der Hund auch die Tatsache, dass er die Schafe nicht hetzen darf, als Strafe empfinden kann. Aber es ist möglich, dem Hund Strategien beizubringen, wie er sich ohne negative Erwartungen in Gegenwart von Schafen gut benehmen kann.

Denken Sie mehr über Vorbeugung anstatt über Strafe nach!

Futtersüchtige und „Clickerabhängige“

Kein Zweifel: Wir lieben die positive Verstärkung und sind überzeugt von ihrer Wirksamkeit. Aber wir müssen uns einen offenen und objektiven Blick darauf bewahren. So treffen wir zum Beispiel beim Spazierengehen mit unseren Hunden in unserer Nachbarschaft öfter auf eine ältere Dame, die immer einen Plastikbeutel voller Hundefutter dabeihat. Alle paar Meter gibt sie ihrem Hund ein Stückchen, weil er sich sonst hinsetzt und nicht weitergeht. Auch bei Hundetrainern sehen wir manchmal, dass sie enorme Futtermengen für beinahe jede Bewegung geben, die der Hund macht – in der Absicht, ihn motiviert und interessiert zu halten. Das macht Hunde aber zu „Futterjunkies“. Hier geht es nicht um das Training von Verhalten, sondern der Hund wird bestochen, sich zu bewegen. Der Unterschied zwischen einer Belohnung und einer Bestechung ist übrigens: Eine Belohnung gibt es, WEIL der Hund etwas gemacht hat, eine Bestechung gibt es, DAMIT er etwas macht. Der Bestochene wird regelrecht abhängig von der Futterbelohnung. Und seien wir ehrlich: Einem Süchtigen nicht das zu geben, was er braucht, führt zu enormem Stress und kann in manchen Fällen für ihn eine starke Strafe bedeuten.

Eine Belohnung gibt es, WEIL der Hund etwas gemacht hat, eine Bestechung gibt es, DAMIT er etwas macht.

Als unser Sohn aufwuchs, nutzten wir natürlich die positive Verstärkung für seine Lernprozesse. Aber er hörte nicht deshalb auf Mama und Papa, weil wir ihm ständig Bonbons in den Mund stopften. Er bekam auch kein Geld für jedes erwünschte Verhalten, das er zeigte. Und er bekam nicht ausschließlich positive Verstärkung für die Entscheidungen, die er traf.

Bei Bob und Marian habe ich gelernt, die operante Konditionierung mit Hilfe von Hühnern als „Modellen“ zu verstehen und anzuwenden – ein Brückensignal einzusetzen, Futter zu geben oder nicht zu geben, mit einem Trainingsplan zu arbeiten. Kleine Schritte zu machen, Daten aufzuzeichnen und auszuwerten. Manchmal auch Verhalten hervorlocken und verschiedene Verhalten zu einer Kette zusammenfügen, die erst dann bestärkt wurde, wenn das letzte Kettenglied korrekt gezeigt wurde. Heutzutage werden eine Menge „Hühnertrainingscamps“ oder „Chicken Workshops“ angeboten und man kann dabei oft beobachten, wie die Studenten ihr Huhn mit einer Schüssel voll Futter locken. Diese Tasse über Hindernisse oder durch Slalomstangen zu führen, damit das Huhn ihr folgt und eine Verhaltenskette zeigen soll, ist aber nicht die Art und Weise, wie wir das Training sehen möchten. Wir müssen das Verhalten eines Individuums auch ändern können, ohne dass es zu einem Futterjunkie wird und alles für diese „Droge“ tut. Wir müssen auf einem Niveau trainieren, auf dem das Tier noch denken und

Entscheidungen treffen kann (und will). Der Prozess der Entscheidungsfindung kann nicht nur durch Strafe, sondern auch bei abhängigkeitsbedingten Stresssymptomen verlangsamt, gestört oder sogar blockiert werden.

Das gilt übrigens auch für den Einsatz des Brückensignals, nehmen wir als Beispiel hierfür den Clicker. Wird der Hund nicht nur beim planvollen Erlernen einer neuen Verhaltensweise, sondern „alle Nase lang" für Alltägliches geclickt und gefüttert, wie manche Hundebesitzer das gut gemeint, aber aus vollkommenen Missverstehen heraus praktizieren, schafft man ein regelrechtes Suchtverhalten beim Hund. Er ist ständig „unter Strom" und in der Erwartung, wann der nächste Click kommt. Er beginnt, wild irgendwelche Dinge zu probieren, in der Hoffnung, dass ihm irgendetwas davon einen Click einbringt. Denn das verheißt nicht nur Futter, sondern die klassische Konditionierung hat ja auch bewirkt, dass schon das Geräusch des Clickers zu einer Dopaminausschüttung beim Hund führt: Das fühlt sich toll an! Er will mehr davon! Was ja an sich nicht schlimm wäre, würde es nicht seinen Erregungszustand so hochsetzen, dass Lernen gar nicht mehr möglich ist!

Falsch verstandenes „Dauerclickern" kann zu regelrechten Abhängigkeitssymptomen beim Hund und damit einem ständig erhöhten Erregungszustand führen, der das Lernen erschwert.

Der Einfluss des Gemütszustandes

Als Neulinge im Tiertraining haben wir alle schon erlebt, welchen Einfluss unsere Geistes- oder Gemütsverfassung haben kann. Wir alle wissen, dass das Training mit unseren Tieren nach einem unangenehmen Telefongespräch, einer üblen Diskussion mit dem Chef oder einem Streit mit dem Partner anders ausfällt als sonst. Als Trainer müssen Sie Ihre Trainingszeit optimieren, um sicherzustellen, dass Sie das Verhalten erreichen können, das Sie einen Schritt weiterbringen wird. Dazu müssen Sie nicht nur die Umgebung, Ihre Targets, Ihre Verstärker und den Trainingsplan vorbereiten, sondern auch Ihren eigenen Geist. Sind Sie sicher, dass Sie in der richtigen Gemütsverfassung sind, um mit dem Training zu beginnen? Sind Sie offen, glücklich, im Gleichgewicht, konzentriert und fühlen sich wohl?

Bereiten Sie Ihren Hund vor

Auch unsere Hunde müssen sich in der richtigen Gemütsverfassung befinden – damit bereiten wir sie so vor, dass sie im Training Erfolg haben können. Wir müssen also sicherstellen, dass der Hund nicht nur körperlich, sondern auch geistig in einer guten Verfassung ist. Für uns beginnt das schon morgens beim Aufwachen. Kümmern Sie sich um Ihre Hunde mit der Aufmerksamkeit, die sie brauchen. Wir machen immer morgens einen schönen Spaziergang, der nicht nur dem Lösen, sondern auch der Entspannung dient. Die Hunde können in Erfahrung bringen, was so in der Nachbarschaft los war, indem sie die Duftmarken der anderen beschnüffeln. Sie genießen die Bewegung und das Draußensein, aber auch die Aufmerksamkeit und den Sozialkontakt. Für uns gehört es aber auch zum Alltag, vor dem Füttern etwas Gehorsam zu fordern und gemeinsam Aufgaben zu lösen. Lehren Sie Ihren Hund, dass er auch eine Zeitlang ruhig liegen kann, während Sie beschäftigt sind. Stellen Sie sicher, dass er mit allen möglichen Transportmitteln wie Auto, Zug, Bus etc. zurechtkommt. Und natürlich können wir schon in einem frühen Stadium alle möglichen Ablenkungen einführen, denen er später in Training oder Einsatz begegnen wird. Wir lernen voneinander. Was sind unsere Stärken und Schwächen? Und bei alledem lernt Ihr Hund auch noch Ihre Körpersprache!

An- und Ausschalter

Das Lernen selbst können wir nicht an- und ausschalten – Hunde lernen immer, sei es unbewusst (CC) oder bewusst (OC). Aber wir können mittels Training einen An- und Ausschalter hinzufügen, und zwar einen mentalen „Schalter“, mit dem Sie Ihren Hund bitten können, ein bestimmtes Verhalten zu beginnen und zu beenden. Ein Spürhund, der ständig überall schnüffelt, wird schon sehr müde sein, wenn er endlich an seinem Einsatzort ankommt. Ein Schutz- und Wachhund, der unterwegs jeden beißen möchte, der ihm begegnet, wird am Ende der Nachtstreife sehr erschöpft sein. Aus diesem Grund fügen wir bestimmten Verhalten bestimmte Signale oder „Kommandos“ hinzu. Ein gut konditioniertes Signal kann den Hund sowohl starten als auch stoppen und entspannen. Ich erkläre das gerne am Beispiel einer Taschenlampe: Wenn sie die ganze Zeit angeschaltet sind, wie ein Spürhund, der ständig schnüffelt, werden die Batterien schnell schwach und sie geht irgendwann aus. Mit dem An- und Ausschalter an der Taschenlampe können wir sicherstellen, dass die Batterien immer noch genug Energie haben, wenn wir sie brauchen. Wir schalten sie nur ein, wenn es dunkel ist und wir etwas überprüfen müssen. Danach machen wir sie aus und sparen die Energie für die nächste Aufgabe.

Optimal vorbereitet fürs Training?

Auf das Lernen selbst müssen Sie Ihre Hunde nicht vorbereiten, denn die Natur hat sie schon so ausgestattet, dass sie rund um die Uhr lernbereit sind. Wenn ein Tier nicht lernbereit und lernfähig wäre, würde es nicht lange überleben.

Auf das Training hingegen können wir sowohl unsere Tiere als auch uns selbst vorbereiten: Wissen Sie, welche Verstärker Ihr Hund am liebsten mag? Haben Sie diese zur Hand? Können Sie von High-Drive-Lernen zu Low-Drive-Lernen (s. S. 209) und zurück wechseln? Sorgen Sie dafür, dass Sie gegenseitig Ihre Körpersprache verstehen. Konditionieren Sie Brückensignale? Bereiten Sie die Trainingsumgebung vor. Stellen Sie sicher, dass Ihre Trainingspläne vorbereitet und in Griffweite sind. Und hoffentlich haben Sie das vorbereitende Denken so weit abgeschlossen, dass Sie sich nun aufs Tun konzentrieren können. Sammeln Sie von Anfang an Daten, halten Sie also Ihr Notizbuch bereit. Und stellen Sie sicher, dass Sie einen Plan B haben: Was, wenn Ihr Futterautomat, Ihre Ballmaschine oder irgendein anderes Trainingsgerät nicht funktioniert? Sorgen Sie dafür, dass Ersatz bereitsteht. Wir möchten maximale Ergebnisse erzielen können, denn hier geht es um wertvolle Trainingszeit!

Ready for Training

15

Lernprobleme

Es ist eine traurige Tatsache (und ruft manches Scham- und Schuldgefühl hervor). dass in der Welt der professionellen Hundeausbildung sämtliche Lernprobleme in der Regel durch Zwangseinwirkung „gelöst“ wurden. Mangelndes Wissen und zahlreiche Paradigmen erlaubten damals das Training mit Zwangsmethoden. Aber heute wissen wir es besser – es steht viel Wissen über Tiertraining zur Verfügung. Wir haben viel besser verstanden, wodurch Lernprozesse verlangsamt werden und sind auch in der Lage, unsere Hunde vorab besser zu testen. Das gilt nicht nur für Sinnesleistungen wie Hören oder Sehen, sondern wir haben auch einfache Testverfahren entwickelt, um ihre Nasenarbeit, ihre Problemlösungsfähigkeit oder ihren körperlichen und geistigen Zustand zu überprüfen. Auch über rasse- und persönlichkeitsbedingte Unterschiede wissen wir heute mehr.

Diensthunde-Eignungstests in Skandinavien

Ein Wald voller Geister beim Diensthunde-Eignungstest in Norwegen.

Ich hatte mehrmals das Glück, bei Eignungstests für Diensthunde sowohl der schwedischen Armee als auch der Polizei anwesend sein zu dürfen. Die Hunde werden dort im Alter von anderthalb Jahren mit dem Ziel getestet, zu sehen, ob sie mental stabil genug sind und das richtige Talent haben, um ein Diensthund in Armee oder Polizei werden zu können. Jedes Jahr werden in Skandinavien mehrere hundert Hunde so getestet, wodurch eine enorme Menge an Daten und Erfahrungen gesammelt wird.

Den Hunden werden mehrere Aufgaben in einem Waldgebiet gestellt wie zum Beispiel das Suchen nach Gegenständen oder die Begegnung mit plötzlichen Geräuschen oder auftauchenden Fremden. Sie hören Gewehrschüsse und es wird geschaut, ob sie an Futter und Spiel interessiert sind. Helfer konfrontieren sie mit kleinen „Gespensterattrappen", die plötzlich vor ihnen auftauchen. Der Test ist objektiv, für alle Hunde immer gleich und wird von erfahrenen Beobachtern begleitet und bewertet.

Der Kluge Hans

Der Kluge Hans war ein Pferd, das in den Jahren vor dem Ersten Weltkrieg in Berlin lebte und die damalige Welt der Psychologie in Aufruhr versetzte. Der nach ihm benannte Effekt beeinflusst auch heute noch unser Tiertraining. Es geht dabei um unbeabsichtigte Einflussnahmen von Seiten des Trainers und macht deutlich, wie auch subtilste Formen unserer Körpersprache Reaktionen beim Tier auslösen können.

Der Besitzer des Pferdes, Wilhelm von Osten, war davon überzeugt, dass der Kluge Hans ebenso intelligent war wie ein Mensch und denken, lesen und rechnen konnte. Als erstes brachte er seinem Pferd das „Lesen und Schreiben" bei, indem er jedem Buchstaben des Alphabets eine Zahl zuordnete und ihn dann mit einem Vorderhuf die jeweilige Anzahl an Klopfbewegungen machen ließ. Dazu umfasste er zuerst einen Vorderfuß und machte die Bewegungen vor. Es war ein merkwürdiges Training, aber offensichtlich lernte das Pferd allmählich, diese Bewegungen zu vollführen.

Am 28. Juni 1902 erschien eine Anzeige mit folgendem Wortlaut im „Militärwochenblatt": „Meinen 7-jährigen schönen, lammfrommen Hengst, mit welchem ich Versuche zur Feststellung des geistigen Könnens des Pferdes mache, will ich verkaufen. Er unterscheidet zehn Farben, liest, kennt die vier Rechnungsarten u. A. m. v. Osten, Berlin, Griebenowstraße 10."

Von Osten wollte sein Pferd allerdings gar nicht verkaufen, sondern nur das Interesse anderer Menschen wecken. Die ihm allerdings nicht glaubten, sondern das Ganze für einen verspäteten Aprilscherz hielten.

Nach einer weiteren Annonce schaffte von Osten es jedoch, Aufmerksamkeit zu erregen: Besucher konnten sich in seinem Hinterhof mit eigenen Augen davon überzeugen, dass dieses Pferd erstaunliche Dinge leistete: Es zeigte das aktuelle Datum und die Uhrzeit an, konnte rechnen und vieles mehr. Der Eindruck, den Hans machte, war enorm und innerhalb kürzester Zeit wurde die Presse auf ihn aufmerksam. Immer noch glaubten viele an einen Betrug, obwohl von Osten niemals Eintrittsgeld für seine Vorführungen verlangte. Hans' Leistungen waren so beeindruckend, dass eine Gruppe von Wissenschaftlern auf ihn aufmerksam wurde und ihn zum Forschungsobjekt machte. Nach eingehender Beobachtung teilten die Wissenschaftler der Presse mit, dass sie keinerlei Tricks feststellen konnten, wie sie etwa von Tiertrainern im Zirkus benutzt würden. Am Ende war es der Psychologe Oskar Pfungst, dem auffiel, was wirklich vorging. Er hatte bemerkt, dass das Pferd bei der Arbeit sehr genau auf seinen Besitzer von Osten achtete. Bis jetzt hatte Hans alle Fragen stets mit Hufescharren bzw. -klopfen beantwortet. Wenn man ihn zum Beispiel fragte, wie viel 2 x 2 sei, klopfte er vier Mal mit dem Huf auf den Boden und hörte dann auf. Pfungst arrangierte es daraufhin so, dass er allein mit dem Pferd und von Osten nicht anwesend war und stellte ihm daraufhin selbst einige Fragen. Auch dieses Mal antwortete Hans korrekt! In diesem Moment waren sicherlich die meisten davon überzeugt, dass Hans wirklich rechnen konnte und von Osten die ganze Zeit Recht gehabt hatte, aber Pfungst hatte Zweifel. Am nächsten Tag führte er eine weitere Testreihe durch und stellte dem Pferd Fragen, auf die niemand der in der Gruppe Anwesenden die Antwort wusste. Jetzt konnte Hans nicht mehr korrekt antworten. Pfungsts Erklärung war, dass Hans die kleinsten Veränderungen in der Körpersprache nicht nur bei von Osten, sondern auch anderer Menschen um ihn herum lesen konnte. Seine Motivation, so genau auf diese Signale zu achten, war, dass er Brot und Karotten für die richtigen Antworten bekam. Pfungst entdeckte, dass Hans auf die allerkleinsten, unbewussten Vorwärtsbewegungen des Körpers oder des Kopfes der Person achtete, die die Frage gestellt hatte – das war für ihn das Signal, mit dem Hufescharren aufzuhören.

Der Kluge-Hans-Effekt im Hundetraining

Tiere, mit Sicherheit auf jeden Fall Pferde und Hunde, können unsere kleinsten Körpersignale wahrnehmen auch solche, die anderen Menschen entgehen. Was bedeutet, dass wir unseren Hunden Signale geben, ohne es überhaupt zu merken. Wenn Sie das nicht so ganz glauben können, machen Sie einen einfachen Test: Geben Sie Ihrem Hund Ihr übliches Kommando für „Sitz!" oder „Platz!", aber ohne Worte. Sie werden feststellen, dass Ihr Hund auch dann das korrekte Verhalten zeigt, wenn er Ihre Stimme gar nicht hört. Oder noch besser: Filmen Sie jemanden beim Training von „Sitz" und „Platz" mit seinem Hund (oder lassen sich selbst filmen) und schauen Sie die Aufnahme nachher in Zeitlupe an. Sie werden sehen, dass Kopf und Schultern des Trainers sich nach vorn bewegen, und zwar bei „Platz" weiter als bei „Sitz". Wenn Sie das Ganze ohne Ton abspielen, wird es noch auffälliger und selbst Dritte können zwischen Sitz und Platz unterscheiden, ohne das Kommando zu hören.

Schon jetzt ist klar, dass dies ein großes Problem im Spürhundetraining sein kann. Denn selbst wenn Sie ein großartiger Schauspieler sind, können Sie Ihren Hund nicht hereinlegen! Wenn Sie so tun, als wüssten Sie nicht, wo der Suchgegenstand versteckt ist, wird Ihr Hund wissen, dass Sie lügen! In diesem Fall haben Sie zwei Probleme. Das eine ist, dass Ihr Hund keine Entscheidung zu treffen braucht. Er braucht nur Sie anzuschauen, um zu wissen, ob er eine

Anzeige machen soll oder nicht. Das andere ist, dass Ihr Hund möglicherweise seinen Glauben an Sie verliert. Denn warum sollte er seine Nase bemühen und viele Räume oder Autos durchsuchen, wenn er doch ganz einfach an Ihrer Körpersprache sehen kann, ob es sich überhaupt lohnt, die betreffenden Orte zu durchsuchen? Hier beginnen die Probleme dann, wenn die Hunde den Unterschied zwischen Training (Hundeführer weiß Bescheid) und Einsatz (Hundeführer hat keine Ahnung) verstehen.

Der Kluge-Hans-Effekt findet aber nicht nur zwischen Spürhund und Hundeführer statt, sondern generalisiert sich auch in einer Gruppe von danebenstehenden Beobachtern. Achten Sie einmal ganz genau auf die Zuschauer während einer Spürhunde-Prüfung: Sie werden merken, dass sie zu sprechen aufhören, wenn der Hund in die Nähe des versteckten Suchgegenstandes kommt, sich anders bewegen und sogar anders atmen. Wenn sogar wir Menschen das wahrnehmen können, dann können wir ganz sicher sein, dass unsere Hunde diese Information noch viel schneller aufnehmen. Nach dem gleichen Prinzip hört auch ein Fährtenhund die Schritte des Fährtenlegers, der hinter dem Hundeführer folgt und diesem Instruktionen im Training gibt.

Arbeiten Sie doppelblind

Um die häufigsten Probleme in Spürhunde- und Fährtenarbeit zu umgehen, müssen Sie so früh wie möglich doppelblind arbeiten (d. h. weder Hund noch Hundeführer kennen das Ergebnis). Der schwedische Professor David Katz hat uns bereits 1947 erklärt, dass Fährtentraining nur dann nützlich und effektiv sein kann, wenn der Hundeführer den Verlauf der Fährte nicht kennt. Alles andere ist eine kindische Veralberung nicht nur für Sie, sondern auch für Ihren Hund. Fährten auf bekannten Spuren ist absolut wertlos.

Oft werden wir gefragt, wann man denn mit der doppelblinden Arbeit beginnen könne. Unsere Antwort lautet stets: so früh wie möglich! Natürlich können wir nicht direkt zu Anfang damit starten, denn wir müssen zuerst lernen, zu kommunizieren, indem wir die Körpersprache des Hundes genau beobachten. Was tut der Hund, wenn er auf einen interessanten Geruch trifft? Was, wenn er auf eine Ablenkung trifft? Wie können wir sehen, ob er motiviert ist oder nicht?

Zu Beginn legen wir selbst eine Fährte und verstecken den Zielgeruch selbst. Dann nutzen wir in Zeitlupe abgespulte Videoaufnahmen, um alle Verhaltensweisen zu analysieren, die der Hund uns zeigen wird: nicht nur die Bewegung der Nase, sondern auch die Stellung der Ohren, die Bewegung der Rute oder die Art und Weise, wie er läuft. Sobald wir ein gewisses Verständnis erreicht haben, beginnen wir mit der doppelblinden Arbeit, sprich jemand anderer wird die Spur legen oder den Zielgeruch verstecken. Diese Person wird in der Nähe sein, wenn wir mit unserem Hund arbeiten und in der Lage sein, uns Anweisungen zu geben für den Fall, dass wir die Körpersprache unseres Hundes nicht sehen oder verstehen. Wir bekommen Rückmeldung und sammeln Daten und arbeiten uns langsam zu einer Erfolgsrate von etwa 80 % vor. Dazu müssen wir unsere Arbeit bewerten. Wir machen unsere jeweilige Übungsaufgabe, zum Beispiel eine Suche draußen auf dem Feld, an einem Auto, Geruchsrad oder was auch immer zehn Mal hintereinander. Wenn wir es dabei acht von den zehn Malen geschafft haben, ohne die Hilfe der Person auszukommen, die die Spur gelegt oder den Geruchsgegenstand versteckt hat, sind wir so weit, dass wir mit doppelblinden Suchen beginnen können. Jetzt arbeiten sowohl Hund als auch Hundeführer im wahrsten Sinne des Wortes blind – sie haben beide keine Ahnung, wo die Spur hinführen wird oder der Geruchsgegenstand versteckt ist. Und jetzt ist auch die Hilfsperson nicht mehr anwesend!

Für ein zuverlässiges Diensthundeteam ist es absolut grundlegend, dass Hund und Hundeführer in einem doppelblinden Szenario arbeiten können. Das erscheint so logisch – aber dennoch ist es im wahren Leben immer noch die Ausnahme. Ich habe Hunderte von Trainingsgruppen auf der ganzen Welt besucht und überall macht Doppelblind die Hundeführer nervös. Ich bekomme oft tolle Demonstrationen dessen zu sehen, was die Hunde alles leisten können und perfekte Trainingsszenarien, aber selten treffe ich auf Hundeführer, die gern doppelblind arbeiten möchten. Umso überraschter und begeisterter bin ich, wenn ich von einem Hundeführer gefragt werde, ob ich eine Fährte legen oder einen Geruchsgegenstand für ihn verstecken könnte. Das ist Vertrauen in die eigene Arbeit! Wenn Sie so trainieren können, bereiten Sie nicht nur sich selbst, sondern auch Ihren Hund für Einsätze, Wettbewerbe, Prüfungen und das wahre Leben vor!

Löschung

Ich habe das Phänomen der Löschung schon vorher kurz erwähnt, möchte aber hier nochmals darauf eingehen, weil es wichtig ist, die Details zu verstehen. Löschung ist eine gute und vor allem gefahrlose Möglichkeit, um unerwünschtes Verhalten zu ändern. Aber Achtung – dazu sind ein guter Trainingsplan, Geduld und gute Beobachtungsgabe nötig. Was wir tun, ist die Intensität des Verhaltens zunächst zu erhöhen, indem wir ihm seinen Verstärker wegnehmen. Ein Hund, der Besucher anspringt, bekommt früher oder später Aufmerksamkeit, sei sie positiver oder negativer Art. Die Aufmerksamkeit ist der Verstärker für den Hund. Das Schlüsselelement ist, den Verstärker herauszufinden, der das unerwünschte Verhalten am Leben erhält. Dann entfernt man diesen und das Verhalten wird irgendwann verschwinden. Zu Beginn des Löschungsprozesses kann man oft beobachten, dass die Hunde zunächst frustriert, ängstlich oder sogar aggressiv werden, wie wir in dem zuvor schon erwähnten Beispiel mit dem plötzlich nicht mehr anspringenden Auto, dem wir wütend aufs Lenkrad schlagen, nachdem wir den Zündschlüssel mehrmals hintereinander und immer vehementer betätigt haben. Erst dann realisieren wir, dass wir vielleicht Batterie oder Tank überprüfen oder eine Werkstatt anrufen sollten.

Wenn Tiere diese Art von Reaktion zeigen, wissen Sie, dass der Löschungsprozess im Gange ist. Bleiben Sie ruhig und am Ball – das Verhalten wird immer schwächer werden.

Angst und Schmerzen

Manche Trainer arbeiten mit Angst und Schmerzen, um Verhalten zu verändern. Negative Verstärkung und positive Strafe sind Techniken, bei denen Angst und Schmerzen ins Spiel kommen. Es ist aber meistens nicht so, dass diese Trainer grundlos Angst und Schmerzen zufügen. Bei manchen Verhaltensproblemen kann es die letzte Lösung sein, um gefährliches Verhalten zu verändern und das Tier davor zu bewahren, verletzt, getötet oder euthanasiert zu werden oder andere Tiere und Menschen zu schützen.

Vielen Trainern fällt es schwer, diesen Techniken und diesem Thema gegenüber objektiv zu bleiben. Aber denken Sie daran: Wenn Ihr Hund Ihr Sandwich von Tisch stehlen will, sind Ihr „Ah-ah!“ oder „Nein“ und Ihre veränderte Körpersprache Warnsignale für den Hund, das Sandwich nicht zu stehlen. Das kann eine gewisse Angst beim Hund auslösen. Die Frage, ob wir das „Nein“ als negative Verstärkung oder positive Strafe bezeichnen, lässt sich damit beantworten, was wir als Trainer erreichen möchten: Möchten wir das Stehlen bestrafen oder dem Hund beibringen, Ablenkungen (wie das Sandwich) zu ignorieren? An diesem Beispiel sieht man sehr schön, wie positive Strafe und negative Verstärkung miteinander verbunden sind. Negative Verstärkung kann nicht benutzt werden, wenn das Tier noch nie positive Strafe kennengelernt hat.

Der Unterschied zwischen beidem ist das Ziel. Möchten Sie mehr oder stärkeres Verhalten? Dann können Sie mit negativer Verstärkung arbeiten. Möchten Sie ein Verhalten stoppen oder loswerden? Dann ist positive Strafe eine mögliche Technik. In diesem Beispiel ist es nicht wichtig, wie wir die Technik nennen. Aber wichtig zu verstehen ist, dass sie Angst beim Hund hervorrufen und damit unsere Beziehung schädigen kann. Mehr dazu auf S. 96.

Merke:
Wenn Techniken, die Angst und Schmerzen für den Hund beinhalten, wirklich die einzige Lösung sind, dann muss das in einer guten Verhaltensanalyse ganz klar abgeklärt sein und darf nur von erfahren Fachleuten durchgeführt werden.

Angst und Schmerzen generalisieren sich schnell und die Reaktion „Fliehen oder Kämpfen“ ist sehr stark. Sie müssen verstehen, dass diese starken Emotionen auf verschiedene Art ausgelöst werden. Neben Kontext, Umgebung, Erfahrung und rassespezifischen Veranlagungen ist auch die Entfernung ein Kriterium. Wenn eine Bedrohung zu nahe kommt, wird ein Hund entweder fortlaufen oder zu kämpfen beginnen. Die Verhaltensänderung findet dabei schnell statt und es ist nicht immer vorhersehbar, ob der Hund fliehen oder kämpfen wird. Man sieht das oft auf Hundewiesen, wo Hunde zunächst miteinander auszukommen scheinen, es dann aber doch zu einer Rauferei kommt, wenn sie sich zu nahe kommen. Oder der hinter dem Zaun bellende Hund, der wegläuft und sich versteckt, wenn ein Besucher keine Angst hat, das Tor öffnet und hereinkommt. Die neuesten Forschungsergebnisse erklären uns, dass das Modell „Flucht oder Kampf" aktualisiert werden muss. In der Wissenschaft spricht man heute vom „4-F-Modell" für Englisch Flight, Fight, Freeze und Faint. Zu Flucht oder Kampf sind nun also noch Freeze – Einfrieren und Faint, eigentlich wörtlich „in Ohnmacht fallen", hinzugekommen. In Bezug auf Hunde wird häufig auch noch ein fünftes F gebraucht für „Fiddle" oder „Flirt", gemeint ist Herumalben, um Stress abzubauen.

Eine gute, positive Beziehung zwischen Hund und Trainer wird, das ist wichtig zu wissen, immer als Gegenkonditionierung gegen Angst wirken!

Erlernte Hilflosigkeit

Ende der 1960er/Anfang der 1970er Jahre führten die Psychologen Martin Seligman und Steven Maier einige Versuche durch, die zur Theorie der erlernten Hilflosigkeit führten. Dieses Phänomen können wir sowohl bei Menschen als auch bei Tieren beobachten, wenn sie darauf konditioniert wurden, Leiden, Schmerzen oder Stress in einer ausweglosen Situation zu erwarten. In den Versuchen ging es zunächst um Ausweich- und Meideverhalten bei Hunden und Ratten. Heutzutage wären solche Versuche aus ethischen Gesichtspunkten nicht mehr durchführbar, aber damals waren sie erlaubt und wir haben viel daraus gelernt. Seligman gilt heute übrigens als einer der Begründer der Positiven Psychologie, die sich auf Strategien zu Verbesserung unseres Wohlbefindens konzentriert. Seine Arbeiten haben uns tiefe Einsichten in die menschliche Psyche geliefert.

Stellen Sie sich folgenden Versuchsaufbau vor: Ein Hund wurde in eine Box gesetzt, die durch eine kleine, flache Abtrennung in der Mitte in zwei Bereiche A und B aufgeteilt war. Wenn der Hund im Bereich A saß, ertönte ein Ton und wenige Sekunden später gab der Boden der Box Stromstöße ab. Der Hund sprang über die kleine Abtrennung in den Bereich B, in dem der Boden nicht elektrisch war. Der Hund war *geflohen.*

Nach ein paar Wiederholungen sprang der Hund bereits in Bereich B, wenn der Ton abgespielt wurde und bevor die Stromstöße einsetzten. Der Hund hatte *vermieden.*

In der nächsten Phase des Experiments wurde der Hund wieder in Bereich A gesetzt, die kleine Abtrennung aber nun durch eine durchgängige, unüberwindliche ersetzt. Der Ton kommt, der Hund möchte fliehen, aber das ist nun nicht mehr möglich. Hier beginnt die erlernte Hilflosigkeit. Weder Vermeiden noch Fliehen sind nun noch eine Option. Wenn Tiere (oder Menschen) feststellen, dass sie keine Kontrolle über die Situation haben, beginnen sie zu glauben und fühlen, dass sie hilflos sind und handeln entsprechend. Nun kam der interessanteste Teil: Nach einigen Wiederholungen wurde die hohe Abtrennung wieder durch die flache ersetzt. Wie zuvor gab es die Tonwarnung und danach die Stromstöße, aber dieses Mal blieb der Hund bewegungslos in Bereich A sitzen, obwohl er hätte fliehen können.

Diese erlernte Hilflosigkeit lässt sich in vielen Situationen um uns herum beobachten – manchmal sehe ich sie sogar auf Meetings in großen Organisationen. Sobald eine Person glaubt, dass sie keine Kontrolle über die Situation hat, in der sie sich befindet und es keinen Zweck hat, Kontrolle erlangen zu wollen, wird sie sehr passiv.

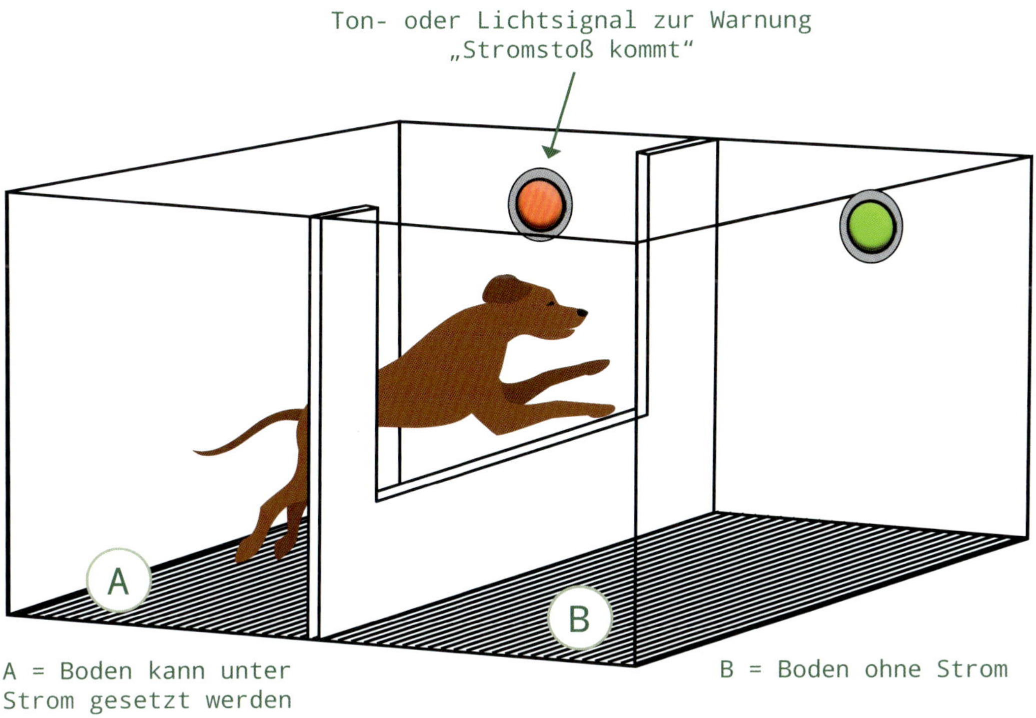

Seligmans Versuchsaufbau zur erlernten Hilflosigkeit.

Viele Trainingstechniken haben in irgendeiner Form mit Vermeidung und Ausweichen zu tun. Was ja auch natürlich ist, wenn es um Umwelteinflüsse wie Hitze, Kälte etc. geht. Aber wichtig zu verstehen ist, wann und wie das Element der erlernten Hilflosigkeit ins Spiel kommen kann. Dies wird besonders bei der Technik des „Floodings“ (s. S. 254) deutlich, die, wenn nicht korrekt ausgeführt, schnell in die erlernte Hilflosigkeit mündet: Wenn Ihr Hund Angst vor lauten Geräuschen hat, können Sie ihn theoretisch in eine geschlossene Box setzen und so lange lauten Geräuschen aussetzen, bis er zu reagieren aufhört – aber er hat dann möglicherweise nicht etwa gelernt, dass die Geräusche harmlos sind, sondern er ist in die erlernte Hilflosigkeit verfallen und Sie haben zusätzlich zu dem schon bestehenden Problem ein ernstes weiteres geschaffen – und das Vertrauen Ihres Hundes verloren und die Beziehung zu ihm ruiniert.

Lernen findet immer statt

Ich habe es oben schon einmal kurz erwähnt, aber es ist wirklich wichtig, zu verinnerlichen: Lernen findet immer statt, 24 Stunden am Tag und sieben Tage die Woche! Es gibt keinen An- und Aus-Schalter für das Lernen. Hunde lernen nicht nur auf dem Hundeplatz, sondern immer, und damit lernen sie auch unerwünschte Verhalten. Es ist wichtig, dass wir als Trainer immer und in jeder Umgebung konsequent mit unseren Hunden sind. Und das ist sehr schwierig, weil wir nun einmal Menschen sind und im Gegensatz zu Maschinen und Algorithmen Fehler machen.

Sie können sich an dieser Stelle helfen, indem Sie klare Signale (auch aus dem jeweiligen Kontext) für sich und Ihren Hund etablieren. So könnten zum Beispiel Halsband und kurze Leine bedeuten, dass es auf einen Spaziergang geht. Lange Leine und Geschirr bedeutet, es geht zur Sucharbeit. Was immer Ihnen dabei hilft, in einer Situation konsequent zu sein, ist gut.

> *„Wann immer Sie mit Ihrem Hund zusammen sind, trainiert einer von Ihnen beiden den jeweils anderen."*
> (Susan Garrett & Steve White)

Strafe schwächt die Generalisierung

Unsere Hunde sind in der Lage, dank der Generalisierung Schlussfolgerungen zu vielen Dingen oder Situationen zu ziehen. Sie müssen nicht alles einzeln ausprobieren. Nehmen wir einmal als Beispiel, der Hund soll lernen, auf eine erhöhte Plattform zu springen. Wir trainieren das zunächst in unserem Garten. Der Hund hat anschließend kein Problem damit, auf eine etwas anders aussehende Plattform in einer anderen Umgebung zu springen. Er hat zwischen Plattform und Umgebung generalisiert.

Diesen Prozess sehen wir auch im Targettraining: Wir üben zunächst das Berühren eines Targets an der Wand und der Hund generalisiert schnell, wenn es dann an einem anderen Ort wie z. B. auf einer Tür oder an einem Auto klebt.

Charlie generalisiert die Plattform.

Aber die Sache hat auch einen Haken: Der Einsatz von strafbasierten Trainingstechniken macht den Generalisierungsprozess kaputt! Er verlangsamt ihn oder zerstört ihn sogar ganz. Hier haben wir einen der wichtigsten Gründe dafür (neben dem Erhalt einer guten Beziehung), warum Sie wann immer möglich positive Verstärkung in Ihrem Training nutzen sollten.

Ein weiterer wichtiger Punkt ist, dass Sie schon früh im Trainingsprozess Umgebung und Kontext variieren müssen. Üben Sie nicht also erst, bis ein neues Verhalten zu 100 % sitzt, bevor Sie den Ort wechseln. Wir beginnen mit dem Variieren von Umgebung und Kontext ungefähr dann, wenn der Hund das neue Verhalten zu etwa 80 % beherrscht. Andere Plattform, andere Umgebung … und so weiter.

Strafbasierte Techniken schwächen oder zerstören den Prozess einer Generalisierung neu erlernten Verhaltens auf andere Umgebungen / Situationen / Kontexte!

Das Lichtschalter-Phänomen

Stellen Sie sich vor, Sie kommen spät nach Hause und es ist schon dunkel, wenn Sie die Haustür öffnen. Das Erste, was Sie tun, ist beim Eintreten in den Flur nach dem Lichtschalter zu fühlen. Bei uns zuhause haben wir fünf Schalter direkt nebeneinander: Für Küche, Wohnzimmer, Flur, erste Etage, zweite Etage. Selbst nach Jahren weiß ich immer noch nicht, welcher Schalter für was ist. Ich drücke einfach irgendwelche, bis das Licht im Flur angeht. Wären die Schalter an verschiedenen Orten angebracht, wüsste ich, welcher welcher ist, denn ich hätte dadurch, dass ich jedes Mal hingehen muss, mehr Energie auf das Lernen der Aufgabe verwenden müssen und wäre deshalb lernwilliger gewesen. Das Schalterdrücken im Flur ist dagegen einfach. Zu viel Energie für eine Aufgabe aufzuwenden ist nicht ökonomisch und wird zu einer Veränderung Ihres Verhaltens führen. Hier wirkt also die so genannte Verhaltensökonomie – und auch im Tiertraining spielt sie eine wichtige Rolle.

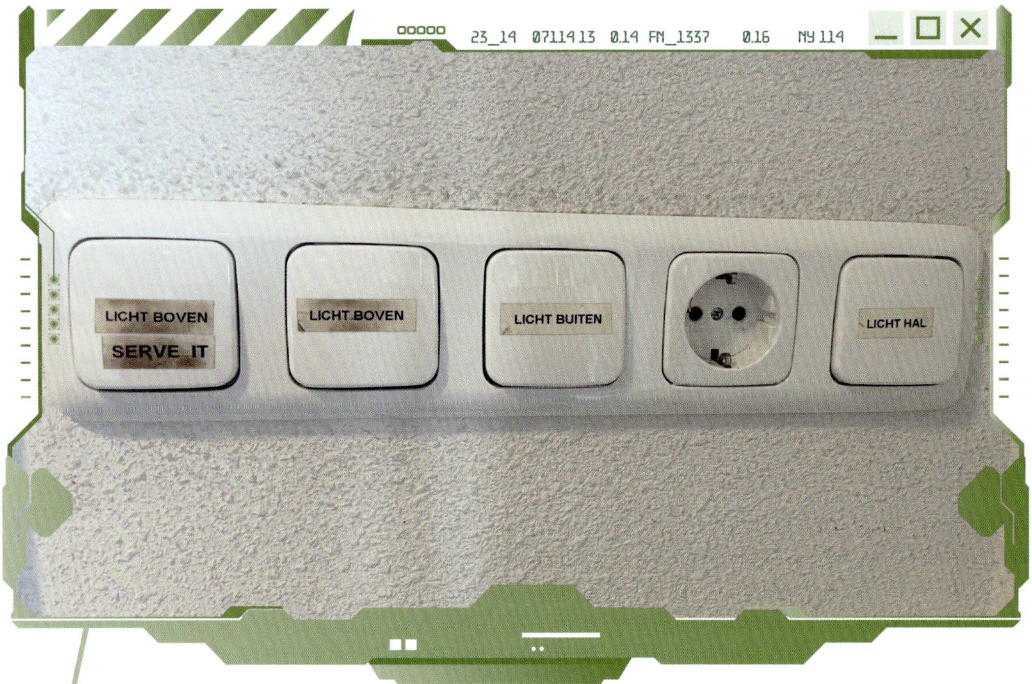

Lichtschalter mit Beschriftung, weil man sonst nie lernt.

16

Motivation und Anreiz

Um Verhalten zu bekommen, müssen wir das Tier motivieren. Es gibt zwei Arten von Motivation: Positive und negative. Wenn ich möchte, dass Sie einen Wintermantel anziehen, kann ich Sie in eine sehr kalte Umgebung bringen. Das Anziehen des warmen Mantels ist für Sie positiv. Wenn ich möchte, dass Sie den Mantel ausziehen, kann ich den Raum heizen, in dem Sie sich befinden. Es könnte negativ für Sie sein, den Mantel weiterhin zu tragen.

Stellen Sie sich vor, ich bitte Sie, eine Tür zu öffnen. Ich sage Ihnen, dass dahinter einhundert Euro liegen, die Sie behalten dürfen. Jetzt öffnen Sie die Tür mit einer positiven Motivation. Ich könnte aber auch die Spitze eines Feuerwehrschlauchs auf Sie richten und Ihnen sagen, dass ich aufdrehe, wenn Sie die Tür nicht öffnen. Damit nutze ich eine negative Motivation, um sicherzugehen, dass Sie die Tür öffnen. Aber die Sache hat einen Haken: Was, wenn Sie gerade im Lotto eine Million Euro gewonnen haben? Würden Sie immer noch für 100 Euro die Tür öffnen? Und was, wenn ich an einem extrem heißen Tag mit dem Wasserschlauch auf Sie ziele und Sie eine Erfrischung eigentlich ganz schön fänden? Motivation und Aktion werden auch durch die Umwelt, Ablenkungen und das Individuum beeinflusst.

Skinners operante Konditionierung beruht auf positiver und negativer Motivation. In seinem Buch „The Behavior of Organisms" beschreibt er zahlreiche Experimente, in denen er diese Prinzipien nutzte, um Verhalten zu ändern und zu konditionieren. Wenn wir mit operanter Konditionierung arbeiten, ist es für uns wichtig zu wissen, dass wir wissen, was unser Trainee als positiv oder negativ empfindet. Das trifft übrigens auch bei klassischer Konditionierung zu. Wir müssen in der Lage sein, die Frage „Was habe ich davon?" aus Sicht des Lernenden oder des zu trainierenden Tieres zu beantworten. Auch wenn es bei der klassischen Konditionierung eher um reflexhaftes Verhalten geht, dreht sich doch alles um Motivation. Wenn Ihre Haut einen Hitzereiz spürt, ziehen Sie sich zurück, um sich nicht zu verbrennen. Wenn etwas nah an Ihr Auge kommt, schließen Sie es, um es zu schützen. Und wenn Sie hungrig oder durstig sind, werden Sie essen oder trinken, damit Sie genug Energie zum Überleben haben. Wenn Sie wissen, was Ihren Hund motiviert, können Sie Ihren Trainingsplan schreiben und mit dem Training beginnen.

Intrinsische Motivationen

Es gibt auch noch eine dritte Motivation, die das Verhalten verändert. Das ist die intrinsische, also von innen kommende Motivation. Sie ist nicht ganz leicht zu beschreiben. Es ist das beharrliche Streben, in etwas besser zu werden oder etwas zu erreichen, was andere für unmöglich halten. Dabei ist weniger das Erreichen eines bestimmten Ziels der Anreiz als die Ausführung der Tätigkeit an sich.
Hier ein paar interessante Beispiele, die uns mehr über intrinsische Motivation sagen:

- Walt Disney wurde mit der Begründung gefeuert, er habe zu wenig Vorstellungsvermögen.
- Michael Jordan weinte in seinem Kinderzimmer, weil er dachte, dass er nie Basketballspielen lernen würde
- Die Beatles wurden von mehreren Produzenten mit der Begründung abgelehnt, dass vermutlich niemand ihren Sound mögen würde

Schauen Sie einmal genau kleinen Kindern dabei zu, wie sie laufen lernen. Sie fallen unglaublich oft hin und versuchen es doch immer weiter. Manchmal ist es schwierig, die Frage „Was habe ich davon?" zu beantworten. Warum stehen manche Menschen immer wieder auf und versuchen es von Neuem, wenn alle anderen sie schon für gescheitert halten? Warum wollen manche Menschen immer mehr lernen und härter trainieren und sind nicht schnell zufrieden mit dem, was sie erreicht haben?

Mentale Stimulation

Vieles von unserem Training konzentriert sich auf körperliche Aspekte. Es geht um Rennen, Springen, Hindernisparcours, Apportieren, Kriechen, Slalom laufen, Sitz, Platz, Schwimmen, Täter stellen und vieles mehr. Mentale Stimulation ist aber auch ein wichtiger Teil des gesamten Trainings. Es gibt eine Menge von Intelligenzspielzeugen für Hunde, bei denen diese Probleme lösen müssen, und wir lieben sie. Und natürlich sind auch Geruchsunterscheidungsaufgaben eine wunderbare geistige Stimulation. Wichtig dabei ist, dass wir genug Ablenkungen und Herausforderungen einbauen. So wäre zum Beispiel ein Geruchsrad mit nur einem Zielgeruch keine Herausforderung für den Hund. Aber wenn Sie es mit Ablenkungen wie Futter, Hühnchenfleisch oder anderen Gerüchen füllen, die dem Zielgeruch stark ähneln, dann wird die Aufgabe zur Herausforderung! Jetzt bekommt der Hund mentale Stimulation!

Manipulation der Umgebung

Trainer sind Meister in der Manipulation der Umgebung. Das ist wichtig, denn es trägt dazu bei, Tiere auf den Weg des Erfolgs zu bringen. Ich selbst beginne mein Basistraining gern in einem kleinen Raum ohne Ablenkung. Das heißt ohne Möbel oder irgendwelchen Dingen an der Wand – es gibt dort nichts! Nur den Trainer, den Hund und den Trainingsaufbau wie ein Target, ein Geruchsrad oder was auch immer. Wenn das Training fortschreitet, kommen langsam Ablenkungen dazu. Wenn wir dann nach draußen gehen, achten wir darauf, dass wir die Umgebung so lange kontrollieren können, wie es geht. So bereiten wir die Tiere langsam auf die echte Welt vor, wo wir die Umgebung nicht mehr kontrollieren können.

In der echten Welt muss der Hund mit Ablenkungen zurechtkommen.

Auf Erfolgskurs bringen

Wenn wir unseren Hunden Aufgaben stellen, möchten wir sichergehen, dass wir ihnen Erfolg ermöglichen. Das bedeutet, dass wir unser Training und die Umgebungsbedingungen so planen müssen, dass sie Erfolg haben können! Wenn die Aufgaben schwieriger werden, mehr Dauer, mehr Distanz etc. ins Spiel kommen, müssen wir sicherstellen, dass der Hund bei vielen seiner

Versuche Erfolg haben wird. Denn wenn Tiere viel arbeiten müssen, ohne Erfolg zu haben, werden sie aussteigen. Sammeln Sie Daten, damit Sie wissen, was Sie tun können.

Hoch und niedrig aufgeladene Verstärker und Erregungsniveau

Wenn wir unseren Hunden etwas Neues beibringen, nehmen wir gerne Futter als Verstärker. Im Allgemeinen ist Futter ein niedrig aufgeladener Verstärker, der mit wenig Aufregung verbunden ist. Im Englischen spricht man auch von einem „low drive reinforcer". Das Futter ist leicht zu handhaben und der Hund kann es schnell abschlucken, sodass man schnell mit dem Training weitermachen kann. Wir können so viele Wiederholungen in kurzer Zeit machen.

Wenn wir hoch aufgeladene oder „high drive" Verstärker wie das Spielen mit einem Ball oder anderen Spielzeugen wählen, verlieren wir viel Zeit. Von dem Zeitfaktor abgesehen werden aber auch im niedrigen Erregungszustand gelernte neue Fähigkeiten besser erinnert. So können wir später, auch wenn einmal viel Spannung benötigt wird, immer auf das Lernen unter niedriger Erregung zurückgreifen.

Ein gutes Beispiel dafür ist das Lernen in einer sehr ablenkungsreichen Umgebung. Schutzhunde bei der Polizei bekommen einen längeren „Belohnungs-Scheinkampf" mit dem Figuranten, wenn Sie während des Trainings mit höheren Ablenkungen wie zum Beispiel Feuerwerk zurechtgekommen sind. Oder eine Unterordnungsübung in sehr ablenkungsreicher Umgebung, z. B. mit vielen Kaninchen und Enten, wird mit einem hoch aufgeladenen (high drive) Verstärker belohnt.

Wichtig zu verstehen ist, was für den jeweiligen Hund hoch und niedrig aufgeladene Verstärker sind. Stellen Sie also eine individuelle „Verstärker-Hitliste" (s. S. 172) auf und nutzen Sie diese im Training.

Schmerzen und Vergnügen

Tony Robbins, ein Coach aus den USA, erklärte einmal kurz auf den Punkt gebracht, dass wir Menschen Schmerzen vermeiden und Vergnügen suchen. Das Gleiche gilt auch für Tiere. Es ist eine klare und einfache Beschreibung dessen, was uns antreibt. Manche Coaches sprechen von Leiden. Wenn Sie Ihren Hund auf das Niveau eines wohlerzogenen und gehorsamen Tieres bringen möchten, müssen Sie viel Zeit in das Training investieren, sprich, Sie müssen leiden! Wenn Sie die nötige Trainingszeit nicht aufbringen, werden Sie am Ende einen unerzogenen Hund haben und Sie beide leiden noch mehr! Diese interessante Sichtweise macht deutlich, dass das Leben nicht nur positiv, freundlich und ohne Herausforderungen ist. Wir alle müssen unsere Worte in Taten umsetzen, Energie dafür verbrennen und uns dafür einsetzen. Wenn Sie gewillt sind, zu leiden, können Sie alles erreichen, was Sie wollen.

Motivation und Durchhaltevermögen

Selbst mit dem besten Hund der Welt müssen Sie Zeit und Energie ins Training investieren. Motivation und ein gewisser Arbeitswille sind Elemente, die wir uns bei Hunden wünschen, aber auch bei Trainern! Zu oft liegt der Fokus hier nur auf dem Hund alleine und wir scheinen zu vergessen, dass auch der Trainer dabei eine Rolle spielt.

Ein amerikanischer Autor namens Malcolm Gladwell hat 2009 die sogenannte 10.000-Stunden-Regel bekannt gemacht, die besagt, dass Sie, wenn Sie in etwas richtig gut werden möchten, mindestens 10.000 Stunden Training dort hinein investieren müssen.

Wir haben das einmal am Modell eines aktiven Polizeihundeführers nachgerechnet. Stellen Sie sich vor, dieser Polizeihundeführer hat einen offiziellen Trainingstag pro Woche, der mit acht Stunden veranschlagt ist. Wenn er gegen neun Uhr morgens am Trainingsplatz ankommt, trifft er die anderen Hundeführer und sie trinken zusammen einen Kaffee. Nach einer halben Stunde erklärt der Cheftrainer das Programm für den Tag. Das dauert nochmals 30 Minuten, und schon ist eine ganze Stunde um. Nun beschließt man, das Training zu beginnen, wozu man die Ausrüstung zusammenstellt und den Hund sich noch einmal lösen lässt. Weitere 30 Minuten sind um. Es ist 10:30, als das Training endlich beginnt. Insgesamt sind 10 Hundeführer und Hunde da, die nicht alle gleichzeitig arbeiten können. Nach anderthalb Stunden ist Mittagszeit. Unser Modell hat 15 Minuten lang mit seinem Hund gearbeitet. Nach der einstündigen Mittagspause hat er Glück und kann im Nachmittagstraining eine Stunde und fünfundvierzig Minuten mit seinem Hund arbeiten. Von dem geplanten achtstündigen Trainingstag hatte er also effektiv knapp zwei Stunden Trainingszeit. Wenn er Glück hat und jede Woche diese Zeit trainieren kann, wird er vielleicht 50 Wochen lang je zwei Stunden trainieren, macht 100 Stunden pro Jahr. Bevor er also die magischen 10.000 Stunden erreicht, muss er 100 Jahre lang arbeiten.

Stellen Sie sich jetzt vor, dieser Polizeihundeführer ist ein echter Fanatiker und hat fast die gesamte geplante Zeit mit dem Training seines Hundes verbracht. Ohne Kaffeetrinken und Mittagessen schafft er es, sieben Stunden pro Woche zu trainieren. Dann braucht er aber immer noch 28,5 Jahre, um die 10.000 Stunden zu erreichen.

Vollzeittrainer mit einer 40-Stunden-Woche müssen Kurse organisieren, ihr Unternehmen verwalten und mit anderen „Ablenkungen" umgehen. Im Durchschnitt, so haben wir errechnet, werden sie effektiv 20 Stunden pro Woche über einen Zeitraum von 50 Wochen pro Jahr arbeiten. Das macht 1000 Trainingsstunden pro Jahr und zehn Jahre bis zu den 10.000 Stunden.

Natürlich ist Malcolms 10.000-Stunden-Regel kein unumstößliches Gesetz, aber dennoch ein guter Anhaltspunkt dafür, wie viel Investition nötig ist, um wirklich ein Niveau zu erreichen, auf dem man von Erfahrung sprechen kann. Damit das möglich ist, müssen wir mit der richtigen Motivation an das Training herangehen. Trainer brauchen Durchhaltevermögen!

Bei der Suche an schwierigen Gegenständen ist Motivation gefragt.

Wie bei Hunden kann man auch bei Menschen die Motivation verändern, indem man positive und negative Verstärker benutzt. Genau wie Hunde bevorzugen wir Menschen die positive Verstärkung. Hier lauert allerdings ein interessanter Fallstrick: Kinder, die von ihren Eltern immer verwöhnt wurden, lernen nie, für irgendetwas zu kämpfen. Sie bekommen einfach alles, was sie möchten, müssen nicht zur Schule, wenn sie vorgeben, sich krank zu fühlen und hören nie ein „Nein“. Auf der anderen Seite gibt es Kinder, die für die Dinge kämpfen mussten, die sie unbedingt haben wollten und viele Male enttäuscht wurden, bevor sie endlich ans Ziel kamen – sie sind wesentlich „härter“ und zeigen mehr Durchhaltevermögen.

Schauen Sie sich nur die Geschichte an: Abraham Lincoln verlor mehrere Wahlen, bevor er endlich eines Tages zum Präsidenten der USA gewählt wurde. Es ist alles eine Frage des Durchhaltevermögens und der Motivation – und unsere Aufgabe, die richtigen Leute auszuwählen, um sie zu den besten Trainern zu machen. Und selbst dann, wenn wir mit ihrer Ausbildung beginnen, stellen wir immer wieder fest, dass wir ihre Motivation aufrechterhalten müssen!

Nasenarbeit ist ein hoher Motivator für Hunde

Interessante Forschungsarbeit auf diesem Gebiet wird von Dr. Charlotte Duranton und Dr. Alexandra Horowitz geleistet. Sie haben herausgefunden, dass Hunde, die Nasenarbeit leisten, einen gesteigerten Optimismus gegenüber denjenigen zeigen, die nur in klassischen Gehorsamsübungen (Obedience) gearbeitet werden. In beiden Disziplinen wurde mit Futter als Belohnung gearbeitet, aber der große Unterschied ist, dass die Hunde in der Nasenarbeit mehr Selbstbestimmung haben als im Obedience. In ihrer Studie haben die beiden Wissenschaftlerinnen herausgefunden, dass es wichtig ist, Hunden die Möglichkeit für eigene Entscheidungen zu geben, ihnen eine Wahl zu lassen und sie ihre Nase einsetzen zu lassen. Das tut ihrem Wohlbefinden und ihrer Gemütslage gut.

An der Studie nahmen zwanzig erwachsene Hunde verschiedener Rassen teil. Sie wurden in eine Obedience- und eine Nasenarbeitsgruppe aufgeteilt.

Vor ihren eigentlichen Trainingsaufgaben (in Nasenarbeit oder Obedience) lernten die Hunde beider Gruppen zuerst, dass ein Napf, der an einer bestimmten Stelle stand, immer Futter enthielt, ein anderer an einer anderen Stelle dagegen nie. Dann wurde ein leerer Napf an eine neue Stelle gestellt, die von den vorherigen Napfstandorten gleich weit entfernt war.

Die Länge der Zeit, die der Hund überlegte, ob in dem neuen Napf wohl Futter sein könnte, also seine Erwartung, wurde als Maß für seinen Optimismus benutzt.

Der gleiche Test wurde nach dem Nasenarbeits- bzw. Obediencegruppe wiederholt.

Nach dem Training legten die Ergebnisse nahe, dass die „Nasengruppe“ grundsätzlich optimistischer in ihren Erwartungen war. Einer der Gründe dafür kann sein, dass diese Hunde sich bei der Arbeit frei bewegen konnten, Orte absuchen und Probleme lösen konnten – und erfolgreiche Problemlösung macht glücklich. Ein weiterer Grund könnte sein, dass sie ihre Nase einsetzen durften. Geruch ist eine wichtige Informationsquelle für Hunde, die sie in ihrem Alltagsleben bereichert.

Diese Studie ist sehr spannend und führt uns einmal mehr vor Augen, wie wir mit Situationen in unserem Alltag umgehen können. Ist das Glas halb voll oder halb leer? Wenn wir als Trainer dafür sorgen können, dass unsere Hunde eine höhere Motivation haben – und zwar nicht nur durch Belohnungen, sondern auch durch Erwartungen – dann müssen wir das in unsere Trainingsmethoden einbauen.

17

Trainer und Hundeführer

Man kann in Polizei, Militär etc. die begabtesten und besterzogensten Hunde für sein Einsatzprogramm auswählen, aber wenn man nicht die richtigen Menschen dazunimmt, bringt man es nie zu dem Leistungsniveau, das man gerne erreichen möchte.

Als ich meine Karriere als junger Polizeibeamter begann, der unbedingt mit Diensthunden arbeiten wollte, baute das System noch nicht auf Qualität. Die allgemeine Diensthundeabteilung der Polizei war damals eher etwas, wohin man die unwilligen Beamten „entsorgte". Ich traf dort auf eine Menge egozentrischer und ichbezogener Menschen. Dass sie einen Job als Hundeführer akzeptierten, lag meistens daran, dass sie entweder Probleme mit Hierarchen und Konflikte mit ihren Vorgesetzten hatten oder im Streifendienst zu Gewalt neigten. Die meisten mochten die Hunde gar nicht, die ihnen zugeteilt worden waren. Sie interessierten sich eher für den Dienstwagen, den sie mit nach Hause nehmen durften und die Sonderzahlung, die sie für den Unterhalt des Hundes erhielten. Die meisten Trainingstage wurden mit Dartspielen, Kaffeetrinken und Lästern verbracht.

Zum Glück sind diese Zeiten vorbei und ich bin froh, seitdem jede Menge Profis getroffen zu haben. Die Diensthundeabteilungen haben sich verändert und die Beamten interessieren sich wirklich für Hundeverhalten. Sie sorgen gut für ihre Hunde, verbringen viel Zeit mit ihnen und geben ihnen die mentale und körperliche Stimulation, die sie brauchen. Aber immer noch ist zu beobachten, dass das Management der Vorgesetzten oft besser sein könnte. Wie schade ist es doch, wenn die besten Hunde an die am wenigsten begabten Hundeführer gegeben werden. Solche Entscheidungen schwächen die Leistungsfähigkeit der Einheit und sorgen am Ende auch dafür, dass das allgemeine Kompetenzniveau der Einheit sinkt, weil die guten Trainer gehen. Das Management muss für eine sichere Umgebung sorgen, in der das Ziel für alle darin besteht, ein hohes Qualitätsniveau zu erreichen und zu erhalten. Wenn man die richtigen Trainer und Hundeführer auswählt, werden diese wiederum in der Lage sein, die richtigen Hunde auszuwählen und zu trainieren.

Der Unterschied zwischen Ausbilder / Trainer und Hundeführer / Handler

Im Allgemeinen sprechen wir, wenn es um das Diensthundewesen, aber auch Hundesport o.ä. geht, von Hundetrainern (oder Hundeausbildern) im Gegensatz zu den Hundeführern (oder englisch „Handlern"). Gibt es einen Unterschied zwischen Trainern und Hundeführern? Die Frage hat mich einige Zeit lang beschäftigt, weil sie eine unnötige Abgrenzung schafft. In Dienstgrad, Gehalt und Verantwortung gibt es sicherlich einen Unterschied zwischen Hundeausbilder und Hundeführer. Das trägt nicht dazu bei, alle in der Welt des Hundetrainings Tätigen zusammenzubringen. Lassen Sie uns dieses Thema etwas näher anschauen.

Als Ausbilder verbringt man viel Zeit damit, die Informationen und Ressourcen zu suchen, die man benötigt. Man möchte das Tier so effektiv und effizient wie möglich trainieren und interessiert sich für die theoretischen Grundlagen des Trainings, während ein Hundeführer eher an effektiven Hilfsmitteln interessiert ist, die ihn zu seinem Ziel bringen. Aber beide, Ausbilder und Hundeführer, kümmern sich um Verhalten. Verhalten zu verändern (oder beizubehalten) erfordert Trainingsfähigkeiten, genauso wie es Trainingsfähigkeiten erfordert, einen gut ausgebildeten Hund im Einsatz arbeiten zu lassen. Also sind beide, Ausbilder und Hundeführer, Trainer!

Ein weiterer Grund dafür, dass wir viel Zeit mit dem Finden einer Antwort verbracht haben, lag daran, dass sie einen direkten Einfluss auf das Selbstwertgefühl hat! Hier gibt es einen feinen Unterschied: Beide, Hundeführer und Ausbilder, arbeiten mit Tieren und werden Verhalten ignorieren, belohnen oder bestrafen. Der Hundeführer arbeitet in Einsätzen, auf Vorführungen oder indem er Menschen auf die ein oder andere Art und Weise hilft. Der Job des Ausbilders ist ein anderer. Er kümmert sich darum, dass das Verhalten für diese bestimmte Zielsetzung verändert wird. Er überblickt den gesamten Trainingsprozess und sorgt dafür, dass das Verhalten des Hundes über lange Zeit stabil bleibt, auch, wenn der Hundeführer Fehler macht. Er sorgt quasi dafür, dass das Verhalten flüssig beherrscht wird, mit dem Ziel, dass das Tier in Einsätzen gute Leistungen zeigt.

Eine Unterscheidung zwischen Ausbilder und Hundeführer ist für uns in Ordnung, solange jeder in der für ihn besten Position ist und die richtigen Absichten aus den richtigen Gründen hat. Oft sieht man aber eine Art Machtkampf zwischen Hundeführern und Ausbildern, und nicht immer ist es einfach zu verstehen, mit welcher Motivation jemand Hundeführer oder Ausbilder geworden ist. Aber oft hat es etwas mit Status, Ego, Position, Geld, Extraprivilegien und ähnlichem zu tun. Oft erlebe ich, dass die Teilnehmer von Seminaren und Workshops sich entweder stolz als „Ausbilder" oder etwas scheu als „Hundeführer" vorstellen. Es scheint hier einen Kompetenzunterschied zu geben, den man gerne betonen möchte. Auch in größeren Hundeschulen mit mehreren Angestellten ist das zu beobachten und unter anderem auch an „Uniform" oder „Stammesfarben", wie ich sie gerne nenne, zu beobachten. Es scheint so, als wäre uns der Unterschied zwischen Ausbilder / Trainer und Hundeführer sehr wichtig. Aber warum?

Lassen wir uns nochmals zur Definition von Training zurückkehren: Es ist nichts anderes als die Veränderung von Verhalten. Wenn wir mit Tieren arbeiten, sind wir jeden Tag genau damit beschäftigt. Wir belohnen, ignorieren oder bestrafen manchmal auch Verhalten. Dieser Prozess wird von Ausbildern und Hundeführern gleichermaßen durchgeführt. Wo ist also der Unterschied?

Nach mehr als 25 Jahren Tätigkeit in Diensthundeeinheiten von Polizei, Zoll und Militär sowie in Zoos und Delfinarien gibt es aus meiner Sicht nur gute und schlechte Trainer, unabhängig von ihrem Dienstgrad oder ihrer Position. Der Unterschied ist leicht zu beschreiben anhand der Kriterien Kreativität, Übernahme von Verantwortung, Selbstwertgefühl, Fähigkeit zur Selbstkritik und zielorientierter Motivation. Echte Trainer sind in der Lage, Verhalten schnell zu verändern! Sie sind kreativ darin, die Umgebungsbedingungen zu verändern, benutzen alle möglichen Arten von Verstärkern, haben eine natürliche Verbindung zu den Tieren, sind Experten in Timing und Körpersprache, können Verhalten in seinen kleinsten Details beobachten und schnelle Entscheidungen treffen. Sie wissen, worauf sie hinarbeiten und sind fokussiert. Für fast alle von ihnen stellt das Training an sich eine Motivation dar und sie betrachten ihre Fehler als etwas, aus dem sie lernen und besser werden können. Außerdem gibt es auch noch einen Unterschied zwischen Trainern, die nur gerne mit Tieren arbeiten und solchen, die gerne mit Tieren *und* Menschen arbeiten. Ich habe etliche talentierte Hundetrainer getroffen, die überhaupt keine Motivation hatten, auch mit den Menschen zu arbeiten.

Ist es also legitim, eine Unterscheidung zwischen Trainern und Handlern zu treffen? Ja, wenn es aufgrund von deren Fähigkeiten geschieht. Leider sehen wir aber allzuoft Ausbilder, die nicht nach ihren Fähigkeiten ausgewählt wurden, sondern aufgrund ihres Alters, Dienstgrades, Erfolgen in Einsätzen und so weiter. Das ist nicht immer ehrlich und gerecht gegenüber den anderen.

Trainer / Ausbilder müssen nach ihren Leistungen, Fähigkeiten und ihrer Motivation ausgewählt werden. Sie müssen zuverlässiges Verhalten produzieren können – und das schnell. Ist es in Ordnung, ihre Arbeit wertzuschätzen, indem man ihnen ein höheres Gehalt, einen größeren Dienstwagen und bessere Ausrüstung gibt als den Hundeführern? Ich glaube, dass diese äußeren Motivatoren gar nicht nötig sind, damit die besten Trainer für einen arbeiten. Was man im professionellen Bereich am Ende braucht, ist eine Gruppe aus Ausbildern und Hundeführern, die zusammenarbeiten. Sie brauchen sich gegenseitig, um die besttrainierten Hunde der Welt hervorzubringen. Wenn aber die Hundeführer nicht verstehen, was die Ausbilder für sie tun, ist das Ganze eine Zeit- und Geldverschwendung. Die Hundeführer sind am Ende diejenigen, die mit den Hunden aktiv in Einsätze gehen. Sie werden Verbrechen aufklären, Täter stellen, Menschen schützen, die Wissenschaft in praktischen Studien unterstützen und Vorführungen oder Wettkämpfe laufen. Hundeführer müssen ein gutes Verhältnis zu den Ausbildern haben, damit diese deren Probleme so lösen können, dass die Mensch-Hund-Teams erfolgreich sind.

In Polizei und Militär arbeiten viele Hundeführer jeden Tag in gefährlichen Einsätzen. Wenn ihre Hunde nicht die erwartete Leistung zeigen, kann das dem Hund, dem Hundeführer oder dem ganzen Team Schaden zufügen. Das gleiche gilt für Trainer, die Assistenzhunde für behinderte Menschen ausbilden oder spezielle Warnhunde für Epilepsie, Diabetes, Krebs oder was auch immer gerade gefragt ist. Als Trainer müssen Sie verlässlich arbeitende Hunde möglichst effektiv und effizient ausbilden. Darum fordern wir Ausbilder und Hundeführer immer zur engen Zusammenarbeit auf – nur zusammen können sie trainieren und verlässliches Verhalten hervorbringen!

Scham und Schuld

Schon zu Beginn des Buchs habe ich kurz über Scham und Schuld gesprochen – ein sehr wichtiges Thema in der Welt des Tiertrainings. Besonders nach dem Lesen der Bücher von Brené Brown wurde mir klar, wie sehr Scham- und Schuldgefühle Trainer beeinflussen und wie viele von ihnen Probleme damit haben, offen über ihre Erfahrungen zu sprechen. Brené vergleicht es gerne mit einem Sumpf, in dem die Menschen mit all ihren guten Absichten steckenbleiben. Die darin hausenden kleinen Sumpfkobolde versuchen Sie herunterzuziehen, indem sie Ihnen sagen, dass Sie schlecht gearbeitet und Fehler gemacht haben und dass es nur Ihre Schuld ist, dass die Dinge nicht wie erwartet laufen.

Wenn ich auf einem Workshop oder Seminar die Teilnehmer bitte, die Hand zu heben, wenn sie in ihrem Training mit Strafe arbeiten, heben in der Regel nur ein oder zwei von hundert anwesenden Trainern die Hand. Wenn ich dann weiterfrage, wer früher schon jemals mit Strafe gearbeitet hat, kommen vielleicht noch drei oder fünf zu der kleinen Minderheit der Ehrlichen hinzu.

Ich muss Ihre Illusion leider zerstören: Wir alle haben schon Strafen benutzt und tun es immer noch, wenn wir mit Tieren arbeiten. Nur sind wir uns dessen nicht immer bewusst oder wagen nicht, es zuzugeben.

Viele Leser dieses Buchs werden wie ich zugeben, dass sie irgendwann in der Vergangenheit mit Strafe gearbeitet haben. Unser Bauchgefühl, dass dies nicht der richtige Weg sein konnte, brachte uns auf eine Entdeckungsreise und wir fanden heraus, dass es viel mehr Möglichkeiten gibt, wie man Verhalten beeinflussen und verändern kann. Wenn wir noch einmal zu den Grundlagen der klassischen und operanten Konditionierung zurückgehen, wird klar, dass darin auch Strafe vorkommt. Dies anzuerkennen, bringt uns der nackten Wahrheit ein wenig näher: Irgendeine Form von Strafe wird immer auch Teil des Lernprozesses sein.

Wenn Ihr Kind mehrere Tage hintereinander zu spät zur Schule kommt, wird es eine Strafe in Form von einem Elternbrief, Strafarbeiten oder was auch immer erhalten. Eine Straftechnik wird eingesetzt, um sein unerwünschtes Verhalten des Zuspätkommens zu verändern. Wenn Sie mit Ihrem Auto zu schnell fahren, bekommen Sie einen Strafzettel oder verlieren Ihren Führerschein. Dies sind Beispiele für Strafen, die wir alle kennen und mit denen wir kein Problem haben, auf einer Geburtstagsparty offen darüber zu sprechen.

Etwas anderes ist es schon, wenn wir Geld verloren haben, weil wir das Kleingedruckte in dem Vertrag nicht gelesen haben, den wir unterschrieben haben. Oder wenn wir einen Extrakurs und eine Extraprüfung absolvieren müssen, um den Führerschein wiederzubekommen, den wir wegen Trunkenheit am Steuer verloren haben. Wenn jemand uns in einer kompromittierenden Situation erwischt, sprechen wir nicht gerne darüber. Wir schämen uns oder fühlen uns schuldig. Es gibt einen Unterschied zwischen Schuld und Scham. Schuld heißt, dass wir etwas Schlechtes getan haben, Scham heißt, dass wir denken, etwas Schlechtes getan zu haben und selbst schlecht sind.

Auch ich habe in der Vergangenheit mit Strafe und Zwang gearbeitet. Diese Techniken haben funktioniert, aber es fühlte sich nicht gut an und ich begann nach Alternativen zu suchen. Heute arbeiten ich und die Kollegen sehr viel mit positiver Verstärkung, aber wir benutzen auch immer noch Strafe. Ja, richtig gelesen – bitte atmen Sie jetzt tief durch, bevor Sie das Buch wütend zuklappen und in die Ecke werfen. Aber nochmals: Überlegen Sie, was alles Strafen sind! Wenn Sie Ihrem Hund ein Signal geben, er nicht die Kriterien erfüllt und Sie ihn nicht bestärken – dann bestrafen Sie ihn! Wenn er das gewünschte Verhalten gezeigt hat, Sie aber entschieden haben, ab jetzt mit variabler Bestärkung zu arbeiten, dann bestrafen Sie ihn! Strafe wird immer Teil des Lernprozesses sein. Aber die große Streitfrage ist immer, wann und wie man Strafe einsetzt und was man erreichen möchte. Gibt es andere Wege, um das Verhalten zu verändern?

Wir haben bei uns Strafen eingesetzt, um das Verhalten von Hunden zu verändern, die anderenfalls euthanasiert worden wären. Ihre Besitzer konnten nicht mehr mit ihnen umgehen. Ihr schlechtes Verhalten war so massiv geworden, dass die Alternativen nur noch aus Einschläfern oder Veränderung des unerwünschten Verhaltens durch Strafe waren.

Schämen wir uns oder fühlen wir uns schuldig, wenn wir mit Strafe gearbeitet haben? Beide Gefühle blockieren eine effektive, offene Diskussion. Gerade jetzt in diesem Moment, wo Sie das lesen, diskutieren und urteilen wieder so viele Menschen darüber, wer im Recht und wer im Unrecht ist, dass wir darüber zu vergessen scheinen, was wir eigentlich erreichen wollten. Wenn wir dagegen die Diskussion offenhalten und bereit sind, voneinander zu lernen, dann können wir die Welt für Trainer, Tierbesitzer und Tiere ein bisschen besser machen. Ich bin der Meinung, dass jeder aus einer Diskussion über Strafen etwas lernen kann. Wir können mit Hilfe von Strafe sogar das Leben von Tieren retten.

Ob ich gerne mit Strafen arbeite? Sicher nicht, aber sie können manchmal der letzte Ausweg zur Lösung von Problemen sein, die Menschen geschaffen haben, indem sie keinerlei Grenzen gesetzt haben oder unerwünschtes Verhalten immer wieder verstärkt haben, ohne es zu merken.

Natürlich sollte man, bevor man Strafe einsetzt, alle anderen Möglichkeiten ausgeschöpft haben, die uns das Training bietet. Wir können einem Hund, der zum Jagen von Katzen neigt, einen verlässlichen Rückruf antrainieren, mit Katzen in größerer Entfernung als Ablenkung arbeiten, ihn an einer Schleppleine führen und so weiter. Hat der Hund jedoch wirklich einmal aus seiner Sicht Erfolg dahingehend gehabt, dass er eine Katze gepackt und sogar getötet hat, dann müssen wir uns darüber im Klaren sein, dass er in Zukunft nicht mehr gewillt sein wird, dieses Verhalten zugunsten eines Stückchens Wurst, einem Ballspiel oder einem anderen Verstärker (oder dem Wegnehmen eines Verstärkers) aufzugeben, denn der Verstärker „Jagderfolg" ist für ihn viel mächtiger!

Wir können uns gegenseitig helfen, mit den Vorbehalten und Verurteilungen aufzuhören. Seien Sie immer offen für das Gespräch, auch wenn das heißt, dass Sie sich durch Ihre Offenheit verletzlich machen. Das hat nichts mit Schwäche zu tun! Sich verletzlich zu machen, ist purer Mut! Es bedeutet emotionales Risiko, aber es ist ehrlich und hilft uns, uns auf andere einzustimmen. Und oft genug gehen am Ende Innovationen daraus hervor, wenn wir damit beginnen, wirklich zuzuhören und zu verstehen versuchen, warum jemand etwas sagt oder was uns dazu bewegt, Urteile zu fällen oder Handlungen zu beginnen.

Ich möchte gerne dazu beitragen, diese Diskussionen zu öffnen und sie aus dem Sumpf von Scham und Schuld herauszuziehen, um daraus zu lernen und zu lehren. Denn das ist der einzige Weg, wie wir als Trainer und Hundeführer oder Tierbesitzer wachsen können.

Urteilen Sie nicht

Ich möchte niemanden ausschließen, verurteilen oder mit dem Finger auf ihn zeigen. Nicht vorgeben, was richtig oder falsch ist. Stattdessen versuche ich respektvoll zu schauen, was bisher schon getan und entdeckt wurde, wo wir im Moment stehen, was noch getan werden muss und um etwas Verständnis zu bitten, denn im Moment polarisiert sich die Welt des Hundetrainings eher und es gibt zwei oder sogar drei Lager: Die eher mit Zwang und Strafe arbeitenden Trainer auf der einen und die „positiven" Trainer auf der anderen Seite. Dazwischen stehen diejenigen, die einen Mittelweg suchen.

Die Art und Weise, wie diese Lager miteinander streiten, sich gegenseitig provozieren und andere davon zu überzeugen versuchen, wer Recht und wer Unrecht hat, gerät oft außer Kontrolle. Man kann sich nur fremdschämen, wenn man die Beiträge in manchen Internetforen liest. Da werden andere Trainer gemobbt, bedroht, Existenzen ruiniert und jeglicher Anstand bleibt vollkommen auf der Strecke. Und am Ende ist das Tier das Opfer. Natürlich geschehen Unfälle und Zwischenfälle und es werden Fehler gemacht. Aber versetzen Sie sich doch einmal in den Moment zurück, als Sie zum ersten Mal mit Tiertraining zu tun bekamen. Warum haben Sie sich damals dafür interessiert? Worauf sind Sie gestoßen? Was waren Ihre Erfahrungen und wie halfen sie Ihnen dabei, zu dem zu werden, was Sie heute sind? Wie sah Ihre Lernkurve aus? Woran machen Sie es fest, dass Sie heute selbst beurteilen können, wann etwas gutes und wann schlechtes Training ist? Können Sie gutes und schlechtes Training definieren?

Eigenschaften, die ein Trainer haben muss

Wenn ich hier unten die Eigenschaften aufliste, die ein guter Trainer haben muss, ist mir bewusst, dass diese Liste niemals vollständig sein kann und immer zu Diskussionen reizt. Aber alle die vielen Trainer, die ich über die Jahre getroffen habe – junge, alte, große, kleine, Anfänger oder Experten – hatten alle besondere und manchmal auch einzigartige Eigenschaften. Und viele davon waren Trainern auf der ganzen Welt gemeinsam. Die vielleicht hervorstechendste war: Sie geben niemals auf. Sie sind wie kleine Kinder, die das Laufen lernen – sie fallen immer wieder hin, aber sie stehen jedes Mal wieder auf und versuchen es noch einmal. Das Kleinkind sieht, wie seine älteren Geschwister mühelos umherrennen, aber es ist davon nicht etwa demotiviert, sondern versucht es trotz ständigen Hinfallens und Aufstehens immer weiter, bis es genauso gut oder sogar besser als seine Geschwister laufen kann.

Wenn ich also eine Liste der Eigenschaften aufstellen sollte, die ein guter Trainer haben muss, dann wäre dies hier meine Auswahl:

Beharrlichkeit:
Weitermachen, nicht aufgeben, auch nicht nach vielen Misserfolgen. Training ist einfach, aber nicht leicht.

Beobachtungsgabe:
Gute Trainer scheinen ein zweites Paar Augen zu haben. Sie sehen die kleinsten Details der Körpersprache des Hundes, aber auch der Umgebung mit all ihren möglichen Ablenkungen.

Fähigkeit zur Selbstreflexion:
Diese Eigenschaft ist vielleicht die wichtigste. Wer sich nicht selbst reflektieren kann, wird nicht aus den Fehlern lernen, die er definitiv machen wird.

Veränderungsbereitschaft:
Der Wille und die Fähigkeit, nicht nur das Verhalten der zu trainierenden Tiere, sondern auch das eigene zu verändern.

Bereitschaft zur Verletzbarkeit:
Sie wird oft als Schwäche missverstanden, aber das ist grundlegend falsch. Sie ist ein Zeichen großen Mutes! Sie ist die Bereitschaft zu emotionalem Risiko, sich einer Situation auszusetzen und dafür einzustehen, woran man glaubt. Verletzbarkeit bringt neue Ideen und Kreativität in unser Leben.

Interesse am Führen von Aufzeichnungen:
Das Sammeln und Analysieren von Daten wird im Tiertraining immer wichtiger. Es ist die einzig verlässliche Methode, um herauszufinden, ob man Fortschritte macht und auf dem richtigen Weg ist.

Breites Interesse am Tiertraining:
Ein guter Tiertrainer ist nicht nur auf einen kleinen Teilbereich dieses Berufs fokussiert. So können Hundetrainer zum Beispiel von Vogeltrainern und Trainer vieler anderer Tierarten lernen. Außerdem können wir viel von „Mutter Natur“ lernen, indem wir uns anschauen, wie sich Tiere in freier Wildbahn verhalten und daraus lernen.

Fähigkeit, sich ausdrücken zu können:
Diese Fähigkeit ist nicht nur wichtig, um andere zu unterrichten oder zu unterhalten, sondern auch, um von anderen lernen zu können.

Geduld:
Ein guter Tiertrainer muss in der Lage sein, auf den Aspekt des Verhaltens zu warten, den er verstärken kann.

Selbstvertrauen:
Nicht zu verwechseln mit Geduld und Beharrlichkeit. Meistens lassen wir die Tiere entscheiden, ob ein Trainer Selbstvertrauen besitzt. Man sieht es leicht an der Art, wie Tiere auf einen neuen Trainer reagieren. Selbstvertrauen beinhaltet auch, dass der Trainer sich nicht ablenken lässt, seinem Plan folgt und die Führung übernimmt.

Handwerkliche Fähigkeiten:
Gemeint ist, dass der Trainer mit seinen Händen und seinem Körper das umsetzen kann, was er in seinem Kopf plant. Dabei geht es vor allem um Körperkontrolle und -beherrschung. Er muss mit Körperposition und Körperausdruck arbeiten können, mit oder ohne Leine und Hilfsmittel wie Clicker oder Futtertaschen benutzen können. Ich habe viele smarte und intelligente Tierverhaltensexperten kennengelernt, die alles über Lernverhalten und Trainingsprinzipien wissen und erklären können, aber nicht die handwerklichen Fähigkeiten besitzen, um selbst Tiere zu trainieren.

Interesse an Trainingsprinzipien:
Es mag seltsam klingen, diesen Punkt eigens zu erwähnen, aber es ist ein wichtiger. Ich habe etliche Trainer getroffen, die keinen blassen Schimmer von den Grundsätzen der klassischen und operanten Konditionierung hatten. Das sind die sogenannten „Bauchgefühl"-Trainer. Manche von ihnen machen einen wunderbaren Job mit den Tieren, für die sie verantwortlich sind, aber ohne theoretisches Wissen.

Entscheidungsstärke:
Ein Trainingsprozess besteht immer aus Entscheidungen. Soll ich verstärken? Helfen? Ein bisschen länger warten? Wie wird mein nächstes Signal aussehen? Ist dieses Verhalten genau das, was ich möchte? Diese und viele Entscheidungen müssen oft in Sekundenbruchteilen getroffen werden. Während einer Trainingseinheit hat der Trainer jede Menge Entscheidungen zu treffen!

Entscheidung während einer Doppelblind-Suche.

Unser Trainer-Auswahlverfahren

Studien zeigen, dass rund 30 % der ausgewählten Kandidaten in allen möglichen Berufszweigen ihre Ausbildung nicht beenden. Es ist also schwierig bis unmöglich, sich ein zu 100 % zuverlässiges Auswahlverfahren auszudenken. Es wird immer Ausfälle geben. Auswahlprozesse sind immer schwierig – nicht nur bei Tieren, sondern auch bei Menschen und es ist schwierig, dabei objektiv zu bleiben. Oft liefern die reinen Daten auch nicht genug Informationen. Wie testen wir also unsere menschlichen Ausbilder-Kandidaten, sei es in Diensthundeeinheiten, Hundesportvereinen oder Hundeschulen?

Wir möchten gerne sehen, dass sie nicht nur in der Lage, sondern auch willens sind, den Trainerjob zu machen. Wenn wir bei uns neues Personal einstellten, hörten wir immer die unglaublichsten Geschichten. Ich erinnere mich an einen Typen, dessen erste Frage im Bewerbungsgespräch war, welchen Dienstwagen er bekommen könnte. Und er meinte das todernst. Tja, er schaffte es nicht in die nächste Runde.

Außerdem erinnere ich mich an einen Bewerber, der Trainer für die neuen „funkgelenkten" Kamerahunde werden wollte. Als wir ihm Videoaufnahmen von einer Trainingseinheit zeigten, in der ein Trainer etwa 700 Mal ein Targetverhalten wiederholte, brach es aus ihm heraus: „Für sowas habe ich keine Geduld! Ich möchte mit einem Kamerahund arbeiten." Wir erklärten ihm, dass man auch diese Details trainieren muss und sie so lange wiederholen muss, bis sie flüssig beherrscht werden, bevor man mit einem Kamerahund arbeiten kann. Auch dieser Bewerber schaffte es nicht in die nächste Runde.

Eine andere Methode, mit der wir Traineranwärter auswählen, besteht darin, dass wir sie bitten, mit einigen bereits vortrainierten Hunden einen Hindernisparcours zu laufen. Nachdem der Bewerber mit drei verschiedenen Hunden den Parcours gelaufen ist, geben wir ihm einen Hund, der den Hindernisparcours noch nie gesehen hat. Immer noch sind wir davon überrascht, dass manche Kandidaten sehr schnell die Geduld verlieren und beginnen, das Tier mit Zwang über die Hürden bringen zu wollen. Denn natürlich suchen wir nach denjenigen, die kreativ sind und ihr eigenes Verhalten schnell verändern, um dem Hund bei der Bewältigung der Aufgabe zu helfen.

Einer der interessantesten Tests besteht darin, einem Trainer einen jungen Hund, einen Stuhl, eine lange Leine, einen Clicker und einen Napf mit Futter zu geben. Wir erklären dem Trainer, dass die Startposition fünf Meter vom Stuhl entfernt ist und dass er dem Hund beibringen soll, aus der Startposition auf den Stuhl zu springen. Dann soll der Hund 30 Sekunden lang auf dem Stuhl sitzenbleiben, bevor er belohnt wird. Wir bitten den Kandidaten, zuerst einen Trainingsplan zu schreiben und während des Trainings Daten zu sammeln. Dann beobachten wir, ob sich der Trainer an seinen eigenen Plan hält oder sein Vorgehen die ganze Zeit über ändert.

Die beste Möglichkeit zum Testen und Auswählen neuer Trainer besteht aber nach wie vor darin, sie in der Pflege der Hunde arbeiten zu lassen. Und zwar nicht nur einen Tag lang, sondern am besten für ein ganzes Jahr. Dann können wir sehen, wie sie mit Tieren umgehen, ob sie willens sind, die harte Arbeit auf sich zu nehmen, ob sie lernen und ob sie wirklich am Training interessiert sind, indem sie den anderen Trainern zuschauen, sobald es ihre Zeit erlaubt. Nach einiger Zeit kann man sie bitten, ein paar einfache Verhalten zu trainieren und sie dabei beobachten, wie sie sich schlagen und ob sie nachfragen, wenn sie etwas nicht wissen oder Hilfe benötigen.

Wir sind nicht an ihrem Schul- oder Universitätsabschluss interessiert oder daran, wie lange sie schon Tierverhalten studiert haben. Wir kennen viele Beispiele für sehr intelligente Menschen, die Tierverhalten in der Theorie bestens kennen, aber nicht in der Lage sind, ihr Wissen aus ihrem Kopf in ihre Hände zu transferieren. Tiertrainer müssen die Trainingstechniken anwenden können und nicht nur in der Lage sein, sie in einer Prüfung theoretisch wiederzugeben. Wir sind interessiert an ihren Charaktereigenschaften, ihrer Motivation und ihrer Fähigkeit, neue Dinge zu lernen, an ihrer Beobachtungsgabe und dem Talent zum richtigen Timing. Sind sie dazu bereit, aus ihrer Komfortzone herauszukommen? Reflektieren sie sich selbst ausreichend? Hören sie zu und sind sie bereit, Anweisungen zu folgen? Haben sie eine positive Grundeinstellung? Können sie ihr eigenes Verhalten schnell verändern? Können sie Trainingspläne lesen? Sind sie dazu bereit, Daten zu sammeln? Zu alledem sind wir außerdem daran interessiert, wie die Tiere auf sie reagieren. Wenn es nicht möglich ist, Trainer anhand ihrer Arbeit in der Pflege zu selektieren, haben wir noch andere Testmethoden:

Unser Tierwohlbefinden-Trainertest

Einer unserer Standardtests zur Trainerauswahl misst das Wohlbefinden des Tieres in dessen Gegenwart. Wie wir das machen, ist kein Geheimnis und man kann das Ergebnis nicht beeinflussen. Der Test ist einfach: Der Kandidat wartet in einem kleinen und fast leeren Raum. Nach einiger Zeit bringt ein Helfer einen Hund herein, leint ihn ab, geht wieder hinaus und schließt die Tür hinter sich. Durch eine einseitig verspiegelte Trennscheibe oder mittels Kamera beobachten wir aus einem anderen Raum den Kandidaten und den Hund. Die Aufgabe an den Bewerber lautet, mit dem Hund zu spielen und sein Interesse zu wecken. Der Bewerber wusste das vorher nicht, war also nicht vorbereitet und konnte kein Spielzeug oder Futter für den Hund mitbringen. Im Raum befinden sich zwei Anzeigelampen: eine rote und eine grüne. Die grüne bedeutet, dass ab jetzt gespielt werden soll, die rote, dass das Spiel beendet und die Tür geöffnet werden soll, damit der Helfer den Hund wieder abholen kann. Dann beobachten wir das Verhalten des Trainers: Wartet der Kandidat auf das grüne Licht, bis er Kontakt zu dem Hund aufnimmt? Oder beginnt er sofort damit, sobald der Hund im Raum ist? Schaut er ständig nach, ob die rote Lampe schon leuchtet und kann es kaum abwarten, dass die Zeit gleich um ist? Oder vergisst er die Zeit und die Lampen über das Spielen mit dem Hund? Nach ein paar Minuten kommt der Helfer zurück, bringt den Hund weg und einen anderen Hund herein. Wir wiederholen das Ganze ein paar Mal mit verschiedenen Hunden und konzentrieren uns bei der Beobachtung auch darauf, wie die Hunde auf diesen Kandidaten reagieren und was der dieser tut, um die Hunde bei der Stange zu halten.

Danach machen wir einige weitere Tests, um die anderen benötigten Eigenschaften zu beobachten. Wir bitten zum Beispiel den Bewerber, mit einem Hund innerhalb einer vorgegebenen

Zeit eine neue und ungewöhnliche Aufgabe zu trainieren, wie zum Beispiel in eine Schubkarre zu springen und diese dann mit dem darin sitzenden Hund zwanzig Meter weit zu schieben. Dafür hat er zwanzig Minuten Zeit. Wir schauen aus einiger Entfernung zu und interessieren uns für seine Vorgehensweise, seine Ideen, ob er um Hilfe fragt, ob er Futter einsetzt oder mit Zwang arbeitet – ja, auch das kommt in Auswahlverfahren tatsächlich vor.

Wir spielen mit den Menschen und den Tieren Clickerspiele, um eine Vorstellung von den Fähigkeiten in Sachen Timing und Beobachtung zu bekommen. Wir geben unsere Instruktionen bewusst so, dass die Bewerber nach weiteren Informationen fragen müssen, um mit der Aufgabe weiterkommen zu können. Gemeinerweise stellen wir ihnen aber auch eine Aufgabe, die sie nicht lösen können und üben etwas Druck auf sie aus – um zu sehen, wie sie mit Kritik umgehen können. Wir prüfen ihre Fähigkeit zur Selbstreflexion.

Wir zeigen ihnen ein kurzes Video einer Trainingseinheit und bitten sie, dafür einen Trainingsplan für andere Trainer zu schreiben. Dieser muss so klar sein, dass jeder ihn verstehen kann. Es gibt also viele verschiedene Möglichkeiten, um sich ein umfassenderes Bild über den Bewerber, seine handwerklichen Fähigkeiten, seine Motivation und Geduld zu verschaffen.

Wie motiviert man Trainer?

Selbst der motivierteste Trainer kann in eine Phase niedriger Motivation geraten. Das kann viele Auslöser haben, die uns nicht immer klar sind. Mit einer guten Datensammlung im Hintergrund ist es einfacher, diese Momente kommen zu sehen. Erste Anzeichen sind nachlassende Anstrengung und nachlassende Ergebnisse. Jetzt müssen die Vorgesetzten eingreifen – nicht nur, um dem Trainer zu helfen, sondern auch, um sicherzustellen, dass das Tier OK ist. Denn man bekommt immer das Verhalten, das man verstärkt – und inkonsequente Trainer trainieren inkonsequentes Verhalten. Es ist nicht immer einfach, Trainingsfehler zu beheben, deshalb brauchen wir unbedingt Trainer, die bereit für ihren Job sind und den richtigen Fokus haben. Gute Trainer nutzen ihre Aufzeichnungen und unterschiedliche Verstärker, um ihre Tiere motiviert zu halten. Aber: Was unternehmen die Vorgesetzten, um die Motivation ihrer Trainer zu erhalten? Sprechen alle vom Gleichen? Sind die Ziele klar genug definiert? Werden Daten gesammelt? „Sehen" beide Seiten sich tatsächlich gegenseitig? Sind sie bereit, ihr Verhalten zu verändern? Über welche Werkzeuge verfügen die Vorgesetzen, um die Motivation ihrer Trainer zu erhalten? Wissen sie, womit sie sie motivieren können?

Frustrationslevel

Egal, wie motiviert Sie sind: Irgendwann wird Ihre Motivationskurve auch einmal unter den Frustrationslevel sinken, um dann anschließend umso höher zu steigen.

Motivationskurve …

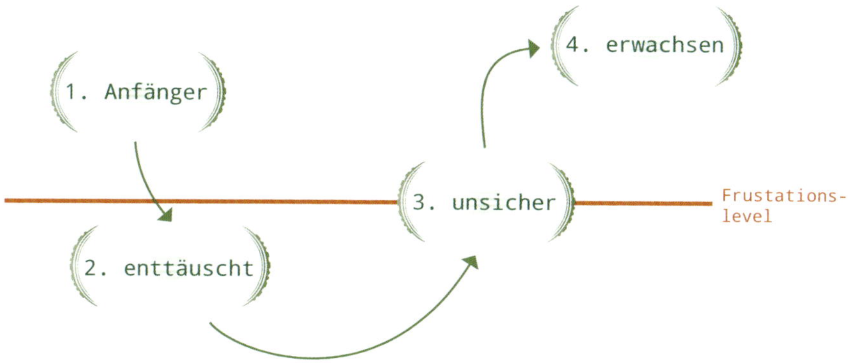

… einfach erklärt:

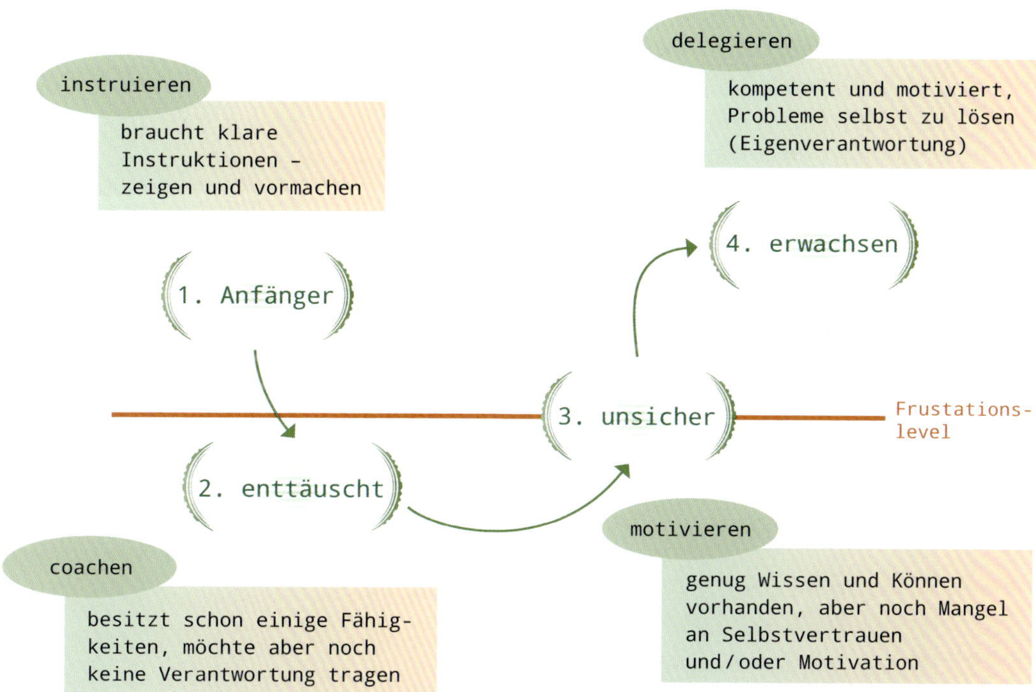

Unserer Erfahrung nach ist das Arbeiten mit klaren Zielen ein sehr gutes Motivationswerkzeug. Manche unserer Trainingsprogramme dauern ein Jahr. Einen Trainer zu motivieren, mit etwas zu beginnen, dessen Resultat er erst in 12 Monaten sehen wird, ist fast unmöglich. Aber wenn man das Programm in Meilenstein-Abschnitte aufteilt, von denen alle paar Wochen einer erreicht werden kann, können wir Erwartung und Motivation aufbauen. So arbeiten die Trainer bei uns immer von Meilenstein zu Meilenstein, und immer, wenn sie einen erreicht haben, überprüfen wir die Ergebnisse in einem Doppelblindtest. Wenn das Mensch-Hund-Team den Test bestanden hat, feiern wir das! Danach können sich dann beide einem neuen Ziel zuwenden, aber gleichzeitig geht es auch darum, diejenigen Fähigkeiten zu erhalten, die sie bereits erlernt und bei ihren Hunden konditioniert haben. Wenn beide auf einem hohen Niveau stets bereit bleiben, trägt das zusätzlich zur Motivation im gesamten Programm bei.

Das bedeutet, dass das Management oder der Cheftrainer die Leistungsfähigkeit regelmäßig überprüfen müssen. Außerdem zeigen Menschen, die etwas gut können, gerne ihre Arbeit und erhalten gerne Lob dafür. So haben alle Beteiligten einen Nutzen: Management und Trainer wissen, dass sie zu Höchstleistungen bereit sind und die Tiere bleiben weiter gefordert und trainiert. Während des gesamten Trainingsprogramms behalten wir ein Auge auf die Daten. Regelmäßige Analysen helfen uns auch bei der Überprüfung, ob alles noch im Zeit- und Kostenrahmen liegt.

Coachen von Trainern und Hundeführern

Wir haben erfolgreiche Trainer kennengelernt, die sehr gut in der Ausbildung von Hunden waren, aber nicht darin, andere Trainer zu schulen. Oder andere, die nur eine bestimmte Rasse oder nur einen bestimmten Persönlichkeitstyp von Hunden gut trainieren konnten. Für einen Trainer ist wichtig, dass er kreativ ist und alle möglichen Arten von auftretenden Lernproblemen sowohl bei den Hunden als auch bei den Menschen lösen kann – und das schnell und flexibel. Bedenken Sie immer, dass es verschiedene Persönlichkeits- und Lerntypen gibt (siehe nächste Seite).

Es gibt dabei kein Richtig oder Falsch oder keinen „besseren" Lernstil. Oft sieht man auch einen Mix aus Stilen.

Das Wichtigste an der ganzen Sache ist, dass dem Trainer die Tatsache bewusst ist, dass Schüler auf verschiedene Art und Weise lernen und dass es sein Job ist, dem Schüler die Information, die er vermitteln möchte, auf die für ihn beste Art und Weise darzubieten. Die Schaffung einer sicheren Lernumgebung und der Aufbau von Vertrauen sind dabei wichtige Aufgaben für den Trainer – er hat immer darauf zu achten, dass seine Schüler sich sicher fühlen.

Wenn Sie als Trainer mit Menschen arbeiten, überprüfen Sie zwischendurch immer wieder, ob Sie mit Ihren Schülern noch auf dem richtigen Weg sind und ob deren Lernkurve noch den richtigen Verlauf nimmt. Fragen Sie nach, fokussieren Sie sich und stellen Sie sicher, dass die von Ihnen dargebotene Information genug „Klebstoff" zur Anhaftung im Gehirn hat, damit die Schüler sich an die Lektion erinnern oder das Verhalten reproduzieren können.

Lerntypen:

Wie erkennt man einen guten Hundetrainer?

Oft herrscht die Ansicht vor, ein guter Trainer müsste immer die am besten erzogenen oder erfolgreichsten Hunde haben. Aber stimmt das? Ist es nicht besser, danach zu urteilen, was Trainer mit ihren Hunden tun können? Schließlich setzt jeder seine eigenen Ziele und Regeln fest. Es gibt kein allgemeingültiges Gesetz dafür, was ein Hund lernen oder können muss. Ich habe hervorragende Spürhunde gesehen, die überhaupt keinen Grundgehorsam hatten und unverträglich mit anderen Tieren waren.

Um einen guten Trainer zu erkennen, müssen wir den Beginn, die Mitte und das Endprodukt seines Trainings sehen.

Was also ist ein guter Trainer? Das ist eine grundlegende Frage. In manchen Büchern heißt es, man müsste mindestens zehntausend Trainingsstunden absolviert haben, um gute Fähigkeiten erworben zu haben. Aber können Sie diese dann auch an andere weitergeben? Sprechen wir nur vom Tiertraining oder auch vom „Menschentraining"? Ein Hundetrainer muss beides können.

Dazu gibt es einen sehr schönen Satz: „Wenn Sie es nicht einfach genug erklären können, haben Sie es nicht gut genug verstanden." Ein guter Trainer kann nicht nur die Hunde (oder anderen Tiere) zum Mitmachen motivieren, bestärken, ermutigen und voranbringen, sondern auch die Menschen. Er kann das Beste aus allen herausholen und ist in der Lage, die Bedürfnisse und Baustellen des Einzelnen zu erkennen und diese sowohl individuell als auch in der Gruppe anzugehen. Er muss sicherstellen, dass jederzeit alle mit im Boot sind, was auch bedeutet, unangenehmen Gesprächen nicht aus dem Weg zu gehen.

Ein guter Trainer ist wie ein Kapitän.
Er kann das ganze Schiff „organisieren",
um den Zielhafen zu erreichen.

Als Trainer konditionieren Sie starke, verlässliche Verhaltensweisen bei Tieren und/oder Menschen. Alle müssen die Fähigkeiten erlernen, die sie brauchen, um ihre Aufgabe erfüllen zu können. Als Trainer brechen Sie alle Trainingselemente in kleine, klare Schritte auf und bauen sie auf einem starken Fundament auf.

Verlässliche Trainer produzieren verlässliches Verhalten

Wenn Ihr Training die fünf Grundlagen Reiz, Verstärker, Löschung, Aversiva (Strafe) und Generalisierung (s. S. 123) widerspiegelt, garantiere ich Ihnen, dass sie verlässliches Verhalten und verlässliche Trainer „produzieren" können.

Wenn wir neue Trainer oder Diensthundeführer ausbilden, brechen wir die grundlegenden Fähigkeiten in ihre Schlüsselelemente auf, um Lernen und Verstehen zu fördern. Indem wir ihnen die Möglichkeit geben, ein breites Spektrum an handwerklichen Fähigkeiten und Trainingsmethoden zu erlernen, erwerben sie die Grundbausteine zum Aufbau von Kompetenz, Vertrauen und Motivation. Sie werden von sich aus immer mehr Neues ausprobieren. Wichtig: Vergessen Sie nie, auch Ihre Trainer zu bestärken! Arbeiten Sie mit Videoaufnahmen, sammeln und analysieren Sie Daten. Zeigen Sie ihren Schülern zwischendrin immer wieder, welche Fortschritte sie schon gemacht haben!

Grundlegende handwerkliche Trainingsfähigkeiten sind sehr wichtig für die Entwicklung eines Trainers. Es geht um Dinge wie Arbeiten mit Brückensignalen, Verstärken aus der Nähe oder Distanz, Leinenhandling, Körpersprache, Position, Bewegung, Einsatz von Keep-Going-Signalen und so weiter. Wenn neue Trainer in diesen Fähigkeiten sicher geworden sind, können sie auch weitere trainingsspezifische Fähigkeiten und komplexe Bewegungsmuster erlernen und sowohl das Training als auch alle anderen Aktivitäten mit ihren Tieren genießen. Und nicht zuletzt wird ein Trainer, der die Grundlagen wirklich sicher beherrscht, ein langes Arbeitsleben mit Tieren verbringen können.

Alle Trainer sind willkommen

In der Politik kann man besonders zu Wahlkampfzeiten gut beobachten, dass die unterschiedlichen Politiker nicht gern zusammenarbeiten möchten und ihren Anhängern erklären, wie sie die anderen ausschließen möchten. Auf diese Art und Weise kann man leider niemals Brücken bauen. Das gilt auch für die Welt des Tiertrainings. Wenn wir voneinander lernen möchten, müssen wir mit der Polarisierung aufhören – was für alle Trainer und Tiere zum Guten wäre. Wir müssen die Gräben überbrücken – nicht nur die zwischen Trainern, Tierbesitzern oder Wissenschaftlern, sondern auch die zwischen den Trainern selbst.

Wir können von jedem etwas lernen und wir alle haben auf die ein oder andere Weise irgendwann einmal mit dem Tiertraining begonnen, weil wir alle ein gemeinsames Interesse hatten. Ich bin froh darum, dass es Menschen gab, die mir den Weg vom strafbasierten Training zur positiven Verstärkung gezeigt haben und dass ich den Unterschied zwischen beidem begriffen habe. Aber es ist auch immer wieder nötig, dass wir uns in die Lage anderer versetzen, die noch nicht die Möglichkeit hatten, die positiven und negativen Nebenwirkungen unterschiedlicher Methoden kennenzulernen. Daher ist meine dringende Botschaft an die Welt der Trainer: Lasst uns zusammenarbeiten anstatt gegeneinander! Lasst uns nicht polarisieren und mit dem Finger auf andere zeigen, sondern erklären, diskutieren und zuhören! Helfen Sie anderen, anstatt Menschen auszuschließen, die anders denken und handeln als Sie.

Dieses Kapitel ist kein leichtes, weil Emotionen, Scham und Angst ins Spiel kommen und so manches Ego verletzt wird. Aber es ist wirklich nötig, mit *allen* Trainern zu sprechen. Bei uns sind „Zwang- und Straftrainer“ ebenso willkommen wie „Positivtrainer“, Erfahrene, Anfänger, Naturtalente, Alte, Junge, Traditionsverhaftete, Innovative, Männer, Frauen, Transgender-People, Schwule und Lesben, Trainer aller möglichen Religionen, Atheisten und viele mehr. Ich würde mich sehr freuen, wenn sie alle dieses Buch lesen und über seine Inhalte diskutieren würden.

Ich bin überzeugt davon, dass wir alle voneinander lernen können. Auch für Sie als Leser ist es wichtig, nicht zu verurteilen. Sie können sich einfach herausnehmen was Ihnen gefällt und darüber hinweggehen, was Ihnen nicht gefällt. Sie haben eine Wahl.

Viele Trainer haben keine Wahl beziehungsweise sehen die Wahlmöglichkeiten nicht mehr, weil sie so in Glaubenssystemen, Paradigmen, Referenzrahmen oder Trainingsmethoden feststecken.

Trainer müssen in der Lage sein, eine sichere Lernumgebung zu schaffen

Stellen Sie sicher, dass Trainer dazu in der Lage sind, eine sichere Lernumgebung zu schaffen, und zwar nicht nur für ihre Tiere, sondern auch für ihre menschlichen Schüler. Beim Thema Sicherheit geht es nicht nur um physische Sicherheit wie scharfe Metallgegenstände, Chemikalien, Stolperfallen, Elektrizität, Dinge, die herunterfallen können, Straßenverkehr oder andere gefährliche Elemente, sondern auch die mentale Sicherheit spielt eine sehr wichtige Rolle. Es geht darum, eine Umgebung und Atmosphäre zu schaffen, in der Menschen es wagen, Fragen zu stellen, Fehler zu machen und neue Dinge auszuprobieren. Aus ihrer Komfortzone herauszukommen. Ihre schwache Seite zu zeigen. Um Hilfe zu bitten, damit sie auf das nächste Niveau wachsen können.

18

Fortgeschrittenes Training

Nachdem wir uns die Grundlagen des Trainings angeschaut haben, ist es nun an der Zeit, einen genaueren Blick auf einige weitere Details zu werfen, die besonders im weiteren Verlauf wichtig werden.

Häufigkeit und Dauer der Trainingssitzungen

Zu diesem Thema haben wir viele verschiedene Meinungen, Erfahrungen und Paradigmen, aber nicht viele Forschungsergebnisse gefunden. Entscheidende Fakten dazu fehlen. Wie misst man die reine Trainingszeit, also die, in der das Tier wirklich beschäftigt ist? Was ist überhaupt Trainingszeit? Das müssen wir definieren, bevor wir es messen können. Wenn wir Trainingszeit kalkulieren, ist es interessant, zwischen den einzelnen Elementen abzugrenzen – wie zum Beispiel der Zeit, die der Trainer braucht, um die Sitzung vorzubereiten, die Geräte aufzubauen oder sich seine Notizen vom letzten Training anzuschauen. Mit dem Hund vor der Trainingssitzung zum Lösen gehen und danach mit ihm spielen. Die gesammelten Daten aufschreiben, den Trainingsraum aufräumen und für das nächste Mal vorbereiten und so weiter.

Damit wir Trainingszeit bemessen können, arbeiten wir gerne mit klaren Kriterien, sprich wir arbeiten immer in Einheiten einer „Sitzung". Eine Sitzung beginnt dann, wenn Hund und Trainer in der Trainingsumgebung zusammen arbeiten. Innerhalb der Sitzung gibt es Durchläufe (Trials), die uns wiederum die exakte Trainingszeit vorgeben. Nehmen wir als Beispiel eine Sitzung zum Training von „Sitz" und es ist die achte Sitzung zu diesem Thema, also nennen wir sie „Sitz 8". „Sitz 8" besteht aus 10 Durchläufen und jeder Durchlauf dauert 30 Sekunden. In Sitzung 8 wird der Hund also mindestens 300 Sekunden lang sitzen, während die Sitzung insgesamt länger dauert, weil der Trainer ja auch noch mit Belohnen oder Aufschreiben der Daten zu jedem Durchlauf beschäftigt ist und vor jedem neuen Durchlauf wieder die Aufmerksamkeit des Hundes gewinnen muss.

Hunde haben ihre eigenen Persönlichkeiten, Interessen und Motivationen und vielleicht auch unterschiedliche Aufmerksamkeitsspannen, wie wir das auch bei Menschen beobachten können. Es ist deshalb schwierig, eine exakte Zahl zu nennen, wie lange Sie Ihren Hund trainieren sollten. Unsere Faustregel lautet: Solange der Hund engagiert ist und sich dafür interessiert, was der Trainer ihm bietet. Wir mögen kurze Sitzungen mit je zehn Durchläufen, die der Hund innerhalb weniger Minuten absolviert. Dann machen wir ein paar Minuten Pause, bevor wir mit der nächsten Sitzung weitermachen. Wenn einzelne Durchläufe länger dauern sollten, weil z. B. die Entfernung größer wird, machen wir eben nur zwei oder drei Durchläufe pro Sitzung. Bedenken Sie immer, was das Endziel für den Hund sein soll: Soll er an einem Flyball-Wettkmapf teilnehmen? Oder Dogdance-Figuren zeigen? Eine Fährte von einem oder zehn Kilometer Länge verfolgen oder 25 Autos nach Sprengstoff oder Drogen absuchen? Mit dem Endziel im Kopf schreiben wir unseren Trainingsplan und arbeiten auf dem nötigen Niveau darauf hin. Man kann sich leicht vorstellen, dass das Absuchen eines Autos nicht so viel Ausdauer und Langzeit-Konzentration benötigt wie das Absuchen von 25 Autos hintereinander.

In der Zeitschrift *Applied Animal Behavior Science* Nr. 133 (2011) gibt es auf den Seiten 228–234 eine interessante Studie dazu. Sie trägt den Titel „The effect of frequency and duration of training sessions on acquisition and long-term memory in dogs" und bietet ein paar interessante Einblicke. An der Studie nahmen 44 Beagle teil, die in vier Gruppen aufgeteilt und dann in einer Unterordnungs-Übung trainiert wurden. Jeder Hund erhielt 18 Trainingssitzungen. Gruppe 1 wurde ein bis zwei Mal pro Woche trainiert und absolvierte jeweils eine Sitzung. Gruppe 2 wurde ebenfalls ein bis zwei Mal pro Woche trainiert, erhielt aber drei Sitzungen hintereinander. Gruppe 3 wurde täglich in einer Sitzung trainiert, Gruppe 4 ebenfalls täglich, aber in drei Sitzungen hintereinander.

Nach vier Wochen Training sah das Ergebnis so aus, dass die die ein bis zwei Mal pro Woche trainierten Hunde (Gruppe 1 und 2) bessere Leistungen zeigten als diejenigen, die jeden Tag trainiert worden waren (Gruppe 3 und 4). Keinen Unterschied gab es zwischen einer Sitzung täglich (Gruppe 3) und wöchentlich ein bis zwei Mal Training mit drei Sitzungen hintereinander (Gruppe 2). Die unterschiedlichen Zeitpläne hatten bei Überprüfung vier Wochen nach Trainingsende keinen Einfluss auf die Aufgabe: Alle Hunde zeigten auch nach vier Wochen Pause immer noch, was sie gelernt hatten. Wenn ein Hund etwas gelernt hat, kann er sich also mindestens vier Wochen lang weiter daran erinnern.

Dies ist ein sehr interessantes Ergebnis, dass die Routine Hundeschulen und Ausbildungszentren verändern könnte. Etwas Ähnliches hatten wir selbst auch vor mehreren Jahren festgestellt, als wir zwei junge Sprengstoffspürhunde trainierten. Der übliche Stundenplan zum Training von Sprengstoffspürhunden sah damals fünf Tage pro Woche mit etwa vier bis fünf Sitzungen zur Sucharbeit plus ein oder zwei zur allgemeinen Unterordnung über den Tag verteilt vor. So viel Zeit hatten wir zu diesem Zeitpunkt aber wegen anderer Ausbildungsprogramme nicht. Wir beschlossen deshalb, uns die Hunde zwei Mal pro Woche vorzunehmen und ihnen eine Suche pro Tag zu geben. Für den Rest der Woche kümmerte sich Personal um die Hunde. Zu unserer Überraschung stellten wir fest, dass diese Hunde nach genauso vielen Wochen prüfungsfertig waren wie die, die wir sonst täglich in vier bis fünf Sitzungen trainiert hatten. Das soll nun nicht heißen, dass man grundsätzlich nur zwei Tage pro Woche an der eigentlichen Aufgabe trainieren und den Rest der Woche etwas anderes machen soll. Vielmehr sagt es uns, dass wir vielleicht effizienter und effektiver trainieren können. In erster Linie müssen wir dazu einen guten Plan aller Verhalten machen, die unser Hund lernen soll und diesen dann über die ganze Woche aufteilen, sodass wir die jeweilige Fähigkeit an zwei Tagen pro Woche und dann in einer Sitzung pro Tag trainieren können. Sobald ein neues Verhalten gelernt ist, muss es einmal im Monat ein Erhaltungstraining bekommen, um es aktiv zu halten.

Natürlich wäre es schön, wenn es noch mehr Studien zum Thema Frequenz und Dauer des Trainings geben würde, aber für den Moment haben wir schon ein paar interessante Anhaltspunkte.

Input und Output

Hunde sind keine Computer – auch dann nicht, wenn sie sehr gut trainiert sind. Wenn ein Signal gegeben wird, kommt nicht immer der gleiche Output heraus. Unsere Hunde leben nicht in einem Skinner-Labor: Die Welt um sie herum ist voller Ablenkungen und ihre Sinnesorgane werden ständig mit allen möglichen Gerüchen, Geräuschen, Anblicken und Geschmäcken bombardiert. Und sie lernen immer – sieben Tage die Woche rund um die Uhr. Neben dem Niveau des Trainings spielen auch die Vorliebe für bestimmte Verstärker, die Anwesenheit bestimmter Menschen oder aufregende Umgebungen wie bekannte Übungsplätze eine Rolle. All das beeinflusst die Entscheidungen, die unser Hund treffen muss. Egal ob es darum geht, über eine Hürde zu springen, durch einen Tunnel zu flitzen, eine Frisbee zu fangen, Drogen zu suchen, Sprengstoff zu orten, einen Verdächtigen zu stellen oder eine Spur zu verfolgen – all das geschieht zuerst im Kopf des Hundes. Und wir haben keine Ahnung, was genau darin vorgeht. Mit neuen Technologien wie MRT können wir nun einige der versteckten Geheimnisse sehen, wie zum Beispiel die spannende Tatsache, dass man intensive Gehirnaktivität bei Drogenspürhunden sehen kann, denen man im narkotisierten Zustand Drogengeruch präsentiert.

Wenn dem Hund ein bekanntes und gut trainiertes Signal präsentiert ist und der Output, also das gezeigte Verhalten, anders ist als erwartet, sprechen wir von der „Black Box“. Gemeint ist der Kopf, der Verstand des Hundes, in dem die Entscheidung zum Reagieren auf dieses Signal getroffen wird. Natürlich versuchen wir, das Verhalten durch intensives Training voraussagbar und flüssig zu machen.

Keep-Going-Signale (KGS)

Bob und Marian Bailey arbeiteten in ihrem IQ Zoo mit Keep-Going-Signalen, um sicherzustellen, dass die Tiere die gewünschten Verhalten über einen langen Zeitraum zeigten. Viele ihrer Tiershows waren von Musik begleitet. Diese diente aber nicht etwa zur Unterhaltung der Zuschauer, wie die Leute dachten, sondern war ein KGS für die Tiere. Das Tier wusste, dass es so lange arbeiten musste, wie die Musik spielte, um danach einen Sekundärverstärker (Brückensignal) und dann einen Primärverstärker (Futter) zu erhalten.

Noch klarer wurde der Nutzen von Keep-Going-Signalen in der Arbeit, die die Brelands zusammen mit Bob Bailey in den 1960er Jahren für die US Navy leisteten. Delfine bekamen die Anweisung zum Folgen einer bestimmten Route mittels eines KGS. Das Training dazu war einfach und raffiniert zugleich: Der Delfin hörte, während er in offener See schwamm, ein kontinuierliches Keep-Going-Signal. Sobald er seinen Kurs verließ, hörte das Signal auf. Sobald er ihn wieder aufnahm, setzte es wieder ein. So wurden die Delfine mittels eines KGS zu ihrem Ziel gesteuert – in der Regel einem Schiff, an dem angekommen sie ein Signal zur Ausführung ihres Abschlussmanövers erhielten. Dieses konnte zum Beispiel darin bestehen, dass sie einen mitgebrachten Gegenstand mittels Magnet an den Schiffsrumpf heften mussten, aber auch eine

Das Setup für das grundlegende Training mit dem Keep-Going-Signal. Der Hund bleibt so lange am Target, wie er ein Tonsignal hört.

andere Aufgabe sein. Das anfängliche Training dazu fand in kleinräumigen Bereichen mit großen Targets statt. Die Delfine wurden zu den Targets geschickt, mussten Signale zur Richtungsänderung befolgen und wurden von jemand auf einem Aussichtsturm beobachtet. Wenn der Delfin das richtige Target erreicht hatte, musste er einen Hebel umlegen. Der Trainer konnte oberhalb des Wassers sehen, welches Target der Delfin gedrückt hatte und entsprechend verstärken. Nach vielen Wiederholungen, wenn eine starke Konditionierung erreicht war, brachte man die Delfine in einen größeren Trainingsbereich und letztendlich in die offene See. Selbst in ihrem natürlichen Lebensraum mit all den Ablenkungen darin war das Training sehr solide: Die Delfine konnten 12 Stunden lange Einsätze über zwanzig Meilen von ihrem Startpunkt, dem Mutterschiff, entfernt absolvieren. Das Niveau des Trainings, das für diese Einsätze nötig war, war wirklich absolut erstaunlich, wenn man einmal darüber nachdenkt.

Auch wir setzen Keep-Going-Signale in der Arbeit mit unseren Hunden ein. So kann ihnen zum Beispiel ein kontinuierlicher Ton sagen, dass wie weiterhin gehen sollen. Sobald sie schneller zu laufen beginnen, stoppt der Ton. Nur, wenn der Hund in der gewünschten normalen Geschwindigkeit geht, ist der Ton zu hören und gibt ihm die Information „Weiter so.“ Oder wenn der Ton plötzlich aufhört, bleibt der Hund stehen und schaut sich nach rechts und links um. Sobald er in die richtige Richtung schaut, setzt das Signal wieder ein und der Hund läuft auf dem neuen Kurs weiter.

In der allgemeinen Welt des Tiertrainings wird das Keep-Going-Signal heute meist etwas anders verwendet, nämlich eher als Ermutigung für das Tier: Tu weiterhin das, was du gerade tust, um Brückensignal und Belohnung zu bekommen. Viele Trainer nutzen irgendeine Form von Keep-Going-Signal, ohne sich dessen bewusst zu sein – besonders, wenn ein Tier etwas Neues lernt und der Trainer es zum Weitemachen ermuntern will. Halte weiter den Dummy fest, laufe weiter neben dem Fahrrad, bleib sitzen, ignoriere weiterhin die Ablenkung und so weiter und so fort. Wenn man sich näher mit dem Keep-Going-Signal beschäftigt und seine Vorteile erkennt, ist es eigentlich überraschend, warum es im modernen Tiertraining nicht mehr verwendet wird.

Stellen wir uns zum Beispiel einmal vor, wir möchten ein sehr lang andauerndes „Sitz" in einer sehr ablenkungsreichen und schwierigen Umgebung wie zum Beispiel vor einem belebten Supermarkt trainieren. Der Hund setzt sich, löst das Verhalten aber auf, wenn die Ablenkung zu groß wird oder die Zeitspanne zu lang. Wenn der Trainer in dieser Situation schweigt, kann der Hund nur sehr schwer damit umgehen. Hier wäre das Keep-Going-Signal extrem hilfreich und effektiv. Sobald der Hund sitzt, setzt es ein und wird nach einiger Zeit von Brückensignal und Verstärker gefolgt. Wenn der Hund das Verhalten auflöst, hört das Keep-Going-Signal auf und es folgt ein Reset der Übung. Oft nutzen Trainer in einer solchen Situation ein wiederholt und sanft gesprochenes Wort wie „gut", was die gleiche Funktion hat wie ein Keep-Going-Signal. Wenn wir uns der Macht des KGS bewusster sind, können wir unser Training erheblich verbessern und Themen wie Ablenkung oder Dauer leichter meistern.

Geläufigkeit

Selbst die besten Fußballerspieler der Welt trainieren jeden Tag, um ihre Fähigkeiten zu halten und zu verbessern. Sie wissen schon, wie man mit einem Ball umgeht. Sie wissen schon, wie man schießt, annimmt, Pässe gibt oder verteidigt, trotzdem trainieren sie es jeden Tag, denn diese Grundlagen stellen sicher, dass das ganze Können abrufbar und geläufig bleibt. Es wird fließend beherrscht und sie können es ohne nachzudenken abspulen. Es ist wie beim Autofahren: Anfangs ist es richtig schwierig, die Pedale und Gangschaltung zu bedienen, die Geschwindigkeit anzupassen, passend zu bremsen und das Lenkrad zu führen. Aber nach einer Zeit geht Ihnen all das so flüssig von der Hand, dass Sie mitunter überrascht feststellen, dass Sie schon am Zielort angekommen sind, ohne richtig zu merken, wie Sie dahingekommen sind. Das Autofahren ist Ihnen geläufig geworden und Sie beherrschen es fließend.

Auch im Tiertraining versuchen wir, genau das zu erreichen. Wenn ein Tier dieses Niveau an Geläufigkeit beherrscht, sieht es so aus, als gäbe es eine starke mentale Verbindung zwischen Mensch und Hund. Der Hund reagiert schnell und verlässlich auf die gegebenen Signale, kann alle möglichen Ablenkungen ignorieren und wird die an ihn gestellte Aufgabe weiter ausführen.

Klare Regeln im Haus

Im Zusammenhang mit der täglichen Fütterungszeit der Hunde gibt es bei uns grundsätzliche Regeln im Haus. Wir nutzen die Zeit, die wir zum Füllen der Näpfe brauchen, um ruhiges und geduldiges Verhalten bei den Hunden zu trainieren. Wir bitten sie ins „Sitz" und stellen die Näpfe an den Ort, an dem sie üblicherweise fressen. Dann rufen wir einen der Hunde beim Namen, was für ihn das Auflösungssignal ist, zu seinem rund zehn Meter entfernt stehenden Napf zu laufen. Vor dem Napf bleibt er stehen, „friert ein" und wartet auf weitere Anweisung. Dann wird der andere Hund beim Namen gerufen. Auch dieser rennt zu seinem Napf und wartet. Erst nach unserem Auflösungssignal „OK!" stürzen sich beide Hunde aufs Futter und fressen.

Dieses Verhalten ist nicht etwa dadurch zustande gekommen, dass wir die Hunde bestraft hätten, wenn sie ohne vorheriges „OK" an ihr Futter gegangen sind. Vielmehr haben wir diese Ruhe und Geduld durch Regeln, Grenzen und Klarheit erreicht. Wenn Regeln sehr klar sind, ist es für Hunde viel leichter zu verstehen, was wir von ihnen erwarten. Aber wir Menschen sind leider oft nicht so gut darin, klar zu sein. Oft führen unsere Emotionen, unsere Liebe, unsere Frustration, unser Missverständnis, unsere mangelnde Kommunikation oder unsere Angst und Passivität gemischte Signale an die Hunde. Wenn dann noch unsere Körpersprache nicht kongruent ist, machen wir es den Hunden wirklich sehr schwer. Im Großen und Ganzen können wir sagen, dass wir nicht wirklich konsequent sind. Wir verhalten uns nicht in jedem Kontext gleich. Wir neigen zum Beispiel dazu, konsequenter zu sein, wenn wir von einem Trainer beobachtet werden. Wenn unser Hund dagegen unerwünschtes Verhalten zeigt, während wir mit anderen Menschen beschäftigt sind und uns unterhalten, nehmen wir es nicht so genau. Oder wir lassen zu, dass Kinder oder ältere Menschen unsere Hunde wie lebende Teddybären behandeln. Es fällt uns schwer, unsere Hunde zu korrigieren, wenn diese uns aus ihrer Sicht gegen andere verteidigen. Und wir wissen nicht, was wir tun sollen, wenn sie sich aggressiv gegenüber anderen Tieren verhalten.

Wie kann ein Hund verstehen, dass Ziehen an der Leine plötzlich unerwünscht ist, wenn er es zuvor ein Jahr lang machen konnte? Oder das Anspringen von Menschen plötzlich verboten ist und er sofort damit aufhören muss? Oder was ist mit dem Bellen und Losrennen, wenn es an der Haustür klingelt? Oder auf ein Auflösungskommando zu warten, anstatt hochzuspringen, wenn der Futternapf abgestellt wird? Wenn wir unerwünschtes Verhalten in erwünschtes verwandeln möchten, müssen wir es trainieren und klar gegenüber unseren Hunden sein. Dazu müssen wir als erstes klare Regeln und Grenzen aufstellen – was leichter gesagt als getan ist. Setzen Sie sich mit einem Notizblock hin und schreiben Sie diese Regeln und Grenzen auf. Wenn Sie fertig sind, geben Sie Ihre Notizen jemandem anderes zu lesen. Sind die Regeln auch für ihn klar? Falls nein, feilen Sie weiter daran. Erst, wenn sie ganz klar sind, können Sie sie ins Training Ihres Hundes einbauen. Achten Sie dabei darauf, auch zu bedenken, warum sich die Befolgung dieser Regel auch für Ihren Hund lohnen sollte (siehe „Was habe ich davon?" S. XX)

Falls Sie einen Hund haben, der nicht so verrückt auf sein Futter ist wie unsere, haben Sie es viel schwerer, die beschriebenen Verhalten zu trainieren. Und Sie müssen klar kommunizieren! Verwenden Sie immer die gleichen Signale. Achten Sie darauf, dass Ihre Körpersprache immer gleich ist und Sie diese unter Kontrolle haben. Senden Sie keine gemischten Signale.

Außerdem muss auch Respekt vorhanden sein, und den können Sie in einer Beziehung nicht erzwingen. Er muss verdient werden! Dazu muss man nicht etwa drohen oder körperlich gewalttätig werden (was im Gegenteil Respekt eher zerstört), sondern einfach Regeln wie die oben genannten aufstellen und auf deren Einhaltung bestehen.

Natürlich haben unsere Hunde Fehler gemacht, als wir diese Verhalten zu trainieren begannen. Sie standen aus dem „Sitz“ auf, weil sie nicht so lange warten konnten, bis wir das Futter vorbereitet hatten. Oder sie zögerten, nach dem Nennen ihres Namens die Sitz-Position zu verlassen. Es gab auch Momente, in denen sie sehr langsam aus ihrer Sitz-Position zum zehn Meter entfernt stehenden Napf schlichen. Und natürlich war das erneute Hinsetzen und Einfrieren vor dem Napf sowie Warten auf das finale OK zu Beginn sehr schwierig. Wir setzten niemals Strafe ein, sondern immer nur ein einfaches „Reset“, gingen also einen Schritt zurück bis vor den Punkt, an dem der Fehler passiert war, um so die Regeln klar zu machen. Wenn Sie von Anfang an im Training mit klaren Regeln arbeiten, wird es viel einfacher, wenn auch nicht leicht!

Regeln, Grenzen und Kommunikation müssen trainiert werden.

Klare Regeln an anderen Orten

Regeln und Grenzen sind nichts Schlechtes für unsere Hunde. Im Gegenteil – sie verschaffen ihnen Sicherheit und Wohlbefinden. Sie spielen für das Tierwohl eine entscheidende Rolle. Mit einem Hund spazierenzugehen, der andere Hunde attackiert, im Wald Wild hetzen möchte und Katzen nicht ausstehen kann, ist ein Problem. Wenn Ihr Hund draußen alles, was ihm interessant scheint, fressen möchte, kann das ein Problem sein, wenn es sich um Plastik oder andere gefährliche Gegenstände handelt. Wenn Ihr Hund pausenlos bellt, wird Ihr Nachbar ihn nicht mögen. Und wenn Ihr Hund den Grundgehorsam nicht beherrscht, kann das sowohl für Teilnehmer am Straßenverkehr als auch für den Hund selbst sehr gefährlich werden! Es ist traurig, aber viele Hunde sitzen in kleinen Zwingern ausgeschlossen von ihrer Familie, weil sie keine Regeln gelernt haben. Viele werden sogar euthanasiert, weil ihre Besitzer der Meinung waren, es sei in Ordnung, keine Grenzen zu setzen und sie das unerwünschte Verhalten immer stärker werden ließen. Viele Hunde müssen operiert werden, weil sie etwas Unverdauliches gefressen haben. Viele werden überfahren, weil sie beim Verfolgen einer Katze nicht mehr auf das „Hier!" oder „Sitz!" Ihres Halters gehört haben. Regeln und Grenzen sind nicht traurig oder gemein oder sonst etwas in der Art. Sie sind notwendig und helfen unseren Hunden, in unserer Gesellschaft zurechtzukommen und das Leben leben zu können, das wir ihnen zugedacht haben. Sie werden über Felder und Wiesen oder durch den Wald laufen können, sich aus Gefahrensituationen fernhalten und Spaß haben. Was Sie verstehen müssen, ist, dass es keine allgemeingültigen und einfachen Regeln für jede Situation gibt. Grenzen zu setzen und klare Regeln zu definieren kann für uns eine Herausforderung und anfangs schwierig sein. Das ist der Punkt, an dem professionelle Trainer helfen können: Sie sind Experten in Verhaltensanalysen, können das Problem / die Probleme sehen und Ihnen Anleitung geben, wie Sie in diesen Situationen vorgehen können. Seien Sie sich immer dessen bewusst, dass schnelle Lösungen nicht immer die beste Medizin für unerwünschtes Verhalten sind.

Diskriminativer Stimulus (Sd)

Wenn wir verstehen, dass Reize (Stimuli) eine Reaktion, ein Verhalten hervorrufen können, dann können wir uns vorstellen, dass sie die Schlüsselrolle darin spielen, uns Kontrolle über ein Verhalten zu ermöglichen. Stimuli sind die Trigger, die Zündfunken für ein Verhalten. Natürlich muss das Tier in der Lage sein, diese Reize auch zu empfangen. Ein Hund kann kein Infrarotlicht sehen oder keine niederfrequenten Töne hören, aber dennoch gibt es eine Menge Reize, die er empfangen kann. Wie bringen wir einem Hund bei, einen ganz spezifischen Zielgeruch wahrzunehmen und anzuzeigen? Wie bringen wir ihm bei, in einer Umgebung mit lauter menschlichen Stimmen nur auf unsere zu hören? Wie bringen wir ihm bei, nur den Täter zu beißen und nicht zufällig anwesende Unbeteiligte? Wie bringen wir ihm bei, einen Gegenstand mit dem Geruch eines ganz bestimmten Menschen daran zu bringen? All das ist nur möglich mit dem, was wir einen diskriminativen Stimulus (Sd) oder diskriminativen Reiz nennen.

Das Vorgehen ist einfach: Wenn der Sd gegeben wird und ein bestimmtes Verhalten folgt, wird belohnt. Wenn das Tier das gleiche Verhalten auf einen anderen Reiz hin zeigt, also der Sd nicht präsent ist, wird nicht belohnt.

Stellen Sie sich vor, Sie möchten Ihrem Hund „Sitz" auf Ihre erhobene rechte Hand beibringen, flache Handfläche zum Hund zeigend. Wenn Sie das ein paar Mal verstärkt haben, zeigen Sie Ihrem Hund die linke Hand. Wenn er sich nun auch setzt, wird er nicht verstärkt. Nur das „Sitz" nach dem Heben Ihrer rechten Hand wird belohnt.

Die gleiche Prozedur wird auch bei der Geruchsidentifizierung verwendet: In einem Line-up mit acht Plätzen befindet sich nur an einem Platz der Zielgeruch, alle anderen Positionen sind noch leer. Wenn der Hund sich für diesen einen Geruch interessiert, wird er belohnt. Nach ein paar Wiederholungen und nachdem das Interesse an diesem Geruch jedes Mal belohnt wurde, auch, wenn er die Positionen gewechselt hat, kommt ein zweiter Geruch in das Line-up hinzu. Das Line-up besteht also nun aus einem Zielgeruch, einem neuen Geruch und sechs Leerpositionen. Natürlich wird der Hund nun den neuen Geruch untersuchen, wird aber dafür nicht verstärkt. Sobald er weitergeht und den Zielgeruch findet, wird er belohnt. Nach ein paar Wiederholungen wird nach und nach das gesamte Line-up mit weiteren Gerüchen neben dem einen Zielgeruch gefüllt. Der Hund versteht, dass nur allein der Zielgeruch (Sd) zur Belohnung führt und wird lernen, alle die anderen Gerüche (Stimuli) zu ignorieren, weil diese nicht zu einer Belohnung führen.

In einem Line-up soll nur der Zielgeruch angezeigt werden, die anderen werden ignoriert.

Exkurs: Geruchsunterscheidung – eine fantastische Arbeit!

Geruchsunterscheidung ist eine der faszinierendsten Disziplinen in der Arbeit mit Hunden. Der Hauptgrund dafür ist, dass wir unser Kontrollbedürfnis vollkommen hintenanstellen müssen und uns auf die Nase des Hundes verlassen müssen.

Alles riecht – es gibt so gut wie kein Material ohne spezifischen Eigengeruch. Und weil die Nase unserer Hunde so gut ist, können sie Gerüche wahrnehmen, die unsere menschliche Nase nicht riechen kann. Sie können nicht nur Sprengstoff oder Drogen, sondern auch Geld oder elektronische Geräte wie Telefone, SIM-Karten, Datensticks oder Festplatten erschnüffeln. Fast jedes Objekt hat ein einzigartiges Geruchsbild, was es Hunden ermöglicht, alle möglichen Dinge zu finden, die von Interesse für ihre Menschen sind.

Gleichzeitig ist genau das aber auch der Grund, warum wir in dieser Disziplin sehr strukturiert arbeiten müssen: Denn wenn wir im Training nicht sehr gut aufpassen, greifen unsere Hunde leicht andere Gerüche auf, von denen sie denken, dass sie von Bedeutung sind. Wenn wir zum Beispiel beim Verstecken der Geruchsgegenstände nachlässig sind, haben wir, ehe wir uns versehen, einen Hund, der nur auf Gegenstände reagiert, denen menschlicher Geruch anhaftet. Nun könnten wir schlau sein und sagen, OK, dann fasse ich die Gegenstände nur mit Einmalhandschuhen an – Achtung Falle! Kann sein, dass Ihr Hund nun „Einmalhandschuhe aus Latex" als seinen Zielgeruch versteht! Oder er zeigt nur noch solche an, denen schon der Geruch eines anderen Hundes anhaftet, der vorher damit trainiert hat. „Sauber" zu arbeiten, bedeutet also: Wir müssen sicherstellen, dass der Hund wirklich ausschließlich den spezifischen Zielgeruch sucht, den wir vor Trainingsbeginn festgelegt haben. Und das ist nicht immer einfach. Hierbei kann uns die Wissenschaft helfen, denn mit ihrer Hilfe lassen sich die spezifischen chemischen Bestandteile identifizieren, die wir benötigen, um die Hunde darauf zu trainieren.

Nehmen wir als Beispiel einmal die Zielsetzung, dass der Hund Geldscheine finden und anzeigen soll. Was nehmen wir hier als einzigartigen, unverwechselbaren Zielgeruch? Das spezielle Papier, auf dem Geldscheine gedruckt werden, oder vielleicht die spezielle Druckfarbe? Kann man einen Hund vielleicht darauf trainieren, nur die Farbe anzuzeigen, mit der die Sicherheitsmerkmale aufgedruckt sind oder müssen wir eine Kombination all dieser Gerüche trainieren? Viele Fragen, die beantwortet werden müssen, bevor wir mit unserem Training beginnen. Denn wir können nicht auf „Reset" im Gehirn des Hundes klicken, wenn es sich einmal einen bestimmten Zielgeruch eingeprägt hat!

Alles beginnt also damit, den genauen Zielgeruch zu identifizieren, mit dem wir arbeiten werden. Wir möchten ja, dass der Hund später nur die Gegenstände anzeigt, die für uns von Interesse sind und Fehlanzeigen vermeiden. Zu diesen wird es übrigens unvermeidlich im Training kommen – aber wenn wir genau arbeiten, können wir sie viel schneller überwinden.

Vermeiden Sie es, wenn irgend möglich, mit Ersatzgerüchen zu arbeiten. Die Nase des Hundes ist so gut, dass es sehr schwierig ist, ihn mit Ersatzgerüchen überlisten zu wollen! Wir arbeiten daher immer mit den Originalsubstanzen. Das ist natürlich nicht immer einfach bzw. manchmal auch unmöglich. Ein ziviler Hundeführer kommt nicht mal so eben an echtes Kokain heran, um seinen Hund darauf zu trainieren. Auch kommt er sicher nicht an das Papier heran, auf dem Banknoten gedruckt werden und er ist gut beraten, sich von echten Sprengstoffen besser fernzuhalten. Wenn Sie also nichts haben, das dem Originalgeruch sehr nahekommt, ist die Arbeit mit Ersatzgerüchen die einzige Option. Die Sache hat natürlich einen Haken! Möglicherweise zeigt der Hund in einem Einsatz später den echten Stoff nicht an. Ich möchte an dieser Stelle nicht die Firmen schädigen, die solche Ersatzgerüche herstellen und verkaufen. Aber stellen Sie sich doch einmal vor, ich biete Ihnen zwei Milchshakes in identischen Gläsern an. Der eine ist frisch aus echter Milch, echtem Speiseeis und zwei Bananen gemixt, der andere stammt aus einem Fastfood-Restaurant. Können Sie den Unterschied schmecken?

Alle Gerüche bestehen aus spezifischen Elementen. Es gibt solche mit hohem oder niedrigem Verdunstungsdruck – die mit hohem Verdunstungsdruck sind leichter wahrnehmbar. So zum Beispiel Kaffee, den Sie morgens beim Aufwachen mit Leichtigkeit riechen. Oder stellen Sie sich vor, Sie haben nach Jahren mit dem Rauchen aufgehört. Jetzt riechen Sie schon aus großer Entfernung, wenn jemand draußen raucht. Gerüche mit niedrigem Verdunstungsdruck sind für uns schwieriger wahrnehmbar. Denken Sie an Salz oder Zucker: Wir müssen mit der Nase sehr nah herangehen, um einen Unterschied wahrzunehmen.

In manchen Fällen können sogar auch wir Menschen wahrnehmen, aus welcher Richtung ein Geruch kommt – der Zigarettenrauch vom Nachbarbalkon oder der Kaffeeduft aus der Küche zum Beispiel. Gerüche wecken in uns außerdem oft Emotionen, weil wir häufig Erinnerungen mit ihnen verknüpfen. Kennen Sie das, wenn Sie plötzlich irgendwo das Parfum riechen, das Ihre verflossene Liebe immer getragen hat? Oder – weniger angenehm – den typischen Geruch beim Betreten einer Zahnarztpraxis. Bei Menschen mit schlimmen oder gar traumatischen Erfahrungen kann z. B. Brandgeruch heftige Emotionen auslösen. An Gerüche geknüpfte Emotionen können also gut oder schlecht sein.

Im Hundetraining versuchen wir sowohl unangenehme Emotionen als auch Probleme durch zu hohe oder zu niedrige Verdunstungsdichte zu vermeiden, indem wir mit einem einfachen und in der Spürhundearbeit gut erprobten Geruch beginnen: Dem eines Kongs.

Besonders zu Beginn des Geruchsunterscheidungs-Trainings halten wir es gerne einfach. Mit dem Kong-Geruch werden positive Erwartungen im Gehirn des Hundes verankert. Natürlich können Sie aber auch einen anderen ersten Zielgeruch auswählen.

Der Kong hat den Vorteil, einen sehr spezifischen Geruch zu haben, besonders, wenn er neu ist. Selbst wir Menschen können ihn wahrnehmen. Der Vorteil ist, dass es sich anscheinend um eine einzigartige Gummimischung handelt, die nirgends sonst vorkommt. Wir arbeiten nun seit zwanzig Jahren mit Kong-Geruch und hatten noch nie Fehlanzeigen an anderen Gummi- oder Plastikgegenständen in unseren Einsätzen. Ein anderer großer

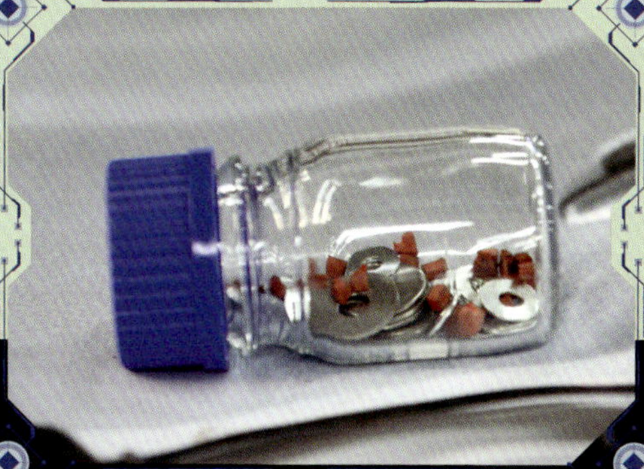

Eine Unterlegscheibe aus Metall wird zusammen mit Stückchen eines Kongs in einem Schraubglas verwahrt und dient uns als Trainingsobjekt.

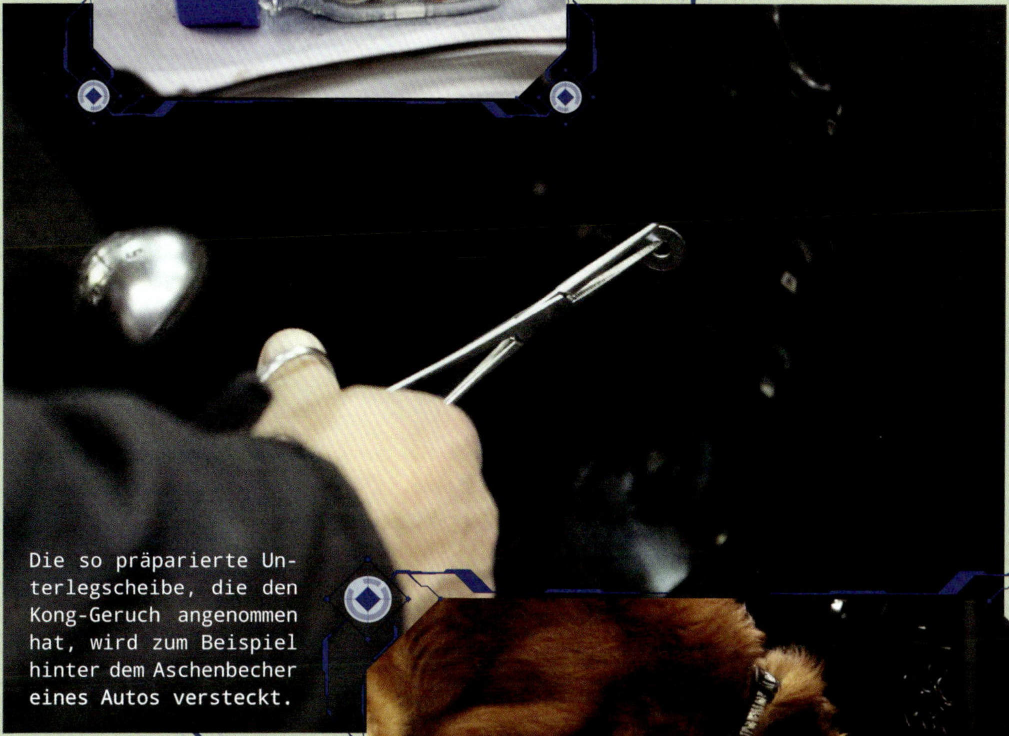

Die so präparierte Unterlegscheibe, die den Kong-Geruch angenommen hat, wird zum Beispiel hinter dem Aschenbecher eines Autos versteckt.

Kein Problem für Charlie, sie zu finden!

Vorteil des Kongs als Basis-Zielgeruch ist, dass man ihn überall auf der Welt benutzen darf! Sie können Kongs im Flugzeug mitnehmen, in brisanten Situationen einfach liegenlassen und es gibt keine Panik, wenn Sie einmal einen verlieren. Auch ist das Material selbst dann für Hunde ungiftig, wenn sie es zerkauen oder sogar verschlucken. Kongs sind auch nicht teuer und man kann sie so gut wie überall kaufen – und Sie können sie in sehr kleine Stückchen schneiden und damit den Schwierigkeitsgrad für den Hund erhöhen.

Das Prinzip ist: Der Geruch des Kongs wird zunächst über klassische Konditionierung für den Hund mit angenehmen Emotionen verknüpft (s.a. S.94). Wir sagen dazu, dass wir den Hund „auf den Geruch prägen". Das sieht in der Praxis so aus, dass wir ihm den neuen Geruch präsentieren, z.B. in einem Becher, und gleichzeitig entweder clicken und belohnen oder einen anderen, für den Hund wertvollen Verstärker folgen lassen. Wir können zum Beispiel auch einen Ball mit dem spezifischen Geruch von Drogen versehen und damit den Geruch, der zunächst für den Hund nichts bedeutet, mit etwas Angenehmem verknüpfen (daher kommt übrigens wahrscheinlich das Märchen, bei der Polizei würden die Spürhunde Hunde „drogensüchtig" gemacht, aber das nur am Rande).

Zurück zum Kong: Ist der Hund auf den Kong-Geruch „geprägt", sprich er empfindet ihn als bedeutungsvoll und angenehm, können wir ihn danach suchen lassen. Wenn das zuverlässig klappt, können wir damit zweierlei anfangen: Wir können zum einen immer feiner und schwächer werdende Geruchskonzentrationen üben, indem wir den Kong in immer kleinere Stückchen schneiden. Wie wenig Kong-Geruch zeigt der Hund noch an? Oder noch schwieriger: Wir übertragen den Kong-Geruch auf ein anderes Material als Geruchsträger und lassen den Hund danach suchen. In unserem Bildbeispiel unten sucht Charlie nach einer Unterlegscheibe aus Metall, die minimal (und für unsere Nasen natürlich nicht wahrnehmbar) nach Kong riecht, weil sie zusammen mit Kong-Stückchen in einem Schraubglas verwahrt wurde. Sie können sich sicher vorstellen, wie viel bzw. wenig Geruch so eine glatte Metallscheibe annimmt. Kein Problem für die Hundenase!

Zum anderen könnten wir die Prägung auf den Kong-Geruch auch dazu nutzen, einen weiteren, neuen Zielgeruch, sagen wir einmal als Beispiel den von SIM-Cards aus Mobiltelefonen, zu trainieren. Dies könnte man zum Beispiel mit Hilfe eines Line-ups tun (s.S.342), indem wir dem Hund zuerst nur den bekannten Zielgeruch (in dem Fall Kong) präsentieren. Hat der Hund gelernt, dass es der Kong-Geruch ist, der ihm den Verstärker bringt, fügen wir den neuen Geruch, in unserem Fall die SIM-Card, in den gleichen Geruchsbehälter mit den Kongstückchen hinzu und wiederholen und verstärken das wieder einige Male, bis wir die Kong-Stückchen weglassen und nur noch die SIM-Card im Geruchsbehälter haben. Jetzt ist der Moment, in dem Sie wirklich schnell mit Ihrem Brückensignal und Ihrer Belohnung sein müssen, denn der Hund wird möglicherweise nur sehr kurz an dem Behälter zögern und keine komplette Anzeige zeigen. Belohnen Sie das minimale Zögern!

Achtung: In unserem Geruchsbehälter befinden sich natürlich immer noch Spuren des Kong-Geruchs von den Stückchen, die vorher darinlagen. Daher muss der nächste Schritt nun sein, mit einem neuen, sauberen Geruchsbehälter und einer neuen SIM-Card zu arbeiten (denn die bisher benutzte riecht ja auch nach Kong). Jetzt ist die SIM-Card der einzige Zielgeruch, unser „Hot Target“.

Dabei hilft uns die Tatsache, dass der Hund (wegen der klassischen Konditionierung) den Kong-Geruch als positiv empfindet und dieses gute Gefühl auf den neuen Geruch sozusagen „mitnimmt“!

Passive oder aktive Anzeige?

Wenn wir einen Zielgeruch ausgewählt und geprägt haben, können wir mit der eigentlichen Arbeit der Geruchsunterscheidung beginnen. Zuvor müssen wir uns aber noch Gedanken um die Art der Anzeige machen, die wir wünschen: eine passive oder eine aktive? Mit der Anzeige teilt der Hund uns mit, dass er den Zielgeruch gefunden hat. Der Unterschied zwischen einer aktiven und einer passiven Anzeige liegt im Verhalten des Hundes. Eine aktive Anzeige wäre zum Beispiel, dass der Hund bellt, hochspringt, mit der Pfote kratzt, gräbt oder sogar in den Gegenstand hineinbeißt. Auch in der professionellen Spürhundearbeit sieht man diese Form der Anzeige öfter, obwohl sie viele Nachteile birgt. Sie können sich vorstellen, dass es für einen Drogenspürhund nicht gut ist, in Kokain zu beißen und für einen Sprengstoffspürhund, der Minen suchen soll, nicht gut, mit der Pfote daran zu kratzen. Bei der passiven Anzeige, die man überraschenderweise oft in der semiprofessionellen Spürhundearbeit oder im Hundesport sieht, legt oder setzt sich der Hund am Zielgeruch einfach nur hin oder „friert ein“ und starrt den Zielgeruch an.

Eine passive Anzeige bedeutet zu Beginn des Trainings meist mehr Arbeit und der Trainer braucht dazu mehr Können. Für Hunde, die in Einsätze gehen, ist diese Art der Anzeige aber die beste und sicherste für alle Beteiligten!

Alles in allem ist Geruchsunterscheidung eine unglaublich spannende Arbeit und Sie werden überrascht sein, was Hunde darin alles leisten können. Auch, wenn Sie es nur zum Spaß betreiben, können Sie und Ihr Hund sehr davon profitieren. Der Hund muss seine Nase einsetzen und wird dadurch gut ausgelastet, der Hundeführer muss strukturiert arbeiten, und wenn der Hund findet, ist die Freude bei beiden groß! In meinem nächsten Buch werde ich mich im Detail mit der Geruchsunterscheidung befassen!

Der Hund setzt oder legt sich vor dem Zielgeruch hin und starrt diesen unbeweglich an.

Auszeit

Es gibt viele Unterschiede darin, wie eine Auszeit (oder Time out) eingesetzt wird. Manche Trainer bringen den Hund als Auszeit in seine Box. Andere machen eine 15minütige oder noch längere Trainingspause, bevor sie wieder anfangen. Manche Trainer bedecken die Augen ihres Hundes für eine Zeit, bevor sie weitermachen. Andere legen den Hund für fünf Minuten ins „Platz". Merken Sie sich, dass eine Auszeit dazu verwendet wird, um unerwünschtes Verhalten loszuwerden. Falls Sie ein paar Mal hintereinander die gleiche Auszeit benutzt haben und das Verhalten Ihres Hundes sich nicht geändert hat, dann ist das Vorgehen nicht in Ordnung. Als erstes müssen Sie sicherstellen, dass die Auszeit auch wirklich den positiven Verstärker für den Hund wegnimmt. Ein Beispiel aus der Kindererziehung kann das verdeutlichen: Wenn das Kind sich schlecht benimmt, schicken die Eltern es für eine Zeit in sein Zimmer – was aber keinerlei Auswirkungen auf das unerwünschte Verhalten haben wird, weil das Zimmer voller positiver Verstärkungen steckt: Fernseher, Playstation, Notebook, vielleicht Getränke und Süßigkeiten.

Wenn Sie Ihren Hund in seine Box bringen und er dort Futter, Wasser, ein bequemes Kissen und seine Spielsachen vorfindet, wird er vermutlich das unerwünschte Verhalten nicht ändern, das er zuvor an einem anderen Ort gezeigt hat.

Eine Auszeit bedeutet „kein Verstärker" und beginnt, wenn ein unerwünschtes Verhalten gezeigt wird. Es kann nur einen kurzen Moment, ein paar Minuten, dauern, aber ihr Effekt muss sein, dass sich das Verhalten ändert. Dazu ist es nicht immer nötig, den Hund irgendwo andershin zu bringen. Man kann die Auszeit auch an dem Ort stattfinden lassen, an dem das unerwünschte Verhalten gezeigt wird. Sie können den Hund zum Beispiel einfach ins „Platz" legen und ihn nicht beachten. Ignorieren Sie ihn einfach. Das wird aber nur dann funktionieren, wenn Sie eine sehr gute Beziehung zu Ihrem Hund haben und wenn Sie etwas haben, das der Hund gerne haben möchte, wie zum Beispiel Futter, Spielzeug oder Ihre Aufmerksamkeit (sozialer Verstärker).

Bei Kindern, die der Lehrer aus dem Klassenzimmer geschickt hat, hat die „Auszeit" nicht immer funktioniert, denn draußen gab es viele Verstärker! Ins Freie gehen, das Smartphone checken, etwas essen, zum Kaffeeautomaten gehen und so weiter.

Wir selbst nutzen die Auszeit als kurzen Moment zwischen zwei Durchgängen im Training, um den Hund zu stoppen und neu anzusetzen. Wir stoppen ihn also in dem, was er tut, bringen ihn entweder durch ein Hörzeichen oder physisch (z. B. durch eine lange Leine) wieder unter unsere Kontrolle und bringen ihn zurück zur Startposition. Dort machen wir eine Pause von 5 – 10 Sekunden, bevor wir neu beginnen. Das funktioniert deshalb, weil wir eine sehr gute Beziehung zu unseren Hunden haben und diese uns brauchen, um an die Belohnungen zu kommen, die ihnen so wichtig sind.

Achtung: Eine Auszeit kann auch eine Strafe sein! Wenn Ihre Auszeit-Prozedur bedeutet, dass Sie Ihren Hund in die Box stecken, kann es passieren, dass er diesen Ort künftig nicht mehr mag. Bei uns ist der Startpunkt immer auch der Punkt für die Auszeit. Das Matching Law, über das wir gleich sprechen, stellt sicher, dass der Startpunkt ein interessanter und positiver Ort für den Hund bleibt, denn im Allgemeinen hat er dort mehr Starts als Auszeiten. Unserer Erfahrung nach ist die Auszeit ein nützliches, sicheres und effektives Werkzeug zur Verhaltensänderung, solange Sie wissen, was für Ihren Hund der Verstärker ist!

Information

Matching Law – das Gesetz der Anpassung oder Übereinstimmung

Das Matching Law, formuliert 1961 von R.J. Herrnstein nach Versuchen mit Tauben, nimmt uns für die Arbeit in Verantwortung, die wir tatsächlich tun. Auch hier spielen Daten eine wichtige Rolle! Sie wissen ja schon, dass ich Erklärungen zum Tiertraining gerne einfach zu halten versuche. Auch das Matching Law möchte ich gerne anhand eines simplen Trainingsszenarios erklären:

Wenn Sie „Sitz" öfter üben als „Platz" und „Hier" noch seltener, ist es sehr wahrscheinlich, dass Ihr Hund das „Sitz" besser, schneller und verlässlicher ausführt als das „Platz" und „Hier". Das Gleiche können wir auch bei Diensthunden beobachten, die zu zwei oder mehreren Zwecken ausgebildet werden und die lieber einen Figuranten beißen als nach Sprengstoff zu suchen. Das Matching Law bedeutet, dass Sie die Balance halten müssen. Es geht dabei nicht nur um die Menge des Trainings und die tatsächliche Anzahl der Signale für Sitz, Platz oder hier. Sie müssen auch die Energie und die Motivation des Hundes im Auge behalten.

Falls Ihr Diensthund die Schutzhundarbeit liebt, aber weniger gern nach Sprengstoff sucht, wissen Sie, dass Sie mehr Sprengstoffsuchen und nur gelegentlich ein Beißtraining mit einem Figuranten machen müssen.

Wenn Ihr Hund sehr schnell und gut auf Ihr Signal für „Sitz" reagiert und auf die anderen Unterordnungskommandos nicht so gut, wissen Sie, dass Sie beim nächsten Mal weniger „Sitz" und dafür die anderen Kommandos mehr trainieren müssen.

Im Matching Law geht es nicht nur um die Frequenz und Anzahl der Übungen. Es kommt auch dann ins Spiel, wenn es einen Unterschied in der Verstärkungsrate gibt. Wenn die Verstärkungsrate für Ihr „Sitz"-Training höher ist bei Ihrem Training für „Platz" und Rückruf, wird das

Matching Law zu einem Problem. Auch die Wertigkeit der Verstärker spielt eine Rolle. Wenn Sie das „Sitz“ mit einfachem Trockenfutter belohnen, das „Platz“ aber mit frischem Fleisch, sollte der Matching Law – Alarm in Ihrem Kopf klingeln. Das Matching Law ist also wichtig für den Aufbau von Erwartung und dafür, wie der Hund eine Situation bewertet.

Sie müssen die Wirkung des Matching Law aber nicht fürchten, denn wenn sie bewusst damit umgehen, wird es Ihnen in Ihrem Training nutzen. Achten Sie deshalb immer darauf, Ihr eigenes Training gut zu dokumentieren und das Matching Law schon beim Aufstellen Ihrer Trainingspläne zu berücksichtigen, denn Ihr Hund wird das Verhalten, das Sie verlangen, ständig daran anpassen, wie gut er dafür in der Vergangenheit verstärkt wurde.

Ihr Hund wird sein Verhalten ständig daran anpassen, wie gut er in der Vergangenheit dafür bestärkt wurde.

Verstärkungshistorie

Ich habe bereits erklärt, wie die Verstärkungshistorie uns im Training Probleme machen kann, wenn wir nicht auf sie achten. Sie erinnern sich an den Abschnitt zu Locken vs. Formen (Shaping). Wir können das Prinzip zu unseren Gunsten nutzen, aber es kann auch gegen uns arbeiten. Zu unseren Gunsten wirkt es an unserem gewohnten Trainingsort: Sobald unsere Hunde auch nur in dessen Nähe kommen, wirkt es, als hätten sie einen extra Energieschub bekommen. Sie erkennen das Trainingsgelände mit Leichtigkeit an Geruch, Geräuschen und Aussehen und wissen, dass diese Umgebung mit Sicherheit viele positive Verstärkungen für sie bedeutet. Für sie hat damit das Spiel begonnen!

Aber wie gesagt kann das Prinzip auch gegen uns arbeiten. Wenn Spürhunde zu verstehen beginnen, dass sie im Training viel öfter verstärkt werden als in echten Einsätzen, wo sie viel seltener finden (und damit seltener verstärkt werden), haben wir ein Problem. Auch hier ist wieder wichtig zu verstehen, dass Sie ein Gleichgewicht schaffen und Erwartungen aufbauen müssen – schon beim Schreiben Ihrer Trainingspläne. Bei der Arbeit sammeln und analysieren Sie Daten, damit Sie auftretende Probleme schnell lösen können.

Desensibilisierung

Genau wie wir Menschen können auch Tiere Angst haben. Manchmal ist der Grund dafür offensichtlich, wie zum Beispiel ein lautes Geräusch durch einen heruntergefallenen Gegenstand. Es kann aber auch eine seltsam aussehende Person oder ein ungewohnter Gegenstand auf dem Weg sein, der den Hund zum Einfrieren, Bellen oder sogar Wegrennen bringt. Aber nicht immer ist so klar, wovor unser Hund Angst hat und nicht immer finden wir den Grund dafür.

Auf der anderen Seite des Spektrums gibt es die Hunde, die absolut fanatisch in manchen Dingen sind: Sie möchten alle möglichen Dinge fangen, Autos oder Fahrräder jagen oder kleine Kinder hüten. Sie „attackieren" ihren Futternapf oder reagieren auf alle möglichen Reize im Haus wie Türklingel, Schatten und vieles mehr.

Wenn die Motivation zu niedrig oder zu hoch ist, ist die Desensibilisierung eine der Trainingstechniken, die wir nutzen können. Manchmal sind Hunde so hoch motiviert, zum Beispiel im Jagdverhalten, dass ihre Halter schwer damit umgehen können. Sobald sie draußen etwas sehen, das sich bewegt, wie ein Kaninchen oder Eichhörnchen, sind sie quasi nicht mehr ansprechbar. Sie sind so auf die anderen Tiere fokussiert, dass sie nicht mehr auf Kommandos hören.

Dann gibt es Hunde, die große Angst vor rutschigen Böden, lauten Geräuschen wie Gewehr- oder Böllerschüssen, vor dem Tierarzt oder vor großen Tieren wie zum Beispiel Pferden haben. Mit Hilfe der Desensibilisierung können wir sie in einen anderen Gemütszustand bringen. Bedenken Sie aber, dass sie eine der schwierigsten Trainingstechniken ist! Immer geht es im Kern um zu viel oder zu wenig Motivation und wie der Trainer damit umgeht. Was bedeutet, dass Sie als Trainer Geduld haben und ihre Trainingssitzungen gut vorbereiten müssen. Sie müssen gut beobachten, schnell Entscheidungen treffen, Daten sammeln und auswerten. Lassen Sie sich nicht frustrieren – es ist einfach ein Prozess, der Zeit und Energie braucht.

Ein gutes Beispiel ist das so genannte Medical Training, das wir in vielen Zoos weltweit beobachten können. Optimalerweise beginnt Medical Training, bevor das Tier eine ungewünschte Verknüpfung zu einem Reiz hergestellt hat und wird über positive Verstärkung auftrainiert. Wenn diese Verknüpfung allerdings einmal hergestellt worden ist bzw. das Tier Gerätschaften oder Anfassen generell skeptisch gegenüber steht, kann Desensibilisierung eingesetzt werden, um es daran zu gewöhnen, sich an verschiedenen Stellen anfassen zu lassen, einen Ultraschallkopf auf ihrem Körper zu akzeptieren, sich die Zähne anschauen oder die Krallen schneiden zu lassen oder sogar Spritzen zu bekommen. Bei alldem werden die Tiere dem neuen Reiz zunächst in einer sehr geringen Intensität ausgesetzt. Es ist wunderbar und fast berührend, zu sehen, wie heute die Tiere trainiert werden, die Injektion mit einer Spritzennadel zu akzeptieren. Früher hat man sie in enge Boxen gequetscht oder mit dem Narkosegewehr betäubt, um sie medizinisch behandeln zu können. Mit Hilfe der Desensibilisierung kann ein geschickter Trainer mit viel Geduld die Tiere aber dazu bringen, diese manchmal lebensrettenden Prozeduren freiwillig mitzumachen.

Im Beispiel mit dem Spritzentraining mit einem Zootier wird der Trainer ihm zuerst beibringen, auf ein Signal hin zum Zaun oder Käfiggitter zu kommen. Dann wird die Dauer des Verharrens dort trainiert und der Trainer beginnt, das Tier an einer bestimmten Körperstelle von außen mit einem Plastikgegenstand zu berühren. Dieser wird nach und nach immer kleiner und spitzer, bis es eine Nadel ist und das Tier akzeptiert, dass diese seine Haut durchdringt, weil es danach sehr tolle Belohnungen bekommt.

Im Allgemeinen kann man sagen, dass Desensibilisierung dann sinnvoll ist, wenn ein starker Reiz präsent ist, der das Tier entweder abstößt oder zu stark anzieht. Wir versuchen, den Wert dieses Reizes zu senken, indem wir ihn zunächst in einer sehr geringen Intensität und in sehr kleinen Schritten präsentieren.

Gegenkonditionierung

Hunde suchen es sich nicht aus, Angst zu haben. Es passiert einfach. Diese und andere Emotionen sind schwer zu kontrollieren und noch schwerer zu verändern. Die Gegenkonditionierung kann uns dabei helfen, denn Hunde können ihren Gemütszustand nicht mehr kontrollieren, wenn sie Reizen ausgesetzt sind, die ihnen Furcht und Angst verursachen. Der Philosoph Spinoza hat einmal geschrieben: „Ein Gefühl kann nur durch ein anderes Gefühl, das ihm konträr ist, kontrolliert oder zerstört werden.“ Oder in anderen Worten: Es wichtig zu verstehen, dass das Einzige, was einen Impuls neutralisieren kann, ein andersartiger Impuls ist.

Bei der Gegenkonditionierung ist es das Ziel, das unerwünschte Verhalten loszuwerden und in ein erwünschtes zu verwandeln. Vielen Angstmomenten kann man mit Futter oder Spiel begegnen. Hunde mit Angst vor rutschigen Fußböden lernen, gerne darüber zu gehen, wenn sie zum Spielen motiviert sind oder besonders leckeres Futter dort bekommen.

Ein einfaches, aber deutliches Beispiel ist auch, wenn ein Hund auf einem Spaziergang einem anderen Hund begegnet und Angst vor diesem hat. Was in dieser Situation wirklich passiert, ist, dass wir die unerwünschte konditionierte Reaktion (CR) Angst sehen. Wenn wir diese Angst loswerden möchten, können wir mit Gegenkonditionierung arbeiten. Wir kombinieren den Anblick eines anderen Hundes (CS) mit dem unkonditionierten Reiz (US) „tolles Futter“. Das führt zu einem anderen Gefühl. Wenn diese unkonditionierte Reaktion (UR) stark genug ist, wird der Hund keine Angst mehr haben (CR) und die neue Verbindung zwischen „anderer Hund“ (CS) und „leckeres Futter“ (US) verschafft dem Hund ein gutes Gefühl.

Achtung: Wir möchten hier nicht erreichen, dass der Hund beim Anblick eines anderen Hundes seinen Halter anschaut. Das wäre lediglich eine Managementstrategie, um besser mit der Begegnung umgehen zu können, würde aber die „Einstellung“ des Hundes gegenüber anderen Hunden nicht verändern. Und wir möchten ja genau das Gefühl, den Gemütszustand des Hundes von negativ zu positiv verändern, und das ist mit der Gegenkonditionierung möglich.

Natürlich geht es auch in die andere Richtung: Im Jahr 1950 führte der Psychologe Dr. John Garcia einige Versuche mit Wölfen durch, um diese davon abzuhalten, Schafe zu reißen. Er verabreichte ihnen vergiftetes Schaffleisch und sie wurden krank. Nachdem sie sich wieder erholt hatten, veränderte sich ihr Verhalten: Sie griffen keine Schafe mehr an. Auch das Verhalten der Schafe änderte sich: Sie begannen sich gegen die Wölfe zu verteidigen.

Wenn der Wert eines Reizes zu hoch ist, fügen wir einige Gegenmaßnahmen hinzu, um ihn zu reduzieren – ein Prozess der Desensibilisierung. Wir nutzen alle Möglichkeiten, um einen der Reize zu neutralisieren. Sobald ein Gleichgewicht erreicht ist, machen wir einen von ihnen superinteressant – wir geben also demjenigen Reiz, der für uns wichtig sein soll, mehr Gewicht und Wert. Im Ergebnis wird sich der Hund, wenn beide konträren Reize präsent sind, für denjenigen entscheiden, der uns besser gefällt. In der Spürhundearbeit machen wir das die ganze Zeit: wir bringen den Hunden bei, Ablenkungen zu ignorieren. Ein einfaches Beispiel dafür ist die an einen Spürhund gestellte Aufgabe, Futter zu ignorieren, aber Drogen anzuzeigen. Der Reiz „Futter während der Suche“ muss von geringerem Wert sein als der Reiz „Drogengeruch“. Für den Trainer heißt das, dass er daran arbeiten muss, den Drogengeruch für den Hund superinteressant zu machen.

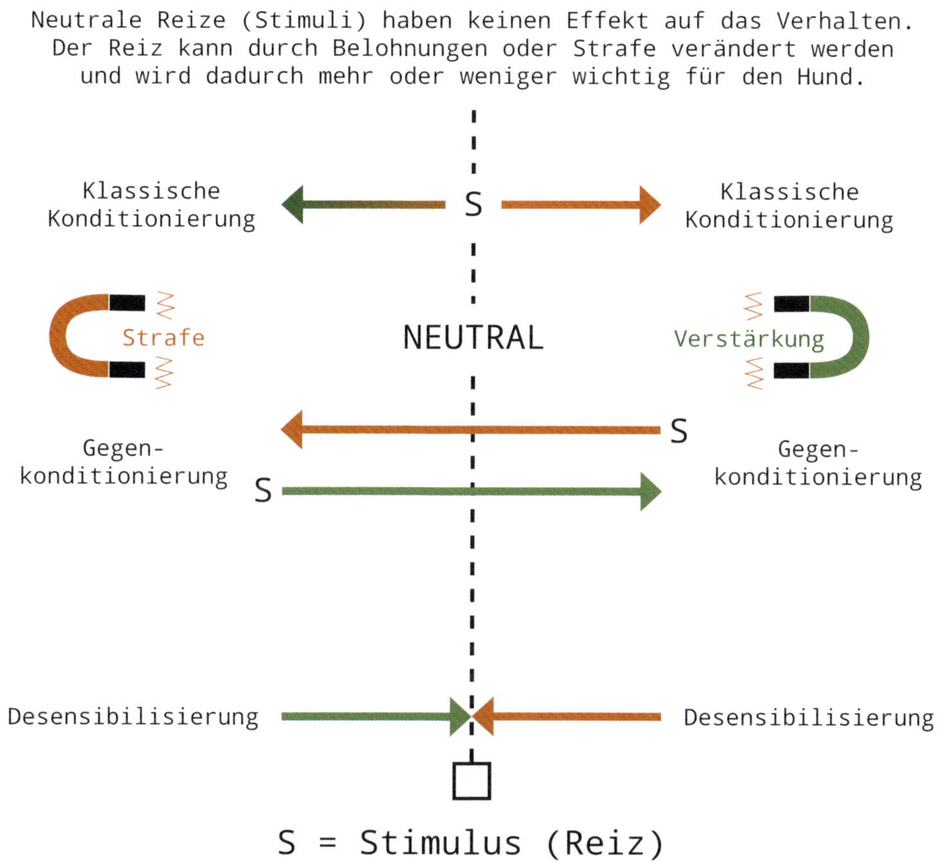

Wie sich die Bedeutung von Reizen verändern kann.

Vor einiger Zeit hatten wir einen talentierten jungen Spürhund im Training. Er war zehn Monate alt und zeigte eine enorme Beutemotivation gegenüber Kongs. Wenn er einen Kong sah oder roch, packte er ihn und wollte ihn auf gar keinen Fall wieder hergeben. Anstatt ein Problem daraus zu machen und zu versuchen, ihm den Kong abzunehmen oder ihm das Ausschauhalten danach abzugewöhnen, gaben wir ihm im Training *fünf* Kongs. Die konnte er unmöglich alle gleichzeitig ins Maul nehmen. Sobald er sich uns näherte, bekam er von uns ein Signal, einen Kong an einem Seil und eine tolle Runde Spielen. Schnell fand er heraus, dass das Spiel nur auf das Signal des Halters hin startete. Nun waren die herumliegenden Kongs an sich schon gar nicht mehr so interessant und er begann sie zu ignorieren. Der einzig interessante Kong war jetzt der, den der Trainer nach dem Signal präsentierte. Jetzt konnten sie zusammen spielen und er konnte diesen Kong auch leicht wieder loslassen, weil der Wert des Reizes sich verändert hatte. Das Spiel mit dem Trainer war für den Hund höherwertiger geworden. Es geht also im Kern immer darum, die Kraft bzw. den Wert eines Reizes zu verändern. Wenn der Kong so wichtig für den Hund ist, dass er alle Hebel in Bewegung setzt, um ihn zu bekommen und dann nicht mehr herzugeben, dann müssen wir etwas finden, was noch höheren Wert für ihn hat – wie ein intensives Spiel mit dem Trainer. Oder auch richtig köstliches Futter zu bekommen, anstatt den Kong festzuhalten.

Das Gleiche gilt für laute Geräusche. Wir können den Hund nach und nach damit bekannt machen, dass in großer Entfernung Schüsse abgefeuert werden. Schritt für Schritt kommen die Geräusche dann näher. So können wir einen Hund desensibilisieren, der Angst vor Gewehrschüssen hat. Auch hier können wir gegenkonditionieren und einen Reiz ins Spiel bringen, den der Hund wirklich mag. Zum Beispiel einen Figuranten in einem Schutzanzug, den der Hund für sein Leben gern angreift. Oder ein intensives Spiel mit dem Kong oder ganz tolles Futter und so weiter. Dann sind die Schüsse nicht mehr so problematisch und der Wert des Reizes verändert sich. Anstatt ein Problem zu sein, werden die Schüsse nach und nach ignoriert oder können sich sogar zur Ankündigung (einem Antezedenten) für etwas Gutes verwandeln.

Wenn wir in unseren Einsätzen Gebäude stürmen, werden die Kamerahunde zunächst aus dem Geschehen herausgehalten. Erst, nachdem die Sondereinheit die Türen aufgebrochen oder aufgesprengt hat, werden die Kamerahunde reingeschickt, um die Situation zu überprüfen. Anfangs haben die Hunde noch etwas Angst bei der enorm lauten Explosion, aber schon nach wenigen Wiederholungen können wir sie kaum an der Leine zurückhalten: Sie haben gelernt, dass der laute Knall für sie „Action!“ bedeutet und können es kaum abwarten, durch die qualmende Öffnung zu flitzen.

Das Gleiche haben wir beim Hubschraubertraining beobachtet: Wenn wir zum ersten Mal mit einem Hund in einen Helikopter einsteigen, passiert das statisch: Der Hubschrauber ist leer und steht mit ausgeschaltetem Motor, wir steigen ein paar Mal ein und aus und belohnen den Hund. Dann wiederholen wir das Ganze mit laufendem Motor. Im nächsten Schritt rotieren auch die Blätter, bis wir bei schnell drehenden Rotoren ein- und aussteigen können. Anfangs haben fast alle Hunde ernste Probleme mit dem Lärm und sich drehenden Rotoren, dem wackelnden und zitternden Helikopter und dem Benzingeruch. Aber wenn wir das Ganze mit einem landenden Hubschrauber, Herausspringen und Lieblingsspiel kombinieren, verändert sich der Wert und die Hunde lieben es, zum Helikopter zu rennen, reinzuspringen und den Flug zu genießen.

An den Transport im Hubschrauber müssen Hunde langsam gewöhnt werden.

Oft kann die Lösung einfach sein, wobei es nicht immer die Gegenkonditionierung ist, die zu den besten Ergebnissen führt. Einer unserer ferngelenkten Kamerahunde fühlte sich nicht wohl, wenn er in Gebäuden mit rutschigen Fußböden arbeiten sollte. Der Versuch einer Gegenkonditionierung, indem wir dem Hund drinnen sein Lieblingsspiel als maximalen Verstärker anboten, machte es nicht wirklich besser. Aber nach sorgfältiger Beobachtung seiner Bewegung und der verschiedenen Untergründe fanden wir eine einfache Lösung: Bevor er in ein solches Gebäude geschickt wurde, trugen wir etwas Spezialwachs auf seine Pfoten auf. Damit hatte er genug Traktion und Stabilität und nach ein paar Wiederholungen war sein „Rutschiger-Boden-Syndrom" verschwunden. Das Wachs an seinen Pfoten brauchten wir dann nicht mehr.

Um den Unterschied zwischen Desensibilisierung und Gegenkonditionierung schneller zu bestimmen, kann man einfach beobachten, wie aktiv der Trainer ist: Bei der Gegenkonditionierung wird er eine viel aktivere Rolle spielen als bei der Desensibilisierung, bei der Reize in niedriger Intensität und in vielen kleinen Schritten präsentiert werden müssen.

Flooding

Flooding (dt: „Überflutung“) ist eine extreme Form der Desensibilisierung. Es ist schnell und kann sehr erfolgreich sein, ist aber auch sehr gefährlich. Was passiert, ist, dass das Tier in eine Situation gebracht wird, in der es dem Reiz ausgesetzt ist, den es nicht mag. Es wird in dieser Situation, Position oder Umgebung festgehalten, bis es sich nicht mehr gegen den Reiz wehrt. Dieser wird im Idealfall für das Tier normal und es kann mit der Situation umgehen. Falls es aber schlecht läuft und es nicht mit dem Reiz umzugehen lernt, rutschen wir in die sogenannte erlernte Hilflosigkeit (s. S. 200).

Ein gutes Beispiel dafür ist das Abseilen. Den Hunden wird ein Tragegeschirr angelegt und sie werden gemeinsam mit ihrem Hundeführer angeseilt. Dann tritt der Hundeführer von der Übungsplattform oder der Gebäudekante herunter und zieht den Hund mit sich. Die meisten Hunde zeigen dann einen kurzen Moment der Panik, strampeln oder versuchen auf die Plattform zurückzukommen. Aber schon nach ein paar Sekunden werden sie ruhig und akzeptieren die Situation. Nach etwas Lob und Streicheln durch den Hundeführer beginnen die beiden mit dem Abseilen – und die meisten Hunde lieben es.

Der Vorteil am Flooding ist, dass die Hunde, wenn sie ihre Angst mit Hilfe dieser Technik überwinden können, nicht in ähnlichen Situationen wieder in diese Angst zurückfallen werden. Flooding wird zum Beispiel genutzt, wenn man Hunde in eine kleine Box, ein enges, lautes Motorboot oder ähnliche unbequeme, laute Räume steckt. Sie wehren sich anfänglich, werden dann aber schnell ruhiger und akzeptieren die neue Situation. Wir haben Flooding in einigen sehr herausfordernden Situationen eingesetzt wie etwa beim Begehen sehr schwieriger Treppen, Betreten von Maschinenräumen auf Schiffen oder Arbeitssituationen mit sehr vielen sich bewegenden Menschen und Tieren.

Von erfahrenen Trainern eingesetzt, kann Flooding sehr hilfreich, schnell oder sogar lebensrettend sein. Es gibt etliche Beispiele von Hunden, die eine derartige Angst vor bestimmten Reizen aufgebaut hatten, dass sie am Ende euthanasiert werden mussten, während ein erfahrener Trainer sie vielleicht mit Hilfe dieser Technik hätte retten können. Das Schwierigste am Flooding ist, dass man, wenn man es erst einmal angefangen hat, nicht mehr auf halbem Weg stoppen kann. Man kann den Reiz nicht eher wegnehmen, bis der Hund ruhig und desensibilisiert ist. Wissen müssen Sie auch, dass der Hund in dieser Phase aggressiv reagieren könnte und die Beziehung zwischen Hund und Trainer Schaden nehmen könnte.

Flooding ist es zum Beispiel auch, ein Pferd, das vor flatternden Objekten scheut, sicher anzubinden und so lange mit einer knisternden Plastikplane zu berühren, bis es nicht mehr darauf reagiert. Wenn diese Technik von einem guten Trainer angewendet wird, kann sie viele Probleme schnell lösen. Falsch angewendet, kann sie aber großen Schaden anrichten. Das Pferd aus unserem Beispiel könnte zum Beispiel, wenn auf ungeeignetem Untergrund und / oder mit schlechtem Equipment trainiert wird, in seinen panischen Ausbrechversuchen stürzen oder sich ernsthaft verletzen – das Gegenteil des Gewollten wäre erreicht.

Flooding ist also nichts für Anfänger, kann aber extrem hilfreich sein.

Umlenken auf ein anderes Verhalten

Anstatt unerwünschtes Verhalten zu bestrafen, kann es auch sehr hilfreich sein, den Hund auf ein anderes Verhalten umzulenken, das Sie verstärken können. Dann kann sich der Hund für das Verhalten entscheiden, das zu Verstärkungen führt und ist nicht mehr mit dem unerwünschten Verhalten beschäftigt. Der Schlüssel hierbei ist, dass das unerwünschte Verhalten nicht zur gleichen Zeit ausgeführt können werden darf wie das Ersatzverhalten. Das Alternativverhalten, das der Trainer sich aussucht, muss also inkompatibel zu dem unerwünschten Verhalten sein. Ein Hund, der ins Haus kommende Besucher anspringt, wird beim Ertönen der Türklingel auf seinen Platz geschickt und erhält eine tolle Belohnung, wenn er dort bleibt. Wir können den Hund während unseres Abendessens in seine Box schicken, damit er nicht bei uns oder den Gästen betteln kann.

Wenn wir Hunde dazu trainiert haben, in liegender / kauernder Position mit uns gemeinsam über eine bestimmte Strecke zu kriechen, haben wir dazu ein nahe am Boden gehaltenes Handtarget verwendet. Wenn die Hunde damit beschäftigt waren, konnten sie nicht aufspringen und dahinrennen, wo die Action stattfand!

Für das Umlenken brauchen wir aber nicht immer ein spezifisches, mit dem Ausgangsverhalten inkompatibles Alternativverhalten. Wenn ein Hund sehr auf ein bestimmtes Verhalten wie zum Beispiel das Beobachten von Eichhörnchen fokussiert ist, können Sie auch entscheiden, einfach alles andere außer dem Anstarren von Eichhörnchen zu verstärken. Dazu nutzen wir gerne die Technik des Futterwerfens. Wir werfen Futterstückchen und belohnen alles, was anders ist, als auf die Eichhörnchen zu achten, wie zum Beispiel Wegschauen, Hinlegen, Sitz machen und uns anschauen, etwas vom Boden fressen, einem Vogel nachschauen und so weiter.

Furcht und Angst

Ich habe zuvor schon etwas über Angst und Schmerzen geschrieben. Wenn wir uns anschauen, was das im Detail für unser Training bedeutet, ist es zunächst wichtig zu überprüfen, ob die Hunde überhaupt in der Lage sind, das von uns Gewünschte zu erfüllen. Damit ist nicht nur gemeint, was sie bisher an Fähigkeiten gelernt haben, sondern auch ihr Gemütszustand. Manche leiden immer wieder unter Angst, sodass Trainingssitzungen für sie zur Herausforderung werden können – auch wenn wir wissen, dass sie eigentlich alles für den weiteren Lernprozess Nötige können. Furcht und Angst sind wichtig zu erwähnen, denn sie können sowohl für die Hunde als auch für die Hundeführer echte Herausforderungen sein. Angst bzw. Angststörungen werden auch im DSM-Katalog (Diagnostisches und statistisches Manual) der psychischen Störungen erwähnt. Wenn diese Stufe erreicht ist, ist die Hilfe von Experten gefragt, von denen es zahlreiche auch für Hunde gibt und die Sie durch die verschiedenen Phasen begleiten können. Oft kann eine Kombination aus Training, medikamentöser Behandlung und einer Veränderung der Umgebung oder Tagesroutine helfen und Erleichterung verschaffen. Wenn

Angst vor großen Tieren wie Pferden kann ein Ergebnis mangelnder Sozialisation sein.

Ihr Hund Angstprobleme hat, rate ich Ihnen dringend, einen Experten auf diesem Gebiet zu kontaktieren. Seien Sie sich trotzdem dessen bewusst, dass Trainingsanweisungen oder Medikamente nicht die Ursache beseitigen werden. Sie betäuben vermutlich eher den Gemütszustand des Hundes oder verhindern, dass der Hund flüchtet, weil er von Leine oder Box daran gehindert wird. Auch ist es nicht immer einfach, die Ursache zu finden. Manche dieser Probleme sind auch das Ergebnis unbedachter Zucht mit den falschen Elterntieren. In der Natur wird das nicht vorkommen – überängstliche Hunde werden sterben, bevor sie sich fortpflanzen können. Übermäßige Ängstlichkeit kann aber auch daraus entstehen, wie mit den Welpen nach der Geburt umgegangen wird. Vielleicht hatten sie keinen Kontakt zu anderen Menschen, Tieren oder normalem Alltagsgeschehen. Wenn Welpen bei skrupellosen Vermehrern in sogenannten Welpenfabriken aufwachsen und zwölf Wochen lang nichts anderes sehen als ihre Mutter und Geschwister, schafft das Probleme. Aber auch falscher Umgang der Menschen kann schuld sein. Welpen kommen nicht mit einer angeborenen Angst vor Staubsaugern, Tierärzten oder Kleinkindern zur Welt. Probleme damit sind das Ergebnis klassischer Konditionierung, wenn die Welpen gelernt haben, dass diese Dinge für sie Schwierigkeiten oder sogar Schmerzen ankündigen. Denn wenn der nette Mann im weißen Kittel einem plötzlich eine Injektionsnadel in den Popo sticht, tut das weh, und wenn einem im Schlaf ein Staubsauger fast über die Pfoten fährt, ist das sehr erschreckend. Und wenn ein Kleinkind mit einem Klammerhefter an den Hundeohren experimentiert, ist es normal, dass Angst entsteht.

19

Mehr zum Thema Strafen

Bei vielen Menschen gehen rote Alarmlampen im Kopf an, sobald sie das Wort „Strafe" hören. Es werden Emotionen getriggert und sie neigen dazu, gar nicht mehr weiter zuzuhören. Strafen, Aversiva und Korrekturen sind das Gleiche und es dreht sich alles um die Definition: Was ist eine Strafe? Was ist ein Verstärker? Es geht darum, wie das Tier wahrnimmt, was es empfängt und wie dies sein Verhalten beeinflusst. Haben Sie einmal einem jungen Springer Spaniel dabei zugeschaut, wie er auf der Jagd nach einem Kaninchen in dichte Brombeerhecken rennt? Wir schon – und wir brauchten Handschuhe und eine Heckenschere, um ihn da wieder rauszuschneiden – nur, damit er umgehend wieder reinsprang, weil er unbedingt das Kaninchen finden wollte.

In Afrika machten wir einmal die Erfahrung, dass wir es nicht schafften, einem Löwen, den wir zur Behandlung gerade sediert hatten, eine Injektionsnadel in die Vorderpfote zu setzen – wegen des vielen Narbengewebes, das er dort hatte. Diese Löwen kämpfen, werden verletzt, heilen und kämpfen erneut, weil der Verstärker (Futter oder Sexualpartner) für sie stärker ist als der Schmerz der Verletzung.

Alles in allem kann man sagen, dass wir etwas investieren müssen, etwas bezahlen oder in irgendeiner Form leiden müssen, um etwas zu erreichen oder zu gewinnen. Wenn Sie etwas über Hundetraining lernen möchten, investieren Sie, während Sie dieses Buch lesen. Wenn Sie mehr praktische Trainingserfahrung sammeln möchten, investieren Sie Zeit und Energie, während Sie vielleicht bei Regen und Kälte draußen mit Ihrem Hund arbeiten. Wenn Sie abnehmen möchten, trainieren Sie im Fitnessstudio. Aber egal ob es um das Lesen eines dicken Buchs, das Arbeiten mit dem Hund im Regen oder Pumpen im Fitnessstudio geht – ob Sie es als strafend oder belohnend empfinden, hängt von Ihrer eigenen Wahrnehmung ab. Sie können der Richter sein und die Entscheidung danach treffen, was das Ganze Ihnen bringt. Ein Verstärker ist es dann, wenn es das Verhalten steigert, eine Strafe dann, wenn sie es verringert.

Es geht also um das Was, Wo, Wann, Warum und Wie. Tun Sie das, was Sie erreichen möchten, auf eine effektive, effiziente und ethische Art und Weise? Haben Sie über Alternativen nachgedacht? Verschiedene Experten nach ihrer Meinung gefragt? Haben diese Experten selbst ausprobiert, worüber sie sprechen? Passt es zu Ihren Wertvorstellungen und moralischen Normen? Stimmt es mit den Erkenntnissen der modernen Wissenschaft und praktischen Erfahrungen überein? Sind Sie sich sicher darin, was Ihre Ziele sind und sind diese erreichbar?

In der Trainergemeinde sind auch respektvoll geführte Diskussionen über erwünschtes und unerwünschtes Verhalten wichtig. Ist ein Fehler ein unerwünschtes Verhalten? Und was ist ein Fehler? Wenn ein Sprengstoffspürhund an einem Gepäckstück anzeigt, wird das Flugzeug evakuiert. Stunden später wird festgestellt, dass es keinen Sprengstoff enthielt. War das ein Fehler oder ein unerwünschtes Verhalten? Oder was ist mit dem Polizeihund, der einen zehnjährigen Jungen beißt, weil dieser plötzlich vor ihm auftaucht? Oder dem Rottweiler, der seine Zähne in das Bein des Postboten gräbt? Und ja, ich wurden auch schon Zeuge, wie ein ausgebildeter Assistenzhund den Rollstuhl mitsamt Besitzer darin stehen ließ, um im Stadtpark Enten zu jagen.

Es geht um das Verhalten selbst – wie klassifizieren wir es und was möchte der Trainer / Besitzer erreichen? Was ist akzeptabel und was wird gebraucht? Wie wird das Endergebnis aussehen? Sind wir damit zufrieden? Letztendlich geht es auch um die Lebensqualität des Hundes, das Risiko für ihn selbst, für unbeteiligte Dritte, den Einsatz und die Umgebung. Auf jeden Fall sollte aber die Polarisierung zwischen den Trainern ein Ende haben! Denn wir alle können voneinander lernen. Wir müssen die Emotionen außen vor lassen und uns das Verhalten und das Training aus einer wissenschaftlichen Perspektive ansehen. Wir können unerwünschtes Verhalten durch Training in erwünschtes verwandeln. Unerwünschtes Verhalten nur zu ignorieren oder es zu vermeiden versuchen kann das Problem verschlimmern und hat auch in der Vergangenheit schon zu vollen Tierheimen geführt, aus dem für so manchen Hund nur noch die Euthanasie der Ausweg ist.

Fehler oder unerwünschtes Verhalten?

Die Beispiele, die ich oben genannt habe, stammen alle aus dem wahren Leben. Der Hund, der das falsche Gepäckstück angezeigt hatte, kostete die Fluggesellschaft 250.000 Dollar und sie kündigte der Spürhundeeinheit die Zusammenarbeit. In einem Polizeieinsatz bei bewaffneter Geiselnahme war ein kleiner Junge zu neugierig und kam einem Mitglied der wartenden Sondereinheit und dessen Diensthund zu nah – und dieser griff an. Der Rottweiler bellte jeden Tag im Haus und sprang von innen gegen die Haustür, wenn der Postbote kam. Die Besitzer lachten darüber. An einem Tag aber gab die Tür nach, der Hund stürzte sich auf den armen Postboten und biss ihn. Der gehandicapte Besitzer des entenjagenden Assistenzhundes rief die Servicehundeschule an, die den Hund ausgebildet hatte, um sich Rat zu holen. Dort sagte man ihm, er müsse mit besseren Belohnungen arbeiten, weil Strafen in ihrer Philosophie nicht erlaubt seien. Aber auch, wenn er gebratenes Hähnchen mit in den Park nahm, jagte der Hund weiterhin Enten – bis er eines Tages ins Wasser fiel und ertrank.

Fehler werden sowohl von Hunden als auch von Haltern gemacht und auch unerwünschtes Verhalten wird von beiden gezeigt. Im ersten Beispiel hätte man noch einen zweiten oder sogar dritten Sprengstoffspürhund zur Bestätigung der Anzeige einsetzen können. Der Polizeibeamte hätte seinen Hund mit Maulkorb führen können. Der Rottweiler hätte von der Haustür ferngehalten werden können und der Assistenzhund hätte nicht mehr mit den Park genommen werden können. Es ist am Ende eine ethische Diskussion, ob wir Probleme dieser Art ignorieren, managen oder lösen. Mit je mehr Situationen Ihr Hund umzugehen gelernt hat, desto weniger Stress verursachen sie ihm. Und nicht zuletzt geht es um Integrität und Lebensqualität.

Ein *Fehler* ist eine Handlung, Entscheidung oder Beurteilung, die zu einem unerwünschten oder ungewollten Ergebnis führt. Ein Fehler ist ein unbeabsichtigter Irrtum, während eine fehlerhafte Beurteilung oder Bewertung einer Situation mit oder ohne Absicht stattfinden kann. Absichtliche Irreführung ist natürlich etwas anderes.

Unerwünschtes Verhalten ist Verhalten, das nicht in die jeweilige Umgebung passt und nicht im Rahmen der Normen, Werte und Standards akzeptiert werden kann.

In beiden Fällen gibt es viel Spielraum für Interpretation. Die Konsequenz, die auf den Fehler folgt, wird von der Absicht beeinflusst werden. Der Spürhund, der wirklich der Meinung war,

Sprengstoffgeruch am Gepäckstück wahrgenommen zu haben, könnte deshalb einen Fehler gemacht haben, weil ein anderes Geruchsbild präsent war, das eins der Bestandteile enthielt, die sonst auch in Sprengstoffen vorkommen. Wir haben zum Beispiel die Erfahrung gemacht, dass viele Sprengstoffspürhunde Dieselgeruch anzuzeigen beginnen, weil Diesel in vielen selbstgebauten Explosivstoffen enthalten ist. Wäre der Spürhund aus dem Beispiel aber einfach nur auf eine Belohnung aus gewesen und hätte seinen Halter bewusst mit einer falschen Anzeige getäuscht, um diese zu bekommen, sähe die Situation anders aus. Es ist nachvollziehbar, dass hier auch die Konsequenzen unterschiedlich sein müssen. Aber um den Unterschied zu definieren oder herauslesen zu können, müssen Sie Ihren Hund natürlich sehr gut kennen. Besser ist es immer, wenn wir zuvor in der Lage waren, Daten zu sammeln und auszuwerten, denn so können wir objektiv sein!

Die Beurteilung des unerwünschten Verhaltens findet durch den Halter, die Haushaltsmitglieder, die Diensteinheit, den Sportclub, Zuschauer etc. statt. Es ist akzeptiert und erwünscht, dass ein Polizeihund einen bewaffneten Kriminellen stellt und festsetzt, nicht aber, dass er einen zehnjährigen Jungen angreift. Für Labrador Retriever ist es ein erwünschtes Verhalten, Enten zu apportieren – es sei denn, sie wurden als Assistenzhund ausgebildet. Man kann also sagen, dass die Beurteilung, was unerwünscht ist, von außen stattfindet und von Normen und Werten außerhalb denen des Hundes geprägt sind. Fehler kommen dagegen von innen, vom Hund. In beiden Fällen ist es schwierig, die richtige Konsequenz zu wählen, denn es ist für den Trainer nicht immer klar, was gerade vor sich geht und warum. Nicht alle Reize, die zu einer Reaktion führen, sind für uns Menschen klar erkennbar. Führung nach Bauchgefühl in solchen Situationen ist deshalb wie Steuern im Nebel. Wir brauchen Daten!

Dies ist übrigens einer der Gründe dafür, warum man aus dem Tiertraining auch viel für das moderne Management lernen kann, denn auch dort sind verschiedene Führungsstile gefragt. Hundetraining ist situationsangepasste Führung, und wir haben es auch dort mit verschiedenen Persönlichkeiten zu tun. Wir arbeiten in unter sich ständig verändernden und schwierigen Bedingungen: Drinnen, draußen, mit vielen Ablenkungen, Schussgeräuschen, Explosionen, rennende und schreiende Menschen, Dunkelheit, Licht, andere Tiere, Zeitvorgaben, Stress, Maschinen und so weiter und so fort. Wenn wir uns das natürliche Verhalten von Hunden anschauen, sehen wir, dass sie andere Tiere töten können, um sie zu fressen oder mit anderen Hunden kämpfen, um ihr Territorium zu verteidigen, aber auch sehr sanft sein können, wenn sie sich um ihre Welpen kümmern. In der Natur gibt es keine Diskussion darüber, ob etwas positiv, ausgewogen oder Zwang ist. Es gibt Kämpfe um die Führung und in der Natur kommt Strafe in Form von Hitze, Kälte, Hunger, Durst oder Angriffen vor. Es geht ums Überleben und derjenige, der sich am schnellsten an die Umstände anpassen kann, gewinnt bzw. überlebt.

Deshalb erkläre ich immer wieder so gern, warum es so wichtig ist, ein paar klare Grenzen zu setzen. Das ist die Aufgabe eines Anführers und sichert das Überleben der Gruppe, der Firma, des Rudels, des Teams. Innerhalb dieser Grenzen gibt es Raum für Fehler und Raum für teilweise Autonomie. Überschreiten der Grenzen zieht Konsequenzen nach sich. Klare Grenzen zu setzen ist Führung, solange es mit Respekt, Aufmerksamkeit und Würdigung geschieht.

Strafe kann Beziehungen ruinieren

Strafe ist das letzte, was wir nutzen, denn man muss es ganz klar sagen: Strafen birgt Gefahren. In schweren Fällen kann es Tiere körperlich und emotional schädigen, und im Allgemeinen kann und wird es Beziehungen beschädigen. Für uns ist Strafe immer der allerletzte Ausweg, um ein Verhalten zu verändern. Wir versuchen immer, Verhalten durch positive Verstärkung zu verändern. Wir werden aber Probleme weder ignorieren noch ihnen aus dem Weg gehen, wenn sie gefährlich für die Hunde selbst oder beteiligte Menschen und andere Tiere zu werden drohen. Diese Grundregel gilt übrigens in unserer Diensteinheit nicht nur für Hunde, sondern auch für Menschen. Wir akzeptieren keine Trunkenheit auf der Arbeit und keinen achtlosen Umgang mit Feuerwaffen. Wir bestehen darauf, dass Munition und Waffen sicher verschlossen werden. Wir dulden auch kein diskriminierendes Verhalten unter Kollegen, um nur einige Beispiele zu nennen. Die Tatsache, dass wir manchmal Strafen einsetzen müssen, lässt sich nicht vermeiden. Aber wenn es schon nötig ist, dann muss es in der besten Absicht, ehrlich und ohne Emotion oder Verurteilung erfolgen. Die Strafe muss angemessen und direkt sein und auf objektiven Daten basieren, um sicherzustellen, dass das Verhalten nicht zurückkehrt. Und sie kann nur von jemand ausgeübt werden, der genau weiß, was er tut.

Ich habe jede Menge Hundetrainer erlebt, die im Verstärkungsprozess Schwächen im Timing, in der Entscheidungsfindung oder im handwerklichen Geschick zeigten. Solchen Menschen darf es nie erlaubt sein, mit irgendeiner Form von Strafe zu arbeiten! Wenn Sie Fehler beim Verstärken machen und zum Beispiel zu oft verstärken, kann es sein, dass Ihr Hund zu fett wird. Wenn Sie zu wenig verstärken, verliert Ihr Hund vielleicht das Interesse an Ihnen als Trainer oder verlässt die Trainingsumgebung.

Wenn Sie aber Fehler beim Strafen machen, riskieren und ruinieren Sie alles! Seien Sie also mehr als vorsichtig! Wenn Sie nicht die Fähigkeiten, das Wissen, das Timing und die Erfahrung haben, die zum richtigen Strafen nötig ist, dann Finger weg!

> Wenn Sie Fehler beim Verstärken machen, wird Ihr Hund vielleicht zu fett oder verliert das Interesse am Training, Wenn Sie Fehler beim Strafen machen, riskieren Sie alles und ruinieren Ihre Beziehung!
>
> Information

Korrekturen sind Teil des Lernprozesses

Wenn Verhalten Grenzen überschreitet, wird es nur durch seine Konsequenzen gestoppt oder verändert – das ist eine der einfachen Lektionen, die Thorndike uns schon vor über hundert Jahren erteilte. Wenn die Grenzen klar sind, werden die Konsequenzen akzeptiert, verstanden und meistens auch gewürdigt. Wenn Sie über eine rote Ampel fahren, akzeptieren Sie den Strafzettel, den Sie dafür erhalten. Wenn der Betrag, den Sie zahlen müssen, hoch genug ist, ändert das vielleicht auch Ihr künftiges Verhalten. Definitiv stoppen Sie aber Ihr Verhalten, wenn Sie eine rote Ampel überfahren und ein großer Geländewagen in Ihr Auto hineinrast. Und wenn wir uns an das „Do as I do"-Prinzip erinnern, ist der Unfall vielleicht auch eine Warnung für andere Autofahrer, die ihn beobachtet haben.

Übrigens gibt es gerade zu diesem Beispiel der roten Ampel auch sehr interessante kulturelle Unterschiede: In Frankreich wird eine rote Ampel nachts auf einer leeren Kreuzung mit ziemlicher Sicherheit ignoriert werden. In den Niederlanden werden sich die Autofahrer erst vergewissern, ob irgendwo eine Kamera hängt oder ein Polizeiwagen steht und die Ampel dann ignorieren. Und in Deutschland werden die Fahrer auch mitten in der Nacht vor einer leeren Kreuzung anhalten und auf Grün warten.

Die ersten Trainingsschritte für einen später über Funk ferngelenkten Kamerahund.

Korrekturen sind überall um uns herum. Vermutlich das erste Wort, das ein Kleinkind lernt, ist NEIN! Wenn es das NEIN ignoriert und die heiße Herdplatte berührt, verbrennt es sich die Finger. Es wird die Hand zurückziehen und mit dem Verhalten „Herd anfassen" aufhören – und es wird die Bedeutung des Wortes NEIN sehr schnell generalisieren. Wenn das Kind älter wird und zur Schule geht, wird es mit der Tatsache bekannt gemacht, dass schlechte Noten dazu da sind, es zum Hausaufgabenmachen und besseren Lernen zu motivieren. Wenn es frech zum Lehrer ist, wird es aus dem Klassenzimmer geschickt. Und wenn es sich mit anderen Kindern prügelt, führt das zu Konsequenzen. Wir alle benutzen Korrekturen und wir alle lernen aus Korrekturen und Konsequenzen.

Missbrauch von Strafe

Ich bin unbedingter Befürworter der positiven Verstärkung – aber spreche auch offen und klar über Strafe. Manchmal ist sie der letzte Ausweg, wenn andere Trainingsmöglichkeiten erschöpft sind. Der Einsatz von Strafe ist aber sehr komplex und es ist unbedingt notwendig, dass er nur durch Experten und erst nach einer objektiven und gründlichen Verhaltensanalyse erfolgt.

Zu diesem Thema gibt es viele Meinungen und Erfahrungen in der Hundewelt, von denen viele stochastischer Natur sind, also auf Zufallswerten beruhen. Auch ein großer Teil der diesbezüglichen Ratschläge ist anekdotisch, sprich beruht nicht auf methodisch oder statistisch erfassten Werten.

> Der Einsatz von Strafe ist sehr komplex und mit Risiken behaftet und es ist unbedingt notwendig, dass er nur durch Experten und erst nach einer objektiven und gründlichen Verhaltensanalyse erfolgt.
>
> Information

Leider ist der Einsatz von Strafe in vielen Teilen der Hundewelt immer noch tief verwurzelt. Strafe mit dem Ziel, das Verhalten eines Hundes kontrollieren zu wollen, sollte unbedingt vermieden werden – sie kann sehr leicht zu Aggression oder weiteren Problemen führen.

Falls eine Strafe unumgänglich ist, dann darf auf Seiten des Trainers keinerlei Raum für Frustration oder Ärger sein und die Strafe muss schnell und effektiv erfolgen, das heißt im exakt richtigen Moment und sie muss stark genug sein, um das Verhalten zu beenden. Auf unterschwelligem Niveau „ein bisschen" zu strafen erreicht das Gegenteil – es ruiniert nicht nur die Beziehung zum Hund, sondern macht im schlimmsten Fall das Verhalten, das man eigentlich loswerden sollte, sogar noch stärker, weil ein Element der variablen Verstärkung eingeführt wird.

Auch darf immer nur jeweils *ein* Verhalten mit Strafe belegt werden. Außerdem ist immer wichtig zu bedenken: Man bestraft das Verhalten, nicht den Hund! Seien Sie konsequent in dem, was Sie tun. Regeln sollten nicht nur einem Tag gelten und morgen nicht mehr, sondern immer.

Wir haben bereits über die verschiedenen Verstärkungspläne gesprochen: Arbeiten Sie mit ihnen und konzentrieren Sie sich dabei auf die positive Verstärkung. Falls Sie je in eine Lage kommen sollten, in der Sie meinen, Strafe anwenden zu müssen, schauen Sie sich zuerst die Verstärkungspläne nochmals an.

Eine der besten und objektivsten Ausführungen zum Thema Strafen habe ich übrigens in der von der amerikanischen Delta Society herausgegebenen Broschüre „Professional Standards for Dog Trainers" (zu finden im Internet) in Abschnitt 2.4 unter dem Titel „Deciding whether and when to use aversives in a training program" gefunden. Dort wird sehr schön dargelegt, wie man solche Situationen im Training evaluiert und technisch anstatt emotional an die Frage herangeht.

Bestrafen Sie immer nur das Verhalten, nicht den Hund.

Konditionierte Aversiva

Wir haben bereits gesehen, dass ein Brückensignal dem Hund ein positives Feedback gibt und ein klares Signal für ihn ist, dass die Belohnung auf dem Weg ist. Wenn wir ein Brückensignal wie zum Beispiel den Clicker oder das Wort „gut!" mit einer Belohnung wie Futter oder Spiel verknüpfen, bekommt es für den Hund Bedeutung und wird wichtig. Auf die gleiche Art und Weise können wir auch ein Signal konditionieren, das dem Hund negatives Feedback gibt. Schon allein, wenn Sie das Wort „nein" sagen und das entweder mit einem aversiven Geschehen verknüpfen oder aber auch nur die Belohnung weglassen, konditionieren Sie ein Strafsignal. Dazu werden die verschiedensten Begriffe benutzt: Man spricht von konditionierten Aversiva, konditionierter Strafe oder „Delta". In einen ähnlichen Bereich fällt auch die Diskussion um Negativmarker (No Reward Marker, s. S. 174) .

Wieder andere sprechen von „Response-Cost", ein Begriff, den man in der Verhaltenstherapie (beim Menschen) einsetzt – es wird eine Belohnung (positiver Verstärker) vereinbart, die beim Auftreten des unerwünschten Verhaltens entzogen wird.

Welchen Begriff auch immer man nutzt: Wichtig zu verstehen ist, dass Fehler etwas „kosten" und Konsequenzen nach sich ziehen. Ignorieren verändert das Verhalten nicht und kann sogar ermöglichen, dass unerwünschtes Verhalten noch stärker wird. Ein klares Beispiel dafür ist der Hund, der auf dem Spaziergang einen anderen Hund anbellt. Wenn der Halter das nur ignoriert, besteht die Wahrscheinlichkeit, dass der Hund immer mehr bellen wird und irgendwann alle anderen Hunde anbellt. Hier wäre natürlich nicht in erster Linie der Einsatz von Aversiva angebracht, sondern Techniken wie „Schau mich an", schnelle Richtungs- und Tempowechsel etc., um die Aufmerksamkeit des Hundes umzulenken. Das Beispiel sollte nur verdeutlichen, dass bloßes Ignorieren des Bellens hier nichts verbessern würde, im Gegenteil!

Konditionierte Aversiva beinhalten immer zwei Elemente. Das eine ist, das Signal mit dem Vorenthalten einer Belohnung zu verknüpfen, das andere, es mit einem aversiven Ereignis zu verknüpfen. Hunde lernen schnell, und wenn der Konditionierungsprozess richtig durchgeführt wird, werden sie sehr schnell Verhalten vermeiden oder beenden, das zu den konditionierten Aversiva führt. Was auch bedeutet, dass eine „Warnung" ein unerwünschtes Verhalten stoppen kann, das sonst im Weiteren zu einer Strafe geführt hätte.

Fehler passieren leicht

Lassen Sie uns hier zum besseren Verständnis ein Beispiel anschauen: Oft sagen oder rufen Halter in Konfliktsituationen den Namen ihres Hundes. Das Dumme dabei: Mal benutzt er den Hundenamen auch als Auflösungssignal, mal als Aufmerksamkeitssignal oder Rückruf, gefolgt von einem Verstärker. Und dann ein paar Momente später eben auch als Warnsignal oder „Delta", um ein bestimmtes Verhalten zu stoppen – möglichweise noch gepaart mit einem Leinenruck oder einer anderen negativen Konsequenz. So wird sein Name für den Hund mit drei verschiedenen Situationen verknüpft, was natürlich sehr unklar und verwirrend ist. Achten Sie also immer darauf, dass der Name Ihres Hundes nicht unabsichtlich zum Warnsignal für ihn wird! Erinnern Sie sich an Ihre Kindheit, wenn Ihre Mutter sauer auf Sie war und Sie plötzlich beim vollen Namen oder Erst- und Zweitnamen rief anstatt mit dem üblichen Kosenamen? Dann wussten Sie, dass Ihnen jetzt wirklich Ärger droht! Machen Sie nicht den gleichen Fehler bei Ihrem Hund – sein Name muss für ihn immer mit guten Dingen verknüpft bleiben. Und wenn Sie ein Warnsignal für Ihren Hund brauchen, denken Sie sorgfältig darüber nach, welches das beste sein könnte.

Achten Sie unbedingt darauf, dass der Name Ihres Hundes nicht unabsichtlich zum Warnsignal für ihn wird!

Was bedeutet ein Warnsignal?

Der Verhaltensforscher Murray Sidman hat in den 1950er Jahren einige Versuche zum Vermeidungsverhalten durchgeführt, die eine neue Perspektive auf die negative Verstärkung eröffneten. Als Erstes müssen wir verstehen, dass Tiere Ereignisse erkennen und vermeiden können, die zu aversiven Stimuli führen. Sie brauchen dazu keinen Trainer, der ihnen ein Warnsignal gibt. In Experimenten mit Ratten stellte er fest, dass diese ein genaues Bewusstsein für Zeitabstände hatten. Das führte ihn zu einem Versuch, mit dem er herausfinden wollte, ob ein Warnsignal wie ein „Delta" (Ankündigung für Aversivum) oder wie ein diskriminativer Reiz (jetzt ist Zeit, etwas zu tun) funktionieren würde.

In einem der Versuche mussten die Ratten einen Hebel herunterdrücken, um einen Stromstoß zu vermeiden. Nach dem Betätigen des Hebels kam der nächste Stromstoß immer nach einem bestimmten festen Zeitintervall, in diesem Fall 10 Sekunden. Die Ratten lernten sehr schnell, dass sie vor Ablauf der 10 Sekunden den Hebel drücken mussten, um den Stromstoß zu vermeiden.

Jetzt brachte Sidman zusätzlich noch eine rote Warnlampe mit ins Spiel, die kurz vor dem Stromstoß aufleuchtete. Die Ratte konnte nun den Hebel entweder drücken, bevor die Lampe anging (das feste Zeitintervall blieb wie vorher bestehen) oder damit warten, bis das Licht anging. Die Frage war: Würde die Ratte die Warnlampe als konditioniertes Aversivum oder als diskriminativen Reiz verstehen?

Annahme 1)
Das Warnlicht ist mit einem Aversivum gepaart und wird deshalb selbst zu einem konditionierten Aversivum. *Wenn dem so wäre, würde die Ratte es zu meiden versuchen und den Hebel betätigen, bevor das Licht anging! Das fixe Zeitintervall blieb nach wie vor bestehen und die Ratte lernte schnell, zu welchem Zeitpunkt die Lampe aufleuchtete.*

Annahme 2)
Das Warnlicht ist ein wichtiger diskriminativer Reiz und sagt der Ratte, was sie tun soll (jetzt Hebel drücken!). *Wenn dem so wäre, würde die Ratte nur reagieren, wenn das Licht angeht und den Hebel drücken, um den Stromstoß zu vermeiden.*

Überraschenderweise reagierten die Ratten nicht, bevor das Licht anging, empfanden es also nicht als konditioniertes Aversivum. Stattdessen passierte das eher Unerwartete: Die Ratten zögerten ihre Reaktion hinaus und drückten den Hebel, *nachdem* die Warnlampe angegangen war. Sie betrachteten sie also als diskriminativen Reiz gemäß Annahme 2.

Das gibt uns ein paar interessante Gedankenanstöße zum Thema Warnsignale: Sie werden vom Tier als diskriminative Reize wahrgenommen. Es wird seine Reaktion vermutlich bis zum letzten Moment hinauszögern, kurz bevor das Aversivum auftritt. Trainer haben diese Beobachtung auch früher schon gemacht: Viele Hunde lernen, wie lange sie bei welchem Trainer ihre

Reaktion hinauszögern können. Und Tiere sind dazu in der Lage, Warnsignale aus ihrer Umgebung zu filtern, auch, wenn sie nicht vom Trainer kommen. Sie können Gegenstände oder Equipment mit aversiven Elementen verbinden – also lernen, Halsbänder, Leinen oder andere Gegenstände zu meiden, die sie mit aversiven Elementen assoziieren.

Das wirft eine neue Perspektive auf einige unserer gewohnten Sichtweisen: Der Warnhinweis scheint die Reaktion des Tieres hinauszuzögern! Das gleiche Phänomen sehen wir übrigens auch im Verhalten von Menschen: Auch sie schieben gerne unangenehme Arbeit auf, die sie noch zu erledigen haben. Um sie davon abzubringen, ist das Setzen einer Deadline nicht genug: wir müssen ein aversives Element hinzufügen.

In der ganzen Diskussion um negative Verstärkung erklären manche Trainer, dass ein Warnsignal ein konditioniertes Aversivum ist, das klassisch mit einem aversiven Ereignis konditioniert wurde. Wenn der Hund „Nein nein nein!" hört oder Spannung auf der Leine spürt, wird er etwas über das (unerwünschte) Verhalten lernen, das er gerade ausführt. Aber ist das wirklich so? Was wir bisher wissen, ist, dass manche Tiere damit aufhören, was sie gerade tun, andere frieren ein und wieder andere verzögern ihre Reaktion. Interessant zu wissen ist: Je mehr Warnsignale die Ratten im Versuch erhielten, desto länger zögerten sie ihre Reaktion zur Vermeidung des Stromstoßes hinaus. Wäre das Warnsignal ein konditioniertes Aversivum, hätten die Ratten viel schneller reagiert, um die Situation zu vermeiden. Es ist ein bisschen so wie Rückwärtsfahren im Auto: Treten Sie sofort auf die Bremse, wenn Sie den ersten Warnton des Einpark-Assistenten hören und springen aus dem Auto, um zu prüfen, was hinter Ihnen ist? Oder fahren Sie langsam weiter rückwärts und ignorieren die kurzen Pieptöne, bis der lange Piep ertönt?

Im Allgemeinen kann man sagen: Wenn ein Warnsignal einige Zeit vor dem aversiven Ereignis gegeben wird, können wir es als diskriminativen Reiz betrachten. Wenn es dagegen sehr schnell von einem aversiven Ereignis gefolgt wird, können wir es als konditioniertes Aversivum betrachten.

Strafe zeitgemäß betrachtet

Wie beeinflusst dies die Diskussion über den Einsatz von Strafen? Nehmen wir als Beispiel einmal eine Situation mit einer starken Ablenkung. Der Hundehalter hat einen Trainer für seinen Hund engagiert. Dieser trainiert mit dem Hund „Sitz" und hat draußen schon sehr gute Ergebnisse erreicht. Er arbeitet mit einer Plattform, um mit dem Hund das „Sitz" zu erarbeiten und erklärt dem Halter gerade die Kriterien. Aber dann nähert sich eine Katze der Plattform. Sie hat offensichtlich keine Angst und läuft direkt auf den sitzenden Hund zu. Der Trainer weiß, dass dieser Hund in der Vergangenheit schon öfter erfolgreich Katzen gejagt hat. Auch jetzt ist er offensichtlich zum Angriff bereit. Der Trainer entscheidet sich für den Einsatz von Strafe im Sinne der vier Quadranten, weil jetzt kein Verstärker stark genug wäre, um den Hund im „Sitz" auf der Plattform zu halten. Sobald der Hund die Katze bemerkt, gibt der Trainer ihm einen verbalen Warnhinweis: „uh uh uh!" Der Hund entscheidet sich, auf der Plattform sitzenzubleiben, die Katze geht weg und er bekommt eine Riesenbelohnung.

Hätte der Hund den Warnhinweis als aversiven Reiz empfunden, hätte er mit Einfrieren reagiert oder hätte die sitzende Position auf der Plattform verlassen. Das ist nicht geschehen – also hat er den Warnhinweis als diskriminativen Reiz aufgefasst: Wenn du jetzt sitzen bleibst, passiert nichts Aversives.

Die interessante Frage hierbei ist: Ist die Warnung in diesem Fall schlecht, akzeptabel oder sogar gut? In diesem Beispiel haben wir gesehen, dass sie einfach nur informativ war und dem Tier kein Unbehagen vermitteln muss. Alles hängt von der Beziehung zwischen Trainer und Hund, den zuvor gemachten Erfahrungen, dem Vertrauen, der Konsistenz, von Grenzen und Konsequenzen ab.

Interessant ist es auch, einem Pferdetrainer bei der Arbeit zuzusehen: Es ist beeindruckend, wie ein Mensch sechshundert Kilo Muskelmasse in die gewünschte Richtung lenken kann, besonders, wenn man dann noch versteht, dass das Pferd auf Hinweis seines Reiters in Situationen geht, die es normalerweise vermeiden würde. Aber gut trainierte Pferde springen über Feuer, stellen sich großen Gruppen lärmender Fußballrowdys entgegen, ertragen vorbeifahrende laute Maschinen oder ignorieren bellende Hunde. Und sie bekommen keine Handvoll Zuckerstücke nach jedem Sprung über Feuer. Auch habe ich noch nie ein Polizeipferd gesehen, das mit einer Karotte vor der Nase in eine Gruppe von Demonstranten gelenkt wurde.

Pferdetraining beruht, wenn man es ganz herunterbricht, auf negativer Verstärkung: Wenn der Reiter nach links möchte, übt er zuerst mit dem linken Zügel etwas Druck auf das Gebiss im Pferdemaul aus, verlagert sein Gewicht nach links und gibt den rechten Zügel nach. Das Pferd geht nach links. Auf stärkeren Druck der Reiterschenkel hin beschleunigt das Pferd, der Schenkeldruck lässt nach. Ein gut trainiertes Pferd in den Händen eines guten Reiters reagiert auf äußerst feine Signale. Dennoch ist, wenn wir es auf das Grundprinzip herunterbrechen, die Grundlage des Ganzen, dass das Pferd gelernt hat, einem aversiven Reiz auszuweichen, indem es immer schneller und feiner auf die gegebenen Signale reagiert, sodass diese immer weiter reduziert werden können.

Bei wirklich sehr guten Reitern ist von außen keinerlei Einwirkung mehr erkennbar. Pferd und Reiter bewegen sich gemeinsam in vollkommener Harmonie und im Gleichgewicht wie in einem schönen Tanz. Was im Übrigen eine schöne Parallele ist: Handelt der männliche Part eines Tanzpaares aversiv, wenn er seine Tanzpartnerin durch subtilen Druck führt? Ich würde sagen, es kommt ganz darauf an, wie respektvoll er seine Partnerin behandelt, sich auf sie einstimmt und wie richtig er die zur Führung notwendigen Impulse dosiert. Schubst er seine Partnerin grob herum und überfällt sie mit unangekündigten Richtungsänderungen, wird diese seine „Führung" als äußerst unangenehm empfinden. Kommen seine Impulse aber sanft an den richtigen Stellen, nimmt sie diese gar nicht als störend wahr, sondern im Gegenteil als hilfreich. Ob etwas als aversiv empfunden wird oder nicht, ist also am Ende auch eine Frage der dahinterstehenden Einstellung, des Respekts, der Energie und der Absicht, die damit verfolgt wird.

Aversiva müssen also nicht zwingend negativ sein. Es kommt darauf an, wie sie eingesetzt werden. Sie können auch in gutem Sinne hilfreich sein, wenn das Tier dadurch Informationen erhält und ihm zum Guten dienen. Negative Verstärkung bedeutet auch nicht immer, dass ein konditioniertes Aversivum benutzt wird. Sie kann auch als Warnsignal wahrgenommen werden, auf welches hin das Tier seine Reaktion hinauszögert.

20

Hilfsmittel im Training

Es gibt viele Werkzeuge, die uns beim Training unserer Hunde helfen können: Leine, Halsband, Clicker, Plattform, Geschirr, Ballmaschine, Target Stick und vieles mehr sind die bekanntesten und am breitesten akzeptierten. Wir nennen sie gerne die „Whitelist" der Trainingswerkzeuge. Daneben scheint es aber auch eine Blacklist zu geben, denn wenn man Dinge wie Martingal-Halsband oder Schlupfleine / Moxonleine erwähnt, gerät man schon in Diskussionen mit Hundetrainern. Und wenn man gar über Stachelhalsbänder oder Teletakt-Halsbänder spricht, ist man bei sehr vielen raus, weil man Triggerpunkte getroffen hat. Wir möchten die Trainergemeinde aber gern zusammenbringen und niemanden ausschließen, denn wir alle können voneinander lernen. Wenn wir zusammen arbeiten, trainieren und studieren, werden wir auch zusammen wachsen. Bleiben Sie immer neugierig und offen!

Die ethische Seite

„It's not the tool, but it's the fool" lautet ein treffendes englisches Sprichwort – nicht das Werkzeug selbst ist das Problem, sondern derjenige, der es benutzt. Leider gibt es immer noch zu viele Menschen mit zu wenig Wissen über die Grundprinzipien des Tiertrainings oder solche, die nur an schnellen Erfolgen interessiert sind. Es gibt „Trainer", die nur an Dominanz, Zwang und Strafe glauben. Menschen finden leider immer wieder Gründe, Vorwände und Entschuldigungen dafür, stark diskutierte Trainingshilfsmittel zu benutzen, womit sie weiter zur Polarisierung beitragen.

Eine theoretische Blacklist der Trainingswerkzeuge, auf der zum Beispiel Dinge wie das heutzutage in Europa verbotene Elektroschock-Halsband stehen könnten, trägt aber leider nicht dazu bei, gute Trainer auszubilden. Menschen sind kreativ und werden immer andere Möglichkeiten für „Strafwerkzeuge" finden, die nicht auf der Blacklist aufgeführt sind. Ich führe gerne das Beispiel an, dass man einen Hund auch mit einem Kugelschreiber oder einem Klemmbrett bestrafen kann. Vielmehr müssen wir uns darauf konzentrieren, Trainer so auszubilden, dass sie positive Techniken nutzen und rechtzeitig einen Experten zu Rate ziehen, wenn etwas schiefläuft. Ziel ist, die Lebensqualität sowohl von Hund als auch von Halter zu heben, beiden dabei zu helfen, die richtigen Punkte miteinander zu verbinden, besser zu verstehen, Verhalten zu ändern und für Sicherheit zu sorgen, wo auch immer sie sich befinden.

Problemhunde wird es immer geben

Wichtig zu verstehen und wahrzuhaben ist, dass wir nicht jede Art von unerwünschtem Verhalten ändern können. Immer wieder gibt es Hundefreunde, die glauben, man könne alle Hunde retten und jedes unerwünschte Verhalten allein durch positive Verstärkung in erwünschtes verwandeln. Das ist leider nicht die Realität. Wir sprechen nicht gerne darüber, aber es ist gut dokumentiert und letztendlich auch akzeptiert, dass in der Humanpsychiatrie Menschen mit schweren Verhaltensstörungen weggesperrt, fixiert, sediert oder sogar mit Elektroschocks „behandelt" werden. Wenn wir im Hundetraining nicht alle Trainingswerkzeuge auf eine Blacklist verbannen, können Profitrainer dem ein oder anderen Hund und dessen Besitzer durchaus helfen, ein akzeptables, wenn auch von Einschränkungen gekennzeichnetes Leben führen zu können, anstatt den letzten Ausweg nur noch in der Euthanasie zu finden.

„Motivationshilfen" im Training

Wir haben gerade über Whitelist und Blacklist gesprochen und dass Menschen immer Ersatz für verbotene Werkzeuge finden werden. Genauso kreativ sind Menschen auch im Gebrauch von Worten. So hört und liest man öfter, dass Menschen den Begriff „Motivationshilfe" anstatt „Strafe" verwenden. Es ist nur eine Frage der Perspektive und des Kontexts. Wie wird es benutzt und was ist das Ziel des Trainers? Ein Stachelhalsband, eine Peitsche oder ein Elektroschockhalsband sind keine Motivationshilfen. Es sind Werkzeuge entweder zur positiven Strafe oder zur negativen Verstärkung (siehe S. 96, Vier Quadranten). Lassen Sie uns versuchen, klar in unserer Kommunikation zu bleiben. Und als Sahnehäubchen obenauf wäre es wunderbar, wenn wir nicht immer gleich verurteilen würden, sondern uns genau anschauen würden, was eigentlich vor sich geht. Was ist das unerwünschte Verhalten? Wie können wir dabei helfen, es zu beenden oder zu verändern?

Der Trend zum Umbenennen von Trainingshilfsmitteln in „Motivationshilfen" stammt aus der Pferdewelt. Man hat einen positiv klingenden Namen für Werkzeuge und Techniken erfunden, die Druck, Unbehagen oder Schmerzen auslösen können. „Motivation" klingt nach etwas Gutem. Aber wenn wir uns diese Hilfsmittel näher anschauen, können wir sie alle unter R- oder P+ einordnen. Der Unterschied zwischen beidem besteht darin, wie man es anwendet und was man erreichen möchte. Möchte man damit ein Verhalten schwächen, ist es eine positive Strafe (P+). Möchten Sie ein Verhalten damit stärken, ist es ein negativer Verstärker (R-). Ein gutes Beispiel ist das metallene Gebiss im Maul eines Pferdes, an dem die Zügel befestigt sind. Ein sehr klares Beispiel für einen negativen Verstärker. Möchte der Reiter nach links, bringt er etwas Druck auf den linken Zügel. Das Pferd wendet seinen Kopf nach links, um dem Druck auszuweichen, den das Gebiss auf Zunge, Zahnfleisch und Kiefer ausübt. Sobald das Pferd den Kopf wendet, folgt der Rest des Körpers, und sobald das der Fall ist, lässt der Druck auf dem Zügel nach.

Neben dem Gebiss gibt es weitere „Motivatoren" im Pferdetraining, wie zum Beispiel Sporen. Auch über sie wird gerne als Kommunikationshilfen gesprochen. Kommunikation klingt nett und positiv. Aber auch hier haben wir wieder nur nichts anderes als einen einfachen Weg, um negative Verstärkung oder positive Strafe anzuwenden. Die meisten Pferdesportverbände haben strikte Regeln zu Art und Einsatz der Sporen: Wann und wie sie benutzt werden dürfen, Material und Form. Und leider gibt es auch Sporen, die klar als tierschutzwidrig bezeichnet werden müssen.

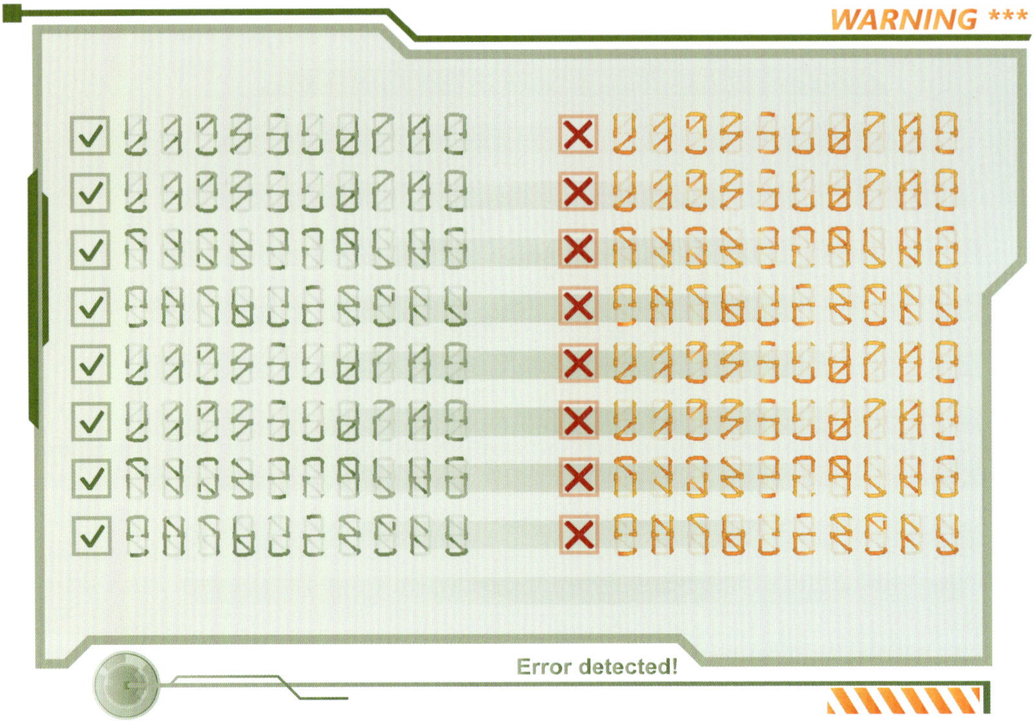

Listen verbotener und erlaubter Trainingshilfsmittel tragen meiner Meinung nach nicht dazu bei, das Training zu verbessern, da sie am Kern des Problems vorbeigehen.

21

Trainieren wie ein Profi

Es gibt für mich keinen Unterschied zwischen einem Hobby-, Sport- oder Profitrainer. Bei allen geht es um Fokus, Hingabe an die Sache, Durchhaltevermögen, Konsistenz und das Befolgen eines Plans, um das Ziel zu erreichen. Das Ziel könnte sein, einen wichtigen Wettkampf oder eine Meisterschaft zu gewinnen. Oder, einen verlässlichen Diensthund als Partner in Einsätzen zu haben. Oder dass Ihr Sprengstoffspürhund Ihren Kameraden beim Militär möglicherweise das Leben rettet. Oder Sie möchten einen Trümmersuchhund in Erdbebengebieten führen. Oder trainieren Sie Blindenführhunde? Oder Artenspürhunde im Rahmen von Naturschutzprogrammen? Oder soll Ihr Hund Krankheiten anzeigen oder einen Beitrag zur medizinischen Forschung leisten? Es gibt so viele verschiedene Aufgaben, bei denen Hunde uns helfen können, Dinge zu tun, die wir selbst nicht leisten können. Für all diese Hunde ist wichtig, dass man ihnen den Erfolg möglichst leicht macht, dass sie später zuverlässige Arbeit abliefern und dass sie auch unsere Freunde sind, denn genau wie wir sind sie sehr soziale Wesen. Jeder, der Zeit und Energie in das Training seines Hundes steckt und dabei auch an sich selbst arbeitet, ist in meinen Augen ein Profi. Wo Sie selbst die Messlatte anlegen, ist Ihre Sache. Was brauchen Sie für Ihre Arbeit? Achten Sie aber in jedem Fall darauf, dass Sie beide, Trainer und Hund, Spaß am Teamwork und am Weg zum Ziel haben!

Was sind Bausteine?

Ein Baustein ist ein Trainingselement, das Sie verwenden können, um sehr schnell neue Verhaltensketten aufzubauen. Wenn wir die Bausteine Brückensignal, Handsignal für „Stopp", Signal für „Sitz" und Signal für „Hier" lehren, können wir zum Beispiel eine Kette aufbauen, die so aussieht: Hund läuft auf uns zu – stoppt auf Handzeichen – setzt sich hin – wartet, bis wir ihn wieder freigeben. Natürlich könnten wir auch die Reihenfolge ändern, zum Beispiel in Sitz – Hier – Stopp – Hier oder was auch immer. Es ist so, wie Holz, Nägel, Steine, Zement und so weiter zu haben und daraus ein Haus zu bauen.

Im professionellen Tiertraining sprechen wir viel von Prinzipien, Grundlagen, Kriterien und benutzen eine Menge Fachbegriffe. In unserer eigenen Arbeit mit Trainern haben wir nach einer Zeit festgestellt, dass dabei nicht alle die gleichen Begriffe benutzen bzw. nicht alle das gleiche darunter verstehen: die Leute beginnen, Informationen hinzuzufügen oder Dinge wegzulassen. Dann plötzlich ist nicht mehr so klar, worum es geht und die Diskussionen gehen los – diese drehen sich dann gar nicht mehr um das Training, sondern werden lang und emotional über die Bedeutung einzelner Worte geführt. Wir kennen Menschen, die fast ihr ganzes Leben damit verbracht haben, die genaue Bedeutung eines Brückensignals zu studieren, aber noch selbst kein Tier trainiert haben. Bittet man sie, zum Beispiel während eines Hühner-Workshops, ein Tier zu trainieren, fällt auf, dass es ihnen an Beobachtungsfähigkeiten und am handwerklichen Geschick mangelt. Sie sind keine „Hands-on-Trainer", keine Menschen der Praxis.

Nachdem die Pioniere wie Thorndike, Pavlov und Skinner uns eine klare Terminologie und Beschreibung ihrer Definitionen gegeben haben, wurden die Dinge später wieder verworren und es bildete sich ein Mix aus Wissenschaftlern, Verhaltensexperten und Tiertrainern, die alle ihre eigenen Erklärungen einbrachten. Sie fügten Worte hinzu oder ließen welche aus, und plötzlich wurde die einfachste Terminologie schwierig zu verstehen oder bekam eine ganz neue Bedeutung. Und ehe man sich's versieht, verbringen die Menschen mehr Zeit im Internet mit der Diskussion über Begriffe im Tiertraining als mit dem Tiertraining selbst.

Ich möchte an dieser Stelle keine Liste aller Fachbegriffe und ihrer Bedeutung aufführen. Eine sehr gute Erklärung der ganzen Terminologie finden Sie übrigens bei Paul Chance, besonders in seinem Buch „Learning and Behavior". Er ist meiner Meinung nach einer der besten Fachleute auf diesem Gebiet.

Einige der Begriffe haben wir weiter vorn im Buch schon angeschaut, aber wichtig ist, dies so zu tun, dass wir einen roten Faden im Tiertraining erkennen und diesem folgen können. Denn egal, ob Sie einen Hund, einen Papagei, ein Pferd, einen Meeressäuger oder was auch immer trainieren: Viele der Trainingselemente, die Sie brauchen, sind die gleichen. Um das verständlicher zu machen, zerlege ich das Training gern in die schon erwähnte „Baustein-Theorie". Denn wenn Sie die Bausteine verstehen und wissen, wie Sie sie benutzen können, können Sie daraus jedes Verhalten bauen, das Sie brauchen.

Legosteine

Unsere Trainingsbausteine sind wie Lego, mit dem wir als Kinder so gut wie alle gespielt haben: es gibt verschiedene Größen, Formen und Farben und alles kann miteinander verbunden werden. Mit ein bisschen Fantasie und Geschick kann man die Legosteine zusammensetzen und daraus bauen, was auch immer man möchte: von einem kleinen Auto über einen Legohaus bis hin zu einer ganzen Legostadt mit Flughafen.

Im Tiertraining bauen wir Ketten von Verhalten so, wie man mit Legosteinen baut. Auch das Beispiel des Hausbaus hilft uns beim Tiertraining: Man kann kein Dach draufsetzen, wenn die Wände noch nicht fertig sind und die Wände können nicht errichtet werden, wenn das Fundament nicht gelegt ist. Auch müssen Sie daran denken, dass Sie, bevor Sie die Bodenplatte mit Beton ausgießen, Elektriker und Wasser- und Heizungsinstallateur bestellen müssen, denn wenn Sie die Rohre und Leitungen nicht schon vorher verlegt haben, ist es später, wenn der Beton erst einmal hart ist, zu spät dafür. Wenn Sie die Bodenplatte wieder an einer Stelle aufstemmen müssen, weil Sie eine Leitung vergessen haben, können Sie damit das ganze Fundament beschädigen oder schwächen. Hausbauen und Tiertraining beginnen deshalb beide mit einem Plan.

Der Trainingsbaustein „Versteck dich!“ kann in Einsätzen mit verdeckter Ermittlung sehr hilfreich sein.

Sie brauchen ein Fundament

Als wir damals in unserer Kindheit unsere ersten Häuser mit Lego gebaut haben, begannen wir immer mit einer Grundplatte, auf die wir all die Elemente setzen konnten, die wir schon zusammengebaut oder vorbereitet hatten. Unsere Fantasiewelt wurde wahr und wir konnten dank der Grundplatte dreidimensional bauen. Plötzlich war auch für andere Kinder nicht mehr unübersehbar, was wir da geschaffen hatten und sie konnten in einer Rolle, die ihnen gefiel, mitspielen. Sie konnten Polizist, Pilot oder Feuerwehrmann in unserer Legostadt sein. Das Gesamtbild existierte nicht mehr nur in unserem Kopf, sondern wurde auch für andere klar.

Ein starkes Fundament bedeutet auch, dass man die Rollen der anderen, die für den Job nötig sind, kennt und respektiert. Wir verstehen, wie viel Geschick, Zeit, Mühe und Ausdauer nötig waren, um diese Fantasiewelt zu bauen. Ein starkes Fundament entsteht in der Phase des Nachdenkens und Planens – auch im Training. Erst dann können Sie handeln und den eigentlichen Bauprozess beginnen.

Trainingsbausteine zusammensetzen

Hier wurden die Trainingsbausteine „Versteck dich“ und „Lass dich tragen“ zusammengefügt. Überaus praktisch für einen „Undercover-Ermittlungshund“!

Genau wie wir Legosteine zu Häusern, Autos, Flugzeugen oder Flughäfen zusammengesetzt haben, können wir auch komplexe und verlässliche Verhalten bauen, indem wir unsere Trainingsbausteine miteinander verketten. Nicht nur für Diensthunde im Einsatz, auch für den Hundesport und genauso im Alltag ist es sehr hilfreich, ein paar Grundlagenverhalten bis auf ein sehr verlässliches Niveau zu trainieren: Ein solides „Sitz“, „Platz“ und „Hier“ sind nur ein paar Beispiele dafür. Mit diesen drei Trainingsbausteinen können Sie schon eine Menge mit Ihrem Hund unternehmen, wie zum Beispiel ihn zum Einkaufen oder in ein Restaurant mitnehmen. Wenn Sie dann noch ein stabiles „Bei Fuß“ oder etwas formloseres „Folge mir“ hinzufügen, können Sie sich mit Ihrem Hund auch durch ablenkungsreiche Umgebungen bewegen. Wenn Sie ihm „Nimm es“ und „Gib es“ beibringen, kann er Ihnen helfen, wenn Ihnen etwas herunterfällt. Für den professionellen Dienst- oder Polizeihundeeinsatz können wir Richtungsbefehle, Orientierung an Laserhinweisen, Stellen oder Angreifen von Personen, Fährten, Personensuche, Objektsuche, Zielgeruchsuche und vieles mehr hinzufügen und all diese Bausteine später in beliebiger

Reihenfolge zusammensetzen. So können wir uns auch in schwierigen Einsatzanforderungen schnell an die Gegebenheiten anpassen.

Das schwächste Glied der Kette

Stellen Sie sicher, dass alle Bausteine, die später die Glieder der komplexen Verhaltenskette (s. S. 152) darstellen werden, gut trainiert sind. Verhalten muss stark und verlässlich sein, denn wenn auch nur eins der Kettenglieder schwach ist, wird die ganze Kette reißen. Das ist einer der Gründe dafür, warum wir alle Kettenglieder bzw. Bausteine am Anfang separat trainieren. Erst wenn alle Einzelteile gut konditioniert sind, beginnen wir damit, sie zu einer komplexen Serie von Verhalten miteinander zu verbinden.

Theoretische Bausteine

Im modernen Hundetraining gibt es bestimmte Schlüsselworte und Symbole, die immer wieder von Wissenschaftlern, Hundegurus und anderen Tiertrainern verwendet werden. Ich möchte diese hier nicht sämtlich auflisten und auch keine wertende Liste der „guten" oder „schlechten" Begriffe erstellen, sondern Ihnen eine allgemeine Übersicht derjenigen geben, die wir bei uns benutzen, was wir darunter verstehen und warum sie unserer Meinung nach für das moderne Training wichtig sind.

Hier kommt also meine Liste der wichtigsten Trainingsgrundlagen oder -bausteine. Die kursiv geschriebenen Textabschnitte sind wörtliche Zitate von Bob und Marian Bailey, die ja bekanntlich mein Hundetraining sehr maßgeblich beeinflusst haben.

Was ist ein Reiz?

Ein Reiz (Stimulus) ist jede Veränderung in der physikalischen Energie (verschiedenster Art), auf die ein Organismus reagieren kann. Organismen können nicht auf statische Energiezustände reagieren; eine Veränderung ist notwendig. Wenn ein Organismus nicht auf eine gegebene Energieveränderung reagieren kann, stellt diese keinen Reiz (Stimulus) für ihn dar.

Das Tier muss also in der Lage sein, den Reiz wahrnehmen zu können. Ein blinder Hund kann keinen Laserpunkt sehen. Ein tauber Hund kann das Brückensignal nicht hören. Und uns allen ist klar, dass ein Blinklicht attraktiver wirkt als ein statisches Licht. Aber manchmal brauchen wir Menschen raffinierte Geräte, um die Veränderung in der Energie sehen zu können. So sieht zum Beispiel für uns ein Laserpunkt aus wie ein statischer Punkt. Aber wenn man ihn in Nahaufnahme anschaut, sieht man, wie sich viele verschiedene Lichtelemente in diesem Punkt bewegen. Er verändert sich also die ganze Zeit und wirkt damit sehr attraktiv auf unsere Hunde! Wichtig ist also: Stellen Sie sicher, dass das Tier, welches Sie trainieren möchten, den dargebotenen Reiz auch wahrnehmen kann.

Was ist eine Reaktion?

Eine Reaktion ist ein zufällig ausgewählter Ausschnitt einer Verhaltenseinheit. Wenn zum Beispiel „bei Fuß gehen" das gesamte Training im Verhalten wäre, könnte das Positionieren des Hundes auf der rechten Seite des Trainers eine Reaktion in diesem Verhalten sein.

Ein gewöhnlicher Familienhund wird nicht auf Drogengeruch reagieren, aber ein trainierter Drogenspürhund wird einfrieren, bellen, sich hinlegen oder kratzen, wenn er Drogengeruch wahrnimmt. Das gleiche gilt für einen Schutzhund, der einen Verdächtigen stellen wird. Beide Diensthunde werden auch Schussgeräusche ignorieren, die auf die meisten Familienhunde sehr erschreckend wirken würden. Im Training können wir die Reaktion auf einen Reiz verändern oder die Reaktion auf unterschiedliche Reize stärken oder schwächen.

Was ist ein Reflex?

Ein Reflex ist eine Beziehung zwischen einem Reiz und einer Reaktion. Er existiert nicht ohne diese beiden Komponenten. Er ist kein „Ding" an sich, sondern beschreibt einfach nur, was geschieht, wenn ein Reiz auftritt und eine Reaktion folgt – unter bestimmten Bedingungen und mit den gewissen Einschränkungen, die Reflexverhalten von anderem Verhalten unterscheiden.

Das mag ein wenig schwer verständlich sein. Wenn wir das Auge schließen, weil eine Fliege fast hineingeflogen ist, nennen wir das einen Reflex (den Lidschlussreflex). Oder Ihnen läuft das Wasser im Mund zusammen, wenn Sie etwas Leckeres riechen oder schmecken. Wir nennen das Reflexe, aber wenn wir genauer hinschauen, sehen wir, dass es nur Teile von Reflexen sind. Was wir hier beschreiben, ist die Reaktion. Ein echter Reflex ist die Beziehung zwischen Reiz und Reaktion – wie das Zurückziehen Ihrer Hand, wenn Sie eine sehr heiße Oberfläche berühren.

Was ist ein Operant?

Ein Operant ist ebenfalls eine Reiz- (oder besser: eine Reizsituation oder ein Reizkontext)-Reaktions-Beziehung, die zu ihrer Vervollständigung eine weitere, finale Komponente benötigt, nämlich den Umwelteffekt oder die Konsequenz der Reiz-Reaktions-Kombination.

An dieser Stelle verstehen wir, dass nur Reiz-Reaktion alleine nicht die ganze Wahrheit ist. Es steckt etwas mehr dahinter, wie ich schon am ABC des Verhaltens (s. S. 137) erklärt habe. Wir müssen die Antezendenten, das Verhalten (Behavior) und dessen Folgen (Consequences) verstehen. Skinner wählte den Begriff „Operant" deshalb, weil er in der Umgebung „operiert" im Sinne von handelt. In vielen Fällen sehen wir, dass es nicht nur der Reiz ist, der die Reaktion auslöst, sondern es passiert noch mehr. Oft wird sich hier auf die Black Box bezogen: Wenn ein Reiz auftritt, wird die Information in der Black Box (im Denkprozess) verarbeitet und heraus kommt eine Reaktion. Hier wird die Umwelt (der Kontext) das Verhalten bestimmen. Ein Beispiel: Wenn die Ampel (Reiz) grün ist und die Straße vor dem Fahrer frei ist (Kontext / Umwelt), fährt dieser los (Reaktion). Die Reaktion wird durch die Konsequenz des Vorwärtskommens verstärkt (Verstärker). Wenn der Fahrer nicht darauf achtet, ob die Straße wirklich frei ist, kann er einen Unfall verursachen, und wenn er beim Umspringen der Ampel auf Grün zu schnell losfährt, kann er einen Strafzettel für Geschwindigkeitsübertretung kassieren. Sowohl der Unfall als auch der Strafzettel können die Bedeutung des Antezedenten (grüne Ampel) beeinflussen. Die grüne Ampel kann sogar zum „Warnsignal" für einen Unfall oder Strafzettel werden! So funktioniert Konditionierung.

Internes Verhalten

Manche Psychologen klassifizieren noch eine weitere Art von Verhalten, Ereignis oder Aktivität des Nervensystems, die wir als intern, privat oder mental bezeichnen, wie zum Beispiel Denken, Planen, Vorstellen oder Fühlen. Wir selbst nehmen es zwar als selbstverständlich, dass unsere eigenen Vorstellungen, Gedanken und Gefühle real sind, aber es kann sehr schwierig sein, sie anderen Menschen zu beschreiben. Wir können nicht direkt wissen, was jemand anderes denkt oder fühlt. Viele beziehen sich auch auf das Denken, Fühlen, Planen etc. ihrer Hunde. Wir streiten nicht ab, dass Tiere denken, fühlen und sogar planen. Uns fehlt aber gegenwärtig noch die objektive Möglichkeit zur Überprüfung, dass Hunde sich wirklich in diesen Aktivitäten engagieren und in welchen. Letztendlich können Sie nicht wissen, was Ihr Kind, Ehepartner oder bester Freund denkt – wie um alles in der Welt können Sie da etwas anderes als Spekulationen zu den mentalen Aktivitäten Ihres Hundes äußern?

Zu diesem spannenden Thema lernen wir gerade durch Erfindungen wie MRT oder CT mehr. Gregory Berns hat ein spannendes Buch mit dem Titel „Do our dogs love us?" geschrieben, in dem er beschreibt, was er in seinen Studien herausgefunden hat: Die Gehirne von Hunden wurden in einem Magnetresonanztomographen untersucht und erhielten dabei zuvor konditionierte Signale oder bekamen den Geruch ihres Besitzers präsentiert. Die dann folgende Messung der Gehirnaktivitäten ergab sehr interessante Ergebnisse. Dennoch bleibt dieses Thema allgemein eine eher emotional geführte Debatte und eine, in der Hundefreunde, Hundebesitzer und Hundetrainer schnell aneinandergeraten.

An diesem Punkt überschneiden sich mehrere verschiedene Themen. Jedenfalls ist es nicht so einfach, dass man sagen könnte: Auf ein gegebenes Signal folgt immer die gleiche Reaktion. Ein Beispiel: Auf das Wortsignal „Sitz" folgt nicht immer ein perfektes, schnelles Sitz (Reaktion). Manchmal setzt sich der Hund langsamer hin als erwartet. Manchmal bekommen wir ein schlampiges, seitliches Sitz auf nur einer Hüfte. Und manchmal müssen wir das Signal „Sitz" sogar ein- oder zweimal wiederholen.

Wenn wir am Freitagabend ins Kino gehen – was triggert uns da? War es der Werbespot für den Film im Fernsehen? Eine Anzeige in einer Zeitschrift? Ein Trailer in den Social Media? Und ist dieser bestimmte Reiz, der uns dazu bringt, ins Kino zu gehen, immer der gleiche? Unsere Emotionen triggern Handlungen oder beeinflussen unsere Entscheidungen, wie wir mit Situationen umgehen und wie wir handeln.

Wenn wir ein Bild eines Hundes sehen, der uns anspricht, fällt es uns schwer, emotional objektiv zu bleiben. Auch wenn wir Babys anschauen, verändern wir nicht nur unsere Körpersprache, sondern auch unsere Stimme. Wenn ein großer, fremder Hund auf uns zuläuft und uns mit dem Blick fixiert, fühlen wir uns weniger wohl als bei einem kleinen, der sich uns schwanzwedelnd nähert.

Über das, was genau unsere Hunde denken, können wir nur spekulieren.

Dann gibt es natürlich auch noch den Fakt der Vermenschlichung , wenn wir unseren Hunden menschliche Eigenschaften, Gefühle oder Absichten zuschreiben. Auch hier haben wir wieder keine objektive Möglichkeit, zu überprüfen, was unsere Hunde wirklich fühlen, denken oder möchten. Sobald wir ihre Körpersprache und ihre Handlung durch unseren menschlichen emotionalen Filter zu sehen beginnen, ist es schwierig, objektiv zu bleiben. Für Trainer ist genau das aber wichtig!

22

Targettraining

Im Allgemeinen versteht man unter Targettraining, dass das Tier, in dem Fall der Hund, zu einem Target (=Ziel) geschickt wird und dieses mit der Nase berührt. Dieses Berühren führt zu einem Brückensignal und zur Verstärkung, oder der Hund bekommt ein Signal, etwas in der Nähe des Targets zu tun.

Targettraining macht nicht nur Spaß, sondern ist auch eine der Grundlagen in unseren Trainingsplänen. Mit Targets kann man ein bestimmtes Verhalten hervorrufen. Sie können dem Hund signalisieren, dass er etwas berühren, anschauen, platzieren oder aufheben soll (und natürlich viele Verhalten mehr). Targets sind für Hunde so etwas wie die kleinen gelben Haftnotizzettel für uns: Sie führen den Hund an die richtige Position und sagen ihm, was er dort tun soll. Sie verhelfen ihm auch zu mehr Erfolg, denn mit Hilfe von Targets kann er besser verstehen, was wir von ihm möchten.

Der Klassiker im Targettraining:
Der Hund berührt ein Target mit der Nase.

Das Ganze ist ein idealer Weg, um einem Hund beizubringen, zu einem bestimmten Ort oder einem bestimmten Objekt zu gehen. Man kann Hunde mit Hilfe von Targets auch dazu trainieren, einen Hindernisparcours zu absolvieren, denn wenn er erst einmal das Berühren eines Targets kennt, können wir diese Targets an allen möglichen Hindernissen anbringen. Wenn Sie eine Plattform als Start benutzen und dem Hund beibringen, von dort aus zu einem visuellen Target zu laufen, haben Sie eine Trainingsprozedur geschaffen, denn nun können Sie alle möglichen Hindernisse zwischen Start und Target stellen. Für den Hund wird das Training verständlich und erfolgreich: Er soll vom Start auf kürzestem Weg zum Target laufen. Dabei wird er springen, kriechen, Treppen steigen, über einen Steg oder eine Schrägwand laufen, einen Slalom laufen oder was auch immer zwischen Start und Target steht.

Targets müssen nicht unbedingt „Nasentargets" sein. Wir können Hunden leicht beibringen, auf einem Target namens „Plattform" oder „Station" zu stehen. Oder ein Target mit ihren Vorderpfoten zu berühren und dies beispielweise dazu nutzen, dass sie die Schrägwand ganz hinunter laufen anstatt frühzeitig davon abzuspringen. Denn sie haben ja gelernt, dass sie das Target mit den Pfoten berühren müssen, um eine Belohnung zu bekommen. Targets sind sehr mächtig!

In der Spürhundearbeit nutzen wir Line-ups und Geruchsräder als Targets. Deren Position und Behälter fungieren für die Hunde als Targets und sie verstehen schnell, dass es sich lohnt, sie zu untersuchen. In einem dieser „Targets" können sie, so wissen sie, vermutlich den Zielgeruch finden, der zur Belohnung führt. Sowohl beim Geruchsrad als auch im Line-up arbeiten wir mit kleinen Metallbehältern, die entweder nichts, Verleitungsgerüche oder den Zielgeruch enthalten.

Geruchsrad

Line-Up

Von diesen Targets aus können wir schnell zu Suchen außerhalb der Bequemlichkeit eines Geruchsrads oder Line-ups weitergehen. Dazu stellen wir sie zuerst innerhalb des Raums an andere Positionen und verändern die Umgebung.

Auf den Bildern auf der nächsten Seite sehen wir zum Beispiel, dass die Targetbehälter fast ihre Line-up Position verloren haben. Der Abstand zwischen ihnen vergrößert sich und sie werden auch außerhalb des gewohnten Raums aufgestellt, bis sie irgendwann im ganzen Raum versteckt werden – auch außerhalb der Sichtweite. So lernt der Hund in kleinen Schritten das „Schnüffelspiel" und wir können ihn auf den Erfolgsweg bringen. Fehlerfreies Lernen ist etwas Tolles!

Nach und nach werden die Targetbehälter außerhalb der gewohnten Position…

…oder in veränderter Lage aufgestellt.

So richtig vom Nutzen der Targets überzeugt hat mich erst unser Programm zur Ausbildung der funkgelenkten Kamerahunde. Als wir 1996 damit begannen, waren wir absolute Pioniere. Es gab so etwas nicht. Zwar existierte weltweit eine Handvoll Kamerahunde, aber sie konnten nicht mit Richtungskommandos ferngelenkt werden. Es handelte sich einfach um Suchhunde, die ein sperriges Kamerasystem mit sich herumschleppten. Die Versuche der Trainer, sie in irgendeine Richtung zu lenken, beruhten stark auf Zwang: Die Hunde wurden bestraft, wenn sie eine falsche Richtung einschlugen und ebenso bestraft, wenn sie sich nicht mehr zu bewegen wagten.

Für das Training der ferngelenkten Kamerahunde nutzen wir zunächst Targets.

Wir dagegen beschlossen damals, Targets zu benutzen und bei den Hunden die Erwartung von etwas Gutem aufzubauen, das ihnen da draußen begegnen würde. Indem wir den Hunden beibrachten, zu Targets zu laufen und indem wir positive Verstärkung, Brückensignale und schlaue Trainingspläne nutzten, konnten wir ihnen Richtungskommandos beibringen, die wir ihnen über Funk gaben. Unsere Hunde liebten dieses Spiel! Schon bald suchten sie die Umgebung nicht mehr nach einem Kaninchen ab, das sie vielleicht jagen könnten, sondern nach einem Target, zu dem sie hinlaufen könnten – denn sie wussten, dass sie dort einen Verstärker wie einen Futterautomat oder eine Ballwurfmaschine finden konnten oder ein Brückensignal erhalten würden. Es kam auch vor, dass die Verstärkung noch nicht direkt am Target war, sondern zuerst noch ein anderes Richtungskommando kam. Die Hunde verstanden schnell, auf Signal (Stimme über Funk) nach links, rechts oder vorwärts zu gehen, zurückzukommen und vieles mehr.

Mit Hilfe der Targets lernen die Hunde Richtungskommandos schnell. Außerdem bauen sie dadurch hohe Motivation und Erwartung auf: Wo ist mein Target?

Seit unserem ersten Trainingsprogramm für die funkgelenkten Kamerahunde 1996 haben wir viele Spezialeinheiten auf der ganzen Welt trainiert und es wurde oft von vielen Trainern der verschiedensten Disziplinen kopiert. Es war für uns spannend zu sehen, wie immer mehr Trainer die Macht des Arbeitens mit Targets erkannten.

Die Macht des Targettrainings

Targettraining gibt uns die Möglichkeit, sehr viel mit positiver Verstärkung zu arbeiten. Das Target zu erreichen und damit etwas zu tun sind für das Tier und den Trainer sehr klare Kriterien, die zu einer Belohnung führen. Auch der Trainer wird dadurch klarer. Gut konditionierte Targets wirken wie ein Magnet auf die Hunde und wir können sie damit auf den Weg des fehlerfreien Lernens bringen. Ein weiterer großer Vorteil des Targettrainings ist, dass wir leicht in andere Umgebungen wechseln können. Wenn wir auf einer neuen Freifläche oder in einem neuen Gebäude zu arbeiten beginnen und die dem Hund gut bekannten Targets nutzen, generalisiert er sehr schnell. Die Targets geben ihm Vertrauen und tragen auch schnell zur Desensibilisierung gegenüber Umweltreizen bei. Sie sind auch eine tolle Möglichkeit, dass der Hund schnell von einem bereits trainierten Gegenstand zu einem neuen, unbekannten wechseln kann. Früher trainierten wir zum Beispiel wochenlang an einem bestimmten Automodell, an dem der Hund im Einsatz etwas machen sollte. Als dann das Auto aber kein Mercedes mehr, sondern ein VW war, mussten wir mit dem Training wieder von vorn beginnen. Mit Hilfe eines Targets waren wir dann in der Lage, innerhalb nur weniger Wiederholungen schnell von einem Automodell zum nächsten zu wechseln.

Training mit Meeressäugern

Wenn Sie das nächste Mal eine Delfinshow besuchen oder ein anderes Training mit Meeressäugern beobachten können, schauen Sie einmal genauer hin, welche Targets benutzt werden. Es ist interessant zu sehen, wie große Targets an langen Stangen angebracht sind und wie die Trainer damit umgehen, um das Verhalten zu verändern.

Oder Delfine springen hoch aus dem Wasser, um einen Ball zu berühren, der als Target an einem Seil unter der Decke hängt.

Auch die Podeste, an denen sich die Delfine einfinden, sind mit Targets versehen und die Trainer benutzen Handtarget-Signale, um die Delfine in bestimmte Positionen zu dirigieren.

In den Niederlanden haben wir einige berühmte Shows mit Seelöwen. Sie sind sehr unterhaltsam anzuschauen, aber noch interessanter, wenn man sie aus der Perspektive eines Trainers verfolgt. Die Seelöwen spielen ganze Geschichten, legen bestimmte Routen zurück, öffnen und schließen Türen oder Fenster, läuten eine Glocke, heben Sachen auf und interagieren mit den Trainern. Es sind viele „versteckte" Targets vorhanden, um den Tieren Richtungshinweise und Signale zu geben.

Im Delfintraining werden verschiedenste Targets verwendet.

Flugschauen mit Greifvögeln

In Flugschauen mit Greifvögeln werden viele Targets eingesetzt.

Flugschauen mit Greifvögeln sind wirklich spektakulär und ich mag, wie sie aufgebaut sind. Die Vögel sind extrem gut konditioniert, von ihren Startboxen aus zu ihren Stationen zu fliegen. Dort erhalten sie einen Verstärker oder ein weiteres Signal, zur nächsten Station zu fliegen. Diese Stationen bzw. Targets sind auf dem Showgelände versteckt. Das kann zum Beispiel ein in einem Baum aufgehängter Kasten sein, der für die Zuschauer getarnt wurde. Oder bestimmte Holzstücke, auf denen die Vögel landen sollen. Und natürlich der behandschuhte Arm des Falkners oder ein großer Stein in dessen Nähe. Wenn Sie das nächste Mal eine Greifvogelvorführung besuchen, versuchen Sie mal, alle Targets zu zählen, die im Spiel sind!

Stationäre Targets

Diese Targets sind fest und bewegen sich nicht. Sie sind auf dem Gelände platziert und dienen dazu, ein Tier zu „stationieren". Sobald es dorthin geht, findet oder bekommt es dort einen Verstärker oder einen weiteren Hinweis. Das grundsätzliche Ziel ist aber, dass es dort für eine kürzere oder längere Zeit bleibt. Wir benutzen stationäre Targets gern als Startpunkt oder beim Transport. In Delfinshows „warten" Delfine an stationären Targets, während ihre Kollegen andere Shownummern zeigen. Vögel fliegen an stationäre Targets und bleiben dort so lange, bis sie vom Falkner einen Hinweis zum Zurückkommen erhalten. Bei Hunden sind stationäre Targets praktisch, um ihnen zu vermitteln, dass sie dort bleiben sollen, solange ihr Halter mit etwas anderem beschäftigt ist und ihnen gerade keine Aufmerksamkeit schenken kann. In diesem Fall ist ein stationäres Target wie eine Plattform ideal.

Der Hund wird auf der Plattform platziert und bekommt dort das vorher festgelegte immer gleiche Signal, z. B. „Sitz" oder „Platz". So weiß er, was er dort tun soll, nämlich für eine (längere) Zeit dort bleiben. Die Kriterien auf der Plattform sind damit für ihn sehr klar. Der Hundeführer kann sich derzeit um den Aufbau der Trainingsrequisiten kümmern oder anderen beim

Trainieren zuschauen, während der Hund in der Nähe wartet. So ist er weiter ins Geschehen eingebunden – aus unserer Sicht besser, als dass er ausgeschlossen und allein in einer Box oder im Polizeiauto wartet!

Die Plattform dient Charlie als stationäres Target und Startpunkt. Dort wartet er, während ich ein Line-up mit Geruchsproben vorbereite.

Dynamische Targets

Dynamische Targets bewegen sich! Sie können Position, Höhe, Raum oder Umgebung wechseln. Das kann ein Target sein oder eine Person, der der Hund folgen soll. Laser sind sehr dynamische Targets. Man kann mit ihnen zum Beispiel einen Sprengstoffspürhund zum Absuchen eines Autos schicken oder von einem Auto zum nächsten. Wir haben auch Polizeihunde dazu trainiert, eine Person anzugreifen, die wir mit einem Laserpunkt auf der Brust kennzeichnen.

In Flugschauen folgen die Vögel zum Beispiel der Person mit der roten Mütze. Man kann zum Beispiel auch einen großen Greifvogel dazu trainieren, eine Drohne aus der Luft zu fangen, um damit zu verhindern, dass unerlaubt gefilmt wird oder irgendwo Sprengstoff eingeschleust wird.

Als wir damit begannen, mit unseren Kamerahunden Richtungshinweise zu trainieren, arbeiteten wir mit kleinen Fähnchen als Targets, die wir bewegten, um die Aufmerksamkeit der Hunde zu bekommen. Dynamische Targets sind sehr hilfreich dabei, das Interesse der Tiere zu behalten.

Welche Targets?

Achten Sie darauf, möglichst einfache Targets zu benutzen, die Sie schnell ersetzen können und die Sie überall beschaffen können. Wir zum Beispiel sind mit unserer Arbeit weltweit unterwegs und für uns ist es wichtig, dass wir, egal in welches Land wir reisen, immer die gleichen Targets benutzen und vor Ort besorgen können – oder zumindest das gleiche Material, um daraus unsere eigenen Targets zu bauen. Konstruieren Sie Ihre Targets so, dass die Kriterien nicht nur für den Hund, sondern auch für den Trainer sehr klar sind.

Bei einem Target wie auf dem Foto unten kann die Aufgabe „Target berühren“ sowohl für den Hund als auch für den Trainer schwierig sein: Die meisten Trainer finden damit das exakte Timing nicht und geben ihr Brückensignal entweder zu früh oder zu spät. Verstärkt der Trainer zu früh, wird der Hund kurz vor dem Target

Ein scheibenförmiges Target wie dieses ist anspruchsvoll im Training, weil es das richtige Timing erschwert.

stoppen und es nicht berühren; verstärkt er zu spät, wird der Hund zu viel oder zu stark dagegen drücken.

Mit einer anderen Art von Target wird das Training sehr viel klarer für Hund und Trainer, denn jetzt ist das Kriterium „Nase im Target“ der Moment, wenn das Brückensignal / der Marker kommt. Auf dem Foto unten sehen wir außerdem einen Futterautomat neben dem Target, sodass das Zielverhalten „Nase in Target“ sehr schnell durch Brückensignal und Futter neben dem Target verstärkt werden kann.

Ein Target, in das der Hund seine Nase hineinstecken muss, macht die Kriterien für den Verstärker viel klarer.

Targets gehen in Reizbilder über

Das Target auf dem Türschloss wird immer kleiner, bis es ganz verschwunden ist. Die Belohnung kommt aus dem Futterautomat (links).

In Meeressäuger-Shows, Flugschauen mit Greifvögeln und vielen anderen Trainingsprogrammen können Targets die ganze Zeit über benutzt werden und es besteht keine Notwendigkeit, sie irgendwann auszuschleichen. Zu Beginn des Trainings sind die Targets groß und in der Umgebung gut zu erkennen, zu riechen oder zu hören. Mit fortschreitendem Training kommen Ablenkungen dazu: andere Tiere, Maschinen, Geräusche oder Menschen kommen ins Spiel, während das gleiche große Target weiterhin da ist. Er dient dem Hund als Fokus, gibt ihm Vertrauen und „sagt" ihm, was zu tun ist.

Sobald der Hund auch in ablenkungsreicher Umgebung zuverlässig arbeitet, können die Targets kleiner werden. Jetzt wird zum Beispiel die Show so aufgebaut, dass die Zuschauer die Targets fast nicht mehr sehen können. Dann sieht es für sie wie Magie aus, denn sie erkennen die winzigen Signale der Trainer oder die kleinen, versteckten Targets nicht. Solange Sie mit Targets arbeiten können, auch wenn sie noch so klein sind: Nutzen Sie sie! Wir arbeiten sehr gerne damit, weil sie den Tieren so viel Information und Sicherheit vermitteln.

In echten Einsätzen können wir natürlich nicht mit Targets arbeiten – schließlich können wir nicht vorher an den Einsatzort gehen und sie dort platzieren. Stellen Sie sich vor, ein Soldat oder Mitglied eines Sondereinsatzkommandos müsste sich zuerst in eine gefährliche Situation begeben, um Targets auszubringen, weil der Hund sonst nicht wüsste, was er zu tun hätte und nicht arbeiten würde. Aus diesem Grund schleichen wir bei uns die Targets sehr schnell wieder aus. Sobald unsere Hunde zuverlässig zu arbeiten beginnen, schneiden wir sie einfach mit der Schere immer kleiner und kleiner. Wenn Sie bis dahin richtig konditioniert haben, werden diese Targets irgendwann komplett verschwinden können und von „Reizbildern" ersetzt werden. Für unsere ferngelenkten Kamerahunde ist zum Beispiel ein Türschloss ein solches Reizbild. Türschlösser gibt es überall, innen und außen und in sämtlichen Ländern. Wenn wir zu Beginn des Trainings ein deutlich sichtbares Target auf ein Türschloss platziert haben und es nach und nach immer kleiner gemacht haben, haben wir ein starkes Reizbild (Türschloss) für unseren Einsatzzweck geschaffen.

Auch die Richtungskommandos, die unsere Kamerahunde lernen, damit wir sie später zuverlässig über Funk „fernsteuern" können, erarbeiten wir gern mit Hilfe von Targets, indem wir viele Targets auf kleinem Raum aufstellen und die Hunde gezielt schicken: 90 Grad rechts, 90 Grad links, geradeaus und so weiter. Der Hund kann sich nicht so einfach ein Target aussuchen oder den nächstbesten ansteuern, den er sieht.

Extremes Targettraining mit vielen Targets und unterschiedlichen Richtungsanweisungen ist einer der Bausteine für unser 1996 entwickeltes Ausbildungsprogramm der funkferngelenkten Kamerahunde – die Richtungskommandos werden so gut gefestigt.

23

Das Arbeiten mit Trainingsplänen

Im Training geht es um das Erlernen neuer Fähigkeiten und Kompetenzen und diese flüssig abrufbar zu machen, bis sie ohne Nachzudenken auf höchstem Niveau ausgeführt werden: Schnelles, flüssiges, verlässliches und starkes Verhalten ist, was wir erreichen möchten. Oft ist es aber der Fall, dass Trainer sich von ihrem guten Gefühl leiten lassen und die Übungen so aufbauen, dass sie leicht Ergebnisse erzielen. Natürlich ist es gut, dem Hund den Erfolg möglichst leicht zu machen. Aber wenn man mehr lernen und erreichen möchte, wenn man sich selbst und den Hund auf die Probe stellen und weiter wachsen möchte, dann muss man aus seiner Komfortzone herauskommen.

Wenn man mehr lernen und erreichen möchte, wenn man sich selbst und den Hund auf die Probe stellen und weiter wachsen möchte, dann muss man aus seiner Komfortzone herauskommen.

Warum Trainingspläne?

Als wir in unserem Projekt 1996 mit Lasern als Targets zu arbeiten begannen, hatten wir noch keine Trainingspläne. Wir taten einfach das, was uns richtig erschien. Die ganze Welt des Tiertrainings um uns herum war ziemlich stark von diesem Zufallsprinzip geprägt: Man probierte einfach etwas aus, ohne wissenschaftlichen Hintergrund, ohne Daten und ohne Überprüfung.

Erst als Bob und Marian uns klar machten, dass das Sammeln von Daten uns beim Erstellen von Trainingsplänen helfen würde, begannen wir damit. Jetzt wurde unsere Trainingswelt deterministisch, das heißt, wir begannen alles einem Faktencheck zu unterziehen.

War das, was wir machten, effektiv? Hatten wir damit wirklich schnell genug eine Verhaltensänderung bewirkt? Wie in der wissenschaftlichen Arbeit begannen wir, alles aufzuzeichnen. Und die Vorteile waren enorm!

Damals kostete uns eine Lasereinheit noch 25.000 US-Dollar und wir bauten unsere selbst aus Einzelbauteilen zusammen. Wir brauchten sechs bis acht Monate, um unseren Hunden zu vermitteln, dass sie vom Startpunkt aus 200 Meter weit zum Laserpunkt laufen sollten, um dort eine Aufgabe zu erledigen. Aber als wir begannen, Daten zu sammeln und zu analysieren, konnten wir Pläne schreiben – und damit Trainingszeit sparen. Wir wurden effizienter und konnten mehr Hunde trainieren. Letztendlich schafften wir es, einen Plan aufzustellen, mit dem wir die „Lasersteuerung" in nur drei Wochen trainieren konnten!

Plan oder Fortschrittsprotokoll?

Heutzutage sieht man öfter sogenannte Fortschrittsprotokolle oder andere einfache, kurze Trainingspläne. Gut zu sehen, dass die Welt des Hundetrainings sich verändert! Die Tatsache, dass Trainer mehr und mehr nach echten Plänen zu arbeiten beginnen, ist toll. Und selbst ein kleiner und einfacher Plan ist besser, als einfach irgendwie drauflos zu trainieren. Unser Verstand neigt nämlich dazu, die schwächeren Momente oder schlechteren Trainingsergebnisse gern zu vergessen. Ein Plan stellt sicher, dass Sie kleine Schritte machen, um das Endziel zu erreichen. Unsere Trainingspläne sind deshalb viel mehr als reine Fortschrittsprotokolle: Wir möchten darin klare Instruktionen und sehr klare Kriterien für Hund und Trainer haben. Sie dürfen keinen Raum für Mutmaßungen oder Fehler lassen – auch die kleinsten Details sind wichtig.

Was ist ein Trainingsplan?

Ein Trainingsplan gibt ein festes Vorgehen vor. Wir haben die unsrigen nach vielen Versuchen, Änderungen und Irrtümern entworfen. Erst wenn wir denken, dass diese oder jene Vorgehensweise die beste ist, um ein bestimmtes Verhalten zu trainieren, schreiben wir den Trainingsplan. Darin planen wir nicht nur ein oder mehrere Verhalten, sondern auch Ablenkungen und Faktoren wie in unserem Fall Schussgeräusche, Helikopter oder Detonationen. Es geht also um den ganzen „Einsatz".

Wir schreiben einen Plan und befolgen ihn! Was bedeutet, dass wir viele Sitzungen und Versuche haben. Wir evaluieren die Ergebnisse. Die Endergebnisse einer Sitzung und der Durchgänge fließen ins Protokoll ein und wir verwenden es wieder, wenn wir in Zukunft trainieren. Es geht also nicht nur darum, ein Protokoll zu schreiben, nachdem wir mit einer Trainingseinheit fertig sind. Wir denken nach und planen vor – und all das fließt ins Protokoll bzw. den Plan, an den wir uns dann halten.

Ein Trainingsplan ist das Ergebnis einer Datensammlung. Diese geschieht als Ergebnis von Trainingssitzungen mit sorgfältig geplanten Durchgängen. Wir planen viele Sitzungen mit vielen Durchgängen. Wenn wir dann die Daten analysieren, entwickeln wir daraus ein Protokoll, das die Vorgehensweise im künftigen Training beschreibt.

Unten finden Sie ein Beispiel für ein Protokoll zu einer Trainingseinheit „Sitz". In diesem Fall handelt es sich um „Sitz" für einen bereits stärker fortgeschrittenen Hund, nicht für die ersten Anfänge. Unser gesamtes „Sitz"-Training besteht aus 25 Trainingseinheiten, die je 10 Durchgänge haben. Erst, wenn der Hund in mindestens 8 von 10 Durchgängen erfolgreich war, gehen wir zu nächsten Einheit weiter. Diese Beispiel-Trainingseinheit unten stammt etwa aus der Mitte des Trainings. Sie sehen, dass wir darin bereits einiges an Variation eingebaut haben. Für jeden Durchgang wird vorab eine andere Distanz von Hund zu Trainer festgelegt. Auch die Dauer, wie lange der Hund sitzen soll, wird vorab unterschiedlich geplant. Der Trainer gibt dem Hund das Signal für „Sitz", lässt die Leine fallen und geht die im Plan angegebene Distanz

Nach diesem Vorbild können Sie Ihren eigenen Plan erstellen!

Durch-gang	Abstand Hund – Trainer	„SITZ" Sekunden	Brücken-signal	Neustart	Anmerkungen
01	10 Meter	30	X		
02	25 Meter	10		X	
03	50 Meter	40	X		
04	15 Meter	15	X		
05	30 Meter	60		X	Katze
06	80 Meter	05	X		
07	50 Meter	30	X		
08	40 Meter	20	X		
09	50 Meter	90	X		
10	20 Meter	30		X	Rennendes Kind
			70 %	30 %	

Marieke und Ygor in Durchgang Nr. 4 des obigen Trainingsplans für „Sitz".

vom Hund weg. Dort angekommen, bleibt er stehen und schaut den Hund für die im Protokoll vorgesehen Dauer an. Danach gibt er das Brückensignal und der Hund darf zu ihm laufen, um sich seine Belohnung abzuholen.

Verlassen Sie Ihre Komfortzone

Das Arbeiten mit Trainingsplänen und -protokollen wird Ihnen dabei helfen, aus Ihrer Komfortzone herauszukommen und zu wachsen. Nicht nur als Trainer, sondern als Kombination – denn die Pläne und Protokolle nehmen Hund und Mensch ins Visier! Der Prozess des Trainings besteht aus dem Treffen von Entscheidungen, und genau an diesem Punkt können die Pläne und Protokolle Ihnen helfen. Sie sagen Ihnen, wann Sie zum nächsten Schritt weitergehen können und führen Sie auf ein höheres Niveau des Trainings. Sie werden Ziele erreichen, von denen Sie bisher nur geträumt haben!

Lebende Dokumente

Trainingspläne sind lebende Dokumente. Immer, wenn wir im Trainingsprozess etwas besser verstanden haben, fügen wir das unserem Plan hinzu, der dadurch besser, effektiver und effizienter wird. Ich hatte eben schon das Beispiel unseres eigenen Lasertrainings erwähnt: dadurch, dass wir strukturierte Pläne zu machen begannen, Daten sammelten und unsere Erfahrungen einfließen ließen, konnten wir unsere Trainingszeit auf drei Wochen verringern. Mit Plänen wird Ihr Training besser!

Pläne helfen Ihnen, Entscheidungen zu treffen

Trainingspläne sind wie ein Handbuch zum Trainieren bestimmter Verhalten. Sie helfen Ihnen, Entscheidungen zu treffen, die nötigen Schritte zu beschreiben, die Sie machen müssen und das Ergebnis Ihres Trainings vorherzusagen. Die Kriterien wie Entfernungen, Ausrüstungsgegenstände, Körpersprache, Position, Umgebung, Ablenkungen, Verstärker, Anzahl der Wiederholungen und so weiter werden beschrieben. Trainingspläne müssen so klar sein, dass jeder sie lesen und verstehen kann, auch dann, wenn er überhaupt keine Erfahrung im Tiertraining hat. Noch klarer können sie werden, wenn wir ihnen auch noch Fotos, Zeichnungen oder sogar Videoclips hinzufügen, um genau zu erklären, was wir erreichen möchten.

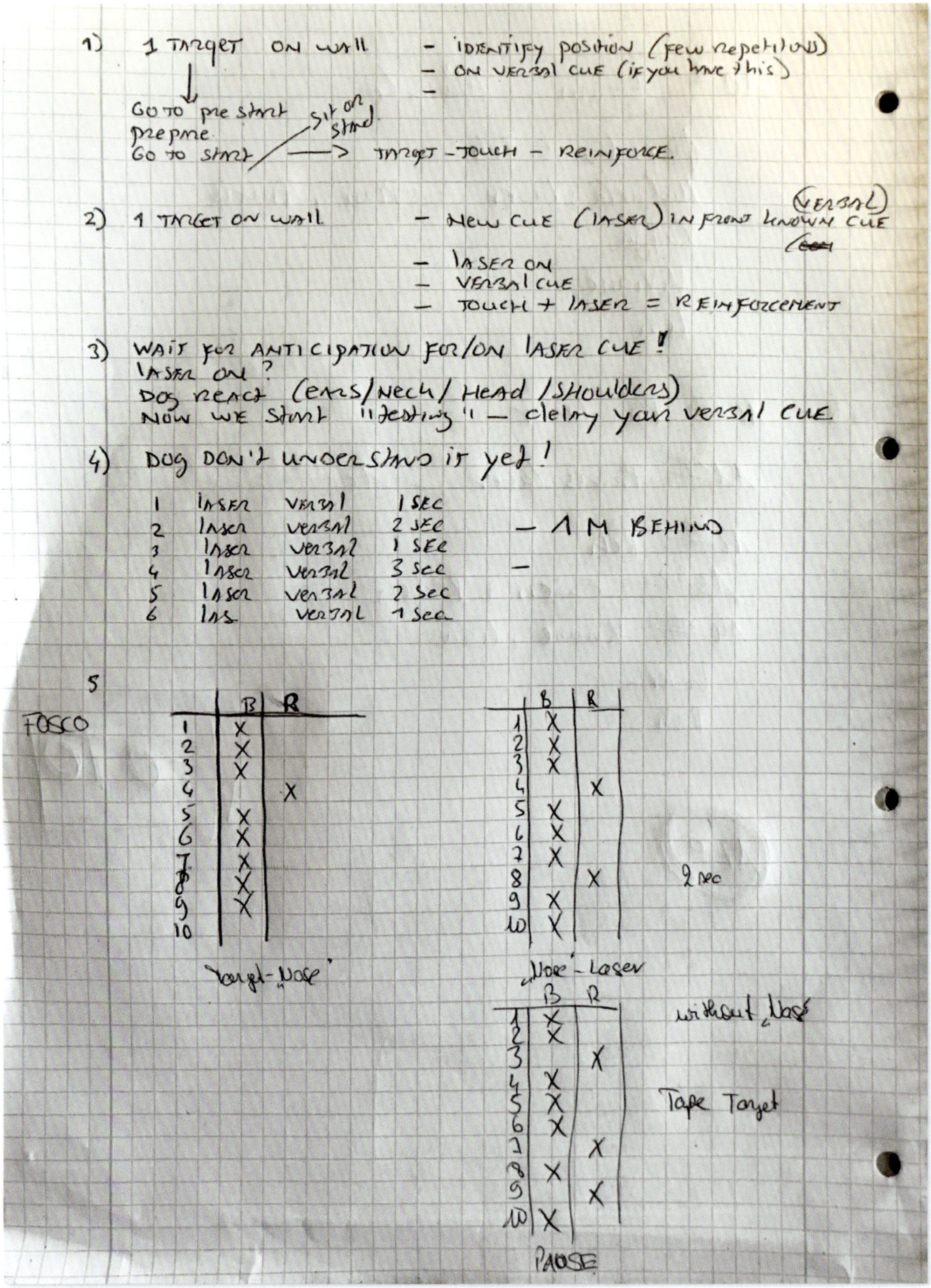

1) 1 TARGET ON WALL – IDENTIFY POSITION (FEW REPETITIONS)
– ON VERBAL CUE (IF YOU HAVE THIS)
–
GO TO pre start
prepare
GO TO START – sit or stand –> TARGET – TOUCH – REINFORCE.

2) 1 TARGET ON WALL – NEW CUE (LASER) IN FRONT KNOWN CUE (VERBAL)
– LASER ON
– VERBAL CUE
– TOUCH + LASER = REINFORCEMENT

3) WAIT FOR ANTICIPATION FOR/ON LASER CUE!
LASER ON?
DOG REACT (EARS/NECK/ HEAD /SHOULDERS)
NOW WE START "testing" – delay your verbal CUE.

4) DOG DON'T UNDERSTAND IT yet!

1	LASER	VERBAL	1 SEC	
2	LASER	VERBAL	2 SEC	– 1 M BEHIND
3	LASER	VERBAL	1 SEC	
4	LASER	VERBAL	3 SEC	–
5	LASER	VERBAL	2 SEC	
6	LAS	VERBAL	1 SEC	

5

FOSCO

	B	R
1	X	
2	X	
3	X	
4		X
5	X	
6	X	
7	X	
8	X	
9	X	
10		

"Target-Nose"

	B	R
1	X	
2	X	
3	X	
4		X
5	X	
6	X	
7	X	
8		X
9	X	
10	X	

2 sec

"Nose" - Laser

	B	R
1	X	
2	X	
3		X
4	X	
5	X	
6	X	
7		X
8	X	
9		X
10	X	

without "Nose"

Tape Target

PAUSE

Ein Beispiel für ein Trainingsprotokoll mit Datensammlung

24

Elemente eines Trainingsplans

Einen Trainingsplan aufzustellen ist wie Hausbauen: Es gibt eine Reihe von Grundelementen, die Sie in jedem Haus, egal ob groß oder klein, finden werden, wie zum Beispiel Fundament, Wasserleitungen, Elektroinstallationen, Türen und Fenster, Dach, Wände, Wohnzimmer, Küche, Schlafraum und so weiter. Auch in unseren Trainingsplänen gibt es Grundelemente. Ihnen haben wir zu verdanken, dass wir schnell neue Verhalten aufbauen können, die wir gerade für unsere Zwecke benötigen und dass wir uns so schnell an veränderte Umstände anpassen können.

Bedenken Sie, dass Ihr Hund kein Computer ist, bei dem Sie die Festplatte austauschen und das Betriebssystem ändern können. Wenn Ihr Hund einmal neue Fähigkeiten, neue Gerüche oder neue Signale gelernt hat, ist es schwierig, diese Information wieder zu löschen. Sie bekommen immer, was Sie verstärken – also verstärken Sie nur, was Sie haben möchten! Seien Sie clever in dem, was Sie lehren, in welcher Reihenfolge und wie Sie es aufrechterhalten.

Wissen und Fähigkeiten des Trainers

Bevor wir mit dem Training beginnen, müssen wir uns sicher sein, dass wir uns auf dem richtigen Eingangsniveau befinden. Hier wird erfahrungsgemäß immer dem Hund und was er schon kann am meisten Aufmerksamkeit geschenkt, dabei ist das Eingangsniveau des Trainers genauso wichtig (für den Fall, dass Sie nicht mit Ihrem eigenen Hund arbeiten, sondern ein Hund-Mensch-Team coachen). Wir hatten bei uns schon Trainer, die uns erklärt hatten, sie wüssten natürlich, wie man mit einem Clicker umgeht – nur hatten sie leider keine Ahnung, wie und warum man ein Brückensignal benutzt. Oder wir lernten Trainer kennen, die ausschließlich mit dem Werfen eines Tennisballs verstärken wollten, weil irgendjemand sie davon überzeugt hatte, dass dies die beste Belohnung für alle Hunde sei.

Der Schlüssel zum Erfolg ist, Ihren Trainingsplan mit einem guten Hund und einem guten Trainer starten zu lassen. Testen Sie nicht nur den Hund, sondern auch den Trainer, sein Wissen, seinen Lernwillen und seine handwerklichen Fähigkeiten. Hat er die nötige Hand-Augen-Koordination? Kann er das, was in seinem Kopf ist, in seine Hände übersetzen? Kann und will er Ihren Anweisungen folgen? Besitzt er genügend Selbstreflektion? Und vor allem: ist er willens, sich coachen zu lassen?

Klare Ziele

Es ist wichtig zu wissen, was Ihr Ziel ist. Es reicht nicht, zu sagen, dass Sie einen Mantrailer, einen Spürhund oder einen Schutzhund ausbilden möchten. Seien Sie spezifisch. Was genau möchten Sie erreichen? Einen Mantrailer, der nachts und in einem Umfeld ohne Ablenkungen einen Trail auf einer festen Oberfläche verfolgen kann? Oder am Tag in einem Dorf? Und was können wir von diesem Hund im Zentrum einer großen Stadt erwarten? Einen Spürhund, der zehn verschiedene Gerüche identifizieren kann? Unter welcher Art von Umständen und was ist die Minimalzahl? Schreiben Sie diese Ziele so auf, dass jeder sie verstehen kann. Selbst wenn jemand keine Ahnung davon hat, was ein Hund leisten kann oder wie er arbeitet, muss er die Zielformulierung verstehen können und wissen, was er zu erwarten hat. Das ist zum Beispiel dann äußerst wichtig, wenn man den Befehlshaber einer Einheit, einen Manager, ein Ärzteteam oder wer auch immer die Kosten des Ganzen trägt, überzeugen muss. Schreiben Sie auch auf, wie Sie überprüfen werden, ob diese Ziele erreicht wurden. Händigen Sie die Trainingsdaten aus? Wird es einen Geruchserkennungstest geben?

Klare Zielformulierungen sind wichtig.

Kriterien

Man kann es nicht oft genug betonen: Alles dreht sich um Kriterien! Ziele sind aus Kriterien aufgebaut. Kriterien sind die Parameter, anhand derer wir unsere Hunde trainieren und ihre Arbeit überprüfen. Die Schritte innerhalb der Kriterien geben uns die zu verfolgende Richtung vor und liefern uns die Information, ob wir ab einem bestimmten Punkt weitermachen können oder länger in dieser Phase trainieren müssen. Diese Kriterien müssen scharf, klar und konsistent sein. Eine zehn Minuten alte Spur auf Asphalt in der Stadt ist nicht das Gleiche wie eine 800 Meter lange Fährte im Wald. Einen Spürhund, der eine Mindestmenge von 5 g Kokain finden soll, kann man nicht mit 50 g Kokain trainieren. Ein zwei Minuten langes Sitz ist etwas anderes als ein zehn Sekunden langes Sitz. Ein Polizeihund, der nur auf schreiende Figuranten im Schutzanzug trainiert wurde, wird keinen Kriminellen in Zivil angreifen.

Unsere Trainingspläne für „Sitz“ bestehen zum Beispiel aus 26 Sitzungen / Einheiten mit jeweils vielen Durchgängen. Einheit 01 beginnt mit sehr einfachen Kriterien, dann wird es immer schwieriger. Muss der Hund am Anfang nur damit zurechtkommen, dass sein Trainer fünf Meter weit entfernt steht, ist dieser in Einheit 24 fünfzig Meter weit entfernt und fünf Minuten lang außer Sicht. Kriterien bauen Erwartung und verlässliches Verhalten auf. Wichtig in den Kriterien ist, dass die Instruktionen klar und nicht zu viel sind. Aus diesem Grund arbeiten wir immer mit kleinen Schritten und bauen nur Kriterien ein, die wir mit maximal fünf Worten beschreiben können. Wenn die Kriterien mehr als fünf Worte Erklärung benötigen, ist der Schritt zu groß. Die Instruktionen sind einfach wie „Hund sitzt auf Plattform", „Hund berührt Target mit Nase," „Nase 5 Sekunden am Target", „Targetberührung auf Signal" etc.

Sitzungen und Durchgänge

Ich erwähnte eben den Trainingsplan für „Sitz" mit 26 Einheiten / Sitzungen. Schauen wir uns das noch einmal näher an: Eine dieser Einheiten wird in einer geschlossenen Umgebung ohne Ablenkungen stattfinden. Eine weitere könnte vor dem Eingang eines belebten Supermarkts mit vielen Ablenkungen sein. Oder auf einem Feld, auf dem es viele Kaninchen gibt.

Jede Einheit hat eine bestimmte Anzahl von Durchgängen, bei uns im Schnitt zehn. Sie dienen uns am Ende dazu, die Effektivität der Einheit anhand einer Prozentzahl zu messen. Hatte ein Hund in 80 %, also acht von zehn Durchgängen Erfolg, bewerten wir die Einheit als effektiv. Haben wir zwei positive Einheiten mit je 10 Durchgängen hintereinander absolviert, hat der Hund also in beiden 80 % oder mehr erreicht, gehen wir zur nächsten Einheit weiter. So wissen wir sicher, dass der Hund mindestens 16 gute Durchläufe in zwei Einheiten hatte, bevor wir im Training weitergehen. Wir sind dann zufrieden, dass dieser Teil des Verhaltens gut konditioniert ist. Erst dann geht es weiter: Nun können Dauer, Distanz, Gewicht etc. gesteigert werden oder mehr Ablenkungen vorhanden sein.

Wenn wir unsere Trainingspläne immer mit einer Sequenz verschiedener Übungseinheiten, Durchgängen und 2 x 80 % aufbauen, können wir Daten sammeln und analysieren und den Fortschritt messen. Sind Sie immer noch im Zeitplan oder müssen Sie den Plan verändern? Denken Sie daran, Trainingspläne sind nicht in Stein gemeißelt, sondern veränderbar!

Verstärkung

Positive Verstärkung ist sehr mächtig – nicht nur für die Tiere, sondern auch für den Trainer. Über die verschiedenen Verstärkungspläne haben wir bereits gesprochen und erklärt, warum positive Verstärkung nicht nur von Vorteil für das Training, sondern auch für die Beziehung ist. Vergessen Sie nicht, auch den Trainer zu belohnen! Manche unserer Ausbildungsprogramme ziehen sich über Monate. Wenn die Trainer dann nur am Ende eine Verstärkung erhalten, kann die Durststrecke ganz schön lang sein. Daher machen wir gerne „Zwischenprüfungen" bzw. Evaluierungstests. Unserer Erfahrung nach zeigen die Trainer gern die Ergebnisse ihrer Arbeit vor! Auch ist dies eine gute Gelegenheit für Feedback und hilft, die Konzentration auf das Ziel zu behalten. Und es ist der perfekte Moment, um Verstärkung zu geben und zu bekommen.

Grenzen

Wie wir bereits gesagt haben, spielen im Training auch Grenzen eine Rolle. Wenn sie überschritten werden, gibt es Konsequenzen. Innerhalb dieser Grenzen dagegen gibt es viel Autonomie für Hund und Trainer. Um das klarzumachen, brauchen wir wieder Kriterien, damit jeder weiß, worin seine Autonomie besteht. So kann eine sichere Lernumgebung geschaffen werden – ein Ort, an dem Hund und Trainer auch Fehler machen dürfen, um daraus lernen zu können. Ein Ort, an dem die Trainer sich nicht scheuen, nach Hilfe zu fragen. Innerhalb dieser Grenzen gibt es auch keinen Raum für Frustration oder Aggression. Wir können uns gegenseitig dafür in die Verantwortung nehmen, was wir tun – hier sind wir beim Stichwort Arbeitsethik und Arbeitseinstellung. Auch hier werden unsere Trainingspläne und wie wir miteinander kommunizieren wieder sehr wichtig.

Beginnen Sie mit klarer Kommunikation

Fangen Sie damit an, ein verlässliches Kommunikationssystem zu bauen und denken Sie dabei an das „Kluger-Hans-Prinzip". Natürlich werden wir im Training neben unserer Stimme und unseren Brückensignalen auch unsere Körpersprache benutzen. Aber wenn Ihr Endziel zum Beispiel ist, dass der Hund außer Sichtweite des Hundeführers agieren soll, dann bauen Sie in Ihr Training ein, dass Körpersprache nicht gebraucht wird. Wir werden unserem Hund eine Reihe verschiedener Kommandos / Signale beibringen, verschiedene Brückensignale wie einen Clicker, Pfeifen und ein Markerwort konditionieren. Für uns ist es wichtig, dass wir die Körpersprache unseres Hundes lernen. Wann fühlt er sich ok, glücklich oder traurig? Was genau sehen wir, wenn er Zielgeruch gefunden hat? Wie reagiert er, wenn er die Spur gefunden oder verloren hat? Wann ist er nervös, ängstlich oder aggressiv? Welches sind seine Trigger, die ihn von einem Gemütszustand in einen anderen wechseln lassen? Wie können Sie sehen, ob Ihr Hund etwas bemerkt hat, das Sie selbst nicht wahrnehmen können, wie etwa einen spezifischen Geruch, einen sehr hohen Ton etc.? Eine klare Kommunikation wird nicht nur durch Training erreicht – das wird klar, wenn Sie viel Zeit miteinander verbringen. Gehen Sie zusammen stundenlang wandern oder in den Wald, lesen Sie stundenlang ein Buch und beobachten Sie, wie Ihr Hund auf Geräusche, Gerüche, Bewegungen und andere Ablenkungen reagiert. Seien Sie zusammen, unternehmen Sie etwas zusammen, entdecken Sie etwas zusammen!

Beginnen Sie ohne Ablenkungen

Wir beginnen unser Training in einer Umgebung ohne Ablenkungen. Wir möchten positive Erwartung und Vertrauen aufbauen und unserem Hund klarmachen, dass wir der oder die Größte für ihn überhaupt sind! Egal, was passiert, wird immer durch uns ausgelöst. Belohnungen kommen von uns. Spiele werden von uns initiiert. Hilfe kommt von uns. In einer Umgebung ohne Ablenkungen lernt der Hund sehr schnell, immer ein Auge auf uns zu behalten, denn wir sind es, von dem spannende Dinge ausgehen! Aus diesem Grund beginnen wir gern in einem ganz leeren, langweiligen Raum. Keine anderen Menschen, Tiere oder sogar Möbel. Nur der Hund und wir.

Kontrollieren Sie die Umgebung

Wenn wir in einer geschlossenen Umgebung ohne Ablenkungen mit der Arbeit beginnen, sind wir sicher, unsere Umwelt unter Kontrolle zu haben. Draußen ist das nicht möglich. Dort kann ein Vogel vorbeifliegen, ein Kaninchen übers Feld rennen oder eine Katze sich unserem Trainingsplatz nähern und unseren Hund ablenken. Wenn wir Spürhunde trainieren, können wir drinnen außerdem die Luftzirkulation und die Temperatur kontrollieren und sind sicher, dass es nicht regnen wird. So können wir unseren Hunden den Erfolg leichter machen!

Nach ausreichend vielen Wiederholungen, wenn wir starke Verhalten aufgebaut haben, eine gewisse Geläufigkeit erreicht haben und das Gesetz der Übereinstimmung (s. S. 247) ins Spiel kommt, führen wir langsam auch Ablenkungen ein und gehen dann langsam in größere, aber immer noch abgeschlossene Umgebungen, bis wir schließlich auch draußen in einer Welt voller Ablenkungen arbeiten können. Unsere Daten sagen uns, wann es soweit ist, die Umgebung zu wechseln.

Arbeiten Sie zuerst in einer geschlossenen Umgebung ohne Ablenkungen.

Welches Brückensignal wählen Sie?

Der Einsatz eines Brückensignal ist in unserer Art des Trainings grundlegend. Wir benutzen verschiedene. Allgemein gesagt, bedeutet ein Brückensignal: „Gut gemacht, Belohnung kommt jetzt.“ Für unsere Hunde bedeutet eine Pfeife. „Komm zurück zum Trainer, um deine Belohnung zu bekommen“, während der Clicker ihnen sagt „Der Trainer kommt zu dir und bringt dir eine Belohnung“.

Womit auch immer Sie arbeiten: Stellen Sie sicher, dass Sie das Brückensignal auch im Endziel Ihrer Arbeit noch verwenden können: Wenn Sie zum Beispiel in verdeckten Ermittlungen arbeiten, können Sie keine laute Pfeife benutzen, weil sich sonst jeder nach Ihnen umdreht. Wir nutzen in diesen Fällen Hochfrequenzpfeifen, die nur der Hund hören kann. Und wenn der Hund in sehr großer Entfernung zu Ihnen arbeitet, nutzt Ihnen ein Clicker nichts, weil der Hund ihn einfach nicht hört.

Konditionieren Sie neben Clicker, Pfeifen, Ultraschall, Funk, Berührung oder was auch immer Sie als Brückensignal nutzen unbedingt auch ein Brücken- oder Markerwort. Uns hat dies schon oft in Einsätzen gerettet, wenn wir unser übliches Brückensignal aus irgendeinem Grund nicht nutzen konnten oder das Gerät kaputt oder verloren gegangen war. Welches Brückensignal auch immer Sie bevorzugen: Stellen Sie sicher, dass Ihr Hund es wahrnehmen kann und dass es in der Umgebung, in der Sie später arbeiten werden, klar genug erkennbar ist.

Kleine Schritte

Wir müssen Verhalten in kleine Schritte aufteilen. Bevor wir gehen lernen, müssen wir krabbeln lernen. Auch hier kommt wieder das „fehlerfreie Lernen“ ins Spiel, denn wenn Sie die Schritte so klein machen können, dass das Tier eigentlich nicht anders kann, als die richtige Entscheidung zu treffen, wird es jedes Mal Erfolg haben. Die Sache hat aber einen Haken! Zu kleine Schritte kosten viel Zeit, und irgendwann muss der Hund auch lernen, dass manchmal der Erfolg erst kommt, nachdem man ein Hindernis auf dem Weg überwunden hat. Wenn einem alles im Leben in den Schoß fällt und man niemals hart für etwas arbeiten muss, lernt man kein Durchhaltevermögen. Auch hier ist die Kommunikation wieder wichtig. Inzwischen wissen wir ja, wie wir mit unserem Hund kommunizieren und sehen, ob er sich wohlfühlt oder gestresst ist. Wir wissen auch, welche Verstärker er wirklich mag. Wir beginnen mit einfachen Aufgaben und lassen diese mit der Zeit immer komplexer und schwieriger werden. Manchmal muss der Hund ein bestimmtes Verhalten über eine lange Zeit zeigen, ein schweres Gewicht tragen, sehr hoch springen, sehr schnell rennen oder eine große Entfernung zurücklegen. Es gibt vieles, auch in der Umgebung, dass die Antwort des Hundes auf die Frage „Lohnt sich das für mich?“ verändern kann. „Sitz“ im ablenkungsfreien Trainingsraum ist anders als „Sitz“ vor dem Supermarkteingang. In einer so stark ablenkungsreichen Umgebung sitzen zu bleiben, wird mit einem höherwertigen Verstärker „bezahlt“ und zu Beginn in kleinen Schritten aufgebaut!

Wie verstärkt man?

Nicht nur der Trainer kann dem Tier den Verstärker geben, sondern auch ein Dritter kann ihn zum Beispiel von der Seite hineinwerfen. Achten Sie aber darauf, ob dieses Vorgehen auch noch zu Ihrem Endziel passen wird. Bei einem Polizeihund im Streifendienst wäre es zum Beispiel keine gute Idee, ihn im Training von außenstehenden Dritten belohnen zu lassen. Stellen Sie sich vor, er soll später Fußballrowdys auf Abstand halten und lässt sich ablenken, wenn jemand eine Tüte oder einen anderen Gegenstand in Richtung Hund wirft.

Wir benutzen bei uns auch gerne Ball- und Futterautomaten mit eingebautem Brückensignal, die wir im Trainingsbereich aufstellen. Jagdhundeausbilder arbeiten oft mit Dummywurfmaschinen. Was immer Sie benutzen und wie auch immer Sie es Ihrem Hund zukommen lassen: achten Sie darauf, dass es für ihn immer eine Überraschung ist. Das Was, Wann und Wo sollte für ihn immer ein Fragezeichen bleiben. Denn der Verstärker ist meistens dann am besten, wenn er unerwartet kommt!

Am Anfang belohnen wir schnell und nahe am Target oder an der Geruchsquelle. Aber schon nach wenigen Wiederholungen können wir auf größeren Abstand gehen und etwas langsamer werden. Durch das Brückensignal weiß der Hund, dass die Belohnung gleich kommen wird. Inzwischen wissen wir ja auch, dass es gar nicht so wichtig ist, was Sie dem Hund geben, sondern wie Sie es geben! Bei schon erfahreneren Hunden machen wir gerne eine kleine Show daraus, indem wir die Hand in unsere Tasche stecken und ganz langsam und geheimnisvoll etwas ganz Tolles daraus hervorziehen. Oder eine Ballmaschine lässt einen Ball quasi vom Himmel fallen. Oder ein in einem Busch versteckter Futterautomat geht auf. Halten Sie bei alldem immer ein Auge auf die Verstärkungsrate, sammeln Sie Daten und denken Sie an die Verstärkungspläne!

Futter werfen oder Futterautomat

Wir arbeiten gerne mit der Technik des schnellen Werfens mehrerer Futterstückchen hintereinander und mit Futterautomaten. Der Vorteil des Werfens ist, dass wir eine hohe Verstärkungsrate erreichen können. Natürlich muss der Trainer geschickt und geübt im schnellen Werfen und Zielen sein, aber dann gibt ihm dies die Möglichkeit, den Hund auch aus einiger Entfernung mit einer hohen Rate zu belohnen. Nützlich ist das zum Beispiel beim Plattformtraining (siehe Plattform als stationäres Target, s. S. 289). Wir können Sitz, Platz oder Steh auf der Plattform durch das Futterwerfen leicht und mehrfach hintereinander verstärken. Das hat den Vorteil, dass wir das Verhalten nicht unterbrechen oder zumindest stören, indem wir nach dem Brückensignal erst zum Hund hingehen müssen, um ihm das Futter zu geben. Mit dem Futterwerfen auf die Plattform machen wir diese quasi zum „Magneten“ für den Hund und haben so einen mächtigen Verstärker. Die gleiche Technik können Sie auch später im Park oder in sehr ablenkungsreichen Umgebungen benutzen, denn Ihr Hund weiß dann, dass Sie auch dann, wenn Sie einige Meter von ihm entfernt sind, jederzeit tolle „Mehrfach-Verstärker“ für ihn bereithalten können.

Aus dem gleichen Grund arbeiten wir auch gern mit Futterautomaten. So können wir weit entfernt oder sogar außer Sichtweite sein und den Hund trotzdem mehrfach mit Futter belohnen. Ein mächtiges Werkzeug!

Arbeiten Sie mit Ihren Daten

Sie haben also Zeit ins Nachdenken und Planen investiert – und nun ist es wichtig, dass Sie Ihren Trainingsplan und Ihre Protokolle auch nutzen! Manchen Trainern fällt es schwer, sich an ihre Pläne zu halten. Sie sind zu emotional, lassen sich zu sehr von vorkommenden Fehlern beeinflussen oder sind einfach nicht so gut strukturiert, wie ein Tiertrainer es sein müsste. Arbeiten Sie mit Ihrem Plan! Es ist die einzige Möglichkeit, Daten zu sammeln und Ihre Protokolle immer besser werden zu lassen. Wenn etwas im Training sehr schiefläuft, sehen Sie das in Ihren Daten daran, dass die Verstärkungsrate niedriger wird und die in den Durchgängen erreichte Punkt- bzw. Prozentzahl nicht stabil ist oder ansteigt, sondern sogar absinkt. Überlegen Sie in diesem Fall genau, was passiert sein könnte. Gab es vielleicht eine Ablenkung, die Ihnen gar nicht aufgefallen ist? Ist der Wert des Verstärkers nicht hoch genug für diese Durchgänge? Überprüfen Sie Ihre Daten und passen Sie Ihren Plan gegebenenfalls für die nächsten Sitzungen an. Damit helfen Sie nicht nur Ihrem eigenen Hund, sondern auch anderen Hunden, die zukünftig vielleicht nach diesem Plan lernen sollen. Auch Ihren Trainerkollegen und -freunden helfen Sie mit besseren Plänen!

Wie sammelt man Daten während des Trainings?

Ganz einfach – fangen Sie einfach damit an! Wir selbst haben ziemlich viel Zeit mit dem Versuch verbracht, das beste System zu finden, bevor wir losgelegt haben. Dennoch haben wir es später mehrfach verändert und werden es vermutlich auch künftig noch öfter ändern. Wahrscheinlich findet man nie das ideale System, wenn man nicht einfach startet. 1996 haben wir mit Schreibblöcken begonnen, was zu vielen Aktenordnern mit Plänen und Protokollen führte. Heute haben wir zum Glück Computer und Smartphones, die ideal sind, um schnell Daten zu sammeln. Es gibt viele Apps und Programme, die Ihnen dabei helfen. Die meisten von ihnen generieren automatisch die Angaben zu Datum, Zeit, Wetter, Ort und so weiter und Sie müssen nur noch eintragen, welches Protokoll, welche Übungseinheit, wie viele Durchgänge, Anzahl der erfolgreichen Durchgänge und evtl. Anmerkungen zu Ablenkungen wie „Katze auf dem Trainingsgelände“ o. ä.

Analysieren Sie Ihre Daten und passen Sie Ihren Plan an

Mit den gesammelten Daten können wir also analysieren, was wirklich genau im Training vor sich geht. Unser eigener Verstand ist nämlich nicht so gut darin – oder besser gesagt nicht objektiv genug. Die Natur hat uns darauf programmiert, die schlechten Dinge schnell zu vergessen und schon gaukelt uns unser Verstand ein positives Bild der Trainingseinheit vor. Wenn Sie eine Einheit mit 10–15 Durchgängen mit einem guten Gefühl absolviert haben, stellen Sie beim Anschauen der Daten vielleicht überrascht fest, dass die Kriterien gar nicht in jedem Durchgang erfüllt wurden. Das macht auch nichts, ist normal und passiert uns allen! Aber die einzig verlässliche Information zum Fortschritt Ihres Trainings kommt eben aus den Daten und nicht aus Ihrem Gefühl. Verändern Sie einen Plan nie nur aufgrund Ihres Gefühls. Nutzen Sie die Daten dafür. Wenn die Verstärkungsrate zu niedrig ist, müssen Sie die Kriterien so verändern, dass die Aufgabe für den Hund leichter wird oder Zwischenschritte einfügen. Verringern Sie die Distanz, die Dauer, das Gewicht, das der Hund tragen soll oder was auch immer. Vielleicht müssen Sie den Zielgeruch in stärkerer Konzentration anbieten oder in eine ablenkungsärmere Umgebung gehen.

Zuerst an das Verhalten kommen

Zuerst müssen wir an das gewünschte Verhalten herankommen, bevor wir ein Signal dafür einführen.

Ein wichtiger Schritt in unserem Plan ist, dass wir zuerst an das Verhalten herankommen müssen. In diesem Stadium arbeiten wir mit Locken und Formen, um das gewünschte Verhalten schnell zu bekommen, wie etwa ein Sitz, indem wir eine Hand mit Futter über den Hundekopf halten und diese nach etwas nach hinten bewegen. Der Hund wird dann fast automatisch in die Sitz-Position fallen. Oder für ein Platz können wir das Futter kurz zwischen den Vorderpfoten präsentieren und dann unsere Hand schnell in Richtung Hundebauch bewegen. Der Hund legt sich einfach hin, die Hand öffnet sich und er wird verstärkt. In diesen Situationen findet der Hund sehr schnell heraus, welches Verhalten bzw. welche Körperposition nötig ist, damit sich die Hand mit dem Futter darin öffnet. Sobald der Hund unsere körpersprachlichen Signale vorwegzunehmen beginnt, setzen wir dieses neue Verhalten unter Signal.

Das Verhalten unter Signal setzen

Beim Tiertraining gibt es ein paar klare Standardregeln, die immer gelten. Eine davon ist, dass man zuerst das Verhalten konditioniert und *dann erst* das Signal dafür einführt. Viele Anfänger machen den Fehler, dem Hund zuerst ein neues, ihm vollkommen unbekanntes Kommando zu geben und dann mit der Konditionierung des neuen Verhaltens zu beginnen. Das funktioniert zwar auch, ist aber viel verwirrender für den Hund, denn ein neues Verhalten wird viel effektiver gelernt, wenn sie alle Ablenkungen und Extra-Informationen wie z. B. Ihre Körpersprache erst einmal herauslassen können. Denken Sie daran: Sie bekommen, was Sie verstärken. Wenn Sie mit einem dem Hund unbekannten Signal beginnen, dann ein Verhalten verlangen und anschließend belohnen, verstärken Sie den ganzen Vorgang insgesamt. Das Signal wird mit all der sonstigen Hilfe, die Sie anbieten, „verbunden", und das Ganze wird für den Hund zum Gesamtbild. Ohne es zu merken, werden Sie außerdem auch alle Fehler, die in dieser Lernphase gemacht werden, mitverstärken und sie mit Ihrem neuen Signal verknüpfen.

Trainieren Sie deshalb immer zuerst das neue Verhalten so gut, dass der Hund die Kriterien exakt erfüllt. Wenn er beginnt, das Verhalten vorwegzunehmen, können Sie das neue Signal einführen. Wenn Sie dies wiederholt verstärken und den Verstärker weglassen, wenn der Hund die Kriterien nicht erfüllt (indem er z. B. das Verhalten ohne vorangegangenes Signal zeigt), wird es für diesen sehr schnell klar, was er tun muss, um an die Belohnung zu kommen. Jetzt ist das neue Signal wichtig! Die Prozedur ist gar nicht so kompliziert, wie sie zunächst klingt, wenn Sie sich bewusst machen, was vor sich geht und wie Tiere lernen.

Ein neues Verhalten unter Signal setzen – Schritt für Schritt

1. Konditionieren Sie das neue Verhalten mittels Locken und Ihrer Körpersprache, ohne das spätere Kommando/Signal dafür zu benutzen. Sie werden es erst später brauchen, um dieses Verhalten hervorzurufen.
2. Arbeiten Sie bis auf ein Niveau, dass der Hund das neue Verhalten vorwegzunehmen beginnt.
3. Genau in bzw. kurz vor dem Moment, in dem der Hund das neue Verhalten vorwegzunehmen beginnt, fügen Sie jetzt das neue Signal ein. Wir nutzen dazu die klassische Konditionierung. Dank Pavlov wissen wir, dass wir hier sehr schnell sein und das Signal innerhalb einer halben Sekunde einfügen müssen, um die Verknüpfung am effektivsten zu machen. Wiederholen Sie das drei bis fünf Mal.
4. In den nächsten Durchgängen lassen Sie das neue Signal weg. Der Hund wird versuchen, sich seinen Verstärker zu verdienen und zeigt Ihnen das neu gelernte Verhalten. Jetzt belohnen Sie *nicht*, sondern starten den Hund neu und warten. Dieser wird es wieder und wieder versuchen, bis er plötzlich eine ganz kurze Pause macht.* Genau hier in diese Pause hinein sagen Sie wieder das neue Signal! Der Hund zeigt das neue Verhalten – und Sie belohnen ihn!
5. Jetzt arbeiten Sie in den nächsten Trainingseinheiten mit einem Verstärkungsplan, der dem Hund sehr schnell erklärt, dass er die Belohnung nur bekommt, wenn das Signal da war und sie ausbleibt, wenn er das Verhalten ohne vorhergehendes Signal zeigt.

*Wir machen uns hier übrigens zunutze, was bei der Löschung von Verhalten (s. S. 127) immer abläuft. Der Hund zeigt das Verhalten, das sich bisher immer gelohnt hat und bekommt dafür plötzlich keine Belohnung mehr. Nach ein paar Wiederholungen wird er sein Verhalten ändern. Der Trainer wartet auf einen kurzen Moment des Zögerns und gibt genau in diesem Moment das neue Signal. Der Hund zeigt das neue Verhalten und wird belohnt. Jetzt beginnt er zu verstehen, dass das neue Verhalten nur nach dem Signal interessant ist, denn nur das führt zur Belohnung. In dieser Phase sehen Sie vermutlich auch „Löschungstrotz": Der Hund wird Ihnen vehement alle möglichen zuvor verstärkten Verhalten anbieten, in der Hoffnung, sich mit irgendetwas doch den Verstärker zu verdienen. Ignorieren Sie das einfach – es geht von selbst vorbei. Aber seien Sie vorbereitet und lassen Sie sich nicht davon überraschen, dass diese Verhalten plötzlich auftauchen.

Information

Nochmals Signalkontrolle

Wenn das neue Verhalten etabliert und unter Signal gesetzt ist, beginnen wir mit der Signalkontrolle. Das bedeutet, wir stellen sicher, dass der Hund ausschließlich auf *dieses* Signal hört. Wir wissen ja, dass Hunde sich neben unseren Hörzeichen immer auch an unserer Körpersprache orientieren. Deshalb beginnen wir jetzt damit, bewusst unsere Position zu verändern. Wir stehen dem Hund zum Beispiel nicht mehr direkt gegenüber, wenn wir ihm das Hörzeichen geben, sondern auch mal daneben oder dahinter. Wir setzen oder legen uns hin und sagen dann das Hörzeichen. Wir können in einen Spiegel schauen oder uns hinter einem Baum oder Auto verstecken und dann das Hörzeichen geben. So konditionieren wir das neue Signal sehr stark: Egal was wir sonst tun oder wo wir sind – der Hund wird uns das gewünschte Verhalten zeigen. Besonders für unsere funkgelenkten Kamerahunde ist dies ein sehr wichtiger Moment im Training, denn auch im echten Einsatz werden sie uns nicht sehen. Wir geben ihnen später ihre Richtungssignale nur noch über das an ihrem Halsband befestigte Funkgerät und treiben deshalb die Signalkontrolle noch weiter auf die Spitze. Dabei kommt auch noch ins Spiel, dass sich unsere Stimme über das Funkgerät anders anhört als sonst. Die Lautstärke, Tonhöhe und Betonung, wie wir ein Kommando sagen, sind wichtig. Unsere Einsatzhunde lernen den Unterschied zwischen Sitz, Flitz, Witz etc., indem Sie nur auf „Sitz“ verstärkt werden.

Unsere Kamerahunde bekommen ihre Richtungssignale nur noch über Funk-Hörzeichen – im Training erst in näherer Distanz, dann in immer größerer und außer Sichtweite des Hundeführers.

Neues für altes Signal

Als Menschen sind wir mental in der Lage, viele der Dinge um uns herum zu verstehen. Wenn irgendeine neue Situation auftaucht, können wir den Grund dafür herausfinden. Wir können die Trigger identifizieren, sie in die richtige Reihenfolge bringen und lernen, wie wir beim nächsten Mal in einer ähnlichen Situation am besten reagieren. Für Hunde ist das anders. Wenn wir ihnen ein neues Signal beibringen möchten, müssen wir dieses vor das alte, schon bekannte setzen. Wenn wir ein neu erlerntes Verhalten unter ein Wortkommando setzen möchten, geben wir zuerst das Wortkommando (neu) und dann das körpersprachliche Signal (alt), das wir vorher die ganze Zeit benutzt haben. Das Gleiche gilt, wenn wir dem Hund zum Beispiel beibringen möchte, nicht nur auf Zuruf, sondern auch auf einen Pfeifenton hin zu kommen: Wir pfeifen zuerst (neu) und geben dann das bekannte Kommando „Hier" (alt).

Mit der gleichen Prozedur konditionieren wir auch Laser oder Ultraschall als Signal: wir setzen ihn vor das bekannte Signal. Wenn man es umdreht und zuerst das alte, dann das neue Kommando gibt, funktioniert es nicht. Ein bekanntes Kommando ruft ein gut konditioniertes Verhalten hervor, das normalerweise zu einer Belohnung führt. Die Information, die der Hund noch nach dem bekannten Signal bekommt, ist für ihn nicht relevant und er wird damit nichts anfangen.

Wenn wir ein zusätzliches oder anderes neues Signal für ein schon bekanntes Verhalten einführen wollen, gilt immer die Regel: Immer das neue Signal vor das altbekannte setzen. Umgekehrt funktioniert es nicht!

Unser eigener Verstand ist im Gegensatz zu dem des Hundes gut in der Lage, das neue Signal auch dann zu verstehen, wenn es nach dem alten kommt. Stellen wir uns zum Beispiel vor, wir hören plötzlich ein seltsames Geräusch und jemand schreit „Pass auf!". Kurz darauf fällt uns ein Gegenstand auf den Kopf. Wenn wir beim nächsten Mal „Pass auf!" hören, werden wir sofort in Deckung gehen – während Hunde wieder und wieder das Ding auf den Kopf bekämen. Denken Sie daran, wenn Sie das nächste Mal vielleicht an der Leine ziehen und danach ein Kommando geben. Ihr Hund wird nie etwas mit dem Kommando anfangen, sondern immer nur auf den Leinenzug reagieren.

Der richtige Neustart

Genau wie Menschen lernen auch Tiere über Versuch und Irrtum. Als kleine Kinder haben wir alle so laufen gelernt. Wir krabbeln, ziehen uns an einem Stuhl oder Tisch hoch, stehen ein paar Sekunden lang, fallen hin und fangen wieder von vorn an. Nach vielen Versuchen beginnt unser Gleichgewichtsorgan uns zu helfen, unsere Balance wird besser, unsere Muskeln werden stärker und wir können die ersten Schritte machen. Wir fallen, krabbeln, stehen auf, gehen, fallen und versuchen es weiter und weiter. Irgendwann lernen wir zu gehen. Stellen Sie sich vor, Sie wären für jeden Fehlversuch bestraft worden! Was wäre wohl passiert, wenn Ihre Eltern Sie für jeden Fehlversuch beschimpft und nicht zum Weitermachen ermuntert hätten? Ihr Lernen wäre blockiert worden oder Sie wären sogar in die erlernte Hilflosigkeit verfallen. Und was wäre passiert, wenn unsere Eltern uns vor jedem Hinfallen bewahrt hätten? Wenn Sie uns jedes Mal, wenn wir aus dem Gleichgewicht zu geraten drohten, gepackt und festgehalten hätten? Oder wenn sie uns in ein Geschirr gepackt und daran festgehalten hätten, wenn wir zu gehen versucht hätten? Wir hätten nie gelernt, selbst das Gleichgewicht zu halten und zu gehen. Wir hätten nie die nötigen Muskeln entwickelt und nie gelernt, unsere Bewegungen zu koordinieren.

Um neue Fähigkeiten zu lernen, müssen wir Fehler machen. Wir müssen die unangenehmen Folgen des Hinfallens genauso erleben wie die angenehmen der Tatsache, dass wir schneller vorwärtskommen als beim Krabbeln. Sonst hätten wir ja auch weiter krabbeln können, denn darin waren wir ja schon Experten. Außerdem konnten wir durch das Aufstehen und Gehen nicht nur schneller vorankommen, sondern die Welt auch aus einer anderen Position sehen!

Auch im Training unserer Hunde setzen wir diese Momente von Versuch und Irrtum ein, und zwar gut dirigiert, geplant und durchdacht. Später in Einsätzen werden unsere Diensthunde auf jeden Fall mit Problemen konfrontiert werden und müssen dann alleine mit ihnen fertigwerden. Sie müssen eine Lösung finden, mit den Umständen zurechtkommen und trotzdem weiterarbeiten. Auch wenn wir grundsätzlich große Anhänger der Strategie des fehlerfreien Lernens (s. S. 182) sind, führen wir hier bewusst ein paar Versuch-und-Irrtum-Elemente ein, um sicherzustellen, dass die Hunde später genug Durchhaltevermögen haben, um den Einsatz erfolgreich beenden zu können.

Dabei hat Strafe überhaupt keinen Platz! Sie würde das Lernen blockieren oder die Hunde würden die Situation einfach meiden und ihr ausweichen. Aber auch Hilfe des Trainers, um den Hund vor einem Fehler zu bewahren, ist hier nicht gefragt. Denn auch im echten Einsatz wird der Trainer nicht da sein, wenn der Hund die Lösung des Problems finden muss. Stattdessen arbeiten wir hier mit der Technik des Neustarts oder „Resets" in Kombination mit cleveren Trainingsplänen. Diese sind so aufgebaut, dass wir kleine Schritte vorsehen. Wie bereits erwähnt, sieht jeder Plan mehrere Übungseinheiten und innerhalb derer mehrere Durchgänge vor. Es müssen immer so viele Durchgänge sein, dass das Verhalten wirklich gut konditioniert wird – es reicht nicht, nach zwei oder drei erfolgreichen Durchgängen schon zum nächsten Teilschritt weiterzugehen, denn vielleicht waren das nur Glücks- oder Zufallstreffer, und darauf können wir kein verlässliches Verhalten aufbauen. Wir wiederholen deshalb die Durchgänge, bis das Verhalten wirklich stark ist. In der nächsten Übungseinheit machen wir die Kriterien dann ein bisschen schwieriger, wie zum Beispiel mehr Distanz, mehr Dauer, mehr Gewicht, mehr Ablenkungen, widrige Wetterbedingungen und so weiter. Die Hunde lernen so, „am Ball zu bleiben" und es weiter zu versuchen, weil sie wissen, dass das zum Verstärker führt.

Wir sagen immer gerne, dass sich für den Hund mit Beginn eines Durchgangs ein „Möglichkeitenfenster" öffnet: Jetzt hat er die Chance, an eine Belohnung zu kommen. Wenn wir das in kleinen Schritten aufbauen und der Hund weiß, was er zu tun hat, sind die Regeln klar. Aber jetzt fordern wir ihn ständig heraus, immer noch ein bisschen härter zu arbeiten. Hat er keinen Erfolg, gibt es keine Belohnung. Das Möglichkeitenfenster schließt sich und der Hund wird in einem Reset neu am Start des Durchgangs angesetzt.

Die goldene Regel fürs Reset: Nach drei Mal bist du raus!

Wichtig zu wissen ist: Wenn der Hund dauernd Fehler macht, macht immer wieder Neustarten keinen Sinn. Es gibt Situationen, in denen der Schritt zu groß, die Ablenkung zu hoch oder die Kondition einfach noch nicht ausreichend ist. Vielleicht haben Sie auch einen Fehler im Trainingsplan gemacht oder dieser individuelle Hund braucht zuerst noch ein paar andere Übungseinheiten, um genug Können und Selbstvertrauen zu haben, um diesen Schritt meistern zu können. Um das Ganze verständlich für den Hund und regelbar für den Trainer zu halten, arbeiten wir gerne nach der Regel: Nach drei Mal bist du raus! Will sagen: Wenn wir innerhalb einer Zehnerreihe von Durchgängen drei Resets direkt hintereinander hatten, hören wir auf! Wir machen eine Pause und bringen den Hund in seine Box oder ins Auto. Wir setzen uns hin und schauen uns unsere Daten an. Wir analysieren die Situation und verändern etwas an den Durchgängen, die wir als Nächstes planen, sprich wir machen die Kriterien etwas leichter, damit der Hund wieder Erfolg haben kann.

Information

Verhaltensökonomie

In allen unseren Trainingsplänen spielt die Verhaltensökonomie eine große Rolle. Wenn Tiere arbeiten, Energie verbrennen und im Gegenzug nichts dafür bekommen, werden sie ihr Verhalten verändern. Schauen wir uns einen Geparden an, der Antilopen auflauert und sich an die Herde anschleicht. Er hat ein Jungtier ins Auge gefasst. Es ist noch ziemlich weit entfernt, aber der Gepard hat Hunger, kann sich nicht mehr zurückhalten und rennt los. Innerhalb von drei bis vier Sekunden hat er eine Geschwindigkeit von 90–100 km/h erreicht. Die junge Antilope hat das Raubtier gesehen und flieht. Die Angriffsdistanz ist zu groß: Der Gepard kommt zwar zunächst näher an die fliehende Antilope heran, aber er ist im Gegensatz zu ihr ein Sprinter und kein Langstreckenläufer und kann diese hohe Geschwindigkeit nicht lange beibehalten. Der Gepard verliert das Rennen und die Antilope erlebt einen weiteren Tag. Der Gepard wird lernen und bei der nächsten Jagd geduldiger sein – er wird sich näher heranpirschen oder sich eine ältere oder kranke Antilope heraussuchen, die nicht so schnell und weit rennen kann.

Wir nutzen das Prinzip der Verhaltensökonomie in unseren Trainingsplänen auf vielfache Weise. Um verlässliche Spürhunde zu bekommen, bauen wir sie zum Beispiel in unsere Line-up-Übungen ein. Wenn Hunde dort zu schnell arbeiten, besonders am Anfang der Reihe, lassen wir sie. Sie rennen am Zielgeruch vorbei und wir lassen sie bis zum Ende des Line-ups laufen. Sie dürfen nochmal vor und zurück suchen und nach vier Versuchen gibt es ein Reset. Damit schließt sich das Möglichkeitenfenster für den Hund und die Chance auf die

Gerade zu Beginn des Line-ups neigen Hunde dazu, zu schnell zu sein und den Zielgeruch zu überlaufen. Um sie langsamer zu machen, können wir uns die Verhaltensökonomie zunutze machen.

Belohnung ist vorbei. Nach dem Reset arbeiten fast alle Hunde langsamer und intensiver! Jetzt machen wir unsere Kriterien allmählich strenger: Wenn der Hund langsamer suchen, sich besser konzentrieren und den Zielgeruch innerhalb von vier Versuchen finden kann, ist das neue Kriterium nun „höchstens" drei (oder zwei) Durchgänge bis zum Neustart. Nichts gefunden? Reset. Hunde sind also in der Lage, langsamer zu arbeiten, ohne dass wir sie mit der Leine oder irgendwelchen anderen Mitteln bremsen müssten. Einfach nur, indem wir uns die Verhaltensökonomie zunutze machen!

Kommunikation innerhalb der Trainingspläne

Es war schon viel von Kommunikation die Rede. In unseren Trainingsplänen versuchen wir immer, sie für Hunde und Trainer klar und einfach zu halten. Nachdem ein Signal gegeben wurde, ist das weitere Ergebnis einfach: Hat der Hund die Kriterien nicht erfüllt, gibt es ein Reset. Hat er die Kriterien erfüllt, gibt es vier Möglichkeiten, mit denen wir sicherstellen können, dass es nie langweilig für ihn wird. Denn wenn wir jedes Mal nach Erfüllen der Kriterien einen positiven Verstärker geben würden, könnten wir nicht mit der Verkettung von Verhaltenselementen weitermachen und unser Training würde sehr vorhersehbar.

Das Auflösungssignal

Zu Auflösungs- oder Freigabesignalen gibt es verschiedene Meinungen. Wir benutzen sie als Start zum Arbeitsbeginn, als Start zum Rausgehen, zum Schnappen eines Verstärkers oder zum Beenden eines Verhaltens. Es handelt sich um eine Kommunikation, die an einen bestimmten Moment in Zeit und Kontext gebunden ist. Mit ihnen bauen wir Kommunikation auf, stellen Regeln auf, üben Geduld und haben Spaß. Wir arbeiten oft mit mehreren Hunden zur gleichen Zeit – einer hat eine Aufgabe, während die anderen auf einer Plattform warten. Das ist „Arbeit" für alle. Die auf ihren Plattformen liegenden Hunde werden durch das Aufrufen ihres Namens freigegeben, an der Arbeit teilzunehmen: sie können aufstehen und mitmachen. Das gleiche Auflösungssignal (Name des Hundes) benutzen wir, wenn wir die Transportbox im Auto oder die Haustür öffnen. Auf seinen Namen hin darf der Hund aus dem Auto springen oder zur Tür herausgehen. Das etabliert eine gewisse Ordnung oder besser gesagt Struktur in der Gruppe. Einer unserer guten Freunde, der mit vielen Jagdhunden gleichzeitig arbeitet, nutzt ebenfalls deren Namen als Aufruf zum Arbeitsbeginn: Während fünf Hunde der Dummywurfmaschine in Aktion zuschauen, wird nur einer freigegeben, loszurennen und den Dummy zu holen.

Wir nutzen Auflösungssignale immer dann, wenn es um Selbstkontrolle geht, z. B. vor dem Füttern, aus dem Haus gehen aus dem Auto springen. Außerdem setzen wir sie am Anfang ein, wenn wir einem Spürhund eine passive Anzeige beibringen. Und natürlich im Alltag, um „Sitz"

Einfach, aber nicht leicht …

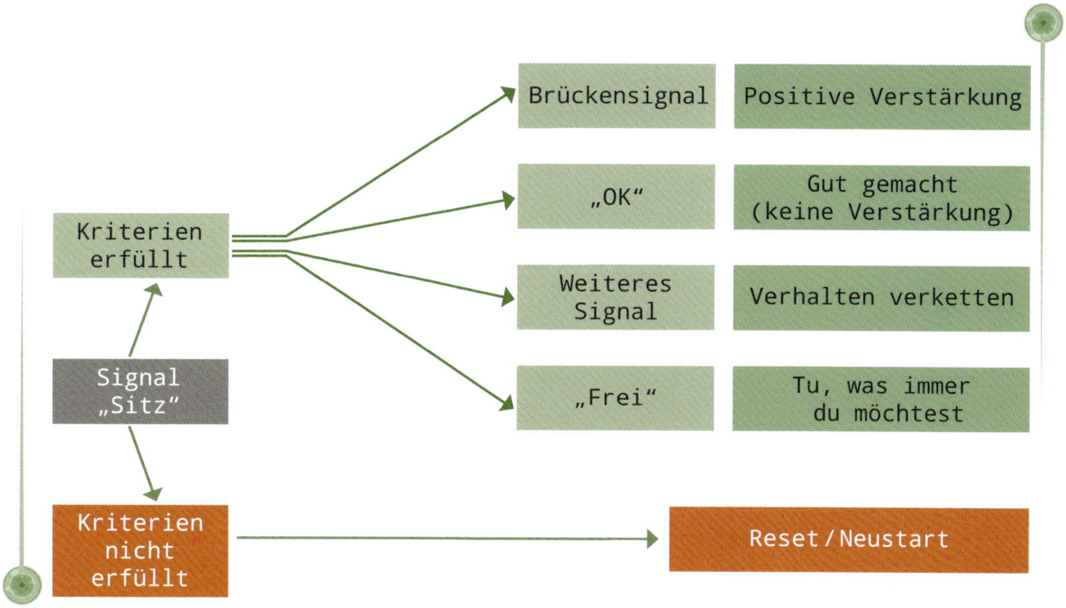

Wenn nach einem Signal, hier „Sitz“, die Kriterien erfüllt wurden, gibt es vier Möglichkeiten, wie es weitergehen kann (grün) – nicht nur eine! So bleibt Training spannend.

oder „Platz“ aufzulösen, nachdem ein Hund darin warten musste (z. B. wegen des Straßenverkehrs). Hunde verstehen anhand des Kontexts, ob man sie beim Namen ruft, um ihre Aufmerksamkeit zu bekommen oder ob der Name als Freigabesignal dient. Außer den Namen benutzen wir auch „Frei“ und „OK“.

Motivation als Schlüssel zum Erfolg

Achten Sie darauf, Motivation in Ihre Pläne einzubauen, denn die Grundlage erfolgreichen Trainings sind Fokus und Durchhaltevermögen, und beide kommen aus der Motivation heraus. Ohne Motivation wird es sehr schwierig, die Kriterien zu erfüllen. Wenn der Hund die Kriterien nicht mehr erfüllt, müssen wir uns, wie oben schon erwähnt, die Verstärker anschauen: oft sind sie nicht wertig genug oder die Rate ist zu niedrig – und in der Folge verliert der Hund die Motivation. Es geht wie immer um die Frage „Was habe ich davon?“ (s. S. 80). Wir als Trainer müssen sicherstellen, dass das, was wir von unseren Tieren verlangen, für sie immer ein interessantes Spiel ist.

Wir können Motivation durch zwei Techniken beeinflussen: Positive Verstärkung (R+), aber auch negative Verstärkung (R-). Schulnoten sind ein gutes Beispiel dafür. Wenn man gut lernt und die Hausaufgaben macht, bekommt man bessere Noten – positive Verstärkung. Wenn man trödelt und die Hausaufgaben ständig verschiebt, können schlechte Noten die negative Verstärkung sein, die einen dazu motiviert, besser zu werden. Beide Verstärkungstechniken sind äußerlich motiviert: Die Motivation wird dadurch gesteigert, dass man etwas Gutes bekommt oder etwas Schlechtes verschwindet. Es gibt aber auch einen inneren Motivationsbooster, den man „intrinsische Motivation" (s. S. 141) nennt. Wir bevorzugen für unsere Arbeit Hunde mit hoher intrinsischer Motivation und nutzen Techniken der positiven Verstärkung, um Verhalten zu verändern.

Erfolg leicht machen

Wir bauen unsere Trainingspläne so auf, dass wir den Hunden den Erfolg leicht machen. Schreiben Sie Ihre künftigen Pläne unter diesem Gesichtspunkt und achten Sie insbesondere zu Beginn des Trainings an einem neuen Verhalten auf eine hohe Verstärkungsrate. Überprüfen Sie die Verstärker daraufhin, ob sie auch wirklich wertig für den jeweiligen Hund sind. Falls nein, nehmen Sie zum Beispiel Käse statt Trockenfutter oder wofür auch immer Ihr Hund sich mehr anzustrengen bereit ist. Aber das Schlüsselelement dafür, Tieren den Erfolg leicht zu machen, ist, schlaue Trainingspläne mit kleinen Schritten zu schreiben!

Fortschritte verfolgen lernen

Besonders Anfängern im Training fällt es schwer, die Fortschritte auch zu verfolgen. Sie haben noch keine Erfahrung im Aufbau von Verhaltensketten und neigen dazu, sich immer nur auf jeweils ein Verhalten zu konzentrieren. Vorheriges Nachdenken und Planen ist gefragt, und dabei helfen Trainingspläne und Protokolle. Natürlich kostet all das am Anfang viel Zeit, aber irgendwann spart es einem auch viel Zeit während des Trainingsprozesses. Wenn Sie mit Hunden *und* Menschen arbeiten, achten Sie darauf, dass letztere Pläne schreiben und damit arbeiten, dass sie Daten sammeln und sie analysieren und gegebenenfalls ihren Plan anpassen. Zeit ist wertvoll, und dank guter Pläne können wir effizienter und effektiver sein.

Planen Sie Ihre Trainingszeit

In unseren Protokollen findet sich immer auch eine Spalte zur Trainingszeit. Man muss einen Rhythmus im Training finden und Wiederholungen einplanen. Wir arbeiten mit einem Wochen- und mit einem Monatsplan. Innerhalb der Woche reservieren wir Trainingszeit, die wir für Verhalten mit Priorität nutzen. Man kann kein Dach aufs Haus setzen, wenn die Wände noch nicht stehen. Durch das Planen Ihrer Trainingszeit werden Sie besser einzuschätzen lernen, wie schnell oder langsam Sie die Schritte aus Ihrem Plan abarbeiten können. Achten Sie darauf, dass es einen Unterschied in der Trainingszeit für neue Verhalten und zur Aufrechterhaltung bereits konditionierter Verhalten gibt. Wie viel Zeit benötigen Sie, um alles auf einem hohen Niveau und verlässlich abrufbar zu halten? Sorgen Sie für ein Gleichgewicht der einzelnen Elemente, damit alle Glieder der Verhaltenskette stark bleiben.

Beim Planen der Trainingszeit kann uns Parkinsons Gesetz helfen: Es sagt, dass Menschen immer so viel Zeit zur Erledigung einer Aufgabe brauchen, wie sie dafür bekommen (siehe Cyril N. Parkinson, The Pursuit of Progress, 1958, S. 39). Anders gesagt: Wenn man Trainern sechs Monate Zeit zum Trainieren eines neuen Verhaltens anhand eines Trainingsplans gibt, werden sie auch sechs Monate dafür brauchen. Je besser Sie die Zeit planen und die Daten analysieren, desto mehr Zeit können Sie sparen. Mit einem konkreten Plan fällt es Ihnen auch leichter, Ihren Vorgesetzten, Mitarbeitern, Sponsoren oder Ihrem Ehepartner zu erklären, wie viel Zeit Sie in den kommenden Wochen und Monaten in das Training Ihres Hundes investieren werden.

Wann ist das Ergebnis gut genug?

Das alles bringt uns zu der Frage: Was ist gut genug? Auch die Antwort auf diese Frage muss sich in Ihrem Trainingsplan finden. Was können wir nach Ende des Trainings erwarten? Wie wird der Stand des Könnens bei Hund und Trainer sein? Wann ist es gut genug und wer entscheidet das? Wer bestimmt, wie hoch die sprichwörtliche Stange gelegt wird, über die Sie und Ihr Hund springen müssen?

Für Spürhunde gibt es verschiedene Geruchserkennungstests (Odor Recognition Tests / ORTs), wie zum Beispiel den der englischen Regierung (zu finden im Internet unter „validaton of short odour discrimination test for working dogs") und auch für Artenschutzhunde oder Medical Detection Dogs gibt es verschiedene Tests. Bei Polizei, Zoll und Militär hat beinahe jede Organisation ihre eigenen Tests entwickelt. Ich persönlich bin kein Fan internationaler Standards in dieser Hinsicht: Es gibt zu viele Parameter zu beachten, die sich nicht nur von Land zu Land, sondern auch von Region zu Region unterscheiden können. Schon in unseren kleinen Niederlanden macht es einen Riesenunterschied, ob man einen Personenspürhund und dessen Hundeführer für den Polizeieinsatz im Westen des Landes ausbildet (städtisch geprägte Region) oder im Norden (landwirtschaftlich geprägte Region). Ein Drogenspürhund, der im Gebäude eines internationalen Flughafens arbeiten muss, muss einen anderen Job machen als einer in einem großen Seehafen mit Tausenden von Containern und LKWs.

Der Trainingsplan muss klar machen, was ein Kommandant, ein Manager oder ein Projektleiter am Ende von dem Hund erwarten kann, wobei die Schnittstelle immer der Hundeführer ist. Er oder sie wird dem nächsten Vorgesetzten mitteilen, ob der Hund Drogen, Sprengstoffe, eine bedrohte Tierart oder eine Krankheit anzeigen wird.

Wenn zum Beispiel ein Militärkonvoi in einem Kriegsgebiet aufgrund der Anzeige eines Hundes gestoppt wird, muss sich der Hundeführer ziemlich sicher sein, was genau sein Hund anzeigt. Es nutzt dem Kommandanten der Einheit nichts, wenn der Hundeführer ihm meldet: „Mein Hund ist interessiert, Sir, aber eine Anzeige ist es nicht."

Das Gleiche gilt für einen Sicherheitsbeamten am Flughafen, der einen Abflug stoppt, weil sein Hund an einem Gepäckstück angezeigt hat. Wenn der Hundeführer in diesem Fall seinen Vorgesetzten anruft und ihm mitteilt, dass sein Hund „interessiert" war, ist diese Information keine ausreichende Grundlage, um eine weitere Entscheidung zu treffen. Deshalb sagen wir, dass der Hundeführer die Schnittstelle zwischen Hund und Kommandoebene ist.

Der Trainingsplan muss auch klar machen, was die Anzeige wert ist: Was ist der Unterschied zwischen „Interesse" und einer Anzeige? Wie können wir diese Information gewichten, damit sie als Entscheidungsgrundlage dienen kann?

25

Beispiele für Trainingspläne

Ich rate Ihnen unbedingt dazu, sich Ihre eigenen Trainingspläne auszudenken und aufzuschreiben. Sie werden viel daraus lernen und das Ganze ist personalisiert: Sie kennen Ihre Stärken und Schwächen und die Ihres Hundes am besten. Außerdem können Sie Ihre Pläne mit Ihren Freunden austauschen und so voneinander lernen. Vielleicht können sie mit einem allgemein akzeptierten Gruppen-Trainingsplan auch in der Gruppe zu arbeiten beginnen. Sich über Trainingspläne in einer Gruppe einig zu werden, ist ein schöner informativer Prozess, indem man noch besser zusammenwächst.

Um Ihnen eine bessere Vorstellung von möglichen Trainingsplänen zu geben, kommen hier ein paar Beispiele aus unserer eigenen Arbeit.

Trainingsplan „Sitz"

Das Verhalten „Sitz" zu trainieren kann sehr leicht, aber auch sehr herausfordernd sein. Das Verhalten an sich ist einfach, aber die Herausforderung besteht darin, es unter allen möglichen Umständen und Ablenkungen und mit hoher Dauer zu konditionieren.

Beginnen wir mit den Kriterien: Wie sieht ein „Sitz" aus? Hinterteil auf dem Boden oder halb zur Seite mit nur einer Hüfte auf dem Boden? Wir möchten beide Vorderpfoten auf dem Boden haben. Blick auf den Hundeführer gerichtet. Der Hund soll still sitzen, nicht bellen und die Rute ruhig halten. Das Maul soll halb geöffnet und entspannt sein. Ein weiteres Kriterium ist die Dauer: Sitz für zehn Sekunden oder zwei Minuten? Auch möchten wir gern ein schnelles Sitz innerhalb von zwei Sekunden, nachdem wir das Signal gegeben haben. Wir möchten das Sitz auch draußen, auf Beton Asphalt, Gras oder Sand und der Hund soll auch bei Ablenkungen sitzenbleiben. Wenn Sie all diese Kriterien berücksichtigen, wird schnell klar, dass es Zeit zum Nachdenken braucht, um einen Trainingsplan zu schreiben.

Wenn wir die Teilnehmer eines Workshops fragen, wessen Hund ein gutes „Sitz" kann, gehen immer viele Hände hoch. Wenn wir sie dann aber bitten, ihre Hunde zu holen und ein gutes Sitz zu zeigen, wird es komisch. Plötzlich haben viele alle möglichen Entschuldigen auf Lager und nur eine Handvoll traut sich, das Sitz tatsächlich mit ihren Hunden vorzuführen. Dann werden jede Menge Unterschiede sichtbar: Manche Hunde brauchen mindestens drei Signale, bevor sie sich hinsetzen. Andere bleiben nur zwei bis vier Sekunden lang sitzen und machen dann etwas anderes. Manche setzen sich nur auf Wortkommando in Kombination mit einem kleinen Leinenruck hin. Manchen machen andere Hunde oder Menschen in der Nähe nichts aus, anderen schon. Ein gutes und verlässliches Sitz zu trainieren braucht Zeit und einen Plan. Nur so können wir klare Erwartungen aufbauen.

Um Ihnen eine Vorstellung davon zu geben, wie ein Trainingsplan für „Sitz" aussehen könnte, nehmen wir hier einmal als Beispiel Trainingseinheit Nummer 7 heraus. Diese Einheit besteht aus zehn Durchgängen. Sie sehen zu Beginn Informationen, die die Situation beschreiben. Ein zusätzliches Foto sorgt für bessere Visualisierung. Normalerweise arbeiten wir auch mit Video, um die unterschiedlichen Einheiten zu erklären.

In dieser Übungseinheit setzen wir fest, dass die Durchgänge zwei Mal mit mindestens 80 % Erfolg absolviert werden müssen, bevor wir zu Trainingseinheit Nummer 8 weitergehen. In unserem Beispiel sind wir auf 60 % gekommen, was bedeutet, dass wir weiter an Einheit 7 arbeiten müssen, bis das Verhalten stark genug ist, dass wir weitermachen können.

SITZ

Protokoll Trainingseinheit 07

Situation:	Kinderspielplatz
Verhalten:	Sitz mit Fokus auf Hundeführer
Signal:	Wortsignal „Sitz" und Trainer geht rückwärts
Ablenkung:	Tennisball
Ort für Sitz:	Plattform
Leine:	Kurze Leine
Distanz Trainer:	5 Meter
Brückensignal:	Clicker
Verstärker:	Futter – normales Trockenfutter
Dauer:	Trainer bleibt in Distanz 2 – 10 Sekunden lang stehen
Durchgänge:	10
Reset:	Wenn der Hund die Sitz-Position verlässt

Information

Trainingsplan Target

Schauen wir uns nun eines unserer Protokolle für das Targettraining näher an. Wir arbeiten mit verschiedenen Targets, aber in diesem Beispiel soll der Hund auf Signal mit seiner Nase in das Target hineindrücken.

NASE IN TARGET DRÜCKEN

Protokoll Traininseinheit 03

Situation:	Draußen, umzäunter Trainingsplatz
Verhalten:	Sitz und Nase in Target drücken
Position Hund:	Sitz vor Target
Aktion 1 Trainer:	Hund in Sitz bringen, 1 Meter weit weggehen
Signal:	keins, Hund antizipiert aufgrund von Target/Kontext
Ablenkung:	Keine
Ort für Sitz:	Fester Untergrund vor dem Target
Leine:	Keine
Distanz Trainer:	1 Meter hinter Hund
Brückensignal:	Geräusch des Futterautomaten
Verstärker:	Futter aus Futterautomat
Aktion 2 Trainer:	Hund nach dem Futterautomat wieder vor Target bringen
Dauer:	Keine
Durchgänge:	10
Reset:	Wenn Hund aufsteht und weggeht

Information

Auch hier sammeln wir wieder Daten. Haben wir zehn Durchgänge gemacht? Wie oft war der Hund abgelenkt und war ein Reset nötig? Wie schnell antizipiert der Hund, d. h. wie schnell steckt er seine Nase in das Target, nachdem der Trainer ihn davor ins „Sitz" gebracht hat? In späteren Trainingseinheiten werden wir das Verhalten noch unter Signal setzen und die Kriterien verändern, z. B. Signal abwarten, Nase länger im Target lassen, Ablenkung hinzufügen, Trainer geht weiter weg etc.

Laser als Target: Schreiben Sie Ihren eigenen Trainingsplan

Wir haben 1996 damit begonnen, Laser zu benutzen. Das eröffnete uns einige sehr interessante Möglichkeiten – nicht nur in einsatztaktischer Hinsicht, sondern auch, weil wir größere Entfernungen überbrücken und auch unter starken Ablenkungen arbeiten konnten. Indem wir dem Laser einen hochwertigen Verstärker hinzufügten, wurde dieser zum starken Target. So wurde es leicht, unsere Hunde zu einem bestimmten Ort zu schicken oder ihnen mit Hilfe des Lasers Informationen über die Richtung zu geben oder darüber, was als Nächstes zu tun war. Man kann mit einem Laserpointer auf jede beliebige Wand oder jeden beliebigen Gegenstand zeigen und dabei Entfernung oder Umstände schnell verändern. Den Laser als Target zu trainieren ist eine Herausforderung, aber einer der größten Vorteile dabei ist, dass wir das Setup dieses Trainings sehr leicht mit der Verhaltensökonomie verbinden können: Der Laserpunkt selbst wird zum Target.

Wir haben mit vielen verschiedenen Methoden gearbeitet, um die Hunde auf einen Laserpunkt zu konditionieren und dabei klassische und operante Konditionierung benutzt: Futter, Bälle, elektronische Geräte und vieles mehr. Die interessanteste Methode für Trainer ist, nach einem klaren Protokoll operanter Konditionierung zu arbeiten. An dieser Stelle geben wir Ihnen den exakten Trainingsplan nicht mehr vor: Jetzt sind Sie an der Reihe, Ihren eigenen zu schreiben!

Aber natürlich geben wir Ihnen schon ein paar Tipps. Wir trainieren mit unseren Hunden zuerst ein Wandtarget. Das Verhalten, das wir erreichen möchten, ist ein Nasentouch. Wenn das für den Hund klar ist, sprich er das Target mit der Nase berührt und daraufhin Brückensignal und Verstärker erhalten hat, starten wir in die nächste Phase. Jetzt kommt der Laser ins Spiel. Der Laserpunkt macht das Wandtarget zu einem heißen Target, das heißt, es kommt jetzt nur noch dann ein Verstärker, wenn das Wandtarget vom Laserpunkt angeleuchtet ist. Der Aufbau des Verhaltens, dass der Hund sich mit dem Laserpunkt lenken lässt, ist sehr spannend für den Trainer und stellt hohe Ansprüche an seine Fähigkeiten in Beobachtung und Timing.

Bringen wir nun einige der vorherigen Lektionen zusammen, damit Sie verstehen, wie Sie ein gutes Lasertrainings-Protokoll aufbauen können. Der neue Antezedent (Laser) triggert den Hund zum Zeigen des neuen Verhaltens (Target berühren, wenn heiß) und es folgt als

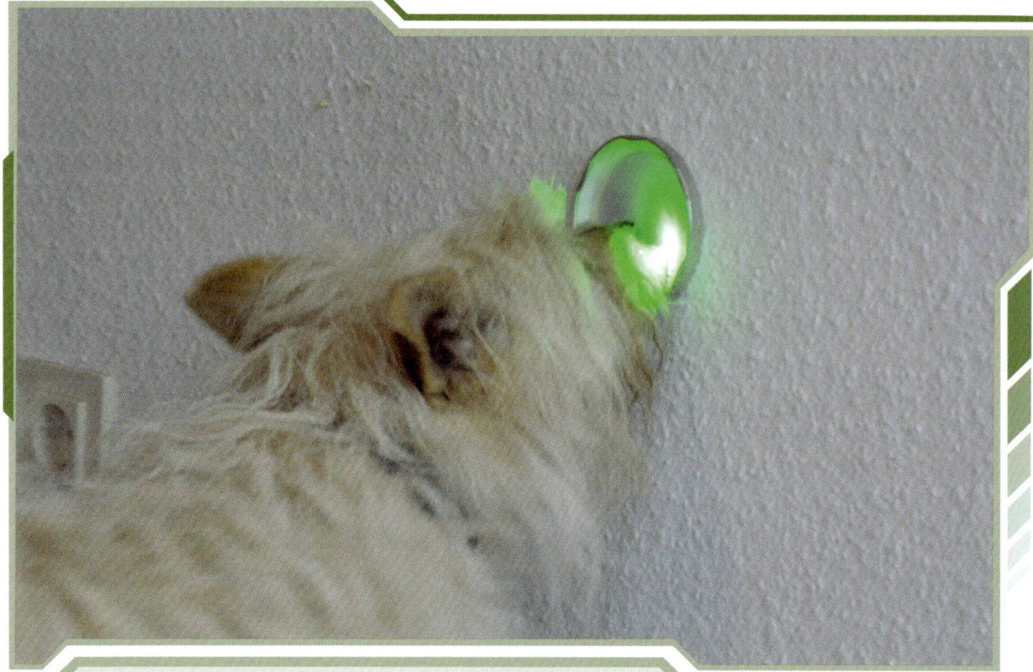

Durch Anleuchten mit dem Laser wird das zuvor trainierte Wandtarget zum „heißen" Target.

Konsequenz ein schöner Verstärker. Dann bringen wir das Prinzip der Verhaltensökonomie ins Spiel: Wenn der Hund sich auf Startposition befindet, trainieren wir ihn dazu, sofort anzufangen. Sobald er das Target anschaut, schalten wir den Laserpointer ein und leuchten ihn damit an. Reagiert der Hund nicht innerhalb von zwei Sekunden, geht der Laser aus. Ist der Hund also zu langsam, bekommt er keinen Verstärker – Laser aus bedeutet Möglichkeitenfenster zu, die Chance, sich einen Verstärker zu verdienen, ist vorbei.

Jetzt können wir dem Ganzen noch etwas Magie hinzufügen: Indem wir die Distanz zwischen Start und Target vergrößern, können wir die Geschwindigkeit des Hundes verändern. Messen Sie die Distanz zwischen Start und Target, nehmen wir einmal an, wir arbeiten mit 25 Metern. Wenn wir den Laser anknipsen, messen wir die Zeit, die der Hund braucht, um den Laserpunkt zu berühren. Nehmen wir einmal an, 15 Sekunden. Wir wiederholen das noch zwei Mal. Im zweiten Durchgang braucht der Hund 18 Sekunden und im dritten 12. Die Durchschnittszeit, die der Hund zum Erreichen des angeleuchteten Targets braucht, beträgt also 15 Sekunden. Jetzt können wir einen Timer an den Laser setzen, der ihn nach 14 Sekunden ausschaltet. Wenn wir diese Zeit nach und nach verkürzen, können wir den Hund immer schneller machen!

Daten, Daten und nochmals Daten!

Das Sammeln und Analysieren von Daten ist der einzige objektive Weg, um zu sehen, ob man in seinem Training Fortschritte macht. Es ist auch der Indikator, ob Sie schon bereit für die Prüfung, den Einsatz oder was auch immer Ihr Ziel ist sind. Die einzig verlässliche Informationsquelle dafür, ob Sie Fortschritte machen, sind Ihre Daten! Darüber, wie Sie Ihre Daten sammeln können, haben wir bereits gesprochen (s. S. 309) – sei es mit Hilfe einer Smartphone-App, oder mit dem guten alten Notizblock. Es ist nicht so wichtig, wie Sie Daten sammeln – Hauptsache, Sie tun es!

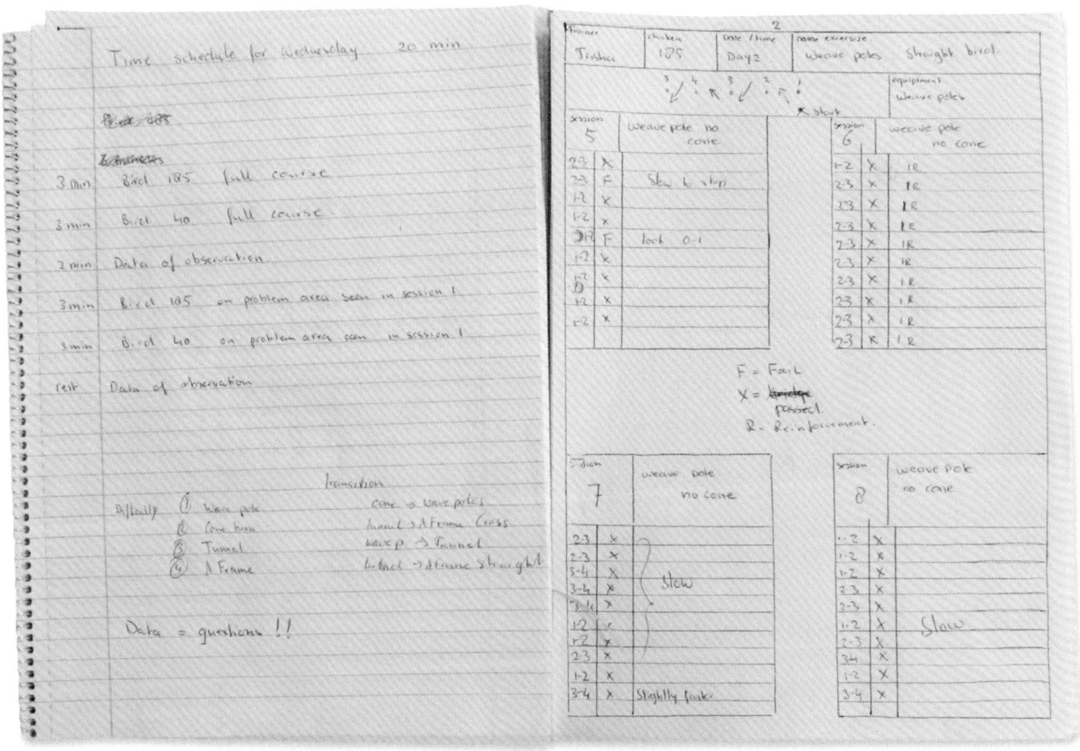

Ob Sie Daten auf einem Notizblock oder mit Hilfe einer App sammeln, ist nicht so wichtig: Hauptsache, Sie tun es!

Buchstaben und Symbole, die wir in unseren Datenblättern nutzen

Unsere Buchstaben und Symbole sind Kürzel, die wir in unseren Datenaufzeichnungen nutzen, um einfach schneller zu sein. Es ist wichtig, dass wir sie korrekt benutzen, damit die Kommunikation klar bleibt! Sie sind quasi so etwas wie ein Morsecode oder Stenogrammschrift. Welche Sie für sich nutzen, bleibt Ihnen überlassen – aber halten Sie sich daran, nachdem Sie sie einmal festgelegt haben. Hier ist eine Liste der wichtigsten, die wir in unseren Protokollen nutzen:

S	Stimulus/Reiz (Hund muss ihn sehen, fühlen, hören, riechen oder schmecken können)
R	Reaktion (ausgewählte Verhaltenseinheit)
Sd	diskriminativer Reiz (ein Reiz/Stimulus gepaart mit einem primären Verstärker, s. S. 239)
Sn	neutraler Reiz/Stimulus (ohne Bedeutung für den Hund)
Sr+	konditionierter Verstärker (wirkt nun wie primärer Verstärker)
R+	positiver Verstärker (gibt uns mehr und stärkeres Verhalten)
R-	negativer Verstärker (gibt uns mehr und stärkeres Verhalten)
P+	positive Strafe (P=Punisher, gibt uns weniger und schwächeres Verhalten)
P-	negative Strafe (gibt uns weniger und schwächeres Verhalten)

In den Datenblättern für das Richtungstraining benutzen wir außerdem:

L	Links
R	Rechts
V	Vorwärts
H	Hier
T	Touch
S	Sitz
P	Platz
A	Apport
Pos.	einen Gegenstand ablegen/positionieren

Information

26

Prüfen und Evaluieren

Auf der ganzen Welt wurden wir immer wieder mit den gleichen Ängsten konfrontiert, sobald wir über „Prüfungen" zu sprechen begannen. Uns sind nur eine Handvoll Trainer begegnet, die so viel Selbstvertrauen hatten, um freiwillig an einem Doppelblindtest teilzunehmen. Im Allgemeinen bedeuten Tests und Prüfungen immer Stress, Angst, Diskussionen und alle möglichen Arten von Ausreden und Ausweichen. Wenn jemand nicht an einer Überprüfung teilnehmen möchte, kann das verschiedene Gründe haben. Die über allem stehende Aussage ist, dass es ein Problem entweder mit dem Training oder mit dem Selbstvertrauen gibt. Vielleicht sind Hund und Hundeführer nicht ausreichend trainiert oder der Stress, den der Hundeführer hat, beeinflusst den Hund negativ. Die Prüfungssituation kann sich von dem normalen Trainingsablauf unterscheiden und dadurch Fehler verursachen.

Wir überprüfen uns, unsere Hunde und unser Trainingskonzept regelmäßig und lieben es! Vertrauen Sie Ihrem Hund und glauben Sie an sich selbst. Stellen Sie sich den Herausforderungen, denn solche werden auch später im Einsatz an Sie gestellt werden!

Natürlich wird sich jeder, der in einem neuen Job beginnt und neue Tätigkeiten erlernt, erst einmal in Frage stellen. Bin ich bereit für die an mich gestellten (Einsatz-)aufgaben? Kann ich an diesem Wettkampf teilnehmen? Bin ich mir meines Könnens sicher? Und so weiter. Wenn dann noch ein Hund dazukommt, werden es noch mehr Fragen, denn jetzt sind es nicht mehr nur Sie allein in der neuen Situation, sondern auch Ihr Hund. Sie beide müssen einander vertrauen und niemand kann Ihnen dabei helfen. Sie können auch niemand anderem die Schuld geben. Wir haben gelernt, Prüfungen zu mögen – sie sind eine Gelegenheit, unsere Arbeit als ein Team zu zeigen und etwas über unsere Stärken und Schwächen zu lernen. Sie sind eine Möglichkeit, um zu wachsen!

Falls Sie je an sich selbst zweifeln, lesen Sie untenstehenden Auszug aus der Rede „The men in the Arena", die der amerikanische Präsident Theodore Roosevelt am 23. April 1910 an der Pariser Sorbonne gehalten hat:

„Nicht der Kritiker zählt; nicht derjenige, der darauf aufmerksam macht, wie der Starke fällt oder wo der, der anpackt, es besser hätte machen können. Die Anerkennung gebührt dem, der tatsächlich in der Arena steht, dessen Gesicht staubig und verschwitzt und voller Blut ist; der sich wacker bemüht; der sich irrt, der wieder und wieder scheitert, weil es kein Bemühen ohne Fehler und Schwächen gibt; aber der sich tatsächlich bemüht, Taten zu vollbringen; der großartige Begeisterung, großartige Hingabe kennt; der seine Kraft auf eine ehrenwerte Sache verwendet; der im besten Falle am Ende den Triumph einer großen Leistung kennt und der, im schlimmsten Falle, sollte er scheitern, zumindest bei einem kühnen Versuch scheitert, so dass sein Platz nie bei den kalten und furchtsamen Seelen ist, die weder Sieg noch Niederlage kennen."

Denken Sie immer daran, wenn andere Ihre Arbeit oder die Ihres Hundes kritisieren: Es sind Sie beide als Team, die letzten Endes in der Arena stehen und die Arbeit machen!

Bereiten Sie sich als Team auf die tatsächliche spätere Arbeit vor. Wichtig zu verstehen ist, dass es einen Unterschied zwischen Tests im Klassenzimmer, Tests im Sport und Tests in der professionellen Diensthundearbeit gibt. Im Klassenzimmer und im Sport können die Umstände kontrolliert werden, während Einsätze von Polizei, Zoll, Militär und so weiter oft unter äußeren Umständen stattfinden, die nicht kontrolliert werden können. Es wird zum Beispiel sehr viele Ablenkungen geben, die wir nicht kontrollieren können oder die wir vielleicht noch nicht einmal wahrnehmen, weil wir sie im Gegensatz zu unseren Hunden gar nicht sehen, hören, riechen oder fühlen können.

Prüfungen sind oft mit negativen Folgen verbunden, und das ist nicht nur das schlechte Gefühl, das jemand hat, wenn er eine Prüfung nicht geschafft hat. Auch Scham- und Schuldgefühle spielen hier eine Rolle, genauso wie Status, Ego und Position. Wenn der Cheftrainer, der für die ganze Diensthundeeinheit verantwortlich ist, in der Prüfung versagt, welche Auswirkungen hat das dann auf seine Schüler? Wenn der Sprengstoffspürhund die von einer Testperson versteckte Bombe in der Prüfung nicht findet, was macht das dann mit dem Vertrauen der anderen Mitglieder der Einheit? Wenn der Hund bei einer Gefängnisdurchsuchung die versteckten Drogen nicht findet, wird dann der Gefängnisdirektor im Ernstfall diese Einheit beauftragen? Wenn der Personenspürhund den Verdächtigen nicht finden kann, werden bei der nächsten Ermittlung überhaupt noch Personenspürhunde angefordert? Prüfungen haben direkt etwas mit Konsequenzen zu tun und diese sind nicht immer klar. Alles dreht sich um Erwartungen und um Erfolgskontrolle.

Aber lassen Sie uns das aus einer anderen Perspektive anschauen. Stellen Sie sich vor, Sie tragen im Dienst Ihre Waffe. Als Sie mit ihr im Schießstand geübt haben, hat sie oftmals nicht funktioniert. Sie haben gezielt und den Abzug betätigt, aber sie hat nicht ausgelöst. Würden Sie dieser Waffe vertrauen? Oder würden Sie Ihrem Auto vertrauen, wenn es jedes Mal ein Glücksspiel ist, ob es anspringt oder nicht? Würden Sie es behalten? Was ist mit Ihrem Handy, das sich nur noch manchmal ins Mobilfunknetz einloggt? Benutzen Sie es weiter oder kaufen Sie ein neues? Was ich sagen möchte: Wenn Sie mit einem Ausrüstungsstück arbeiten, das Sie nicht überprüfen können oder das, wenn Sie das doch können, unzuverlässig ist – würden Sie es benutzen?

Test zur Geruchsunterscheidung.

Überprüfungen helfen also, Vermutungen aus dem Weg zu räumen. Wenn Sie je als Patient in einem Krankenhaus waren, dann haben Sie sicher die Erfahrung gemacht, dass die Ärzte sich zwar angehört haben, was Sie zu sagen haben und an was Sie Ihrer Meinung nach leiden. Vielleicht haben Sie die Ärzte auch gebeten, einige Dinge zu überprüfen und andere Ursachen auszuschließen. Aber trotzdem haben die Ärzte alles nur Mögliche überprüft! Sie haben Ihnen zuerst zugehört, sich aber dann trotzdem objektive Daten verschafft, bevor sie die nächsten Schritte unternommen haben.

Auch beim Überprüfen der Hund-Mensch-Teams bekommen wir einen objektiveren Überblick über die Fähigkeiten der beiden. Und wenn wir den Hundeführer, wie weiter vorn beschrieben, als Schnittstelle sehen, wird für alle klarer, welches Niveau wir in Training und Einsatz erreichen müssen und dass es zwischen beidem keinen Unterschied gibt.

Unterschied zwischen Training und Einsatz?

Oft sagen uns Hundeführer, dass die Anzeige ihres Hundes im Training anders sei als im Einsatz – hm, das sagt uns, dass es da eine Diskrepanz gibt und die Schnittstelle nicht zuverlässig ist. Ein Radargerät funktioniert im Training genauso wie im Einsatz. Eine Waffe funktioniert im Training genauso wie im Einsatz. Ein Auto springt in Training und Einsatz gleichermaßen an. Ein Telefon funktioniert in beiden Situationen. Sobald ein Hilfsmittel nicht mehr zuverlässig ist, egal ob in Training oder Einsatz, ist es Zeit für eine Überprüfung und für Entscheidungen!

Wenn es einen Unterschied zwischen Training und Einsätzen gibt und das Team in einem Doppelblindtest nicht zuverlässig arbeiten kann, dann haben wir einen Fehler in unserem Trainingsplan gemacht. Alles muss darauf ausgerichtet sein, einen zuverlässigen Hund und vertrauenswürdigen Hundeführer auszubilden, der innerhalb der Befehlskette als verlässliche Schnittstelle dienen kann. Um das zu erreichen, müssen wir beide, Hund und Hundeführer, im Training öfter aus ihrer Komfortzone führen!

> *Wenn es einen Unterschied zwischen Training und Einsätzen gibt, dann haben wir einen Fehler in unserem Trainingsplan gemacht.*

Lernen Sie aus Ihren Fehlern

Aus Fehlern können wir lernen, aber nur, wenn wir sie nicht unter den Teppich kehren.

Jeder macht Fehler. Wichtiger ist, was Sie nach einem Fehler machen! Fehler helfen Ihnen, zu lernen, zu wachsen und sich weiterzuentwickeln.

Vor Jahren war ich einmal wirklich enttäuscht, als einer meiner Hundeführer mit seinem Hund die Zielgerüche nicht finden konnte, die ich am Abend in einigen unserer Büros versteckt hatte. Ich stellte seine Trainingsbemühungen und seine gesamte Arbeitseinstellung infrage. Am nächsten Tag händigte mir der Security Manager der Anlage ein paar Gegenstände aus. Einer seiner Wachleute hatte sie in den Büros gefunden und beschlagnahmt, nachdem er auf der Überwachungskamera gesehen hatte, wie jemand irgendwelche Dinge in den Büros versteckte. Ich hatte aufgrund mangelnder Information ein furchtbares Fehlurteil gefällt! Ich entschuldigte mich bei dem Hundeführer und lernte daraus.

Unterscheiden Sie zwischen unbeabsichtigten Fehlern und beabsichtigter Fehlleitung. Beabsichtigte Fehlleitung ist, wenn jemand bei unerwünschtem Verhalten ertappt wird und sich dann für seinen „Fehler" entschuldigt. Wenn jemand beispielsweise seinen Hund aus der Frustration heraus bestraft, dabei erwischt wird und sich entschuldigt, dann übernimmt er keine Verantwortung und Rechenschaft für sein Verhalten. Verantwortung wäre in diesem Fall: „Was kann ich daraus lernen? Wie kann ich sicherstellen, dass ich meinen Hund nie wieder aus Frustration bestrafe?" Machen Sie sich keine Vorwürfe für so etwas, sondern stehen Sie zu dem, was Sie getan haben und lernen Sie daraus. Damit können Sie Ihr Handeln und Denken verändern, um beim nächsten Mal einen besseren Job zu machen.

Bewusste Fehlleitungen sehen wir manchmal auch in unseren Einsätzen. Wir hatten einmal einen hochriskanten Einsatz, bei dem eine Sondereinheit ein Haus stürmen und den Verdächtigen im Schlaf überraschen und festnehmen sollte. Es gelang und der Verdächtige hatte keine Zeit mehr, um nach seiner Waffe zu greifen. Dann baten wir einen Sprengstoffhundeführer, uns bei der weiteren Durchsuchung des Hauses zu helfen. In einem der Räume, die der Hund durchsuchte, stand eine große Tasche in der Ecke. Der Hund untersuchte diese, reagierte aber nicht und lief weiter. Der Hundeführer trat gegen die Tasche und wir hörten das typische Klackern von Munition. Als wir sie öffneten, fanden wir über 3000 Ladungen. Aber noch bevor wir zum Briefing zurück im Hauptquartier waren, erzählte der Hundeführer jedem, dass sein Hund eine sehr gute passive Anzeige gezeigt hätte, die zum Fund der Tasche geführt hätte. Anstatt die Verantwortung für die Tatsache zu übernehmen, dass der Hund sein Ziel verfehlt hatte, leitete er uns bewusst in die Irre. Das ist schade, denn wir können aus den unbeabsichtigten Fehlern unserer Hunde lernen – aber nicht, wenn sie in voller Absicht unter den Teppich gekehrt werden!

Alles dreht sich um Konsequenzen

Konsequenzen verändern Verhalten. Das ist klar und einfach. Und es gilt nicht nur für das Tiertraining, sondern auch für Menschen. Wenn Hundeteams nicht einsatzfähig sind, weil sie in Prüfungen immer wieder versagen, dann muss das zu Konsequenzen führen.

Überprüfungen einsatzrelevanter Teams müssen deshalb das Niveau von Einsatzsituationen widerspiegeln. Sie müssen so real und so normal sein, dass sie jederzeit in den Alltag eingebunden werden können, ohne dass die Hundeführer es überhaupt richtig bemerken. Das bedeutet aber auch, dass man das Training zum Erhalt erlernter Fähigkeiten neu definieren muss, damit die Teams in ihrer Arbeit stabil und zuverlässig bleiben. Schließlich erwarten wir im Einsatz viel von ihnen. Da überrascht es manchmal, wie schwierig es ist, Diskussionen über die Konsequenzen für ein unzuverlässiges Team zu führen. Die Hundeführer fühlen sich angegriffen und machen die Umstände, das Wetter und Ablenkungen verantwortlich oder sie stellen die Kompetenz des Prüfers in Frage. Komischerweise ist das nie der Fall, wenn sie in einer Schießprüfung, einer Testfahrt oder einem Sporttest versagen. Wer im Schießstand nicht die nötige Trefferquote erzielt, muss seine Waffe abgeben und darf nicht mehr arbeiten. Wer kein zuverlässiger Autofahrer ist, darf nicht mit Blaulicht und Sirene fahren. Wer körperlich nicht fit ist, bleibt vorübergehend im Büro, bis er wieder einsatzfähig ist.

Wie testet man Trailing-Teams?

Das kann ganz einfach sein: Arbeiten Sie mit Doppelblind-Trails! Im Protokoll muss sich eine klare Beschreibung finden, was der Einsatzleiter, Manager oder Projektleiter von dem Personenspürhund und seinem Hundeführer erwarten kann und sie muss nah an echten Einsatzaufgaben sein. Sammeln und analysieren Sie Daten aus Einsätzen. Als wir dies bei uns in den Niederlanden getan haben, haben wir gesehen, dass die Polizei nach einem Kriminaldelikt 15–30 Minuten braucht, um ihre Erstuntersuchung abzuschließen. Danach kommen die Spurensicherer an den Tatort. Die Entscheidung, ob ein Personenspürhund angefordert wird, fällt in der Regel 45–60 Minuten, nachdem der Vorfall an die Polizeidienststelle gemeldet wurde. Das erste Team kommt in der Regel weitere 60 Minuten später am Einsatzort an, was bedeutet, dass die Spur bzw. der Trail rund zwei Stunden alt ist, bevor der erste Personenspürhund zum Einsatz kommt.

Weiterhin zeigen die Daten, dass acht von zehn Einsätzen in einem städtischen Umfeld stattfinden. Das bedeutet für uns, dass wir unsere Einsatzteams vorrangig an zwei Stunden alten Trails in städtischer Umgebung testen müssen. Und damit sie später einen wirklich guten Job machen, testen wir sie ab und zu auch an drei Stunden alten Trails, um es ihnen im Einsatz leichter zu machen.

Testen Sie die Teams doppelblind! Der Runner (Traillеger) sagt ihnen lediglich, wo sie den Startpunkt finden können wie zum Beispiel das Auto des „Verdächtigen" oder eine

Auch für Trailing-Teams ist es wichtig, dass sie immer wieder unter einsatznahen Bedingungen überprüft werden.

zurückgelassene Mütze oder Waffe. Wir benötigen unterwegs niemanden, der überprüft, ob das Team auch nah genug am Trail bleibt: Es weiß ohnehin niemand genau, wie sich dieser in dieser Umgebung und unter den ständig wechselnden Temperatur- und Windbedingungen verhält. Außerdem haben wir aus Erfahrung gelernt, dass diese Art von „Prüfungstrails" sich sehr von echten Einsatztrails unterscheidet: Hunde und Hundeführer werden von den anwesenden Dritten beeinflusst, die ihnen unbewusst Informationen geben (Kluger-Hans-Effekt). Halten Sie sich an die echten Einsatzbedingungen: Wenn das Team den Verdächtigen findet, ist es gut!

Der Trainingsplan muss beinhalten, wie lang der Trail ist, ob unterwegs Gegenstände gefunden werden sollen und wenn ja, wie viele. Heutzutage können wir auch mit GPS-Geräten arbeiten, um noch mehr Informationen zu sammeln.

Wie testet man Spürhunde?

Wir testen unsere Spürhunde auf zwei verschiedene Arten, die sich gegenseitig ergänzen. Das eine ist der Test zur Geruchsunterscheidung und das andere die eigentliche Suche. Wie auch beim Trailen glauben wir Menschen gern, viel darüber zu wissen, wie sich der Geruch draußen in der Umgebung oder innerhalb eines Gebäudes verhält. Wir glauben zu wissen, wie und wo er aus einer Tasse, einem Koffer oder einem Schrank ausströmt. Aber in Wahrheit wissen wir das nicht genau und vieles ist subjektiv. Das Ergebnis vieler Tests wird durch eher ungesicherte Erfahrungen beeinflusst, sodass wir manchmal die Objektivität und den Einsatzfokus dieser Tests vermissen.

Grundsätzlich kann aber ein Test zur Geruchsunterscheidung für alle Spürhunde gleich sein. Man braucht keine unterschiedlichen Testverfahren für Sprengstoff, Drogen, Bargeld, Waffen, Brandbeschleuniger, Leichengeruch, Blut oder nach was auch immer der Hund suchen sollen. Natürlich haben alle diese Gerüche ihre Eigenarten, manche besitzen schwerere Moleküle und andere flüchtigere. Bei manchen müssen die Hunde mit ihrer Nase wirklich nah an die Quelle gehen, um sie zu orten, andere können aus großer Entfernung leicht wahrgenommen werden. Dann gibt es natürlich den Einfluss von Zeit, Temperatur, Feuchtigkeit, Sauerstoff und Bakterien, wenn dem Hund Gerüche präsentiert werden. Dann kommen noch Ablenkungen durch andere Gerüche, durch Bewegungen, Geräusche und Stress ins Spiel. Das bedeutet für uns, dass auch der Ort für den Test sorgfältig ausgewählt werden muss, damit die Überprüfung möglichst objektiv stattfinden kann. Das alles kann dazu beitragen, viele Daten zu sammeln. Nach vielen Tests können wir unsere Datenbank füllen und bekommen allmählich ein Bild der wichtigen Details und Parameter. So bekommen wir eine bessere Vorstellung von Leistungsstand und Qualität des Teams, das wir testen. So können wir unsere Arbeit insgesamt verbessern!

Der andere Test ist ein Einsatztest und findet erst nach einem erfolgreichen Geruchsunterscheidungstest statt. Letzterer ist also Voraussetzung, um den Einsatztest absolvieren zu können. Dieser findet in einer Umgebung statt, die die Umstände im echten Einsatz nachahmt. Ein Spürhund für Brandbeschleuniger wird diesen Test also logischerweise in einem Gebäude absolvieren, in dem es zuvor gebrannt hat. Einen Trümmersuchhund testet man an Trümmern.

Und so weiter und so fort. Bei Drogen- oder Sprengstoffspürhunden schaut man, wo sie später vermutlich am häufigsten eingesetzt werden. Ein Drogenspürhund, der an Containern in großen Seehäfen arbeiten soll, wird dort überprüft. Soll er an Flughäfen eingesetzt werden, wird er auch genau dort eingesetzt, zwischen all den Reisenden, Koffern und Kisten. Soll er für den Zoll arbeiten, wird in der Suche an vielen verschiedenen Autos getestet und der Sprengstoffspürhund einer Spezialeinheit wird er in einer Kulisse von Schussgeräuschen getestet.

Heute sieht man in vielen Tests einen oder mehr „Prüfer", die dem Team folgen und dessen Arbeit überprüfen und Punkte für Handling, Route, Distanz, Geruchserkennung, Anzeige etc. vergeben. Das Problem: Auch, wenn sie sich dessen nicht bewusst sind, beeinflussen diese Prüfer die Hunde oft nach dem Kluger-Hans-Prinzip – durch die Art, wie sie sich positionieren und bewegen, wann sie etwas sagen und wann sie schweigen. Nicht nur der Hundeführer, auch der Hund wird ihre „Hinweise" nutzen, um die Ziele zu finden.

Wir folgen einem anderen Testprinzip, das nicht nur für die Arbeit Vorteile bietet, sondern auch der allgemeinen Erfahrung des Teams nutzt. Wir haben dazu die Elemente negativen Stresses herausgenommen und durch solche positiven Stresses ersetzt. Wir bauen eine andere Erwartung auf und haben die Art und Weise verändert, wie wir die Funde markieren und verstärken. Außerdem machten wir die Tests doppelblind und sehr objektiv – und wir haben sie so interessant gemacht, dass die Teams sie lieben und gerne öfter als nur einmal im Jahr machen möchten, weil sie so viel Spaß machen!

Die Suchsituationen im Test müssen denen in späteren Einsätzen möglichst nahe kommen.

Unsere Spürhundetests

In unserem Test für Spürhunde stehen die Teams der Prüfungskommission zunächst in einem Briefing gegenüber: Zuerst muss der Hundeführer das Ergebnis des zuvor erfolgreich absolvierten Geruchsunterscheidungstests vorzeigen. Dann erhält er von den Prüfern Angaben zu seinem Suchgebiet. Das kann ein von GPS Koordinaten eingegrenztes Gelände sein, ein Gebäude oder eine Industriebrache. Es kann auch ein Flughafen sein, ein Seehafen, ein Flugzeug, Schiff oder was auch immer der Einsatzort eines Teams ist. In allen Szenarien sorgen wir für Ablenkungen, die denen während eines Einsatzes möglichst ähneln. Im Suchgebiet sind mehrere Funde versteckt, die das Team gemeinsam suchen soll. Bei einem Fund kann der Hundeführer nicht einfach nur markern und verstärken, sondern er muss den Gegenstand wirklich genau untersuchen, um den daran angebrachten Kennzeichnungscode zu finden. Das kann eine Nummer, ein QR-Code oder eine Art Pfandmarke sein, die er an sich nehmen und zu den Prüfern bringen muss.

Auf diese Art und Weise können wir doppelblind, ohne Beeinflussung durch andere arbeiten und ein sehr objektives Ergebnis erzielen. Es gibt keine subjektiven Prüferurteile und die Art und Weise, wie die Hunde verstärkt werden, ist die beste und realistischste, denn wie wir alle wissen, besteht der Verstärkungsprozess aus mehr als nur dem Brückensignal und dem Geben des Verstärkers. Wenn der Hundeführer da ist und zusammen mit dem Hund die Geruchsquellen zu finden versucht, ist die Sache nochmal eine ganz andere! Der Hundeführer muss den Code oder die Pfandmarke finden und der Hund ist der Einzige, der dabei helfen kann. So wird es zu einer echten Teamarbeit, Qualität und Stärke des Verstärkungsprozesses werden positiv beeinflusst. Hunde und Hundeführer lieben das!

Umgang mit Fehlanzeigen

Die Kriterien für Fehlanzeigen werden in vielen Prüfungsverfahren unterschiedlich gehandhabt. Wenn ein Hund 20 Autos absucht und bei zweien davon eine Fehlanzeige macht – zählt das dann als totales Versagen und hat zur Folge, dass der Hund für nicht einsatzfähig erklärt wird? Oder was, wenn ein Hund am Flughafen an 5 % der Gepäckstücke falsch anzeigt? Und wie ordnen wir es ein, wenn der Hund zwei von sechs versteckten Gegenständen im Suchgebiet verpasst? Diese Fragen müssen im Trainingsplan beantwortet werden, bevor das Training startet. Trainer und Teams müssen wissen, was ihr Ziel ist.

Mögliche Fehlanzeigen

Falsch positiv: Der Hund zeigt an, obwohl gar kein Zielgeruch vorhanden ist.
Falsch negativ: Der Hund zeigt nicht an, obwohl Zielgeruch vorhanden ist.

Information

Wir sind der Meinung, dass Hunde und Hundeführer immer Fehler machen werden und nicht zu 100 % perfekt sind. Selbst Labortechniker mit ihren teuren Geräten machen Fehler. Hier kann man zwei Wege gehen. Entweder man macht die Prüfungen so leicht, dass volle Punktzahl (100 %) für jedes durchschnittliche Team erreichbar ist. Oder man schafft eine Prüfungssituation, die echte Einsatzbedingungen nachahmt und erwartet etwa 20 % Fehlerquote. Wir haben uns für letzteres entschieden, und zwar aus einem einfachen Grund: Wir möchten unsere Teams herausfordern und auf das wahre Leben vorbereiten. Wenn wir Drogen, Sprengstoffe, Krankheiten, gefährdete Tierarten, die DNA von Vergewaltigern, die Spuren Krimineller, Waffen oder was auch immer finden müssen, können wir uns dann zwischen nichts und 80 % entscheiden? Wir nehmen die 80 %, denn wir Menschen haben weder die Nasen noch die Geräte, um das zu finden, was unsere hochmotivierten Hundeteams finden können. Dann müssen wir sie gut ausrüsten und motivieren, damit sie uns ihr Bestes geben können – was auch impliziert, dass wir ihnen vertrauen müssen!

Geruchsunterscheidungstests

Es gibt viele verschiedene Möglichkeiten, die Geruchsunterscheidungsfähigkeit eines Hundes zu testen und wir haben über den Globus verteilt die verschiedensten gesehen – kurz oder lang, sehr ausführlich oder sehr schnell erledigt, nur wenige Zielgerüche oder sehr viele davon. In manchen Tests waren den Teams Fehler erlaubt, in anderen wurden 100 % Erfolgsrate erwartet. Alles in allem gibt es viele Variationen und viel Subjektivität. Dennoch können solche Geruchsunterscheidungstests uns helfen, die Welt zu einem sichereren Ort zu machen und mehr über die Qualität und Fähigkeiten unserer Spürhunde zu lernen. Und die aus ihnen gewonnen Daten sind eine gigantische Informationsquelle! Wenn wir sie alle sammeln und zusammenbringen könnten, könnten wir wirklich sehr viel voneinander lernen!

Probleme mit der Validierung sehen wir auf der ganzen Welt, weshalb solche Tests umso notwendiger sind. So gibt es einige Berichte über die angeblich mangelnde allgemeine Trefferquote und Zuverlässigkeit von Spürhunden. Im australischen Bundesstaat New South Wales wurde zum Beispiel 2006 ein kritischer Bericht über Drogenspürhunde veröffentlicht, demzufolge die

Beamten nur in 26 % der Anzeigen eines Hundes tatsächlich Drogen fanden. Davon wiederum handelte es sich in 84 % der Fälle um sehr kleine Mengen von Cannabis und nur 0,19 % der Funde aufgrund erfolgter Anzeige des Drogenspürhundes führten zu einer Strafverfolgung. Im Jahr 2010 testete die University of California Davis 18 Drogen- und Sprengstoffspürhunde, die eine Misserfolgsquote von 85 % zeigten. Die Hundeführer beeinflussten offensichtlich unbewusst ihre Hunde. Ähnliche Beispiele gibt es mehr. Wir wissen, dass Hunde außerordentliche Fähigkeiten darin besitzen, uns beim Auffinden von Kriminellen, Drogen, Sprengstoffen, Krankheitserregern und vielem mehr zu helfen, aber wir müssen eben auch sicherstellen, dass die Mensch-Hund-Teams gut trainiert und bereit für ihren wichtigen Job sind.

Was also dringend gebraucht wird, ist ein validierter Test für die Spürhundearbeit, der nach einem klaren, objektiven Prüfungsprotokoll durchgeführt wird und Aufschluss über den Stand des Trainings und die Einsatzbereitschaft gibt. Er muss messbares Feedback zum Training und zur Qualität von Hund und Hundeführer und vor allem zu deren Verlässlichkeit liefern, was wiederum das allgemeine Vertrauen in Spürhundeteams stärken würde. Diese Art von Tests könnte nicht nur der jährlichen Überprüfung dienen, sondern wir könnten sie auch dazu nutzen, um zu überprüfen, ob die Hunde nicht krank sind, wie sie nach ein paar Wochen Ferien arbeiten oder wie gut wir neue Zielgerüche im Training bereits konditioniert haben.

Bei großen und wichtigen Einsätzen sind wir manchmal außerdem darauf angewiesen, externe Spürhundeteams um Hilfe zu bitten. Bevor wir mit ihnen rausfahren, bitten wir sie immer, unseren Geruchsunterscheidungstest zu absolvieren, was allen Beteiligten ein Gefühl der Sicherheit verschafft.

In einem guten Protokoll zum Testablauf finden sich zum Beispiel konkrete Informationen über den Umgang mit den Zielgerüchen, welche Ablenkungen eingebaut werden, wie groß die Abstände zwischen den Zielgerüchen sind, ob Beobachter anwesend sind und wenn ja, wo, wie mit Fehlern und Fehlanzeigen umgegangen wird, wie die Reinigungsprozedur abläuft, wie wir die erreichte Punktzahl interpretieren oder wie wir das Line-up oder das Geruchsrad aufbauen – kurzum alle Details dazu, wie wir einen objektiven Test durchführen können.

Das Line-up

Ein Line-up ist ein klarer Weg zur Durchführung eines Geruchsunterscheidungstests. Es besteht aus einer Reihe von acht für den Hund sichtbaren Targets in Form von Behältern mit idealerweise einem Meter Abstand dazwischen. In jedem Behälter befindet sich ein Geruch, von denen sieben Verleitungsgerüche sind und nur einer der Zielgeruch. Mit dem Line-up trainiert man nicht nur den Hund, sondern auch den Hundeführer, denn es sind viele verschiedene Variationen möglich. Wir können den Hundeführer zum Beispiel bitten, den Hund angeleint oder unangeleint zu begleiten oder aber ihn an der Startposition stehend warten lassen. Auch können wir mit verschiedenen Arten von Gegenständen auf dem Line-up arbeiten und die Parameter nacheinander abarbeiten. Wir können draußen oder drinnen arbeiten und haben so

Das Line-up wird schnell zum vertrauten Reizbild für den Hund.

volle Kontrolle über die Umgebung. Schon nach ein paar Wiederholungen wird eine Line-up zu einem klaren Reizbild für den Hund: Er weiß genau, was er zu tun hat und wie er sich Verstärker verdienen kann. Wenn wir einmal auf diesem Niveau der Arbeit angekommen sind, können wir auch mit extremen Ablenkungen und mit verschiedenen Geruchskonzentrationen arbeiten.

Wenn wir in einem Geruchsunterscheidungstest mit einem Line-up arbeiten, müssen wir sicherstellen, dass visuelle Aspekte, Abstände, Aufbau und Umgebung immer gleich sind, denn wir möchten ja objektive Ergebnisse erzielen und Daten sammeln. Das einzige, was sich in Line-ups zu Überprüfungszwecken unterscheidet, ist der Zielgeruch. In der Regel testen wir einen Zielgeruch in sechs Durchgängen. Sprich, wenn Sie mit fünf verschiedenen Zielgerüchen arbeiten, hat der Hund 30 Durchgänge.

Der Zielgeruch wird in jedem der Durchgänge an einem anderen Ort innerhalb des Line-ups platziert. Auch die Ablenkungen und anderen Geruchsbilder ändern sich mit jedem Durchgang. Ihre Position ändert sich oder es werden Ablenkungsgerüche herausgenommen und durch andere ersetzt. So muss der Hund wirklich seine Nase einsetzen, um nur den Zielgeruch zu finden, denn die anderen, veränderlichen Parameter helfen ihm nicht dabei, schneller zu seiner Verstärkung zu kommen. Von den sechs Durchgängen pro Zielgeruch ist immer einer ein Leerdurchgang, sprich es ist gar kein Zielgeruch vorhanden. Damit simulieren wir die Möglichkeit, dass in Realeinsätzen ja auch nicht immer Zielgeruch vorhanden ist und der Hund lernen muss, damit umzugehen, dass er nicht immer findet.

Der Hund hat also in den sechs Durchgängen fünf Möglichkeiten, zur Verstärkung zu gelangen. Und natürlich muss der gesamte Test doppelblind durchgeführt werden! Wenn alle Beteiligten, sprich Hund, Hundeführer und Prüfer, wissen, was zu tun ist, ist ein solcher Geruchsunterscheidungstest schnell durchgeführt und man benötigt dann in der Regel sechs bis sieben Minuten pro Zielgeruch (sechs Durchgänge).

Der Leerdurchgang ist ein wichtiges Element des Trainings, denn nur so sehen wir, ob der Hund falsch positiv anzeigt, um trotzdem seinen Verstärker zu bekommen, oder ob er in der Lage ist, bei Fehlen des Zielgeruchs das Line-up zu verlassen, ohne anzuzeigen.

Das Geruchsrad

Ein weiteres mögliches Setup für einen Geruchsunterscheidungstest ist das Geruchsrad, von denen es mehrere verschiedene auf dem Markt gibt und das man mit kleinem Budget auch leicht selbst herstellen kann. In einem Geruchsrad befinden sich verschiedene Verleitungsgerüche und ein Zielgeruch, der Unterschied zum Line-up besteht nur in der Anordnung: Wir haben jetzt keine Reihe mehr, sondern einen Kreis ohne Anfang und Ende. Die lineare Anordnung im Line-up kann für manche Hunde problematisch sein, weil es immer einen visuellen Anfang und ein visuelles Ende gibt. Im Training sehen wir oft Hunde, die im Line-up die erste Position auslassen und dann, wenn sie keinen Zielgeruch finden, sich einfach auf gut Glück an der letzten Position hinsetzen oder hinlegen.

Professionelle Geruchsräder sind aus Metall oder anderen leicht zu reinigenden Materialen hergestellt und auf einem höhenverstellbaren Ständer montiert. Sie sind leicht drehbar und damit für viele Hunde sehr attraktiv, denn die Tatsache, dass es keinen Anfang und kein Ende gibt, motiviert sie zum Finden des Zielgeruchs.

Wenn wir ein Geruchsrad in einem Geruchsunterscheidungstest benutzen, brauchen wir ein klares Protokoll. Wie lange darf der Hund am Geruchsrad suchen? Wie wird es gereinigt und alle anderen Details, wie wir sie auch für das Line-up festlegen.

Ein Geruchsrad kann man auch mit relativ einfachen Mitteln selbst herstellen.

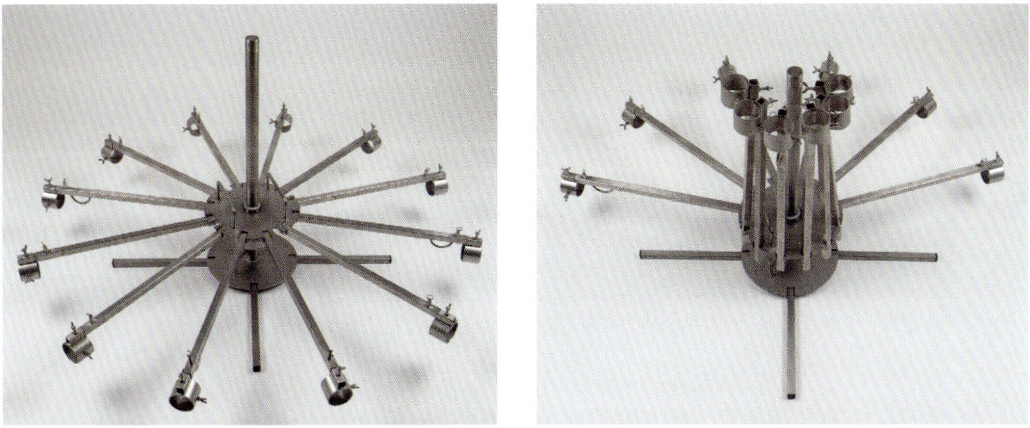

Ein professionelles Geruchsrad aus Metall hat den Vorteil, sich leichter von Geruchsanhaftungen reinigen zu lassen, höhenverstellbar und transportabel zu sein.

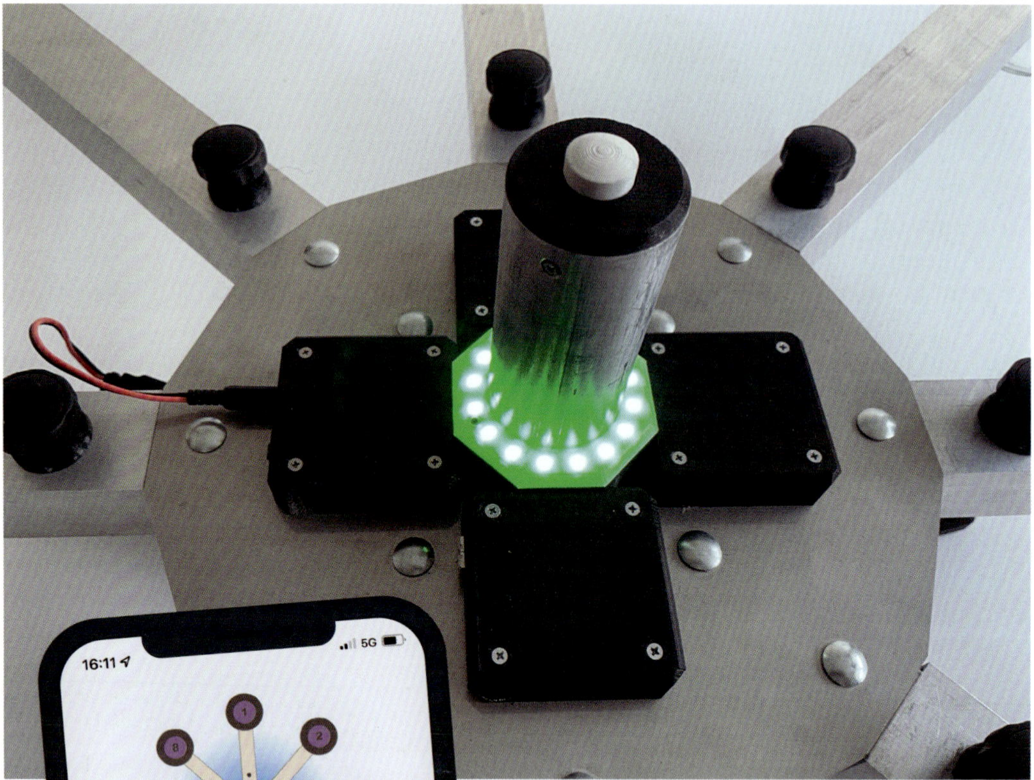

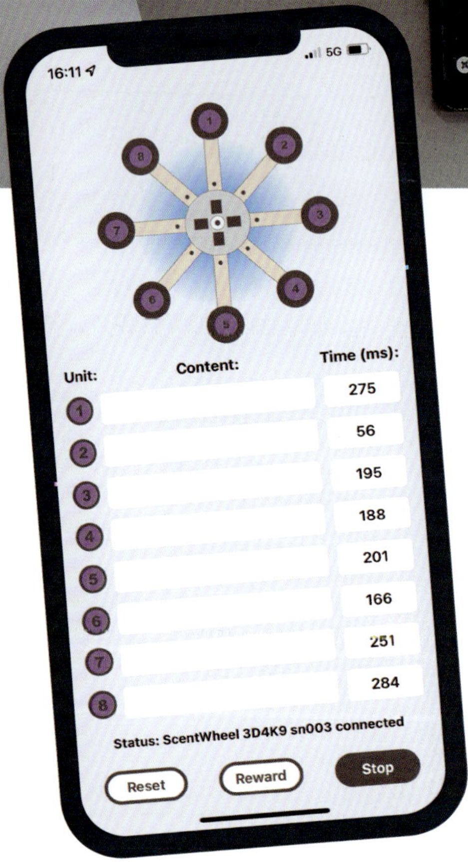

Das von uns entwickelte Geruchsrad mit Sensoren misst exakt, welchen Behälter der Hund wie lange mit der Nase berührt hat und überträgt diese Daten in eine Smartphone-App.

27

Problemverhalten

Die Hauptfrage lautet: Was ist eigentlich Problemverhalten? Nun, das ist sehr relativ je nach Erfahrungen, Umständen und Erwartungen. Wir haben für unsere Einheit schon einige „Familienhunde" gekauft, die ihre Besitzer in den Wahnsinn getrieben hatten, weil sie so ein Übermaß an Energie besaßen, den ganzen Tag lang Aufmerksamkeit einforderten, alles zwischen die Zähne nahmen, was sie zu fassen bekamen oder nicht mehr hergeben wollten, was sie einmal im Maul hatten. Oft hatten die Besitzer schon Hilfe bei den unterschiedlichsten Hundetrainern oder Tierärzten gesucht, bevor ihr Anruf uns erreichte, denn tatsächlich hat genau diese Art von Hunden oft ein gutes Potenzial zum Spürhund – und glücklicherweise wurden auch einige von ihnen erfolgreiche Drogen- oder Sprengstoffspürhunde. Auch in zivilen Hundesportvereinen haben wir schon so manchen guten Hund mit „Problemverhalten" gefunden, zum Beispiel Schutzhunde, die nicht bellen wollten. Die Prüfungsordnung sieht vor, dass sie an einem bestimmten Moment bellen müssen, und wenn sie es nicht tun, ist dies ein Ausschlusskriterium. Wir aber lieben genau diese „stillen" Hunde, weil wir sie leicht zu leise arbeitenden Schutzhunden ausbilden können. Was für den einen ein Problem ist, kann für einen anderen ein Sechser im Lotto sein! Auf ähnliche Art und Weise haben wir auch einige sehr gute Jagdhunde „entdeckt", die als Familienhunde alle möglichen kleinen Tiere wie Enten etc. jagten und einfach nicht davon ablassen konnten. Sie waren einfach nicht als Familien-, sondern als Jagdhunde geboren und es war für uns ein Leichtes, sie in ein neues passendes Zuhause zu vermitteln: Sie bekamen eine Aufgabe als Jagdhund und das Problem war gelöst. Aus all den Beispielen wird klar, dass ein Verhalten für jemand, der nicht weiß, wie er mit all dieser Energie umgehen soll, ein Problem sein kann, dass aber für andere dieses Problem genau die Art von Triebstärke sein kann, nach der wir Ausschau halten. Machen Sie also nicht den Fehler, bestimmte Verhalten und Veranlagungen per se als Problem zu bezeichnen.

Analysieren Sie das Verhalten

Bevor wir über ein Problemverhalten sprechen, müssen wir es analysieren. Was genau geht eigentlich vor? Welches Verhalten gibt uns das Tier? Was ist die Absicht dieses Verhaltens? Können wir es stoppen, verändern oder ignorieren? Was wird passieren, wenn wir gar nichts dagegen tun können?

Wir müssen uns verschiedene Aspekte des Problems anschauen. Wie denkt der Besitzer darüber? Wie beeinflussen die Umstände dieses Verhalten? Und wie beeinflusst das Verhalten die Umgebung des Hundes, in der er lebt? Ein bellender Hund kann sehr effektiv sein, wenn es darum geht, einen Einbrecher zu verjagen. Aber wenn ein Hund in einer Mietswohnung den ganzen Tag lang bellt, kann das alle an den Rand des Wahnsinns treiben.

Wir haben einmal eine Dame beraten, die regelmäßig mit ihrem Pferd im Wald ausritt und uns um Rat fragte, weil sie ihren Hund dabei nicht mitnehmen konnte. Ihr früherer, jetzt verstorbener Hund war immer problemlos mitgelaufen, während sein Nachfolger nun dem Pferd ständig in die Beine biss. Ein sehr unangenehmes Verhalten. Bei genauerem Hinschauen stellte sich heraus, dass der neue Hund ein Cattle Dog war – eine Rasse, die zum Treiben von Großvieh gezüchtet wurde und es in den Genen hat, dazu die Rinder in die Beine zu zwicken.

Ein anderer Halter bat uns um Hilfe, weil sein Hund ihn jedes Mal biss, wenn er ihm die zwingend benötigten Augentropfen verabreichen wollte. Der arme Hund hatte blockierte Tränenkanäle, weshalb er seine Augen nicht mehr auf natürlichem Weg befeuchten konnte und drei Mal täglich Augentropfen brauchte. Sobald er seinen Besitzer mit dem Tropfenfläschen kommen sah, begann er zu knurren und irgendwann auch zu beißen. Die drohende Konsequenz war eine Verschlechterung des Augenzustands und am Ende sogar Euthanasie.

Wenn ein Verhalten so störend und gefährlich ist, dass die einzige „Lösung" eine Euthanasie zu sein scheint, wie bei dem augenkranken Hund, dann verwenden wir das Wort „Problemverhalten". Anderenfalls ist es einfach „unerwünschtes Verhalten", das sich durch Training und / oder Management beeinflussen lässt.

Verhalten hat eine Funktion

Vergessen Sie niemals, dass jedes gezeigte Verhalten, selbst Problemverhalten, eine Funktion für den Hund hat. Sogar das Rennen im Kreis und Beißen in den eigenen Schwanz hat eine Funktion: Der Hund versucht, Stress abzubauen. Natürlich macht er es damit nur noch schlimmer und möglicherweise muss die Rute irgendwann sogar amputiert werden. Dennoch gibt es, wie immer, einen Grund dafür, warum der Hund dieses Verhalten zeigt.

Verhalten ist immer da

Verhalten ist immer da, auch wenn wir es nicht sehen können. Der Herzschlag beschleunigt sich, Muskeln spannen sich an und vieles mehr, das wir nicht sehen. Der Begriff „Problem" ist einfach etwas, das wir Menschen hinzugefügt haben, und es ist wichtig, das wirklich „problematische" an diesem Verhalten exakt herauszuarbeiten. Versuchen Sie die Trigger zu identifizieren, die das Verhalten in Gang setzen, denn nur wenn Sie verstehen, was das Verhalten auslöst und verstärkt, können Sie es verändern – sei es, indem Sie die Trigger entfernen oder das verstärkende Element herausnehmen. Letzten Endes besteht unsere Mission darin, eine Euthanasie zu vermeiden und dem Hund eine bessere Lebensqualität zu verschaffen, denn das Problemverhalten macht nicht nur dem Halter oder anderen Beteiligten, sondern auch dem Hund selbst Schwierigkeiten.

Wo kommt Problemverhalten her?

Das ist keine leicht zu beantwortende Frage. Problemverhalten kann viele Ursachen haben. Bevor wir es analysieren, müssen wir zuerst ausschließen, ob es nicht medizinische Gründe haben kann, was tatsächlich öfter der Fall ist. Gibt es kein gesundheitliches Problem, dann schauen wir uns das Verhalten aus verschiedenen Blickwinkeln näher an, wie zum Beispiel: Bietet seine Lebensumgebung dem Hund genug Abwechslung, um Langeweile zu vermeiden? Hat er genug körperliche Aktivität? Genug geistige Auslastung? Oder ist er im Gegenteil durch irgendetwas ständig überreizt? Gibt es Stressfaktoren? Oder kommen traumatische Erfahrungen zurück? Was ist es?

Mit Aggressionen umgehen

Es gibt viele verschiedene Arten von Aggression – gegenüber anderen Hunden, gegenüber Menschen oder gegenüber anderen Tieren. Es gibt Ressourcenverteidigung, Zwingeraggression und vieles mehr. Die Gründe für Aggressionsverhalten können zahlreich sein, die Auslöser sind nicht immer klar erkennbar und es kann unterschwellige Gründe wie traumatische Erfahrungen in der Vergangenheit geben. Wenn Sie es mit Aggressionsverhalten zu tun haben, raten wir Ihnen in jedem Fall, Rat bei einem erfahrenen Verhaltenstherapeuten zu suchen.

Schwierige Hunde, schwierige Menschen

Es gibt keine schwierigen Hunde, genauso, wie es keine schwierigen Menschen gibt. Das ist nur ein Etikett, das man auf eine Situation klebt, mit der man schlecht umgehen kann, wenn der andere nicht tut, was man möchte. Vielleicht ist es ja für denjenigen einfach nicht lohnend, Ihren Vorstellungen zu folgen? Fragen Sie sich also immer, was der andere eigentlich davon hat, denn wenn Sie etwas anbieten können, was er gerne möchte, dann stehen die Chancen gut, dass er Ihnen dafür folgt. Schaffen Sie eine Win-Win-Situation für alle Beteiligten und versetzen Sie sich in die Rolle des Tieres oder der Person, die Sie trainieren möchten!

Der Hund möchte etwas gewinnen

Viele der sogenannten Problemverhalten werden gezeigt, weil der Hund etwas für sich gewinnen möchte. Wir versuchen deshalb immer, die Antwort auf die Frage „Was habe ich davon?" (s. S. 80) aus seiner Perspektive zu finden. Fragen Sie sich, was den Hund beschäftigt hält und was er wohl gewinnen möchte. Sobald Sie das beantworten können, können Sie mit dem Training zur Überwindung der Probleme beginnen. Das Ziehen an der Leine ist ein gutes Beispiel dafür. Der Hund möchte, dass sein Besitzer mit ihm zu einem bestimmten Baum geht, weil er dort die Urinmarkierungen der anderen Hunde lesen kann. Oder er möchte Eichhörnchen jagen, weil ihm das Rennen und Nachjagen Spaß macht. Oder er zeigt sich aggressiv gegenüber anderen Hunden auf der Hundewiese, weil er seinen Besitzer beschützen oder ein Territorium in Anspruch nehmen möchte. In solchen Fällen sprechen wir nicht von reaktivem Verhalten, sondern betrachten es eher als proaktives Verhalten: Diese Hunde möchten etwas gewinnen und mit ihrem Verhalten wie Ziehen an der Leine, Jagen von Eichhörnchen oder Zeigen von Aggression gegenüber anderen Hunden die Situation verändern, sei es, um etwas zu bekommen, das sie möchten oder um mit Problemen besser umzugehen, mit denen sie sich konfrontiert sehen.

Stress reduzieren

Wir wissen aus vielen Studien, dass Stress ein großes Problem sein kann. Er verlangsamt das Lernen, beeinträchtigt die Beziehung und hat negative Auswirkungen auf die mentale und körperliche Stärke. Die Gefahr, in eine Depression zu rutschen, ist ständig um uns herum, und das Gleiche kann auch unseren Hunden passieren. Bei der Ausbildung der menschlichen Einsatzkräfte in Polizei, Feuerwehr etc. wird viel Wert auf den Umgang mit Stress gelegt, denn mentale Resilienz und körperliche Stärke verhelfen zu einem gesünderen Leben, stärken das Immunsystem und sorgen für mehr Lebensqualität. Wir können besser mit den an uns gestellten Herausforderungen umgehen und sind fitter für unseren Job. Diejenigen unter Ihnen, die es lieben, sich mal so richtig zu verausgaben, kennen das Gefühl, wenn Sie nach einer Ruhepause wieder mit körperlichen Aktivitäten beginnen: Sie fühlen sich sehr lebendig, stärker und mental wach. Es sind die freigesetzten Hormone wie Endorphine, Serotonin und Dopamin, die uns diese angenehmen Gefühle verschaffen. Körperliche Aktivitäten sind ein erwiesenermaßen guter Weg, um widerstandsfähiger zu werden und besser mit Stress umgehen zu können. Und das gilt genauso für unsere Hunde.

Nicht alle Hunde bekommen genug körperliche und geistige Auslastung. Beides ist notwendig, damit Hunde besser mit Stress umgehen können. Sie müssen resilient gegenüber Stress sein, denn die Begegnung mit Stress im täglichen Leben ist unvermeidlich. Auch die Art der Haltung spielt dabei eine Rolle. Nicht alle Hunde leben mit der Familie im Haus. Viele leben in Zwingern oder Tierheimen, manche alleine, andere in Gruppen. Manche werden auf der Rückbank des Autos, wo sie ihren Halter sehen, hören und riechen können, zu ihrem Einsatzort gefahren, andere sitzen stundenlang allein in geschlossenen Boxen im Kofferraum. Wieder andere werden per Schnellboot oder Hubschrauber zu ihrem Einsatz gebracht oder müssen sich zusammen mit ihrem Hundeführer abseilen lassen.

Wir bringen unsere Diensthunde in Situationen mit Schussgeräuschen und Detonationen. Sie müssen bei extremer Kälte oder Hitze arbeiten. Sie müssen ständig Entscheidungen treffen,

Polizeihunde sind öfter stressauslösenden Situationen ausgesetzt. Wichtig ist, dass sie darauf vorbereitet sind, mit diesem Stress umgehen zu können.

wenn sie Gepäckstücke abschnüffeln oder medizinische Geruchsproben untersuchen. Sie müssen in Gegenwart anderer Tiere und vieler sich bewegender Menschen wie auf Flughäfen oder Bahnhöfen arbeiten. Wir verlangen viel von unseren Hunden, deshalb müssen wir sie so vorbereiten, dass sie mit Stress umgehen können. Dazu gehört bei uns, dass wir neben der normalen Arbeitszeit sehr viel Zeit mit unseren Hunden verbringen. Wir schließen sie nicht aus, sondern lassen sie an unserem Leben teilhaben. Spaziergänge sind nicht nur dazu da, um sich zu lösen, sondern wir machen Mini-Entdeckungstouren daraus, auf denen die Hunde die Geruchsinformationen anderer Hunde untersuchen dürfen. Wir machen lange gemeinsame Waldwanderungen und spielen mit ihnen Spiele, die sie wirklich mögen. Und im Alltagsleben im Haus sorgen wir dafür, dass sie genügend geistige Anregungen bekommen. Auch Fütterungszeiten und die Art des Futters, aber auch Zeiten der Ruhe, Regeln und Strukturen helfen ihnen, Stress zu reduzieren.

Schlechtes Verhalten ignorieren

Der beste Weg, um mit schlechtem Verhalten umzugehen, ist vermutlich, es zu ignorieren. Stecken Sie Ihren Kopf in den Sand, gehen Sie in eine andere Richtung, hören Sie nicht hin, reagieren Sie nicht. Aber das ist nicht immer möglich. Was, wenn Ihr Hund mitten im Wohnzimmer auf Ihren neuen weißen Teppich ein Häufchen setzt? Das ist schlecht zu ignorieren. Wenn Ihr Hund ein kleines Kind anspringt, das gerade ein Eis in der Hand hält, ist das nicht in Ordnung. Wenn Ihr Hund pausenlos bellt, während Sie versuchen, mit Ihrem Chef zu telefonieren, ist das mehr als störend. Und wenn Ihr Hund Sie beißt, weil er das Steak von Ihrem Teller haben möchte, dann tut das weh und das Verhalten wird wirklich gefährlich.

Natürlich gibt es eine Menge Situationen, in denen wir schlechtes Verhalten einfach nicht ignorieren können. Seien Sie sich der Tatsache bewusst, dass Sie für das Verhalten Ihres Hundes haften. Eltern, die schon einmal Kinder großgezogen haben, wissen, dass man nicht jedes Fehlverhalten ignorieren kann. Wir müssen unseren Kindern beibringen, dass manche Dinge einfach nicht in Ordnung sind. Stehlen, Lügen oder sich Prügeln sind nur einige Beispiele dafür. Als Eltern sind wir verantwortlich – bei uns im Land auch gesetzlich, bis die Kinder sechzehn sind. Wenn sie mit Feuer in einem Gebäude herumspielen und dieses niederbrennt, sind wir dafür haftbar. Als Eltern tut man also gut daran, die Erziehung der Kinder verantwortungsvoll zu gestalten.

Die Diskussion rund um dieses Thema wird ähnlich emotional geführt wie die rund um negative Verstärkung und Strafe. Wir können vieles ignorieren, wenn wir wissen, wo und wie der Hund arbeitet und lebt. Dennoch müssen wir verhindern, dass andere Menschen, Tiere und auch der Hund selbst zu Schaden kommen. Ein Hund mit Problemen in der Ressourcenverteidigung, der aggressiv gegenüber Fremden ist, kann immer noch ein gutes Leben als Wachhund auf einem großen, eingezäunten Gelände führen. Ein Labrador, der das Problem hat, unerlaubt Enten oder andere Wildtiere jagen zu gehen, kann ein sehr guter Drogenspürhund auf einem Flughafen werden. Aber wenn ein Hund andere Hunde, die er auf der Straße trifft, umzubringen versucht, kleine Kinder beißt oder Menschen angreift, dann ist das problematisch.

Nicht motiviert genug

Es gibt ganz einfach Hunde, die nicht motiviert genug sind, um professionelle Arbeits- oder Diensthunde zu werden. Natürlich spielen fast alle Hunde gerne mit Bällen, sind versessen auf ein Extra-Leckerchen oder spielen gern mit ihren Menschen zusammen. Aber bei professionellen Diensthunden brauchen wir noch ein kleines bisschen Extra-Motivation obendrauf. Die eigene Nase einzusetzen, um einem Line-up den Zielgeruch zu finden, finden viele Hunde sehr interessant, aber viele verlieren auch nach ein oder zwei Durchgängen wieder das Interesse. Viele Hunde reagieren interessiert auf einen Grashüpfer, der im hohen Gras aufspringt, aber dann stundenlang nach diesem einen, vom Aussterben bedrohten Grashüpfer suchen zu müssen ist nochmal eine andere Nummer. Am Strand herumtoben mögen auch so gut wie alle Hunde. Aber am Strand im Sand vergrabene Eier von Meeressschildkröten suchen ist dann doch nicht so spannend.

Was können Sie tun, wenn Ihr Hund nicht motiviert genug ist? Das kann im Hundetraining ein echtes Problem sein. Viele dieser Probleme können wir mit einem guten Testsystem überwinden, indem wir zum Beispiel für Spürhunde in spe spezielle Motivationstests haben. Das Gleiche gilt für Schutzhunde, Personenspürhunde und andere Spezialisten. Aber selbst, wenn wir hochmotivierte Hunde ausgesucht haben, kann es passieren, dass wir uns mit mangelnder Motivation konfrontiert sehen. Wenn dem so ist, überprüfen wir zuerst den Gesundheitszustand des Hundes wie Körpertemperatur, Allgemeinzustand, allgemeines Verhalten. Als nächstes schauen wir uns die Aufzeichnungen der Trainingsdaten an. Meistens stellen wir dann fest, dass die Motivation schon ein oder zwei Wochen, bevor es uns auffiel, nachzulassen begann. Wenn wir mit einem intrinsisch motivierten Hund arbeiten, der in seiner Motivation nachlässt, müssen wir Haltung, Umgebung, Erfolgsrate im Training sowie die mentale und körperliche Verfassung unter die Lupe nehmen. Arbeiten wir dagegen mit eher extern motivierten Hunden, schauen wir uns auch die Verstärkungsrate, den Wert der Verstärker oder die Effektivität der negativen Verstärker an.

Auch die Umgebung überprüfen wir darauf, ob es vielleicht Ablenkungen gibt, die uns Menschen bisher entgangen sind. Eine läufige Hündin? Ein hochfrequentes Geräusch? Was könnte das Problem sein? Meistens haben wir einen Fehler im Training gemacht: die Verstärkungsrate war zu niedrig, der Verstärker nicht interessant genug, die Übungen waren zu schwierig oder zu viel oder es gibt Probleme in der Beziehung.

Wir analysieren alle Punkte, die uns einfallen, überprüfen die Gesundheit und die Trainingsdaten und arbeiten viel mit positiver Verstärkung, um die Motivation zurückzubringen. Wir bauen positive Erwartungshaltungen, Vertrauen und Lust zum Mitmachen bei unseren Spielen auf und setzen gegebenenfalls unsere Kriterien herab.

Wenn der Hund sich selbst belohnt

Das Schlüsselelement hierbei ist die Tatsache, dass der Hund sein eigenes Verhalten dadurch kontrolliert, dass er sich selbst belohnt, zum Beispiel, indem er den Mülleimer in der Küche öffnet und daraus Essensreste stiehlt. Wie wir ja wissen, ist Verhalten ein Ergebnis seiner Konsequenzen. Die Konsequenz hält das Verhalten weiter am Laufen. Wir können es also nicht ignorieren, weil der Hund sich dann trotzdem weiter selbst belohnen wird. Um das Verhalten zu stoppen, müssen wir zuerst herausfinden, was die Belohnung ist. Erst, wenn wir das wissen, können wir etwas ändern, indem wir zum Beispiel den Mülleimer wegstellen oder fest verschließen. Nur dann kann das Verhalten verschwinden.

Davon unterscheiden müssen wir sogenanntes „selbstbelohnendes Verhalten“, das *an sich* lohnend für den Hund ist, ohne, dass es dazu eines externen Verstärkers (wie das Futter im

Mülleimer) bedarf. Man sagt auch, dass das Verhalten intrinsisch motiviert ist. So ist Schnüffeln oder Jagen / Rennen für die meisten Hunde selbstbelohnend oder das Hüten von Schafen oder anderen Tieren für einen Border Collie. Er braucht keinen zusätzlichen Verstärker, die Aktivität „Hüten" allein ist für ihn verstärkend.

Unerwünschtes Verhalten

Der Hund hat zunächst keine Vorstellung davon, was der Unterschied zwischen erwünschtem und unerwünschtem Verhalten ist. Für ihn geht es nur darum, inwiefern sich das Verhalten für ihn lohnt. Dass andere um ihn herum, seien es andere Hunde oder Menschen, ein Verhalten als unerwünscht einstufen, ist dann die Lernkurve. Die Konsequenzen werden das Verhalten beeinflussen. Es wird immer Momente geben, in denen der Hund sich dazu entscheidet, etwas zu tun oder nicht zu tun und der Besitzer diese „Entscheidung" zunächst nicht beeinflussen kann. Etwa dann, wenn der Hund entscheidet, wer das Haus betreten darf oder dass niemand auf dem Sofa sitzen darf, dass er für sich in Anspruch nimmt. Oder wenn er andere Hunde und Menschen exzessiv anbellt und nicht damit aufhört, wenn man es ihm sagt. Wenn Grenzen nicht klar sind und der Hund in verschiedenen Situationen die Kontrolle übernimmt, dann haben wir ein ernstes Problem und es ist ziemlich offensichtlich, dass diese Art von Problemfällen etwas mit Hierarchie- und Dominanzproblemen zu tun haben. Mir ist bewusst, dass der Gebrauch dieser Begriffe zu sehr emotional geführten Diskussionen und zu Missverständnissen führen kann. Lassen Sie mich daher etwas ausführlicher erklären, was ich darunter verstehe. Zuerst müssen wir den Unterschied zwischen „Dominanz" und „Hierarchie" anschauen.

Dominanz ist *nicht*, wenn der Hund einen Besucher in Ihrem Haus aggressiv anbellt und ihn damit zu beeindrucken versucht. Dominante Hunde sind sehr ruhig, selbstbewusst und überschauen die Situation. Dominant sind Hunde, die entscheiden, wer zuerst frisst und von denen die meiste mentale Energie ausgeht. Sie beanspruchen die besten Plätze im Haus für sich, sind die Anführer für die anderen Hunde im Haus und versuchen möglicherweise, aber nicht immer, auch die Menschen zu kontrollieren. Der Hund kann auch beschützerisch sein.

Hierarchie ist etwas, das wir alle in unserem Leben erfahren haben. Es beginnt in der Schule, wenn der in der Hierarchie obenstehende Lehrer den Kindern Aufgaben stellt. Oder wenn er einen Schüler für eine Woche als „Klassenbeauftragten" ernennt, der ihm bei der Organisation des Unterrichts hilft, dafür sorgt, dass niemand zu spät kommt, die Zimmerpflanzen im Klassenraum gießt und so weiter.

In Militär, Polizei und anderen großen Organisationen sind wir mit Hierarchien gut vertraut. Auch in Familien haben wir sie als Kinder erlebt, als die Eltern entschieden haben, wer was tut, was wir essen, wo wir die Ferien verbringen und wer den Abwasch macht. All das sind Beispiele dafür, wie Hierarchien Strukturen und Verantwortung formen und damit sicherstellen, dass die Dinge erledigt werden. Natürlich können Hierarchien negative Emotionen bei Menschen auslösen, aber auf der anderen Seite ist es grundlegend wichtig, dass die Klasse, die Diensteinheit, die Familie, das Arbeitsteam, die Gruppe oder das Rudel überleben. Hierarchie ist eine Möglichkeit, unser Umfeld zu kontrollieren, Aufgaben zuzuweisen und Konflikte zu lösen. Wenn es in der Familie Streit darum gibt, wohin es im Urlaub gehen soll oder wer den Abwasch macht, kann die Hierarchie ihn beenden. Wenn alle Kinder im Klassenzimmer durcheinanderschreien und ständig zu spät kommen würden, kann niemand lernen. Hierarchien sichern das „Überleben" und sorgen für Gleichgewicht.

Reaktiv oder proaktiv?

Oft hören und lesen wir von „reaktiven Hunden", deren Besitzer berichten, dass sie zum Beispiel andere Hunde, Menschen oder Autos anbellen oder andere Reize zum Anlass für Bellen nehmen. Aber auch an der Leine ziehende oder auf andere Hunde zustürzende Hunde werden gern als „reaktiv" beschrieben. Aber ist „reaktiv" wirklich die richtige Beschreibung für diese Probleme? Reaktivität liegt dann vor, wenn Individuen wissen, dass sie beobachtet werden und dann ihr Verhalten aufgrund dieser ihnen entgegengebrachten Aufmerksamkeit ändern. Reaktivität kann negativ oder positiv sein. Ein schönes Beispiel für positive Reaktivität ist als Pygmalion-Effekt bekannt: Im Klassenzimmer ändern Kinder ihr Verhalten, um die Erwartungen des Lehrers zu erfüllen. Nach allgemeiner Definition versteht man unter Reaktivität die Neigung eines Stoffes zu einer chemischen Reaktion – entweder mit einem anderen Stoff oder von selbst – und zur Freisetzung von Energie. Das führt uns zu der Frage, ob man Hunde als „reaktiv" bezeichnen kann, wenn sie Energie freisetzen (an der Leine ziehen, bellen etc.). Für uns ist es aber interessanter, zu verstehen, *warum* sie das tun. Warum zieht der Hund jedes Mal an der Leine, wenn er auf dem Spaziergang in die Nähe bestimmter Büsche kommt? Warum jagt er Eichhörnchen? Warum ist er aggressiv gegenüber anderen Hunden im Park

Proaktiv

Proaktiv zu sein bedeutet, eine Situation zu schaffen oder zu kontrollieren, indem man Ereignisse in Gang setzt, anstatt nur auf etwas zu reagieren, das bereits geschehen ist oder geschieht. Um potenzielle Probleme identifizieren und ihnen vorbeugen zu können, muss man also proaktiv sein. An vielen Beispielen aus der Arbeitswelt können wir sehen, dass proaktives Handeln einen positiven Unterschied bewirkt. Am Ende geht es immer darum, effektiver und effizienter zu arbeiten – mehr zu erreichen und dabei weniger Energie zu verbrauchen. Proaktivität ist besser als Reaktivität und kann sogar Leben retten. Die meisten Sicherheitsvorkehrungen sind proaktiver Natur, um Unfälle zu vermeiden – Anseilen beim Arbeiten in großer Höhe, das Tragen eines Helms auf der Baustelle oder das Anlegen des Sicherheitsgurts im Auto. Selbst die reaktive Feuerwehr wendet viel Zeit und Geld für den Brandschutz auf.

Es ist daher kein Zufall, dass wir, wenn wir neues Personal für unsere Einheit suchen, nach proaktiven Menschen Ausschau halten und nach ebensolchen Hunden – nach solchen, die es einfach lieben, ihre Nase einzusetzen, zu springen, ziehen, jagen, beißen, anzugreifen oder was auch immer. Wir nutzen ihre Aktivität, um uns in unserer Arbeit für Polizei, Militär oder Zoll zu unterstützen. Wir haben an den Wochenenden Spaß mit ihnen auf langen Wanderungen oder im Hundesport. Aber natürlich können solche proaktiven Hunde auch Probleme verursachen, wenn sie nicht genügend herausgefordert werden, den größten Teil des Tages im Haus verbringen und nur für ein paar Minuten am Tag Bewegung in Form eines kleinen Spaziergangs bekommen. Mentale und körperliche Auslastung sind für proaktive Hunde essenziell.

Noch etwas anderes spielt dabei eine Rolle: Wir alle mögen in der Regel proaktive Menschen, die etwas anpacken, lieber als reaktive, die sich immer nur beklagen – und mit unserer eigenen Wortwahl konditionieren wir auch uns selbst ganz unbewusst. Assoziationen sind etwas Machtvolles! Wenn wir verstehen, dass unsere Hunde proaktiv anstatt reaktiv sind, bekommen wir einen anderen Blick auf das, was wirklich vor sich geht. Wir werden die Handlungen unseres Hundes mit einer anderen, positiveren Energie aufnehmen und wir werden dadurch wiederum zu besseren Trainern. Freuen Sie sich also über ihren proaktiven Hund! Versuchen Sie zu verstehen, was ihn antreibt und passen Sie Ihr Training und Ihre täglichen Spaziergänge daran an. Sorgen Sie dafür, dass genug Aktivität in seinem Leben stattfindet und schätzen Sie seine Art!

Ein proaktiver Hund wartet auf das Training am Line-up.

Die Sache mit der Führung

Hunde folgen entweder Anführern oder sind selbst welche. Oft wünschte ich mir, dieses Hunde-Mantra wäre auch für Menschen klar, denn nur zu oft bringen sie Hunde in Positionen, in denen sie gar nicht sein möchten, und das bringt sie aus dem Gleichgewicht. Dann verlagern sich die Energien und Verhaltensprobleme treten zutage. Beispiele dafür können kleine Hunde sein, die wie Babys angezogen und wie Handtaschen herumgetragen werden oder große Hunde, die auf Spaziergängen ihren Halter hinter sich herzerren und andere Hunde aggressiv anbellen. Oder solche, die Besucher wie wild anbellen und vollkommen außerhalb der Kontrolle ihrer Halter sind. Viele Verhaltensprobleme haben mit Führungsproblemen zu tun. Sobald man das anspricht, wird man schnell in eine Dominanz-Diskussion hineingezogen. Manche Menschen wischen das Konzept „Dominanz" komplett beiseite, andere vertreten die Meinung, dass sie die Ausgangsbasis für jede Mensch-Hund-Beziehung ist. An diesem Punkt möchte ich nochmals ganz klar sagen, dass die alten Dominanzprinzipien wie „Den Hund auf den Boden drücken" und so weiter absolut nicht mein Ding sind. Ich habe auch noch nie einen Chef gesehen, der seine Mitarbeiter auf den Boden drückt, bis sie keinen Widerstand mehr leisten. Führung ist wesentlich weiter gefasst, als Dominanz auszuüben. Sie beginnt mit Ruhe. Seien Sie ein ruhiger, selbstsicherer und proaktiver Anführer für Ihren Hund. Sie sind für ihn da, um ihm Richtung und Vertrauen zu geben, Probleme zu lösen und für ihn einzustehen. Was auch immer passiert. Ihr Hund muss wissen, dass er Ihnen als Führungsperson vertrauen kann. Seien Sie also selbstsicher, vertrauenswürdig, konsequent und verlässlich und tun Sie, was Sie sagen.

Geben Sie das richtige Vorbild

Es geht auch darum, das richtige Vorbild zu geben. Wenn Sie von einem jungen Hund verlangen, dass er eine merkwürdige Treppe gehen soll, gehen Sie vor. Wenn er irgendwo hochspringen soll, springen Sie mit. Wenn Sie ihm Schwimmen beibringen müssen, schwimmen Sie mit ihm. Ein ruhiger und selbstsicherer Anführer zeigt nicht nur den Weg, sondern geht vor!

Immer wieder wird es Momente geben, in denen der Hund sich sehr aufregt. Ein ruhiger und proaktiver Anführer kann diese Aufregung abfangen und die Energie kontrollieren. Es ist alles eine Frage der geistigen Einstellung. Wenn Sie Ihre eigenen Gedanken und Ihren Gemütszustand kontrollieren können, können Sie auch Ihren Hund kontrollieren.

Anführer sind auch fest entschlossen und konsequent im Stoppen unerwünschten Verhaltens. Auch hier können wir das richtige Vorbild geben, indem wir uns z. B. selbst im Haus oder während der Mahlzeiten ruhig verhalten. Stellen Sie sicher, dass Ihr Hund sich ruhig verhält, bevor er sein Futter bekommt, bevor Sie Gäste ins Haus lassen oder wenn jemand an der Tür ist. Eine andere Grundlage ist, dass der Hund sich an der Haustür nicht wild an Ihnen vorbei herausdrängelt. Sobald er das tut, stehen Sie still und starten Sie die Situation neu. Das Ziel ist, dass der Hund zur Seite geht, Sie vorlässt und Ihnen dann auf Aufforderung folgt. Auch jede

Mahlzeit ist ein guter Moment, um die Führung zu stärken. Bringen Sie Ihrem Hund bei, dass nur dann gefressen wird, wenn Sie es erlauben. Sie können hier mit Dauer (länger warten) und Ablenkungen spielen. Positionieren Sie Ihren Hund, während Sie das Futter vorbereiten, ins Sitz, Platz oder eine andere statische Position. Stellen Sie den Futternapf immer an der gleichen Stelle ab und lassen Sie Ihren Hund fünf bis zehn Sekunden warten, bis Sie ihn freigeben.

In unserem Wohnzimmer haben unsere Hunde ihr eigenes „Bett“, auf dem sie normalerweise liegen. Wenn wir Besuch bekommen, schicken wir sie dorthin – das ist entspannter für alle. Der Platz ist leicht für die Hunde erkennbar. Eine einfache, aber wichtige Aufgabe, die wir ihnen damit geben! Und wenn sie diese gut erledigt haben, indem sie eine Zeitlang ruhig gelegen haben, können wir dieses Verhalten belohnen, indem wir ihnen zum Beispiel dort einen großen Kauknochen geben.

Der Spaziergang

Eine der grundlegenden Fähigkeiten, an denen wir mit allen Hundehaltern arbeiten, ist der Spaziergang. Wenn Sie es wirklich beherrschen, Ihren Hund spazieren zu *führen*, verbessern Sie damit Ihre Führung insgesamt. Auch das ist wieder einfach, aber nicht leicht. Führen Sie Ihren Hund an einer kurzen, aber durchhängenden Leine. Achten Sie darauf, dass der Hund neben oder leicht hinter Ihnen geht. Aufrecht, Schultern zurück, keine Anspannung in Ihrem Arm und in der Leine.

Geben Sie Ihrem Hund unterwegs aber auch die Möglichkeit, mit seiner Umwelt zu interagieren. Es ist wichtig, dass er seine Sinne wie Augen, Ohren, Geschmacks-, Geruchs- und Tastsinn nutzen kann. Er muss sich umschauen können, Geräusche wahrnehmen , die Urinmarken anderer Hunde riechen, Dinge schmecken und sich im Gras rollen können.

Struktur in einem Spaziergang und Führung des Halters sind wichtig, aber auch Pausen, in denen die Hunde tun können, was sie wollen und all ihre Sinne nutzen können.

Geben Sie Ihrem Hund genug körperliche Bewegung und die Möglichkeit, aktiv zu sein. Das geht leicht, indem Sie Ihre täglichen Spaziergänge ausdehnen. Gehen Sie mindestens 30 Minuten pro Runde. Variieren Sie Wegstrecke und dehnen Sie die Entfernung allmählich aus. So bekommt Ihr Hund auch mentale Anreize, indem er verschiedene Dinge sieht, hört und riecht. Viele Hunde laufen auch gern neben dem Fahrrad her, schwimmen oder wandern gern oder spielen gern mit Ball oder Frisbee. Das ist nicht nur für die allgemeine Gesundheit des Hundes gut, sondern stärkt auch das Band zwischen Hund und Mensch und sorgt für ein ausgeglichenes Gemüt.

Wenn es zur Hund-Mensch-Kombination passt, können auch die verschiedensten Hindernisparcours eine tolle Sache sein, um nicht nur Körper und Geist auszulasten, sondern nebenbei auch noch guten Grundgehorsam beim Hund und Führungsfähigkeiten beim Mensch zu trainieren. Wir lieben Sie! Wenn es in Ihrer Nähe keinen Hindernisparcours gibt, werden Sie kreativ – Sie können immer etwas in Ihrer Umgebung finden: Kinderspielplätze (falls erlaubt) und Trimm-dich-Pfade, Zäune und Mäuerchen, über die man springen oder enge Lücken, in die man hineinkriechen kann. Auch im Wald bieten sich immer Herausforderungen in Form natürlicher Hindernisse.

Auch Hundesport ist eine gute Möglichkeit, den Hund auszulasten. Fast überall gibt es Clubs und Vereine mit den verschiedensten Angeboten von Agility über Obedience und Flyball bis zur Nasen- und Rettungshundearbeit und vieles mehr. Die gemeinsame Betätigung stärkt die Beziehung zwischen ihnen beiden und hebt sie in eine andere Dimension. Sie wissen ja: Alles dreht sich um Energie. Wenn die Energie im Hund zu hoch und das, was der Halter dem Hund abverlangt, zu wenig ist, kommt es zum Konflikt. Sorgen Sie für Energieausgleich durch Bewegung und Führung.

Wenn Hunde körperlich und geistig ausgelastet sind, verschwinden viele Verhaltensprobleme von alleine. Andere Hunde oder Menschen werden nicht mehr angegriffen und es wird nicht mehr stundenlang gebellt, wenn der Besitzer das Haus verlässt. Die Möbel werden nicht mehr angekaut und der Hund schläft einfach, wenn er alleine ist. Er ist zufrieden, ausgeglichen und entspannt. Wenn wir zuhause fernsehen oder lesen, schlafen unsere Hunde eigentlich immer, genauso, wenn wir kochen oder essen – denn sie wissen, dass sie definitiv an diesem Tag noch die Gelegenheit bekommen, ihre Energie loszuwerden.

Bewegung und Energie

Das meiste unerwünschte Verhalten ist ein Ergebnis von zu wenig Bewegung. Hunde sind dynamische Wesen und lieben es zu rennen, springen, kriechen oder sich zu rollen. Aber in unserem Alltag voller Terminen, Arbeit, Fernsehen, Internet und anderen Ablenkungen haben wir oftmals nicht genug Zeit, um unsere Hunde zu trainieren. Nehmen Sie sich einen Moment Zeit, um einen Tagesplan zu erstellen und berücksichtigen Sie dabei Zeit zum Schlafen, Arbeiten, Duschen, Essen, Putzen, Kinderbetreuung, Hobbys und alles andere, was Ihre Zeit in Anspruch nimmt. Wie viel Zeit haben Sie übrig, um sie mit dem Hund zu verbringen?

Hundesportarten wie Agility sind eine gute Möglichkeit zur Auslastung und gleichzeitig Festigung der Beziehung.

Genügend abwechslungsreiche Bewegung ist die Grundlage für einen ausgeglichenen Hund.

Und wie sieht es mit Training aus? Haben Sie noch genug Zeit und Energie übrig, um wirklich mit Ihrem Hund zu trainieren? Im Durchschnitt bleiben unserer Erfahrungen nach in einem normalen Haushalt nur etwa 30 Minuten für den Hund übrig. Und das kann zu Problemen führen.

Dann können alle möglichen Arten von unerwünschtem Verhalten wie Bellen, Aggressionen gegen Hunde oder Menschen, Dinge zerstören und anderes mehr auftreten, das uns nicht gefällt. Oft wird dann versucht, diesen mit Strafmethoden zu begegnen. Und das macht die Dinge schlechter – denn um ein Problem lösen zu können, müssen Sie zuerst dessen Ursache kennen. Und ich kann nicht oft genug betonen, dass zu wenig Bewegung eine der Hauptursachen für unerwünschtes Verhalten ist und viel Bewegung eine der besten Lösungen dafür. Hunde sind zum Herumrennen und Entdecken geboren. Drei Mal am Tag zehn Minuten rausgehen ist einfach nicht genug! Bieten Sie Ihrem Hund körperliche und geistige Herausforderungen, gehen Sie mal neue Wege, lassen Sie ihn schnüffeln, Spiele spielen, bei denen er nachdenken muss, lassen Sie ihn Nase, Augen und Ohren gebrauchen.

Dabei oder ausgeschlossen?

Viele Hunde werden in einen anderen Raum geschickt, wenn Besucher kommen und viele Diensthunde verbringen viel Zeit in Zwingern – isoliert von der menschlichen Familie. Den Hund davon auszuschließen, Teil der Familie zu sein, kann zu mentalen Problemen führen und ist oft ein Auslöser für unerwünschtes Verhalten. Wir sind uns dessen nicht immer bewusst und es ist so leicht zu vermeiden! Machen Sie eine Liste Ihrer Aktivitäten am Tag und halten Sie nach Gelegenheiten Ausschau, wo Sie Ihren Hund mit einbinden können. Meine Hunde gehen gerne mit mir wandern, aber Sie liegen auch gerne neben mir, wenn ich ein Buch lese, sie schauen mir zu, wenn ich in der Küche herumwerkele und wir genießen unser Zusammensein auch dann, wenn es so aussieht, als ob wir gar nichts tun würden. Dabei zu sein ist für jeden wichtig.

28

Aus dem Tiertraining fürs Leben lernen

Das Training von Tieren hat mir persönlich auch zum Verhalten von Menschen so mancherlei Einsichten beschert. In meinen Seminaren stößt das Thema „Trainer trainieren" immer auf großes Interesse. Ich sage dann immer gerne, dass das Training der Tiere der einfachere Teil ist und dass die größere Herausforderung oft darin besteht, mit den Menschen zu arbeiten. All das hat mich dazu gebracht, mir intensiv Gedanken zu Themen wie Integrität, Prinzipien, Scham, Schuld, Ego, Konflikte etc. zu machen und ich habe so manche interessante Persönlichkeit dabei kennenlernen dürfen, wenn es natürlich auch eine Seite des menschlichen Verhaltens gibt, die man vielleicht als „dunkle Seite" bezeichnen kann. Jedenfalls hat Tiertraining definitiv die Art und Weise beeinflusst, wie ich heute Management betrachte, denn es gibt in der Tat eine Menge Parallelen zwischen dem Training von Tieren und dem Management von Menschen. Gerne möchte ich ein paar Einsichten mit Ihnen teilen, die ich aus dem Tiertraining gewonnen habe.

Was sind Prinzipien?

Prinzipien sind Richtlinien, die uns helfen, durch unser Leben zu navigieren. Wir leben in einer schnellen Welt mit vielen Ablenkungen und manchmal fällt es schwer, überall nachzukommen. Ständig gibt es Momente, die sofortiges Handeln erfordern und man aber eigentlich keine Ahnung hat, was man tun soll. Oft verstricken sich Menschen in Situationen, in denen vielleicht gerade niemand hinschaut, aber in denen Integrität bei der Entscheidungsfindung gefragt ist. Um unter solchen Umständen die richtigen Entscheidungen treffen zu können, sind Prinzipien hilfreich. Sie machen anderen klar, wer Sie sind, was Ihnen wichtig ist und wo Sie im Leben stehen. Sie ziehen Zuhörer an, die sich mit Ihren Prinzipien ebenfalls identifizieren.

Während ich gerade diese Zeilen schreibe, sitze ich in einem Flugzeug der KLM hoch über dem Atlantischen Ozean. Ich buche diese Fluglinie immer wegen der Art und Weise, wie sie ihr Geschäft betreibt. Eins ihrer Prinzipien besteht zum Beispiel darin, den Kunden hochwertiges Essen aus biologischem Landbau anzubieten. Die Teller, Gabeln und Messer sind aus kompostierbaren Materialien und das Personal wird nach strikten Prinzipien ausgebildet, sodass der Kunde genau weiß, was er zu erwarten hat – was erstaunlich ist, wenn man bedenkt, dass bei der Fluglinie über 50.000 Menschen beschäftigt sind, die ständig woanders arbeiten und kaum zwei Mal mit den gleichen Kollegen gemeinsam. Trotzdem arbeiten sie so reibungslos zusammen wie ein eingeschworenes Team, das jeden Arbeitstag zusammen verbringt. Die Prinzipien sind für jeden klar: Die Crew, die Piloten und auch für die Kunden, denn zum Beispiel betrunkene Passagiere werden nicht an Bord gelassen. Und wenn jemand sich grob unfreundlich zur Crew oder anderen Passagieren benimmt, kann er in Zukunft keine Tickets bei der KLM mehr buchen.

Leichter gesagt als getan

Nicht immer sind unsere Worte im Einklang mit dem, was wir tun oder nicht tun. In den Nachrichten erfahren wir fast täglich von Politikern oder Firmenbossen, die die Linie der Integrität überschritten haben. Praktizieren Sie also das, was Sie anderen sagen, anstatt das sprichwörtliche Wasser zu predigen und Wein zu trinken. Das ist auch ein wichtiger Punkt für das Tiertraining. Es macht sehr betroffen, im Internet unbemerkt aufgenommene Videos zu sehen, auf denen Polizeibeamte ihre Diensthunde grob züchtigen. Und so manche hoch angesehene Hundetrainer sagen ihren Zuhörern, dass sie rein positiv arbeiten, während sie in der Realität sehr wohl auch mit negativer Verstärkung und Strafe arbeiten.

Um es an dieser Stelle noch einmal klar zu sagen: Eigentlich jeder nutzt irgendwann irgendeine Form von negativer Verstärkung oder Strafe, und wenn man sich noch so sehr bemüht, wo irgend möglich mit positiver Verstärkung zu arbeiten. Aber wie wir ja schon auf S. 97 gesehen haben, sind negative Verstärker und Strafen einfach Teil des täglichen Lebens. Es ist deshalb scheinheilig, von sich zu behaupten, zu 100 % positiv zu arbeiten und dies dann nicht umsetzen zu können.

Dann gibt es da die in der Welt des Hundetrainings aktiven Referenten, die noch niemals selbst einen Hund ausgebildet haben.

Prinzipien können einen leiten, aber sie sind nichts Absolutes. Es wird immer Momente im Leben geben, die uns überraschen und vor neue Dilemmata stellen. Genau dies sind die Momente, in denen wir die Liste unserer Prinzipien ergänzen müssen oder ihre Beschreibung schärfen müssen. Nehmen Sie sich einen Moment Zeit, um über Ihre eigenen Prinzipien nachzudenken: Was ist für Sie wichtig? Was kann Ihnen dabei helfen, auf dem Weg zu bleiben, den Sie eingeschlagen haben? Wie gehen Sie mit Ablenkungen im Leben um? Schreiben Sie sich Schlagpunkte auf und achten Sie darauf, ob Ihre Worte in Einklang mit Ihren Taten sind.

Wertschätzung

Die meisten von uns streben nach Wertschätzung. Wir alle möchten gesehen, gehört und erkannt werden – das liegt in unseren Genen. Die Art und Weise, wie wir uns ausdrücken, hat viel mit der Suche nach Anerkennung zu tun. Es kann die Art sein, wie Sie sprechen, wie Sie schreiben oder wie Sie sich bewegen. Es kann sich in Sport, Hobbys, Arbeit oder zwischenmenschlichen Beziehungen ausdrücken – es gibt viele Formen, wie Menschen nach Wertschätzung suchen, um sich gut und wichtig zu fühlen. Wertschätzung ist der Treibstoff für das Ego, und manche Egos sind größer als andere. Manche stellen sich ganz offen zur Schau, andere agieren eher im Verborgenen, aber dennoch sind die Egos der Menschen ständig um uns herum. Wenn jemand Sie für Ihre guten Trainerfähigkeiten lobt, bedeutet das Wertschätzung und Ihr Ego erfährt einen Aufschwung. Wertschätzung verschafft uns ein gutes Gefühl. Wir werden bemerkt. Ego und Wertschätzung sind wichtig für unsere Existenz und der Antrieb für Durchhaltewillen, Innovationen, Kreativität und vieles mehr. Ohne Ego und Wertschätzung würden die Menschen

nicht so hart daran arbeiten, ihre Fähigkeiten zu verbessern, sondern den Aufwand an Zeit und Energie ab dem Moment einstellen, in dem die ersten Enttäuschungen auftreten. Ego und Wertschätzung helfen uns, zu wachsen, uns weiterzuentwickeln und neue Dinge zu entdecken. Aber natürlich hat das Ego auch seine dunklen Seiten. Wenn es zu groß wird, sucht es nach immer mehr Anerkennung, um noch schneller weiter wachsen zu können. Wenn das Ego eines Menschen sich ausschließlich darauf konzentriert, Anerkennung zu bekommen, empfinden wir es als unangenehm, unsere Alarmglocken beginnen zu läuten und wir beginnen diese Menschen auf Ego-Trip zu meiden.

Wertschätzung und Anerkennung sind für alle wichtig – Mensch und Hund.

Die dunkle Kehrseite

Wertschätzung und Anerkennung haben wie das Ego ebenfalls eine dunkle Kehrseite: Wenn Egoisten die Arbeit anderer, deren Ideen, Erkenntnisse und geistiges Eigentum zu stehlen beginnen, ruiniert dies nicht nur das Vertrauen, sondern schwächt auch die Wertschätzung der Person, die sie eigentlich verdient hätte. Es ist nicht immer klar, was manche Menschen dazu motiviert, die Arbeit anderer nicht wertzuschätzen. Oft ist Geld im Spiel – wie in der Welt der Wirtschaft, wo Firmen sich gegenseitig Ideen stehlen, um schneller wachsen und mehr Profit erwirtschaften zu können. Im Musikgeschäft kann der Antrieb sein, dass ein Künstler dadurch bekannter zu werden versucht, indem er einen anderen kopiert, ohne dies zuzugeben. Und auch in der Welt des Hundetrainings sehen wir diesen Mangel an Wertschätzung. Schon in der Antike, als die ersten kommerziellen Tiertrainer ihr Geschäft betrieben, war das so. Sie bildeten Hunde für andere aus, damit sie ihnen bei der Arbeit mit dem Vieh, auf der Jagd oder auch im Krieg helfen sollten. Tiertraining wurde zum Geschäft, und wer darin gut war, bekam mehr Aufträge und verdiente mehr Geld als andere. Weiterempfehlungen zufriedener Kunden waren damals die einzige Werbung, die es gab, weshalb es wichtig war, gute Arbeit abzuliefern, einen besseren Job zu machen als die anderen, schneller bessere Ergebnisse zu erreichen, auch schwierige Tiere trainieren zu können und so weiter. Besser als andere zu sein war eine Frage des eigenen wirtschaftlichen Überlebens und hatte nichts mit dem Ego zu tun.

Integrität und Anerkennung anderer

Die meisten Leser dieses Buchs werden sicherlich in ihrer Freizeit in Hundesport und -training aktiv sein und ihren Lebensunterhalt auf andere Art und Weise verdienen, aber manche leben sicherlich auch vom Training der Hunde oder der Ausbildung von Menschen im Tiertraining. Natürlich ist auch hier das Ego am Werk und wir versuchen, unsere Arbeit besser, schneller und zuverlässiger zu erledigen als andere. Daran ist auch nichts falsch, denn wir entdecken dabei auch neue und bessere Wege, zu trainieren und unser Wissen weiterzugeben. Das alles dient der Sache insgesamt. Während bis in die 1980er Jahre hinein noch mit Zwang und Strafe gearbeitet wurde, sehen wir heute eine deutliche Hinwendung zum positiven Training. Dennoch scheinen wir die gegenseitige Wertschätzung oft zu vergessen: die Arbeit und Ergebnisse anderer werden „gestohlen“ und Menschen präsentieren ihre „eigenen Trainingsmethoden“, indem sie ihnen schicke neue Namen geben und sie unter Markenschutz stellen. Dabei gibt es in der Welt des Hundetrainings genug Arbeit für alle. Klar – wenn Ihr Name draußen präsent ist, wenn Sie schneller als andere trainieren können und wenn Ihre Ergebnisse besser sind als die anderer, dann wird Ihr Unternehmen vielleicht schneller wachsen und Sie verdienen mehr Geld als andere. Aber die Wahrheit setzt sich am Ende immer durch. Wenn Sie in der Lage sind, die Arbeit anderer wertschätzen zu können, wenn Sie Ihre Mentoren und Lehrer nennen und ihnen danken, wird das ein wichtiges Signal für Ihre Kunden sein, denn auch Integrität ist ein wichtiger Faktor für die Entscheidung, ob man jemanden als Trainer engagiert oder einer bestimmten Trainingsmethode zu folgen beginnt.

Wir kennen das aus eigener Erfahrung: Vieles von unserer Arbeit wird von anderen kopiert – oft mit Nennung, oft ohne. Wir sprechen dann gerne frei nach Star Wars von der Dunklen Seite und von der Macht: Wer sein Ego nicht daran hindern kann, die Kontrolle zu übernehmen, wer ständig selbst nach Anerkennung sucht, ohne anderen welche zu geben, dem können wir nicht helfen: Er hat sich für die dunkle Seite entschieden. Sobald Ihnen das an einem Menschen auffällt – lassen Sie ihn ziehen und Sie werden feststellen, dass Sie dafür jede Menge andere Trainerkollegen kennenlernen werden, die sich auf der Seite der Macht zusammengeschlossen haben. Sie teilen Informationen miteinander, sie wertschätzen sich gegenseitig und sie sagen offen, von wem sie was übernommen haben. So können sie gemeinsam wachsen, Neues entdecken, innovativ sein und das Leben vieler Hunde und Menschen besser machen.

Was Manager vom Hundetraining lernen können

Manager können eine Menge vom Hundetraining lernen, denn es gibt viele Parallelen. Hier wie da geht es um erwünschtes und unerwünschtes Verhalten, um Grenzen, klare Kriterien und Belohnung, aber auch Strafe. Menschen sind nichts anderes als besonders raffinierte Säugetiere und werden wie diese von zwei Hauptantriebskräften gesteuert: Schmerz oder Vergnügen. Sie möchten Schmerzen / Leiden vermeiden und Vergnügen / Wohlbefinden finden. Diese Antriebskräfte sind sehr klar und einfach. Schwieriger wird es, wenn man berücksichtigt, dass wir alle unterschiedlich sind. Aber nicht nur unsere Persönlichkeiten bewirken Unterschiede, sondern auch Kontext, Erfahrung, Müdigkeit, Timing, Emotionen und viele andere Umstände mehr spielen eine Rolle dabei, wie Belohnung oder Strafe vom Individuum empfunden werden. Das bedeutet, dass Manager bzw. Chefs genau wie Tiertrainer dafür sorgen müssen, dass sie das Individuum, mit dem sie zusammenarbeiten, wirklich kennen. Sie müssen wissen, was seine Motivation ist, müssen in der Lage sein, klar mit ihm zu kommunizieren und klare Ziele vorgeben, die auch erreicht werden können.

In unseren Seminaren haben wir auch Firmenmanager mit Hilfe von Hühnern als lebenden Trainingsmodellen in operanter Konditionierung geschult. Es gibt auch viele Coaching-Programme mit Pferden, in denen Manager fühlen und erfahren lernen, was ihre Präsenz in einer Gruppe bewirkt. So gibt es auch Managerseminare mit Hunden und in den Niederlanden sogar eines, in dem Affen eingesetzt werden. Als ich „de Apenheul" selbst besuchte, war ich sehr beeindruckt, die Dynamik innerhalb der Gorillagruppe zu sehen und zu spüren. Ich werde nie vergessen, wie ihr Anführer mich ansah, als ich ihren Lebensbereich betrat, in dem normalerweise keine Besucher zugelassen sind. Bevor ich weiter hineingehen durfte, musste das Oberhaupt der Gorillagruppe mich überprüfen. Ich musste nah an den Zaun treten, er schaute mich intensiv an, roch an mir und bewirkte, dass ich mich sehr klein und bescheiden fühlte. Dann erst gab er mir die Erlaubnis, seinen Wohnbereich zu besuchen. Sein Pfleger Leo sagte mir, dass es nun in Ordnung sei, wenn ich zu ihnen hineinginge.

In vielen Unternehmen arbeitet das Management immer noch nach Prinzipen des Taylorismus aus dem 19. Jahrhundert: Die Angestellten sind die Arbeiter und die Manager die Denker. Zu Problemen kommt es dann, wenn die Manager denken, dass die Arbeiter nicht genug produzieren und Zwang und Strafe einsetzen, um sie motivieren zu wollen. Neben Motivationsproblemen gibt es in vielen Unternehmen aber auch Kommunikationsprobleme und es gibt keine erstrebenswerten und / oder erreichbaren Ziele. Es werden keine Daten zur Überprüfung der Ergebnisse gesammelt und analysiert und es gibt keine Protokolle, Richtlinien oder Vision.

Schlechte Kommunikation

All dies führt zu schlechter Kommunikation, unklaren Kriterien und oft einer niedrigen Verstärkungsrate. Es ist wirklich schade, dass in vielen Unternehmen die Manager rund 80 % ihrer Aufmerksamkeit dem Lösen von Problemen widmen. Wäre es nicht toll, wenn sie stattdessen 80 % ihrer Zeit auf gute Dinge und Menschen in ihrem Unternehmen verwenden könnten? Wenn sie eher damit beschäftigt wären, ihre Mitarbeiter für gute Leistungen zu belohnen? Wenn sie feiern könnten, dass sie Ziele erreicht haben? Wenn sie den Kurs in Richtung Vision und Mission ihres Unternehmens halten könnten? Welches Signal würde das an die Arbeitskräfte senden? Manager müssen wie Trainer agieren und eine Umgebung schaffen, in der jeder erfolgreich sein kann, neue Fähigkeiten lernen kann und auf das große Ziel hinarbeitet.

Auch in der Wissenschaft finden wir dazu interessante Informationen. Für mich waren einer der Augenöffner die Daten zum Thema Fehlermachen. Analysedaten zum „Faktor Mensch" in Unternehmen zeigten, dass fast 85 % aller Ausfälle ihre Ursache in den Vorgehensweisen bzw. den Arbeitsrichtlinien haben, die unklar sind oder manchmal sogar für Gefahrensituationen sorgen. Nur rund 14 % der Ausfälle sind durch mangelnde Fähigkeiten bedingt und ganze 1 % beruhen auf Vorsatz. Gute Kommunikation kann hier einen riesigen Unterschied bewirken.

Es gibt auch eine Studie von John Gottman, die die Auswirkungen guter Kommunikation in Unternehmen maß. Sie fand heraus, dass die Firmen mit positiverer Kommunikation die bei weitem erfolgreicheren waren. Gottman war auch der Gründer der evidenzbasierten Paartherapie und hatte bereits in früheren Studien nachgewiesen, wie wichtig positive Kommunikation in Beziehungen ist.

Eine weitere Studie zu den Auswirkungen positiver Kommunikation in Arbeitsumgebungen stammt von Barbara Fredrickson. Dazu hatte sie die Kommunikation in 20 wirtschaftlich erfolgreichen, 20 mittel erfolgreichen und 20 weniger erfolgreichen Firmen untersucht. Die Daten bewiesen einen deutlichen Zusammenhang zwischen positiver Kommunikation und wirtschaftlichem Erfolg.

Gottman spricht von dem „magischen 5:1-Verhältnis" in der Kommunikation, was bedeutet, dass auf eine negative Interaktion fünf oder mehr positive folgen müssen – sowohl in einer glücklichen Ehe als auch in der Arbeitswelt! Und ich vermute stark, dass dies genauso für das Tiertraining gilt.

Lassen Sie uns also dafür Sorge tragen, dass wir uns auf das Positive konzentrieren und eine gute Lernumgebung für unsere Hunde und andere Trainer schaffen.

Klar ist freundlich, unklar ist unfreundlich

Es ist wirklich so einfach. Von Tieren haben wir gelernt, dass wir klar sein müssen. Es gibt Verstärkung oder es gibt keine, dazwischen gibt es keine Grauzonen. Das gleiche gilt für Grenzen. Sorgen Sie für Berechenbarkeit. Wenn Sie hier unklar werden, ist das unfreundlich. Dürfen

Hunde auf die Couch oder in die Küche? Da gibt es nur ja oder nein und es muss klar sein. Das Gleiche muss auch zwischen Chef und Arbeitnehmer in einem Unternehmen gelten: Wenn die Privatnutzung von Firmenwagen nicht erlaubt ist, muss das klar kommuniziert werden. Dann kennt jeder die Regeln – und das ist fair und freundlich.

Erwünschtes Verhalten verstärken

Erwünschtes Verhalten bei Arbeitnehmern zu verstärken, muss auch stärker im Fokus von Vorgesetzten stehen. Sie müssen klarmachen, welches das erwünschte Verhalten ist, anstatt sich nur auf Fehler zu konzentrieren. Hatten Sie jemals Unterricht bei einer Person, die nur auf Ihre Fehler geachtet hat? Sie fühlten sich schlecht, oder? Und was passiert dabei mit Ihrer Motivation? Richtig – Sie schwindet. Irgendwann haben Sie gar keine Lust mehr, aus Angst vor möglichen Fehlern überhaupt noch etwas zu machen. In seiner Extremform führt das zu dem, was wir in der Psychologie als „erlernte Hilflosigkeit" (s. S. 200) kennen. Manchmal tritt dieses Phänomen deutlich in Meetings zutage, wenn plötzlich niemand mehr aktiv teilnimmt. Alle sind still und niemand kommentiert mehr die Ausführungen des Sprechers oder bringt Ideen ein. Ein klares Anzeichen dafür, dass dies keine sichere Arbeitsumgebung ist und das Management dringend hinterfragt werden sollte!

Die Stolperfallen erkennen

Tiertraining kann Managern in einem Unternehmen tatsächlich dabei helfen, genau diese Stolperfallen zu erkennen und zu umgehen. Vielleicht kann es sogar eine interessante Diskussion über Kriterien und Verstärkung im Unternehmen anregen. Denn unklare Kriterien, unklare Grenzen und zu wenig Verstärkung führen zu Problemen. Der Einsatz von Sanktionen oder das Drohen damit verbessert nichts, sondern wird im Gegenteil das Unternehmen von innen heraus vergiften. Eine unsichere Umgebung ist keine gute Arbeitsumgebung, und wenn die Unternehmensführung erst einmal mit Vertrauensproblemen zu kämpfen hat, ist das nur sehr schwer wieder aus dem Weg zu räumen.

Vorsicht mit Sanktionen

Das Arbeiten mit Tieren ist für viele Manager ein echter Augenöffner, besonders dann, wenn sie dabei keine Strafe einsetzen dürfen. Was, wenn Ihr Hund sich nicht hinsetzt, nachdem Sie ihm das Signal dafür gegeben haben? Hat der Hund das Signal nicht verstanden? Vertraut er Ihnen nicht? Lenkt ihn irgendetwas ab? Ist er noch nicht sicher genug? In all diesen Fällen wird Strafe sich verheerend auswirken. Die Lösung besteht darin, Hilfe anzubieten, klarer in den Kriterien zu sein und eine höhere Verstärkungsrate einzusetzen. Dann erhält man nicht nur besseres Verhalten, sondern auch ein glückliches Tier mit einer guten Beziehung zum Trainer.

Was Manager von Hühnern lernen können

Auch wir bieten in unserem Unternehmen *ACT!* Führungskräften aus der Wirtschaft die Gelegenheit, mit den von Verhaltensexperten, Psychologen und Wissenschaftlern wie Thorndike, Pavlov, Skinner, Premack und vielen anderen bewiesenen Prinzipien der Verstärkung zu arbeiten. Wir befassen uns in den Seminaren detailliert mit deren Studien und den von ihnen aufgestellten Prinzipien wie Kriterien, Verstärkungsrate, Kommunikation, Grenzen, Trainingspläne, Datensammlung und so weiter. Und um sicherzustellen, dass die Manager diese Theorie auch anwenden können, lassen wir sie mit Tieren arbeiten. Da eine Gruppe von Hunden zum Training von Managern schwierig handzuhaben sein könnte, setzen wir stattdessen Hühner ein – mit ihnen kann man im Rahmen solcher Seminare einfacher umgehen.

In den Hühnerseminaren kann man nicht nur Tiertraining lernen, sondern auch viel dafür mitnehmen, wie gutes Management und Mitarbeiterführung funktionieren.

Außerdem sind sie sehr schnell und achten sehr genau auf Körpersprache, sodass die Trainer kristallklar kommunizieren müssen, was sie möchten und auf den Punkt verstärken müssen. Hühner arbeiten nicht unter Zwang, Bedrohung oder Strafe. Und komplexe Verhalten erreicht man bei ihnen nur dann, wenn die Trainer in der Lage sind, diese in kleine Schritte herunterzubrechen, wenn sie klare Kriterien haben, einem Plan folgen, Daten sammeln und auswerten und mit positiver Verstärkung arbeiten.

Diese Art des Management-Trainings ist intensiv, die Tage sind angefüllt mit Theorie und Praxis, und für den Abend bekommen die Teilnehmer noch die Aufgabe, ihre gesammelten Daten auszuwerten und den Trainingsplan für den nächsten Tag aufzustellen.

In solchen Seminaren wird es immer Konkurrenz zwischen den Teilnehmern geben, Enttäuschungen, aber auch Aha-Momente und große Freude. Die Menschen werden aus ihrer Komfortzone herausgebracht, das Verhältnis unter den Teilnehmern wird besser und am Ende gibt es eine „Prüfung“, bei der die einzelnen Teilnehmer vor der Gruppe zeigen, was sie mit ihrem Tier trainiert haben. Das ist oft ein spannender und emotionaler Moment für sie, den sie nie mehr vergessen!

Die Idee zu diesen Intensivseminaren mit Hühnern stammt auch wiederum von Marian und Bob Bailey, die sie als erste durchführten, und zwar zunächst für ihre eigenen Tiertrainer. Ich sah darin enormes Potenzial für alle, die mit Tieren arbeiten, aber auch für Manager. Später führten wir die Hühnerseminare nicht nur für Tiertrainer und Manager durch, sondern auch dazu, neue Ausbildungskandidaten für unsere von der Regierung beauftragten Tiertrainingsprojekte auszuwählen. Heute gebe ich dieses Wissen in meinem eigenen Unternehmen *Simon Prins ACT!* weiter, um möglichst vielen Menschen neue Möglichkeiten zu eröffnen, auch, wenn sie in ihrem Alltag als Manager vielleicht gar nichts mit Tieren zu tun haben – aber sie profitieren für ihre berufliche Arbeit davon enorm!

29

Was können wir von der Wissenschaft lernen?

Der Wissenschaftler studiert und versucht, Antworten zu finden. Er versucht zum Beispiel zu verstehen, warum unsere Hunde für uns arbeiten, was genau sie eigentlich sehen und hören können und wie gut ihre Nase arbeitet. Damit helfen sie den Trainern! Wir lernen mehr über die sensorischen Fähigkeiten unserer Hunde, und die Wissenschaft wiederum findet Wege, wie unsere Hunde schneller lernen können. All das hilft uns Trainern, einen besseren Job zu machen. Das Problem ist nur, dass wir oft unterschiedliche Sprachen sprechen: Die Wissenschaftler möchten die Dinge gerne beweisen, während die Trainer gern ihrem Gefühl folgen. Wissenschaftler sind deterministisch, Trainer stochastisch. Wissenschaftler möchten Daten Sammeln und festen Vorgehensweisen folgen, während Trainer einfach trainieren möchten. Wir können alle profitieren, wenn wir uns gegenseitig zuhören, neugierig sind und uns gegenseitig helfen!

Was ist Wissenschaft?

Wenn wir Wissenschaftler bitten, zu beschreiben, was Wissenschaft ist, werden wir viele verschiedene Beschreibungen bekommen. Von der formalen Seite aus betrachtet sage ich immer gerne, dass es sich um das systematisch durch Beobachtung und Versuche erworbene Wissen der physischen oder materiellen Welt handelt. Was uns gleichzeitig sofort sagt, dass nicht alles durch Wissenschaft erklärt werden kann. Auch in der Welt der Hunde und des Hundetrainings geschehen eine Menge Dinge, die wir noch nicht erklären können. Eine andere Möglichkeit, Wissenschaft und das, was ich wirklich gerne in all unsere Arbeit mit Hunden einbeziehen würde, zu beschreiben, drückt der amerikanische Astrophysiker Neil de Grasse Tyson so sehr treffend aus:

„Tu, was immer nötig ist, um dich nicht selbst zu betrügen und etwas für wahr zu halten, das unwahr ist etwas für unwahr, das wahr ist …“
(Neil de Grasse Tyson)

Was wir im Tiertraining wirklich von Wissenschaftlern lernen können, ist, nichts als Wissen oder neu entdeckte Wahrheit zu bezeichnen, bevor das Verhalten nicht von vielen anderen Trainern mit vielen anderen Tieren reproduziert werden kann. Und das ist ein interessantes Thema, denn Wissenschaftler schreiben jedes kleine Detail ihrer Versuche auf, damit andere Peer-Reviews oder Vergleichsstudien machen können. Wir Trainer machen in dieser Hinsicht keinen so guten Job. Nur wenige zeichnen systematisch und ernsthaft Daten auf, und noch weniger sind dazu bereit, ihre Trainingspläne mit anderen zu teilen. Und ich habe noch nie erlebt, dass ein Trainer andere Trainer gebeten hätte, seine Ergebnisse zu überprüfen oder sein Verfahren nachzuahmen, um zu sehen, ob sie zum gleichen Resultat kommen. Dabei könnten wir zusammen so viel lernen!

Wissenschaftler streben nach objektiven Ergebnissen, die zu objektiven Wahrheiten führen. Als Tiertrainer können wir viel von dieser Herangehensweise lernen, vor allem, wenn es darum geht, Voreingenommenheit aus unserem Training und aus unseren Versuchen herauszuhalten und klare Pläne und Protokolle zu schreiben.

Warum interessieren sich so viele Wissenschaftler für Tierverhalten?

Die Psychologie und Anatomie von Tieren ist sehr interessant und viele Erfindungen sind vom Studium der Tieranatomie inspiriert worden. Der von Boston Dynamics entwickelte Roboterhund „Spot" zur Erkundung gefährlicher oder unzugänglicher Gebiete oder Gebäude ist ein sehr gutes Beispiel dafür. Er konnte erst dann gebaut werden, nachdem Wissenschaftler Körperbau und Bewegungen von Hunden exakt studiert und ihre Erkenntnisse dann für technische Entwickler „übersetzen" konnten.

Diensthund Ops und der Roboterhund Spot arbeiten zusammen.

Vogelflügel dienten als Vorbilder zum Design besserer Flugzeuge und Helikopter, Fische verhalfen zum Bau besserer U-Boote, Insekten waren Inspiration für viele weitere Erfindungen. Das Studium von Struktur und Form von Organismen als Teilbereich der Biologie nennt man Morphologie, von den griechischen Worten „morphé" für „Form" und „logos" für „Wort" oder „Wissen". Mit Hilfe der Morphologie und dem sogenannten Bioengineering, das sich Vorbilder aus der Natur für Neuentwicklungen in der Technik nimmt, waren Wissenschaftler in der Lage, uns in vielerlei Hinsicht zu effektiverem, effizienterem und sichererem Leben und Arbeiten zu verhelfen.

Wissenschaftler fühlen sich aber auch deshalb zum Studium von Tieren hingezogen, weil deren Verhalten so interessant ist. Das Verhalten wird von „internen Stimuli" wie Hunger, Angst, Sex etc. angetrieben und von den externen wie Anblicken, Gerüchen, Geräuschen und so weiter. Wenn wir verstehen, was Verhalten bei Tieren ändert und wie das geschieht, erfahren wir auch mehr über unser eigenes menschliches Verhalten. Wir bekommen auch wertvolle neue Perspektiven dazu eröffnet, wie wir als Individuen oder in sozialen Gruppen leben und wie wir handeln. Sogar zu Umweltfragen kann das Studium von Tierverhalten neue Blickwinkel eröffnen.

Garbage Can Science: Experimentelle Wissenschaft für alle

Wieder war es Bob Bailey, der uns den Wert der „Garbage Can Science" dafür nahebrachte, wie man Ideen zum Leben erwecken kann. Zusammen mit ihm dachten wir oft intensiv über neue Instrumente und Hilfsmittel für das Training nach und vertieften uns in deren Planung. Aber da die Entwicklung neuer Apparate teuer ist und viel Zeit braucht, erprobten wir oft zuerst das Prinzip als solches an einem einfachen Modell. Wir nannten das „Garbage Can Science", „Mülleimerwissenschaft", weil die Materialien, die wir dazu verwendeten, oft sprichwörtlich vom Müll stammten – Papp- oder Holzreste, zusammengehalten von Klebeband, Schnur oder Heftklammern. Wir ließen die Hunde damit arbeiten, um zu sehen, ob das Prinzip funktionierte. Wenn unsere Idee das lieferte, was wir uns gedacht

Rotierendes vertikales Geruchsrad – erste Modellversion aus Materialresten.

hatten, baten wir unsere Techniker, das richtige Gerät herzustellen – denn dann lohnte sich das Investieren in Zeit und Geld!

Das Bild zeigt ein vertikal angebrachtes Geruchsrad, das wir auf diese Weise entwickelt hatten. Das Rad drehte sich, während der Hund davor stillstand und die verschiedenen Geruchsproben abschnüffelte. Die Verstärkung erfolgte durch Ballmaschinen, die an der Wand und an dem Gerät angebracht waren. Bob übernahm während der Versuche die Rolle des Coaches.

Interessante wissenschaftliche Dokumente

Es wurde bereits viel interessante wissenschaftliche Forschung zum Thema Lernen bei Tieren geleistet und viele Dokumente geben uns tiefe Einblicke in das, was auf diesem Gebiet seit über hundertfünfzig Jahren erreicht wurde. Wie Tiere ihre Sinne optimal nutzen können, wie wir ihnen beibringen können, mit Stress umzugehen, wie man am besten verstärkt und vieles mehr. Das Beste, was wir Tiertrainern raten können, ist daher: Freunden Sie sich mit Wissenschaftlern an! Gehen Sie offen aufeinander zu, arbeiten Sie zusammen und lernen Sie voneinander.

Wissenschaft vs. wahres Leben

Natürlich gibt es einen Unterschied zwischen einem Versuchsaufbau in einem Labor und dem wahren Leben, zum Beispiel während Einsätzen. In einer Skinnerbox können wir testen, wie schnell ein Hund auf gegebene Signale reagiert oder wo die Wahrnehmungsschwelle für bestimmte Gerüche liegt. Aber wenn wir den gleichen Sprengstoffspürhund im Kriegsgebiet in Afghanistan einsetzen, wo es nachts sehr kalt und tagsüber extrem heiß sein kann, dann werden die Ergebnisse andere sein, insbesondere noch mit der Ablenkung anderer Menschen und Tiere oder gar unter Beschuss. Aber trotz der Tatsache, dass diese beiden Welten sehr unterschiedlich sind, können wir viel voneinander lernen. Die Arbeit, die wir bisher gemacht und die Erfolge, die wir bisher erreicht haben, wären ohne die Hilfe zahlreicher Wissenschaftler nicht möglich gewesen. Sie haben uns den Weg bereitet, uns geholfen, einige der Trainingsmysterien aufzuklären, uns erklärt, wie man Daten erhebt und auswertet oder Pläne schreibt und uns die Bedeutung von Brückensignalen, Verstärkungsplänen und vielem mehr gelehrt.

Spürhundearbeit braucht eine stärker wissenschaftliche Herangehensweise

Ich habe das große Glück, eng mit einigen sehr klugen Wissenschaftlern aus der ganzen Welt zusammenarbeiten zu können, wenn es um die Arbeit von Spürhunden geht. In der Gemeinschaft innovativer Hundetrainer werden auch schon viele Anstrengungen unternommen, um die Standards in diesem Bereich zu erhöhen. Die Art und Weise, wie wir unsere Geruchsunterscheidungstests (s. S. 341) heute organisieren, ist ein gutes Beispiel dafür. Wichtig ist auch, dass wir mehr Wissen und Erfahrung dazu miteinander teilen, wie wir den Zielgeruch ausbringen, wie wir unser Erhaltungstraining organisieren und wie wir sicherstellen, dass die Hunde sowohl kleine als auch große Mengen des Geruchs finden. Die Wissenschaft kann uns Hundetrainern bei diesen Fragen helfen, was auch einer der Gründe dafür ist, warum wir die gleiche Terminologie benutzen sollten. Wenn zum Beispiel von einer Geruchsspur die Rede ist, meinen wir dann eine Bodenfährte oder einen Trail aus Geruchspartikeln? Ferner haben wir Diskussionen um Pseudo-Gerüche, echte Gerüche und Alternativen. Echtes Material ist der Zielgeruch, der echte Geruch, was zum Beispiel bedeuten würde, dass man im Training mit echtem Kokain arbeitet. Es gibt aber auch Pseudo-Gerüche wie Pseudo-Kokain, das den originalen Geruch nachahmt. Es ist kein echtes Kokain, kommt ihm aber in der chemischen Signatur sehr nahe. Oder es gibt die Alternative, dass der Geruch von echtem Kokain extrahiert wird, aber dem Hund in anderer Form präsentiert wird, wie zum Beispiel absorbiert auf einem Stück Baumwolle, in einem Röhrchen oder was auch immer. Der Geruch kann auch verdünnt oder eingeschlossen werden, sodass man mit sehr geringen Konzentrationen des Originalgeruchs arbeiten und die Hunde so trainieren kann, auch geringste Mengen anzuzeigen.

Zu dieser Art von Training gibt es jede Menge Meinungen, Vermutungen und Erfahrungsberichte. Es wäre aber sehr hilfreich für alle, wenn wir beginnen würden, die gleiche Sprache zu benutzen und Informationen aufzuzeichnen, zu analysieren und zu teilen. Denn wir wissen zum Beispiel noch immer nicht, was das beste Material für einen Geruchsträger ist. Wir wissen nicht, ob eine Verdünnung zu besseren Ergebnissen führt als der Originalgeruch und wenn ja, welches der beste Verdünnungsfaktor wäre, um Hunde für echte Einsätze zu trainieren. Bessere Erkenntnisse dazu könnten uns auch helfen, ein sicheres System zum Training mit gefährlichen Stoffen wie dem starken Betäubungsmittel Fentanyl oder dem hoch explosiven TATP und vielen anderen zu entwickeln.

30

Anhang

Zum Schluss …

Wenn ich alle die Menschen aufzählen sollte, die mir auf meinem Weg geholfen und mich bis zu diesem Punkt gebracht haben, würde ich vermutlich ein paar vergessen. Es gab viele großartige und großzügige Köpfe, denen ich viel zu verdanken habe. Ja, ich habe große Fehler gemacht, zahllose Stunden mit dem Training von Tieren verbracht, viele Bücher, Artikel und Aufsätze gelesen, viel Schlaf verpasst und hatte viele interessante Gespräche mit Trainerkollegen und Wissenschaftlern aus der ganzen Welt. Ein großes Dankeschön an Sie alle! Und einen großen imaginären Knochen an all die Hunde, die mir ihr Vertrauen und ihre Energie geschenkt haben und die mir zu wachsen halfen.

Ein paar spezielle Dankesworte gebühren aber Marian und Bob Bailey. Sie waren für mich die entscheidenden Weichensteller und Türöffner. Seit unserem ersten Treffen 1996 wurden wir enge Freunde und arbeiteten über 25 Jahre lang eng zusammen. Bevor Marian

Bob und Simon 2019 in Hot Springs, USA, wo 1996 alles begann.

verstarb, konnte ich ihr noch versprechen, dass ich alles in meiner Macht Stehende tun würde, um ihr Wissen über die Methoden, die das Tiertraining so verändert hatten, in die Welt zu tragen. Tatsächlich war es mir vergönnt, Menschen auf der ganzen Welt zu trainieren und vielen talentierten Hundeausbildern in Polizei-, Zoll- und Spezialeinheiten zu helfen. Ich lernte auch viele hoch motivierte Trainer aus dem zivilen Sportbereich kennen, konnte mit Zootiertrainern arbeiten und hatte das Glück, zu einigen Themen mit sehr schlauen Wissenschaftlern zusammenarbeiten zu können. Und ich bin dankbar für all die Hunde in meinem Leben, die mir so viel Freude und Vertrauen gegeben haben.

Mein Rat an Sie ist: Wenn es um das Tiertraining geht, folgen Sie der Wissenschaft und dem, was Wissenschaftler uns gelehrt haben, aber vergessen Sie dabei trotzdem nicht, auch Ihrem Gefühl zu vertrauen.

Lernen Sie voneinander, seien Sie neugierig und bleiben Sie offen. Versuchen Sie, über die Grenzen Ihrer eigenen Wahrheiten hinauszuschauen.

Ich konnte so viel aus der enormen Diversität der Menschen und Tiere um mich herum lernen, und ich habe immer versucht, den Rat Albert Einsteins zu befolgen, der einmal sagte. „Wenn Sie es nicht einfach erklären können, haben Sie es noch nicht gut genug verstanden." Suchen Sie nach Menschen, die einfach erklären können. Sie sind es, die verstanden haben, worauf es wirklich ankommt und die Ihnen helfen können, sowohl als Tiertrainer als auch als Mensch zu wachsen, damit sie wiederum anderen Unterstützung anbieten können.

Mein großer Wunsch wäre, dass ich Sie mit diesem Buch motiviert und ein bisschen herausgefordert habe – und mein noch größerer, dass wir alle gemeinsam die Welt des Hundetrainings auf der ganzen Welt und auf allen Ebenen beeinflussen können.

Über den Autor

Simon Prins bildet für eine Sondereinheit der niederländischen Polizei seit über 25 Jahren Hunde für Spezialeinsätze aus und setzt dabei auf die operante Konditionierung als freundliche und effektive Trainingsmethode. Die von ihm trainierten Hunde erfüllen schwierigste Aufgaben stets mit großer Motivation und Zuverlässigkeit. Daneben arbeitet er in seinem Unternehmen *Simon Prins ACT*! weltweit als Coach und Berater nicht nur für Diensthundeausbilder, sondern hält auch Seminare und Vorträge für interessierte Hundetrainer und Laien und entwickelt neues Trainings- und Einsatzequipment. Er ist der festen Überzeugung, dass auf solider Wissenschaft beruhendes Training unsere Arbeit und unseren Umgang mit Tieren erheblich verbessern kann.

www.simonprins.com

Quellen

Bailey, Bob and Marian: *Chicken Training Manual,* 2003.

Bekoff, Marc: *The Emotional Lives of Animals.* New World Library, 2007. (In deutscher Übersetzung erschienen unter: Das Gefühlsleben der Tiere. Animal Learn Verlag, 2008.)

Berns, Gregory: *How Dogs Love us.* Amazon Publishing, 2013.

Bjork, Daniel W.: *B.F. Skinner: A Life.* Basic Books, 1993.

Breland, Keller & Breland, Marian: *Animal Behavior.* University of Michigan, 1966.

Brick, Hans: *The Nature of the Beast,* Crown Publishers, 1960.

Brown, Brené: *The Power of Vulnerability.* Independently Published, 2020.

Budiansky, Stephen: *The Truth About Dogs.* Hachette, 2016.

Burch, Mary R. & Bailey, Jon S.: *How Dogs Learn.* Howell,1999.

Chance, Paul: *The Teacher's Craft.* Waveland Press, 2011.

Coren, Stanley: *The Intelligence of Dogs.* Free Press, 2005.

Donaldson, Jean: *Oh, behave!* Dogwise, 2008. (In deutscher Übersetzung erschienen unter: *Verhaltensfragen.* Kynos, 2009.)

Donaldson, Jean: *The Culture Clash.* Dogwise, 1996.

Duranton, C. und Horowitz, A., „Let me sniff! Nosework induces positive judgment bias in pet dogs," in: *Applied Animal Behaviour Science,*Volume 211, 2019, P. 61 – 66.

Flora, Stephen Ray: *The Power of Reinforcement.* Suny Press, 2004

Gerritsen, Resi und Haak, Ruud: *K9 Investigation Errors: A Manual for Avoiding Mistakes.* Dog Training Press, 2016.

Gladwell, Malcolm: *The Tipping Point.* Little, Brown & Company, 2001.

Hare, Brian & Woods, Vanessa: *The Genius of Dogs*. Penguin, 2013.

Lang, Jessica und Turner, Sam: *Gemeinsam zum Glück: Lebenskunst für Hund und Mensch.* Canimos, 2020.

Lindsay, Steven R.: *Applied Dog Behavior and Learning.* Iowa State University Press, 2000.

Lorenz, Konrad: *So kam der Mensch auf den Hund.* Österreich, 1951.

Lubow, Robert E.: *The war animals,* Doubleday and Company, 1977.

Milner, Robert: *Absolutely Positively Gundog Training.* Create Space, 2015.

Peter, Laurence and Hull, Raymond: *The Peter Principle.* William Morrow, 1969. (In deutscher Übersetzung erschienen unter: *Das Peter-Prinzip.* Rowohlt, 1995.)

Pryor, Karen: *Don't Shoot the Dog.* Simon & Schuster, 1984. (In deutscher Übersetzung erschienen unter: *Positiv bestärken – sanft erziehen.* Kosmos, 1999.)

Pryor, Karen: *Reaching the Animal Mind.* Scribner, 2010. 1984. (In deutscher Übersetzung erschienen unter: *Die Seele der Tiere erreichen.* Kosmos, 2010.)

Reid, Pamela R.: *Excel-Erated Learning.* James & Kenneth, 2013.

Skinner, Burrhus Frederic: *The Behavior of Organisms.* Appleton-Century-Crofts, 1966.

Toman, J.R.: *Opvoeding en Africhting van de Hond.* Kosmos (NL), 1966.

Yin, Sophia: *How to behave so your dog behaves.* T.F.H. Publications, 2004. (In deutscher Übersetzung erschienen unter: *Wie der Mensch, so sein Hund.* Kynos Verlag, 2016.)

Zeligs, Jenifer A.: *Animal Training 101.* Mill City, 2014.

Index

L

M

N

O

P

Q

R

S

T

U

V

W

Z

Das könnte Sie auch interessieren

Emotionen bei Hunden sehen lernen

Eine Blickschule

Hunde-Körpersprache einmal anders: Dieser einzigartige, in vielen Jahren des Beobachtens entstandene Bildband konzentriert sich weniger auf die wissenschaftlich detaillierte Beschreibung von Ausdrucksverhalten als vielmehr auf eine echte Blickschulung für Hundehalter und -trainer: Wie kann denn ein unsicherer, ängstlicher, neugieriger oder aggressiver Hund aussehen? Wie unterscheidet sich die Mimik bei schlapp-oder stehohrigen, lang- oder kurzhaarigen Hunden und wie lerne ich, die gezeigten Äußerungen im Kontext der Situation richtig zu deuten?
Nachdem zunächst die einzelnen „kommunizierenden" Körperteile des Hundes und deren Signale unter die Lupe genommen werden, schließt sich ein ausführlicher Teil zu den einzelnen Grundemotionen an, beleuchtet das Thema also von der anderen Seite aus. So ergibt sich ein umfassendes Gesamtbild, das hilft, Hunde künftig besser „lesen" zu können.

Lernen Sie, hinzusehen und Hunde besser zu verstehen!

„Ohne Übertreibung kann man von einem monumentalen Werk sprechen." (Linda Tellington-Jones)

Hardcover, 624 Seiten, durchgehend farbig
über 1300 Abbildungen
ISBN: 978-3-95464-302-8

Workbook
Emotionen bei Hunden sehen lernen

Schulen und überprüfen Sie Ihren Blick für die feinen Details der Hunde-Körpersprache weiter: In diesem Arbeitsbuch zum Erfolgswerk „Emotionen bei Hunden sehen lernen" stellen Ihnen die Autorinnen konkrete Fragen und Aufgaben zu Fotoserien, sodass Sie immer besser darin werden, auf Einzelheiten zu achten, Gesamtsituationen zu erfassen und das wahrscheinlich nachfolgende Verhalten vorauszusehen.
Mit Platz für Notizen und Lösungsteil.

Broschur, DIN A4, 56 Seiten, durchgehend farbig
ISBN: 978-3-95464-239-7

Mantrailing in der Polizeiarbeit

Bücher über das Mantrailing gibt es inzwischen einige, aber bisher noch keines, in dem ein Insider die spezielle Thematik der polizeilichen und kriminalpolizeilichen Einsätze beleuchtet. Denn im Dienstalltag spielt der Hinweis, ob eine bestimmte Person an einem bestimmten Ort war oder nicht, eine mindestens ebenso große Rolle wie die Suche nach vermissten Personen und macht neue Herangehensweisen und Einsatztaktiken notwendig. Verschiedene Theorien und Ansichten werden dabei kritisch beleuchtet, hinterfragt und mit der Erfahrung aus Hunderten Einsätzen abgeglichen, wobei immer wieder deutlich wird, dass viele vermeintliche Mantrailer in Wahrheit eigentlich Fährtenhunde sind, sprich eine andere Suchart haben, als der Hundeführer denkt – mit entsprechenden Auswirkungen in der Praxis. Wie man diese und andere häufige Fallen umgeht, das Verhalten von Geruch in der Umgebung besser verstehen lernt und worauf es in der Ausbildung wirklich ankommt (und worauf nicht), beschreibt der Autor praxisnah und humorvoll in diesem Buch. Enthält Interviews und Beiträge mit mehreren angesehenen Personen aus Polizei und Mantrailingszene.

Hardcover, 304 Seiten, durchgehend farbig
ISBN: 978-3-95464-308-0

Arbeitsbuch Spürhund

Ein 15-Tage-Programm zur Geruchsprägung

In diesem Arbeitsbuch finden Sie detaillierte Trainingspläne, mit denen Sie in systematischen Schritten durch die Geruchsprägung geführt werden. Das Training beruht dabei ausschließlich auf positiver Verstärkung. In nur 15 Tagen können Sie die Schritte mit Ihrem Hund erarbeiten und eine verlässliche Anzeige des Zielgeruchs erreichen. Ursprünglich vom Autor zur effizienteren Ausbildung von Sprengstoff- und Minenspürhunden für das US-Militär entwickelt, steht dieser tausendfach praxisbewährte Trainingsplan nun auch für Ihr Training zur Verfügung!

Paul Bunker liefert kurz und knackig alle wichtigen Informationen von der Besorgung und Aufbewahrung des Zielgeruchs, über die Auswahl der Belohnungen und das Training eines Anzeigeverhaltens, bis schließlich zur Prägung auf den Zielgeruch. Übersichtliche Checklisten zur Fortschrittskontrolle helfen jederzeit, zu entscheiden, wann Sie zum nächsten Schritt fortschreiten können.

Flexicover, 160 Seiten, farbig
ISBN 978-3-95464-297-7